高等职业教育规划教材

水污染控制技术

第三版

王金梅　薛叙明　主编

化学工业出版社

·北京·

内容简介

本书主要介绍了以下内容：绪论，污水的物理处理，污水的化学处理，污水的物理化学处理，污水的好氧生物处理，污泥、污水的厌氧生物处理，污泥的处理和处置，循环冷却水的处理，污水处理厂的设计与运行管理。本书对水污染控制技术的基本概念和机理阐述清晰，介绍了污水处理的新工艺、新技术、新材料、新设备，重视工程的实用性和可操作性，旨在培养学生的专业素质和专业综合应用能力。通过二维码融入动画素材，丰富了教学内容和方式。

本书为高等职业教育环境保护类专业的教材，也可以作为污水处理职业技能等级培训的参考书，还可供污水处理厂（站）操作及管理岗位等相关工程技术人员参考。

图书在版编目（CIP）数据

水污染控制技术／王金梅，薛叙明主编．—3版．—北京：化学工业出版社，2021.8（2024.11重印）
ISBN 978-7-122-39376-0

Ⅰ.①水… Ⅱ.①王…②薛… Ⅲ.①水污染-污染控制-高等职业教育-教材 Ⅳ.①X520.6

中国版本图书馆CIP数据核字（2021）第120037号

责任编辑：王文峡　　　　　　　　　　文字编辑：汲永臻
责任校对：宋　夏　　　　　　　　　　装帧设计：王晓宇

出版发行：化学工业出版社（北京市东城区青年湖南街13号　邮政编码100011）
印　　刷：北京云浩印刷有限责任公司
装　　订：三河市振勇印装有限公司
787mm×1092mm　1/16　印张 23¼　字数 579 千字　2024年11月北京第3版第6次印刷

购书咨询：010-64518888　　　　　　售后服务：010-64518899
网　　址：http://www.cip.com.cn
凡购买本书，如有缺损质量问题，本社销售中心负责调换。

定　　价：59.00元　　　　　　　　　　　　　　　　　　　　　版权所有　违者必究

第三版前言

本书出版后，受到很多兄弟院校老师和学生的好评，这也是对编者的巨大鼓励。

第二版教材出版至今已有多年。近年来，国家颁布或修订了很多标准、规范，同时，污水处理技术、设备、工艺的发展和应用都有新的进展，这些都在新版教材上有所体现。

为使学生直观地掌握主要污水处理设备、构筑物的结构和操作方式，方便自学，新版教材增加了大量的动画素材。内容方面，主要对好氧生物法中的活性污泥法部分进行了补充和完善，尤其是对活性污泥工艺、活性污泥的运行故障分析和排除进行了较详细的讲解。本书为高等职业教育环境保护类专业的教材，也可以作为污水处理职业技能等级培训的参考书，还可供污水处理现场操作和运行管理人员的参考用书。

参加本书编写的有王金梅（编写第1章、第6章、第7章），陈宏（编写第2章），薛叙明（编写第3章、第4章），袁秋生（编写第5章），张慧俐（编写第8章、第9章）。全书由王金梅执笔修订。哈尔滨工业大学聂璋义教授担任本书主审。

本书的动画素材全部来自北京东方仿真技术有限公司，在此，对该公司表示深深的感谢，感谢其对职业教育的支持和无私奉献。

由于作者水平的限制，本教材还可能有不妥之处，敬请读者批评指正。

编者
2021年2月

目录

1 绪论 ... 001

1.1 污水的类型和特征 / 001
1.1.1 生活污水 / 001
1.1.2 工业废水 / 001

1.2 污水的性质与污染指标 / 001
1.2.1 物理性质及指标 / 001
1.2.2 化学性质及指标 / 003
1.2.3 生物性质及指标 / 009
1.2.4 生物脱氮、除磷的一般指标 / 010
1.2.5 工业废水的污染指标 / 010

1.3 水质标准 / 011
1.3.1 水域水质标准 / 011
1.3.2 排水水质标准 / 011

1.4 工业废水处理方式与排放标准 / 012
1.4.1 工业废水的厂内处理及排放标准 / 012
1.4.2 工业废水的集中处理及排放标准 / 013

1.5 水污染控制的基本方法 / 013
1.5.1 污水处理方法的分类 / 013
1.5.2 污水处理流程 / 014

2 污水的物理处理 ... 017

2.1 均和调节 / 017
2.1.1 均和调节作用 / 017
2.1.2 水量调节 / 017
2.1.3 水质调节 / 018
2.1.4 调节池容积的计算 / 019

2.2 筛滤 / 019
2.2.1 格栅 / 020
2.2.2 筛网 / 022
2.2.3 栅渣或筛余物的处理和处置 / 023

2.3 沉淀 / 024
2.3.1 沉淀的基本理论 / 024
2.3.2 沉砂池的构造与工作特征 / 027
2.3.3 沉淀池的构造与工作特征 / 030

2.3.4 提高初次沉淀池沉淀效果的方法——强化一级处理 / 037

2.4 除油 / 038
2.4.1 含油污水的特征 / 038
2.4.2 隔油池的类型和构造 / 038
2.4.3 隔油池的计算与设计 / 040
2.4.4 隔油技术的进展 / 041

2.5 过滤 / 043
2.5.1 过滤机理 / 043
2.5.2 颗粒材料滤池——快滤池 / 043
2.5.3 快滤池的异常问题及解决办法 / 045

3 污水的化学处理 050

3.1 中和 / 050
- 3.1.1 概述 / 050
- 3.1.2 酸碱污水相互中和 / 051
- 3.1.3 投药中和法 / 052
- 3.1.4 过滤中和法 / 054
- 3.1.5 中和处理中应注意的问题 / 056

3.2 混凝 / 057
- 3.2.1 混凝原理 / 057
- 3.2.2 混凝剂与助凝剂 / 060
- 3.2.3 混凝工艺过程及设备 / 062
- 3.2.4 操作管理 / 067
- 3.2.5 澄清池 / 068

3.3 化学沉淀 / 070
- 3.3.1 化学沉淀的基本原理 / 070
- 3.3.2 氢氧化物沉淀法 / 072
- 3.3.3 硫化物沉淀法 / 073
- 3.3.4 钡盐沉淀法 / 074
- 3.3.5 碳酸盐沉淀法 / 074
- 3.3.6 铁氧体沉淀法 / 075

3.4 化学氧化还原 / 076
- 3.4.1 基本原理 / 076
- 3.4.2 化学氧化法 / 077
- 3.4.3 化学还原法 / 081

3.5 电解 / 082
- 3.5.1 电解基本原理 / 083
- 3.5.2 电解装置及特点 / 084
- 3.5.3 电解法处理电镀废水实例 / 086

3.6 消毒 / 088
- 3.6.1 消毒的目的和方法 / 088
- 3.6.2 物理法消毒 / 088
- 3.6.3 化学法消毒 / 089
- 3.6.4 消毒法在污水处理中的应用 / 093

4 污水的物理化学处理 097

4.1 气浮 / 097
- 4.1.1 气浮原理 / 097
- 4.1.2 气浮设备形式及计算 / 099
- 4.1.3 气浮法的优缺点 / 105
- 4.1.4 气浮运行操作中应注意的事项 / 106
- 4.1.5 新型气浮装置简介 / 106

4.2 吸附 / 108
- 4.2.1 吸附的基本原理及分类 / 108
- 4.2.2 吸附平衡与吸附等温线 / 109
- 4.2.3 吸附的影响因素 / 110
- 4.2.4 吸附剂及其再生 / 112
- 4.2.5 吸附操作方式及设计 / 114
- 4.2.6 吸附法在污水处理中的应用实例 / 117

4.3 离子交换 / 118
- 4.3.1 离子交换剂 / 118
- 4.3.2 离子交换平衡 / 122
- 4.3.3 离子交换过程与再生过程 / 122
- 4.3.4 离子交换设备和设计计算 / 125
- 4.3.5 离子交换法在污水处理中的应用 / 126
- 4.3.6 离子交换系统的操作管理与维护 / 127

4.4 膜分离法 / 128
- 4.4.1 电渗析 / 129
- 4.4.2 反渗透 / 131
- 4.4.3 超滤 / 135

4.5 萃取 / 137
- 4.5.1 萃取的基本原理 / 137
- 4.5.2 萃取剂及其再生 / 138
- 4.5.3 萃取流程及设备 / 139
- 4.5.4 萃取法应用实例 / 140

4.6 吹脱 / 141

4.6.1 吹脱基本原理 / 141
4.6.2 吹脱装置 / 142
4.6.3 影响吹脱的主要因素 / 143
4.6.4 解吸气体的最终处置 / 143
4.6.5 应用实例 / 144

5 污水的好氧生物处理 / 151

5.1 污水生物处理的基本理论 / 151
5.1.1 污水中的微生物 / 151
5.1.2 微生物的代谢与污水的生物处理 / 153
5.1.3 微生物的生长条件和生长规律 / 155
5.1.4 生化反应动力学 / 159
5.1.5 污水的可生化性 / 161
5.1.6 生物处理方法的分类 / 163

5.2 活性污泥法 / 164
5.2.1 活性污泥法的基本原理 / 164
5.2.2 曝气与曝气池 / 167
5.2.3 活性污泥系统的工艺设计 / 174
5.2.4 传统活性污泥法工艺系统 / 182
5.2.5 污水的生物脱氮除磷处理工艺 / 185
5.2.6 活性污泥法新工艺 / 202
5.2.7 活性污泥培养驯化与活性污泥法的故障分析与处理 / 227

5.3 生物膜法 / 236
5.3.1 生物膜法的基本原理 / 237
5.3.2 生物滤池 / 238
5.3.3 生物转盘 / 248
5.3.4 生物接触氧化 / 253
5.3.5 生物流化床 / 258
5.3.6 生物膜法的运行管理 / 260

5.4 污水的自然生物处理 / 262
5.4.1 稳定塘 / 262
5.4.2 土地处理系统 / 267

6 污泥、污水的厌氧生物处理 / 272

6.1 概述 / 272
6.1.1 厌氧消化的机理 / 272
6.1.2 影响厌氧消化效率的因素（厌氧发酵的工艺控制条件）/ 273

6.2 污泥的厌氧消化 / 275
6.2.1 消化工艺 / 275
6.2.2 消化池的构造 / 277
6.2.3 消化池有效容积的计算 / 281
6.2.4 消化池的启动、运行与管理 / 283

6.3 污水的厌氧消化 / 285
6.3.1 厌氧接触法 / 285
6.3.2 厌氧滤池 / 287
6.3.3 升流式厌氧污泥床反应器 / 289
6.3.4 厌氧复合床反应器 / 293
6.3.5 厌氧膨胀床和流化床 / 293
6.3.6 厌氧生物转盘 / 294
6.3.7 膨胀颗粒污泥床反应器 / 295
6.3.8 内循环厌氧反应器 / 295
6.3.9 厌氧折流板反应器 / 297
6.3.10 水解（酸化）-好氧生物处理法 / 298
6.3.11 水解（酸化）-厌氧生物处理法（二段厌氧消化法）/ 300
6.3.12 厌氧-好氧生物处理法 / 301

7 污泥的处理和处置 / 304

7.1 概述 / 304
7.1.1 污泥的分类与特性 / 304
7.1.2 污泥量 / 306
7.1.3 污泥流动的水力特征与管道输送 / 306

7.2 污泥浓缩 / 307
7.2.1 重力浓缩法 / 307
7.2.2 气浮浓缩法 / 308
7.2.3 离心浓缩法 / 309
7.2.4 污泥浓缩方法的选择 / 310

7.3 污泥脱水 / 311
7.3.1 污泥机械脱水的基本原理 / 311
7.3.2 污泥脱水前的预处理 / 311
7.3.3 机械脱水设备 / 311

7.4 污泥干化 / 316
7.4.1 自然干化法 / 317
7.4.2 烘干法 / 318

7.5 污泥的最终处置 / 318
7.5.1 弃置法 / 319
7.5.2 焚烧法 / 320

8 循环冷却水的处理 / 321

8.1 概述 / 321
8.1.1 工业冷却水循环利用的意义 / 321
8.1.2 工业冷却水系统的类型 / 321

8.2 水的冷却原理与冷却构筑物 / 324
8.2.1 冷却原理 / 324
8.2.2 冷却构筑物 / 324
8.2.3 敞开式循环冷却水系统存在的问题 / 325

8.3 循环水水质控制 / 327
8.3.1 水垢及其控制 / 327
8.3.2 污垢的控制 / 331
8.3.3 腐蚀及其控制 / 332
8.3.4 微生物控制 / 340

9 污水处理厂的设计与运行管理 / 347

9.1 污水处理厂的设计 / 347
9.1.1 污水处理厂的设计内容及原则 / 347
9.1.2 污水处理厂的厂址选择 / 348
9.1.3 污水处理工艺流程 / 348
9.1.4 污水处理厂的平面布置与高程布置 / 350
9.1.5 污水处理工程节能设计 / 352

9.2 污水处理厂的运行管理和自动控制 / 352
9.2.1 污水处理工程的验收 / 352
9.2.2 工程验收的准备 / 353
9.2.3 工程验收的内容 / 353
9.2.4 污水处理厂的试运行 / 354
9.2.5 污水处理厂的运行管理 / 354
9.2.6 污水处理装置自动化控制技术 / 357

附 录 / 360

参考文献 / 362

二维码一览表

序号	二维码名称	页码
1	2.1 对角线调节池	18
2	2.2 折流调节池	18
3	2.3 回转式格栅	20
4	2.4 钢丝绳牵引式格栅除污机	20
5	2.5 移动伸缩臂式格栅除污机	20
6	2.6 转筒筛网	22
7	2.7 振动筛网	22
8	2.8 水力筛网	22
9	2.9 转盘式筛网	22
10	2.10 新型水力驱动转鼓式滤网过滤机	23
11	2.11 微滤机	23
12	2.12 平流式沉砂池	27
13	2.13 曝气沉砂池	28
14	2.14 链斗式除砂机	29
15	2.15 除砂设备工作流程	29
16	2.16 水力旋流器与螺旋吸砂机	29
17	2.17 PXS-1 型行车泵吸砂机	29
18	2.18 砂泵工作示意	29
19	2.19 门形抓斗式除砂机	29
20	2.20 钟式沉砂池	29
21	2.21 平流式沉淀池	31
22	2.22 竖流式沉淀池	32
23	2.23 辐流式沉淀池	32
24	2.24 斜板沉淀池	33
25	2.25 链板式刮泥机	35
26	2.26 桥式刮泥机	35
27	2.27 虹吸式吸泥机	35
28	2.28 静压式吸泥机	35
29	2.29 平流式隔油池	39
30	2.30 倾斜板式隔油池	39
31	2.31 普通快滤池	43
32	3.1 机械加速澄清池	68
33	3.2 水力循环澄清池	69
34	4.1 立式多段再生炉的构造	113
35	4.2 移动床吸附塔的构造	116
36	5.1 圆形曝气沉淀池	173
37	5.2 新型生物脱氮工艺简介	192
38	5.3 生物脱氮除磷系统运行故障分析	236
39	7.1 板框式压滤机	314
40	7.2 离心脱水机	316

1 绪 论

水是人类生活和生产活动不可缺少的物质，在使用过程中由于杂质的进入丧失了它的使用价值而成为污水。污水外排时如果没有经过妥善的处理，会造成受纳水体的污染。

1.1 污水的类型和特征

根据来源的不同，污水分为生活污水和工业废水两大类。

1.1.1 生活污水

人们在生活过程中排出大量的污水，如厨房污水、粪便污水、洗涤污水等。生活污水中含有大量的有机物（占 70%）、病原菌、寄生虫卵等，排入水体或渗入地下将造成严重污染，生活污水的**水质成分**呈较规律的变化，**用水量**则呈较规律的季节变化，随着城市人口的增长及饮食结构的改变，其用水量会不断增加，水质成分亦会有所变化。

城市污水是排入城镇排水系统的污水的总称，是生活污水和工业废水等的混合污水。城市污水中各类污水所占的比例因城市的排水体制不同而异。

1.1.2 工业废水

造成水体污染的主要原因是工业废水。在工业生产过程中要消耗大量新鲜水，排出大量污水，其中夹带许多原料、中间产品或成品，例如重金属、有毒化学品、酸碱、有机物、油类、悬浮物、放射性物质等。不同工业、不同产品、不同工艺过程及不同原材料等，排出的废水**水质**、**水量**差异很大。因此，工业废水**具有面广、量大、成分复杂、毒性大、不易净化、难处理的特点**。

工业废水需经厂内处理达到排入下水道的接管要求后才能排入城市污水下水道系统进入污水处理厂。

1.2 污水的性质与污染指标

污水和受纳水体的物理、化学和生物等方面的特征是用**水污染指标**来表示的，同时水污染指标也是水体评价、利用和制订污水治理方案的依据，是掌握污水处理设施运行状态的依据。国家对水质的分析和检测制定出许多标准。现就污水的物理性质及指标、化学性质及指标和生物性质及指标分述如下。

1.2.1 物理性质及指标

污水的物理性指标包括温度、色度、臭味、固体含量和浊度，其中色度、臭味和浊度可以直接通过视觉和嗅觉感观来表示。

（1）**温度**　污水的水温，对污水的物理性质、化学性质及生物性质有直接的影响。所以水温是污水水质的重要物理性指标之一。我国常用的计量温度的单位是摄氏度（℃）。由于个别排放源会排放出热水，污水水温通常要比自来水水温高。污水经过长距离的埋地管道输送到污水处理厂，使得污水处理厂进水水温接近地面温度。一般来讲，污水夏季水温会高于冬季，污水的年平均温度通常为 10～20℃。

通常，温度会影响微生物活性。温度越高，微生物活性越高，进而对有机物的代谢速度越快，氧的消耗也随之增加。水温每上升 10℃，微生物代谢的反应速率可加快 1 倍。但当温度过高时，则会抑制微生物的活性。

当有工业废水排入污水收集系统时，水温在短时间内明显上升；雨水流入排水系统时，水温有明显下降。

在夏季和冬季水温变化幅度大的地区的运行操作人员应注意温度对微生物活性的影响。在一定温度范围内，温度越高，微生物活性越高。

（2）**色度**　污水的色度是由悬浮固体、胶体和溶解物形成的。悬浮固体（如泥沙、纸浆、纤维、焦油等）形成的色度称为表色。胶体或溶解物质（如染料、化学药剂、生物色素、无机盐等）形成的色度称为真色。水的颜色用色度作为指标。

生活污水一般呈灰色，但当污水中的溶解氧降低至零，污水中有机物腐烂，则水色转呈黑色。生产污水的色度视其排放物的性质而异，差别极大。例如电镀废水往往呈绿色、蓝色和橘黄色；印染废水呈红色、黄色和蓝色；乳品生产废水或乳胶废水则呈白色不透明状。了解这些污水排放类型和污水色度，有利于污水处理厂的操作与运行管理。

（3）**臭味**　臭味是一个主观性的物理性指标，也是物理性质的主要指标之一，人类的鼻子是对气味敏感的器官，优秀的运行操作人员可以通过气味来判断污水的组成特性。

生活污水的臭味主要由有机物腐败产生的气体造成。工业废水的臭味主要由挥发性化合物造成。污水中的一些化合物有毒且会发出异味，在污水处理厂中产生异味的区域，尤其是在密闭空间内，应设置警示牌，严格按照安全规程采取措施。当污水中缺乏氧气时，会发生有机物的厌氧分解，进而产生有臭鸡蛋味的硫化氢气体。在污水处理的运行过程中若发觉有硫化氢味道时，应及时增加曝气量。由于硫化氢的产生是好氧生物处理系统运行不稳定造成的，并且硫化氢具有毒性、腐蚀性和爆炸性，因此应加以重视。需要注意的是，高浓度硫化氢还会在瞬间麻痹人的嗅觉神经，是一种危险的气体。硫化氢刚产生时，散发出的臭鸡蛋的味道，如果不加以重视，可能会引起人员伤亡。有机物的厌氧分解不仅会产生硫化氢气体，也会产生甲烷气体，这种气体爆炸性比硫化氢更强。甲烷和硫化氢的产生会消耗氧气，使水中形成缺氧状态，影响污水处理系统的正常运行。因此，应建立相应的安全防护措施。例如，进入狭小空间时应携带空气检测设备，必要时应打开通风设施。

（4）**固体含量**　[《城市污水总固体的测定　重量法》（CJ/T 55—1999）]　污水中固体物质按存在形态的不同可分为悬浮固体、胶体和溶解固体三种；按性质的不同可分为有机物、无机物与生物体三种。固体含量用总固体量作为指标（TS），一定量水样在 105～110℃ 烘箱中烘干至恒重，所得的质量即为总固体量。

悬浮固体（SS）或悬浮物，悬浮固体中，颗粒粒径在 0.1～1.0μm 之间者称为细分散悬浮固体；颗粒粒径大于 1.0μm 者称为粗分散悬浮固体。把水样用定量滤纸过滤后，被滤纸截留的滤渣，在 105～110℃ 烘箱中烘干至恒重，所得质量称为悬浮固体；滤液中存在的固体物即为胶体和溶解固体。悬浮固体中，有一部分可在沉淀池中沉淀，形成沉淀污泥，称为可沉淀固体。

悬浮固体由有机物和无机物组成，故又可分为**挥发性悬浮固体（VSS）**或称为灼烧减重，**非挥发性悬浮固体（NVSS）**或称为灰分两种。悬浮固体在马弗炉中灼烧（温度为600℃）所失去的质量称为挥发性悬浮固体；残留的质量称为非挥发性悬浮固体。生活污水中，前者约占70%，后者约占30%。

胶体（颗粒粒径为0.001～0.1μm）和**溶解固体（DS）**或称溶解物也是由有机物和无机物组成。生活污水中的溶解性有机物包括尿素、淀粉、糖类、脂肪、蛋白质及洗涤剂等。溶解性无机物包括无机盐（如碳酸盐、硫酸盐、胺盐、磷酸盐）与氯化物等。工业废水的溶解性固体成分极为复杂，视工矿企业的性质而异，主要包括种类繁多的合成高分子有机物及金属离子等。溶解固体的浓度与成分对污水处理方法的选择（如生物处理法、物理化学处理法等）及处理效果产生直接的影响。

（5）**浊度**　浊度是反映水中低浓度总悬浮颗粒和胶体数量的指标，一般用（散射）浊度仪测定，浊度单位NTU。由于水样的色度会影响浊度测定，因此浊度不能直接反映水中悬浮颗粒的浓度。但对于其具体的污水处理系统，浊度与悬浮物浓度的关系式可以通过经多次定时取样，在一定的浓度范围内测定相应的悬浮物浓度，之后用线性回归确定两者关系得到。

通常情况下，在线浊度仪安装在二沉池的出水口，可以快速测出出水的浊度，再结合浊度与悬浮物浓度的关系，可以及时了解出水中悬浮物的浓度，从而进行合理的操作。日常工作中，应做好浊度仪的维护工作，以免悬浮物附着、污染探头，影响浊度仪精度。

1.2.2　化学性质及指标

污水中的污染物质，按化学性质可分为无机物和有机物，按存在的形态可分为悬浮状态与溶解状态。

1.2.2.1　无机物及指标

无机物包括pH、碱度、电导率、溶解氧（DO）、氧化还原电位（ORP）、氮、磷、无机盐类及重金属离子等。

（1）**pH**　pH的值等于水中氢离子浓度的负对数，见式（1-1）。

$$pH = -\lg[H^+] \qquad (1-1)$$

式中，[H^+]表示水中氢离子的浓度。

例如，中性水的pH=7，即水中氢离子浓度为10^{-7}mol/L。

pH一般在0～14之间，溶液的pH=7时呈中性，pH＜7时呈酸性，pH＞7时呈碱性。对于污水处理系统中的微生物，最佳pH范围在6.5～8之间，超过这个范围，微生物的活性将会降低或被抑制，因此，pH是污水处理系统中重要的控制参数之一。硝化反应对pH值尤其敏感，未驯化的生化系统在pH＜6时，生物活性基本消失。

原污水的pH一般为7左右，当工业废水混入时，会引起pH的明显变化。生化系统运行异常时，系统pH也会发生变化，例如系统缺氧，会引起pH下降。若pH低，且有硫化物气味产生，水样呈黑色，则说明污水在收集系统已发生厌氧反应，或是污水处理厂生化系统曝气量不够造成的。二级生化反应池中如果发生硝化反应会使系统pH降低，造成低碱度的环境条件，进而抑制微生物的活性。而反硝化反应则可以提高系统pH。

（2）**碱度**　碱度是指污水中和酸的能力表征，以1L污水中含有的碳酸钙质量作为计量单位，即碳酸盐碱度。主要包括三种：①氢氧化物碱度，即 OH⁻ 含量；②碳酸盐碱度，即 CO_3^{2-} 含量；③重碳酸盐碱度，即 HCO_3^- 含量。污水的碱度可用下式表达：

$$[碱度] = [OH^-] + 2[CO_3^{2-}] + [HCO_3^-] - [H^+] \tag{1-2}$$

式中，[ ] 代表浓度，单位为 mmol/L。

碱度的影响因素有很多，例如原水的来源，高硬度水地区（尤其是以地下水为水源的地区），其水质碱度较高；软水地区，其水质碱度较低。

污水处理厂原水碱度较高时，可接纳酸性的工业废水进入水厂。在二级生物脱氮过程中，硝化过程会消耗碱度，降低系统 pH，因此在二级生物处理过程中若碱度下降，说明有硝化作用产生。相反，反硝化反应过程会产生碱度，使 pH 上升。因此，当系统中同时存在硝化与反硝化过程时，一定程度上可弥补或平衡碱度的损耗。

（3）**电导率**　电导率是水的导电性能的反映，生活污水电导率般在 50～1500μS/cm 之间，有的工业废水电导率高达 10000μS/cm。

电导率反映了水中溶解性无机离子的数量，废水来源不同，其中含有的溶解性物质含量也不同，废水的电导率也相应有所差异。例如，工业废水混入污水处理厂进水时，会使污水处理厂进水的电导率明显上升。

要保证电导率测定仪的准确性，应避免电极被污染，故须经常更新标准溶液。电导率的测定范围通常在 10～10000μS/cm 之间。

（4）**溶解氧（DO）**　溶解氧是指溶解在水中氧的量，通常记作 DO，用 mg/L（每升水中氧气的毫克数）表示。水中溶解氧含量与水的温度有密切关系，水温愈低，水中溶解氧的含量愈高，但是由于水中含有其他物质，冷水的溶解氧也可能会低于热水。

溶解氧是污水处理系统中的重要指标之一，系统中溶解氧含量决定了优势菌种的种类，溶解氧不足时，会使好氧菌的代谢速率变慢。溶解氧低，有利于丝状菌生长，将引起污泥膨胀。溶解氧过高，污泥结构解体为针尖状小絮体，不易聚结沉淀。溶解氧是污水处理过程中的控制因素，显著影响污水处理效果，应将系统中的溶解氧浓度控制在有利于微生物生长的范围内。

（5）**氧化还原电位（ORP）**　污染物质溶解于溶液中时，会释放或吸收电子，得（还原）失（氧化）电子过程中产生的电流强度即氧化还原电位（ORP）。氧化还原电位可以用氧化还原电位计来测定，包括数字记录仪和淹没式 ORP 探头。表 1-1 列出了不同反应的氧化还原电位，以 mV（毫伏）为单位。

处理系统的 ORP 可以反映系统的操作运行状态，通过测定 ORP 可以判断目前的运行状态是否有利于系统运行。污水处理厂进水、初沉出水、活性污泥池内、生物膜反应池内及好氧消化过程中，应监测 ORP。《城镇污水处理厂运行监督管理技术规范》（HJ 2038—2014）中，原污水的 ORP 平均为 -200mV，最低可达 -400mV，当有雨水、渗流等混入时，会升高至 -50mV。

表 1-1　各生物系统中的 ORP

厌氧：发酵工程	-200～-50mV
缺氧：反硝化过程	-50～+50mV
好氧：碳（BOD）氧化过程	+50～+100mV
硝化过程	+225～+325mV

（6）氮、磷 氮、磷是植物的重要营养物质，也是污水进行生物处理时，微生物所必需的营养物质，主要来源于人类排泄物及某些工业废水。氮、磷是导致湖泊、水库、海湾等缓流水体富营养化的主要原因。

① 氮及其化合物 污水中含氮化合物有四种：有机氮、氨氮、亚硝酸盐氮与硝酸盐氮。四种含氮化合物的总量称为**总氮**（英文缩写为 TN，以 N 计）。有机氮很不稳定，容易在微生物的作用下，分解成其他三种。在无氧条件下，先分解为氨氮；在有氧条件下，分解为氨氮，再分解为亚硝酸盐氮与硝酸盐氮。

凯氏氮（英文缩写为 KN）包括大部分有机氮与氨氮。凯氏氮指标可以用来判断污水在进行生物法处理时，氮营养是否充足的依据。若进水中 BOD 含量较高，而氮的含量较低，则需补充氮源，使系统中的营养平衡，以保证 BOD 的去除完全。生活污水中凯氏氮含量约 40mg/L（其中有机氮约 15mg/L，氨氮约 25mg/L）。

氨氮在污水中的存在形式有游离氨（NH_3）与离子状态铵盐（NH_4^+）两种，故氨氮等于两者之和。污水进行生物处理时，氨氮不仅向微生物提供营养，而且对污水的 pH 起缓冲作用。但氨氮过高时，如超过 1600mg/L（以 N 计），对微生物产生抑制作用。

可见**总氮与凯氏氮之差值，约等于亚硝酸盐氮与硝酸盐氮；凯氏氮与氨氮之差值，约等于有机氮**。

② 磷及其化合物 和氮一样，磷也是微生物生长和繁殖的必需元素之一，在废水中以多种形式存在，包括正磷酸盐、有机磷盐和聚磷酸盐。通常以总磷表示各种磷的含量。磷的各种形式中，微生物最容易得到的是正磷酸盐。一些聚磷酸盐（水解性物质）在酸性条件下会水解成为正磷酸盐。

当地表水体中磷含量超标时，会引起藻类疯长和水体富营养化。因此，为了减小磷对水体的影响，污水处理厂对其出水中磷的含量加以控制。

生活污水中有机磷含量约为 3mg/L，无机磷含量约为 7mg/L。我国几座城市污水中氮、磷含量列于表 1-2，仅供参考。

表 1-2　我国几座城市污水中氮、磷含量　　　　　　　　单位：mg/L

城市	总氮	氨氮	总磷	钾
北京市	49.2～70.3	34.7～54.2	5.3～9.4	5.2～11.7
上海市	30.1～82.8	22.3～58.1	2.0～13.6	10.1～19.5
天津市	53.5～79.3	44.6～69.4	4.2～12.7	10.0
哈尔滨市	36.2～58.3	22.3～43.9	3.9～9.4	19.5
武汉市	28.7～47.5	25.2～40.3	3.3～11.2	29.1
广州市	29.2～34.9	22.4～28.6	4.5～6.1	—
重庆市	47.4～77.1	33.5～59.2	5.3～9.1	—

某些工业废水中氮、磷含量，列于表 1-3 中，仅供参考。

表 1-3　某些工业废水中氮、磷含量　　　　　　　　　　　　　单位：mg/L

工业废水	总氮	氨氮	总磷	钾
洗毛废水	584～997	120～640	—	—
含酚废水	140～180	2～10	3～17	8～13
制革废水	30～37	16～20	6～8	70～75
化工废水	30～76	28～56	1～12	1～16
造纸废水	20～22	4～8	8～12	10～15

（7）**硫酸盐与硫化物**　污水中的硫酸盐用硫酸根 SO_4^{2-} 表示。

生活污水的硫酸盐主要来源于人类排泄物；工业废水如洗矿、化工、制药、造纸和发酵等工业废水，含有较高的硫酸盐，浓度可达 1500～7500mg/L。

污水中的 SO_4^{2-}，在厌氧的条件下，由于硫酸盐还原菌、反硫化菌的作用，被还原成硫化物，而二硫化物又可与氢化合形成硫化氢（H_2S）。反应式如下：

$$SO_4^{2-} \xrightarrow[\text{反硫化菌}]{\text{厌氧}} S^{2-} + H^+ \xrightarrow{pH<6.5} H_2S\uparrow \tag{1-3}$$

在排水管道内，释出的 H_2S 与管顶内壁附着的水珠接触，在噬硫细菌的作用下形成 H_2SO_4，反应式如下：

$$H_2S + 2O_2 \longrightarrow H_2SO_4 \tag{1-4}$$

H_2SO_4 浓度可高达 7%，对管壁有严重的腐蚀作用，甚至可能造成管壁塌陷。污水生物处理 SO_4^{2-} 的允许浓度为 1500mg/L。

污水中的硫化物主要来源于工业废水（如硫化染料废水、人造纤维废水）和生活污水，硫化物在污水中的存在形式有硫化氢（H_2S）、硫氢化物（HS^-）与硫化物（S^{2-}）。当污水 pH 较低时（如低于 6.5），则以 H_2S 为主（H_2S 约占硫化物总量的 98%）；pH 较高时（如高于 9），则以 S^{2-} 为主。硫化物属于还原性物质，要消耗污水中的溶解氧，并能与重金属离子反应，生成金属硫化物的黑色沉淀。

（8）**氯化物**　生活污水中的氯化物主要来自人类排泄物，每人每日排出的氯化物约 5～9g。工业废水（如漂染工业、制革工业等）以及沿海城市采用海水作为冷却水时，都含有很高的氯化物。氯化物含量高时，对管道及设备有腐蚀作用，如灌溉农田，会引起土壤板结，氯化物浓度超过 4000mg/L 时对生物处理的微生物有抑制作用。

（9）**非重金属无机有毒物质**　非重金属无机有毒物质主要是氰化物与砷化物。

① **氰化物**　污水中的氰化物主要来自电镀、焦化、高炉煤气、制革、塑料、农药以及化纤等工业废水，含氰浓度约在 20～80mg/L 之间。氰化物是剧毒物质，人体摄入致死量是 0.05～0.12g。

氰化物在污水中的存在形式是无机氰（如氢氰酸 HCN、氰酸盐 CN^-）及有机氰化物（称为腈，如丙烯腈 C_2H_3CN）。

② **砷化物**　污水中的砷化物主要来自化工、有色冶金、焦化、火力发电、造纸及皮革等工业废水。砷化物在污水中的存在形式是无机砷化物（如亚砷酸盐 AsO_2^-、砷酸盐 AsO_4^{3-}）以及砷化物（如三甲基胂）。对人体的毒性排序为有机砷＞亚砷酸盐＞砷酸盐。砷会在人体内积累，属致癌物质（致皮肤癌）之一。

（10）**重金属离子** 重金属指原子序数在 21～83 之间的金属或相对密度大于 4 的金属。污水中的重金属主要有汞（Hg）、镉（Cd）、铅（Pb）、铬（Cr）、锌（Zn）、铜（Cu）、镍（Ni）、锡（Sn）、铁（Fe）、锰（Mn）等。生活污水中的重金属离子主要来自人类排泄物；冶金、电镀、陶瓷、玻璃、氯碱、电池、制革、造纸、塑料及颜料等工业废水，都含有不同的重金属离子。上述重金属离子，在微量浓度时，有益于微生物、动植物及人类；但当浓度超过一定值后，即会产生毒害作用，特别是汞、镉、铅、铬以及其化合物。

污水中含有的重金属难以净化去除。污水处理的过程中，重金属离子浓度的 60% 左右被转移到污泥中，使污泥中的重金属含量超过我国的《**农用污泥中污染物控制标准**》（GB 4284—2018），我国《**污水排入城镇下水道水质标准**》（GB/T 31962—2015），对工业废水排入城镇排水系统的重金属离子最高允许浓度有明确规定。超过此标准者，必须在工矿企业内进行局部处理。

1.2.2.2 有机物的性质及指标

生活污水中的有机物主要来源于人类排泄物及生活活动产生的废弃物、动植物残片等，主要成分是糖类化合物、蛋白质、脂肪与尿素，组成元素是碳、氢、氧、氮和少量的硫、磷、铁等。由于尿素分解很快，故在城市污水中很少发现尿素。食品加工、饮料等工业废水中有机物成分与生活污水基本相同，其他工业废水所含有机物种类繁多。

（1）**有机物的分类方式及性质** 有机物按被生物降解的难易程度，可分为两类四种。

第一类是**可生物降解有机物**，可分为两种，第一种是可生物降解且**对微生物无毒害或抑制作用的有机物**，如污水中的糖、淀粉、纤维素和木质素等糖类化合物和蛋白质与尿素[$CO(NH_2)_2$]，蛋白质与尿素也是生活污水中氮的主要来源。第二种是可生物降解但**对微生物有毒害或抑制作用的有机物**，如有机酸工业废水含有短链脂肪酸、甲酸、乙酸和乳酸。人造橡胶、合成树脂等工业废水含有机酸、碱包括吡啶及其同系物质均属此类。

第二类是**难生物降解有机物**，也可分为两种，第一种是难生物降解但对微生物无毒害或抑制作用的有机物，如生活污水中的脂肪和油类来源于人类排泄物及餐饮业洗涤水（含油浓度达 400～600mg/L，甚至 1200mg/L），包括动物油和植物油。脂肪酸甘油酯在常温时呈液态称为油，在低温时呈固态称脂肪。脂肪比糖类化合物、蛋白质更稳定，属于难降解有机物，对微生物无毒害或抑制作用。炼油、石油化工、焦化、煤气发生站等工业废水中，含有的矿物油即石油，具有异臭，也属于难降解有机物，对微生物无毒害或抑制作用。第二种是难生物降解，**且对微生物有毒害或抑制作用的有机物**，如各类有机农药均属于难生物降解有机物，对微生物有毒害与抑制作用。

上述两类有机物的共同特点是都可被氧化成无机物。第一类有机物可被微生物氧化，第二类有机物可被化学氧化或被经驯化、筛选后的微生物氧化。

（2）**有机物的污染指标** 由于有机物种类繁多，现有的分析技术难以区分并定量。但根据有机物可被氧化这一共同特性，用氧化过程所消耗的氧量作为有机物总量的综合指标进行定量。

① **生化需氧量 BOD** 生化需氧量又称生化耗氧量（Bio-Chemical Oxygen Demand，英文缩写为 BOD），是水体中的好氧微生物在一定温度下将水中有机物分解成无机物质，这一特定时间内的氧化过程中所需要的溶解氧量，是表示水中有机物等需氧污染物质含量的一个综合指标。生化需氧量代表了第一类有机物，即可生物降解有机物的数量。图 1-1 所示为可

生物降解有机物的降解及微生物新细胞的合成过程示意图。

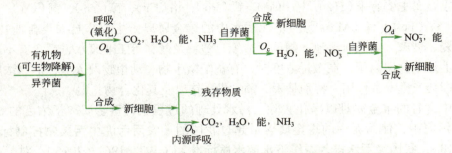

图1-1 可生物降解有机物的降解及微生物新细胞的合成过程示意图

由图1-1可知，在有氧条件下，污水中可生物降解的有机物的降解可分为两个阶段：第一阶段是碳氧化阶段，即在异养菌的作用下，含碳有机物被氧化（或称碳化）为CO_2、H_2O，含氮有机物被氧化（或称氨化）为NH_3，所消耗的氧以O_a表示。与此同时，合成新细胞（异养型）；第二阶段是硝化阶段，即在自养菌（亚硝化菌）的作用下，NH_3被氧化为NO_2^-和H_2O，所消耗的氧量用O_c表示，再在自养菌（硝化菌）的作用下，NO_2^-被氧化为NO_3^-，所消耗的氧量用O_d表示。与此同时合成新细胞（自养型）。上述两个阶段，都释放出供微生物生活活动所需要的能。合成的新细胞，在生活活动中，进行着新陈代谢，即自身氧化的过程，产生CO_2、H_2O与NH_3，并放出能量及氧化残渣（残存物质），这种过程叫做内源呼吸，所消耗的氧量用O_b表示。

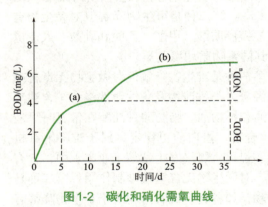

图1-2 碳化和硝化需氧曲线

耗氧量O_a+O_b称为第一阶段生化需氧量（或称为总碳氧化需氧量、总生化需氧量、完全生化需氧量）用S_a或BOD_u表示。耗氧量O_c+O_d称为第二阶段生化需氧量（或称为氮氧化需氧量、硝化需氧量）用硝化BOD或NOD_u表示。

上述两阶段氧化过程，也可用曲线图表示，在直角坐标纸上，以横坐标表示时间（d），纵坐标表示生化需氧量BOD（mg/L），见图1-2，曲线（a）表示在第一阶段生化需氧量曲线（即总碳氧化需氧量曲线），曲线（b）表示第二阶段生化需氧量曲线（即氮氧化氧量曲线）。**通常把20℃，5天测定的BOD_5作为衡量污水的有机物浓度指标。**

② **化学需氧量COD** 生化需氧量BOD能真实地反映微生物降解有机物时所需要的氧量，但它的测定时间较长，对指导实践不够及时，另外，有些工业废水不具备微生物生活所需的营养或者含有抑制微生物生长繁殖的物质，影响测定结果。为了克服上述缺点，可采用化学需氧量指标。

COD 化学需氧量（Chemical Oxygen Demand，英文缩写为COD）的测定原理是用**强氧化剂（我国法定用重铬酸钾）**，在酸性条件下，将有机物氧化成CO_2与H_2O，测定所消耗氧化剂中的氧量。由于重铬酸钾的氧化能力极强，可较完全地氧化水中各种性质的有机物，如对低直链化合物的氧化率可达80%～90%。

化学需氧量COD的**优点**是较准确地表示污水中有机物的含量，测定时间仅需数小时，且不受水质限制；**缺点**是不能像 BOD 那样反映出微生物氧化有机物、直接地从卫生学角度阐明被污染的程度。此外，污水中存在的还原性无机物（如硫化物）被氧化也需消耗氧，所以 COD 值也存在一定误差。

上述分析可知 COD 的数值大于 BOD，两者的差值大致等于难生物降解有机物量，难生物降解的有机物含量越多，越不宜采用生物处理法。因此 BOD/COD 的比值可作为该污水是否适宜于采用生物处理的判别标准，把 BOD/COD 的比值称为可生化性指标，比值越大，越容易被生物处理。

③ **总需氧量 TOD**　有机物中含 C、H、N、S 等元素，当有机物全都被氧化时，这些元素分别被氧化为 CO_2、H_2O、NO_2 和 SO_2，此时的需氧量称为总需氧量 TOD（Total Organic Demand，英文缩写为 TOD）。

TOD 的测定原理是将一定数量的水样，注入含氧量已知的氧气流中，再通过以铂钢为催化剂的燃烧管，在 900℃ 高温下燃烧，使水样中的有机物被燃烧氧化，消耗掉氧气流的氧，剩余的氧量用电极测定并自动记录，氧气流原有含氧量减去剩余含氧量即等于总需氧量 TOD 值。测定时间仅需几分钟。由于在高温下燃烧，有机物可被彻底氧化，故 TOD 值大。

此指标用仪器测定，与 BOD、COD 的测定相比，更为快速简便，其结果也比 COD 更接近于理论需氧量。

④ **总有机碳 TOC**　TOC 总有机碳（Total Organic Carbon，英文缩写为 TOC）的测定原理是先将一定数量的水样经过酸化，用压缩空气吹脱其中的无机碳酸盐，排除干扰，然后注入含氧量已知的氧气流中，再通过铂钢为催化剂的燃烧管，在 900℃ 高温下燃烧，把有机物所含的碳氧化成 CO_2，用红外气体分析仪记录 CO_2 的数量并折算成含碳量，即等于总有机碳 TOC，测定时间仅需几分钟。

TOD 与 TOC 的测定原理相同，但有机物数量的表示方法不同，前者用消耗的氧量表示，后者用含碳量表示。

水质比较稳定的污水，其 BOD、COD、TOD 和 TOC 之间，有一定的相关关系，数值大小的排序为 TOD > COD > BOD_u > BOD_5 > TOC。生活污水的 BOD/COD 比值相对稳定，工业废水的比值决定于工业性质，变化极大。一般认为该比值 > 0.3，可采用生化处理法；< 0.25 不宜采用生化处理法；0.2~0.3 难生化处理。

难生物降解有机物不能用 BOD 做指标，只能用 COD、TOC 或 TOD 等做指标。

每个水厂的 BOD 与 COD 间的关系都不是相同的，由于 COD 是几乎所有物质都被氧化后所需的氧，其值往往高于 BOD 值。应对水样同时测定 BOD 和 COD，确定两者间关系后，了解污水处理厂运行过程中的 B/C（BOD/COD）比，才能将 COD 作为水厂运行的控制指标。通常污水的 B/C 比随着污水处理过程而变化，进水的 B/C 一般接近 0.5，运行稳定的二级污水处理厂出水 B/C 接近 0.1。

1.2.3　生物性质及指标

污水中的有机物是微生物的食料，污水中的微生物以细菌与病菌为主。生活污水、食品工业废水、制革废水、医院污水等含有肠道病原菌（痢疾、伤寒、霍乱菌等），寄生虫卵（蛔虫、蛲虫、钩虫卵等），炭疽杆菌与病毒（脊髓灰质炎、肝炎、狂犬、腮腺炎、麻疹等）。如每克粪便中约含有 10^4~10^5 个传染性肝炎病毒。因此了解污水的**生物性质**有重要意义。

污水中的寄生虫卵，约有 80% 以上可在沉淀池中沉淀去除。但病原菌、炭疽杆菌与病毒等，不易沉淀，在水中存活的时间很长，具有传染性。

污水生物性质的检测指标有大肠菌群数（或称大肠菌群值）、大肠菌群指数、病毒及细菌总数。

（1）**大肠菌群数**（大肠菌群值）与**大肠菌群指数** 大肠菌群数（大肠菌群值）是每升水样中所含有的大肠菌群的数目，以个/L计。大肠菌群指数是查出1个大肠菌群所需的最少水量，以毫升（mL）计。可见大肠菌群数与大肠菌群指数是互为倒数，即：大肠菌群指数=1000/大肠菌群数（mL），若大肠菌群数为500个/L，则大肠菌群指数为1000/500，等于2mL。

大肠菌群数作为污水被粪便污染程度的卫生指标，原因有两个：①大肠菌与病原菌都存在于人类肠道系统内，它们的生活习性及在外界环境中的存活时间都基本相同。每人每日排泄的粪便中含有大肠菌约 $10^{11} \sim 4 \times 10^{11}$ 个，数量大大多于病原菌，但对人体无害；②由于大肠菌的数量多，且容易培养检验，但病原菌的培养检验十分复杂与困难。水中存在大肠菌，就表明受到粪便的污染，并可能存在病原菌。

（2）**病毒** 污水中已被检出的病毒有100多种。病毒往往存在于不同动物的粪便、尿液、血液和其他体液或分泌物中，并会污染水体。病毒危害着人类健康，会影响人的胃肠道，并随着患病人员的粪便排出。

病毒必须在活细胞内寄生并复制，因此在水中病毒的数量不会自行增加。污水处理、稀释、自然灭活以及水的深度处理都可以减少病毒数量。

在城市污水处理厂中，病毒的数量要比细菌少，并且检测复杂，一般常规的水和废水检测程序都不包括病毒的检测。若需做病毒检测，应由有经验的专业人员操作。

（3）**细菌总数** 细菌总数是大肠菌群数、病原菌、病毒及其他细菌数的总和，以每毫升水样中的细菌菌落总数表示。细菌总数愈多，表示病原菌与病毒存在的可能性愈大。因此用大肠菌群数，病毒及细菌总数等3个卫生指标来评价污水受生物污染的严重程度就比较全面。

1.2.4 生物脱氮、除磷的一般指标

2002年《城镇污水处理厂污染物排放标准》（GB 18918—2002）颁布，对城镇二级污水处理厂的排放水质作了更严格的规定，除了二级和三级排放标准外，还设置了更加严格的一级 A 标准（BOD＜10mg/L，SS＜10mg/L，COD≤50mg/L，磷酸盐≤0.5mg/L，氨氮≤5mg/L）和一级标准 B 标准（BOD≤20mg/L，SS＜20mg/L，COD≤60m/L，磷酸盐≤1.0mg/L，氨氮≤8mg/L）。故需要对污水进行脱氮，除磷处理。生物脱氮，除磷对污水BOD/TN（即 C/N）比值，BOD/P 比值有一定的要求。

（1）**BOD/TN（即 C/N）比值** C/N 的比值是判别是否有效生物脱氮的指标，理论上 C/N≥2.82 就能进行生物脱氮，实际工程宜 C/N≥3.5 才能进行有效脱氮。

（2）**BOD/P 比值** BOD/P 比值是衡量能否进行生物除磷的重要指标，一般认为该比值大于20，比值越大，生物除磷效果越好。

1.2.5 工业废水的污染指标

工业废水中常含有大量有毒有害的污染物，例如重金属、强酸、强碱、有机化学毒物、生物难降解有机物、油类污染物、放射性毒物、高浓度营养性污染物、热污染等。不同的工

业废水，其水质差异很大，例如有的工业废水中化学需氧量浓度仅为几百毫克/升，而有的会高达几十万毫克/升。有的工业废水的氮磷含量不能满足生物处理的营养需求，有的含氮磷浓度高达几千 mg/L。

为确切表示某种工业废水的特性，除了常用的生化需氧量、化学需氧量、悬浮物、氮、磷等一般的污染指标外，还应依据该工业废水的来源，选择增加具有代表性污染特征的指标，例如重金属、典型有机化学毒物、油类、酸碱度、温度、急性生物毒性、放射性等。

1.3 水质标准

为了保护水资源，控制水污染，有关部门制定了各种水质质量标准。具体可以归纳为两大类。

1.3.1 水域水质标准

水域水质标准是依据人类对水体的使用要求制定的。满足当地人们对自然水体最有利的要求有以下几个方面：饮用、公共给水、工业用水、农业用水、渔业用水、游览、航运、水上运动等。由于各类水体所服务的对象和内容不同，因此，对水体水质的要求也不同。一般饮用、公共用水水源和游览用水等要求水质较高；农业、渔业用水水质则以不影响动植物生长和不使动植物体内残毒超标为限；工业用水水源要满足生产用水的要求；而只用于航运等水体则对水质的要求相对较低。根据人类对自然水体的使用要求，我国已颁布了《地表水环境质量标准》（GB 3838—2002）、《地下水质量标准》（GB/T 14848—2017）、《海水水质标准》（GB 3097—1997）、《农田灌溉水质标准》（GB 5084—2005）、《渔业水质标准》（GB 11607—89）、《城市污水再生利用　城市杂用水水质标准》（GB/T 18920—2002）等。

1.3.2 排水水质标准

排水水质标准是依据水体的环境容量和现代的技术经济条件而制定的。要防止水体的污染，保持水体达到一定的水质标准，必须对排入水体的污染物的种类和数量进行严格的控制。因此，必须要制定严格的排水水质标准。

目前我国污水排放标准有：国家标准《污水综合排放标准》（GB 8978—1996）、《城镇污水处理厂污染物排放标准》（GB 18918—2002）、《污水排入城镇下水道水质标准》（GB/T 31962—2015）。行业标准，如《制革及毛皮加工工业水污染物排放标准》（GB 30486—2013）、《医疗机构水污染物排放标准》（GB 18466—2005）、《纺织染整工业水污染物排放标准》（GB 4287—2012）、《钢铁工业水污染物排放标准》（GB 13456—2012）、《合成氨工业水污染物排放标准》（GB 13458—2013）等，可作为规划、设计、管理与监测的依据。以及不同地区制定的地方标准。地区性或行业性标准只能适用于相应的地区或行业，根据 GB 8978—1996 的要求，综合排放标准与行业标准不交叉执行，如上述有国家行业标准的工业所排放的污水执行相应的国家行业标准，其他一切排放污水的单位则一律执行国家综合排放标准。

1.4 工业废水处理方式与排放标准

依据工业企业所在的区域、废水的性质、区域污水处理厂的设置及受纳水体的功能的要求等情况，工业废水可采用厂内处理和厂外集中处理两种方式。

1.4.1 工业废水的厂内处理及排放标准

（1）厂内废水处理方式　工业废水的厂内处理可分为厂内预处理和完全处理两种方式。位于工业园区的企业，或者废水可排入城市市政管网的企业，可采用厂内预处理后，再排入园区污水管网汇集到工业园区综合污水处理厂或者排入城镇污水官网汇集到城市污水处理厂集中处理。如果企业厂区周围没有市政管网和受纳水体，迫使企业污水零排放，采取厂内完全处理，处理后水质需达厂内回用水的水质要求。

工业企业执行哪个标准，需要依据处理后废水的排放去向，接纳水体的环境容量及当地的环境条件，按环保部门要求执行。

《污水综合排放标准》（GB 9878—1996）规定的第一类污染物是指总汞，烷基汞、总镉、总铬、六价铬、总砷、总铅、总镍、苯并[a]芘、总铍、总银、总α放射性和β放射性等这类毒性大，影响长远的有毒物质。含有此类污染物的废水，不分行业和污水排放方式，也不分受纳水体的功能类别，一律在车间或车间处理设施排放口采样，其最高允许排放浓度必须达到该标准要求（采矿行业的尾矿坝出水口不得视为车间排放口）。排放含有第一类污染物的工业废水的车间必须建立车间废水处理设施，经处理达标后方可排入厂区下水道，不得采用稀释方法排放。

（2）《污水排入城镇下水道水质标准》（GB/T 31962—2015）　工业废水排入城镇或工业园区下水道，必须达到《污水排入城镇下水道水质标准》（GB/T 31962—2015）规定的相应要求，该标准规定：

① 严禁向城镇下水道排放具有腐蚀性的污水或物质；
② 严禁向城镇下水道排入剧毒、易燃、易爆物质和有害气体、蒸气或烟雾；
③ 严禁向城镇下水道倾倒垃圾、积雪、粪便、工业废渣和排放易于凝集、沉积、造成下水道堵塞的污水；
④ 病原体、放射性污染物等，根据污染物的行业来源，其限值应按有关行业标准执行；
⑤ 水质超过该标准的污水，不得用稀释法降低其浓度后排入城镇污水管道。

并且根据城镇下水道末端污水处理厂的处理程度，将废水中的控制项目限值分为A、B、C三个等级。《污水排入城镇下水道水质标准》（GB/T 31962—2015）规定了46个控制项目排入城镇下水道水质执行的等级标准。

① 下水道末端污水处理厂采用再生处理时，排入城镇下水道的污水水质应符合A等级的规定。
② 下水道末端污水处理厂采用二级处理时，排入城镇下水道的污水水质应符合B等级的规定。
③ 下水道末端污水处理厂采用一级处理时，排入城镇下水道的污水水质应符合C等级的规定。

④ 下水道末端无污水处理设施时，排入城镇下水道的污水水质不得低于 C 等级的要求，应根据污水的最终去向，执行国家现行污水排放标准。标准中部分控制项目排入城镇下水道水质等级标准见表 1-4。

表 1-4　GB/T 31962—2015 中部分控制项目的标准限值　　　　　　　　　单位：mg/L

序号	控制项目名称	A 等级	B 等级	C 等级
1	悬浮物	400	400	300
2	五日生化需氧量（BOD_5）	350	350	150
3	化学需氧量（COD）	500（800）	500（800）	300
4	氨氮（以 N 计）	45	45	25
5	总氮（以 N 计）	70	70	45
6	总磷（以 P 计）	8	8	5

注：括号内数值为污水处理厂新建或改、扩建，且 $BOD_5/COD>0.4$ 时控制指标的最高允许值。

1.4.2　工业废水的集中处理及排放标准

工业废水集中处理分为工业园区废水集中处理和将工业废水与城镇生活污水混合处理两种方式。

工业园区废水集中处理。一般是先在各厂进行预处理，使其废水水质达到《污水排入城镇下水道水质标准》（GB/T 31962—2015）后，再排入园区污水处理厂，进行综合处理，处理后废水水质要达到相应的排放标准或再生回用标准。工业园区废水集中处理的优点是：处理成本低；运行管理水平高；废水处理过程产生的污泥可达到一定规模，有利于妥善处理和资源化利用。

工业废水与城镇生活污水混合处理。对于某些分散于城镇区域的工厂企业，产生的工业废水，经预处理后达到《污水排入城镇下水道水质标准》（GB/T 31962—2015），可排入城镇污水管道，与城镇生活污水混合，进入城镇污水处理厂处理。该集中处理的优点是：可生化性好，更易处理；企业水量水质的波动造成的影响小；运行费用低。但是工业废水的重金属和有毒化学品会对城镇污水处理厂出水的再生回用和污泥资源化利用产生影响。因此工业废水排入城镇污水处理厂前，必须严格控制其中的有毒有害物质。

1.5　水污染控制的基本方法

污水处理的基本方法，就是采用各种技术措施将污水中所含有的各种形态的污染物质分离出来回收利用，或将其分解、转化为无害和稳定的物质，从而使污水得到净化。

1.5.1　污水处理方法的分类

现代的污水处理技术，按其所采用的原理，可分为物理处理法、化学处理法、物理化学处理法和生物处理法四类。各类方法的适用条件如表 1-5 所示。

表1-5 污水处理与利用的基本方法

分类	处理与利用的工艺		去除对象	适用范围
物理法（一级处理）		均和调节	使水质、水量均衡	预处理
	重力分离法	沉淀	可沉物质	预处理
		隔油	颗粒较大的油珠	预处理
		气浮（浮选）	乳化油、纤维、纸浆、晶体等密度近于污水的悬浮物	中间处理
	离心分离法	水力旋流器	密度大的悬浮物，如砂石、铁屑	预处理
		离心机	乳化油、纤维、纸浆、晶体等	中间处理
	过滤	格栅	粗大的杂物	预处理
		砂滤	悬浮物、乳化油	中间或最终处理
		微滤机	极细小悬浮物	最终处理
		反渗透、超滤	某些分子、离子等	最终处理
	热处理	蒸发	高浓度酸、碱废液	最终处理
		结晶	可结晶物质，如盐类	最终处理
	磁分离		弱磁性极细颗粒	最终处理
化学法	投药法	混凝	胶体、乳化油	中间处理
		中和	酸、碱	中间或最终处理
		氧化还原	溶解性有害物质，如氰化物、硫化物、重金属离子	最终处理
		化学沉淀	重金属离子、还原性有机物等	最终处理
物理化学法	传质法	汽提	溶解性挥发性物质，如一元酚、氨等	中间处理
		吹脱	溶解性气体，如 H_2S、CO_2	中间处理
		萃取	溶解性物质	中间处理
		吸附	溶解性物质，如酚、汞	最终处理
		离子交换	可离解物质、盐类物质	最终处理
		电渗析		最终处理
生物法（二级处理）	自然生物处理	土地处理	胶状和溶解性有机物	最终处理
		稳定塘		最终处理
	人工生物法	生物膜		最终处理
		活性污泥法		最终处理
深度处理	化学处理	混凝沉淀	剩余的悬浮物	最终处理
	物理处理	过滤	胶状体和溶解性有机物	最终处理

1.5.2 污水处理流程

生活污水和工业废水中的污染物质是多种多样的，不能预期只用一种方法就能够把所有的污染物去除殆尽，一种污水往往需要通过由几种方法组成的**处理系统**，才能达到要求的处理程度。

图 1-3 所示的是城市污水处理系统的典型流程。由于 BOD 物质是城市污水的主要去除对象，因此，处理系统的核心是生物处理设备（包括二次沉淀池）。

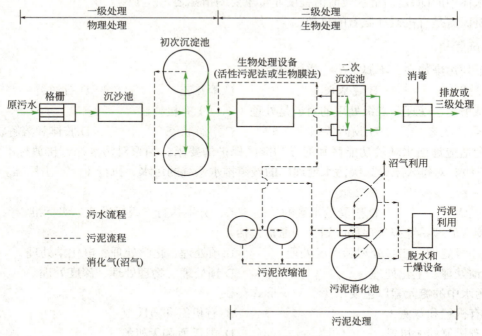

图 1-3　城市污水处理工艺流程图

一般城市污水（含悬浮物约 220mg/L，BOD_5 约 200 mg/L 左右）的处理效果如表 1-6 所示。

表 1–6　城市污水处理后的效果　　　　　　　　　　　　　　　　　　　　　单位：mg/L

处理等级	处理方法	悬浮物		BOD_5		氮		磷	
		去除率/%	出水浓度	去除率/%	出水浓度	去除率/%	出水浓度	去除率/%	出水浓度
一级处理	沉淀	50～60	90～110	25～30	140～150				
二级处理	活性污泥法或生物膜法	85～90	20～30	85～90	20～30	50	15～20	30	3～5

工业废水的处理流程，随工业性质、原料、成品及生产工艺的不同而不同，具体处理方法与流程应根据水质与水量及处理的对象，经调查研究或试验后决定。

❓ 习题及思考题

1.判断题

（1）BOD_5 包括硝化需氧量。（　　）

（2）COD_{Cr} 和 BOD_5 之差为污水中不可降解的有机物量。（　　）

（3）凯氏氮指标可以用来判断污水在进行生物处理时，氮营养是否充足的依据。（　　）

（4）污水排放标准可分为地方排放标准和一般排放标准两类。（　　）

（5）表示污水物理性质的主要指标有水温、色度、臭味、固体物质以及氮磷等物质。（　　）
（6）水体中的DO是衡量水质清洁程度非常重要的指标之一。（　　）
（7）凯氏氮是有机氮和氨氮的总和。（　　）

2.单项选择题

（1）下列污染物中，不属于第一类污染物的是（　　）。
　　A.总铜　　　　　　B.烷基汞　　　　　　C.苯并芘　　　　　　D.石油类
（2）城市污水处理厂二级处理的对象是处理（　　）有机物。
　　A.悬浮状态　　　　B.胶体状态　　　　　C.溶解状态　　　　　D.胶体和溶解状态
（3）为适应地面水环境功能区和海洋功能区保护的要求，国家对污水综合排放标准划分为三级，对排入未设二级污水处理厂的城镇排水系统的污水，执行（　　）标准。
　　A.一级　　　　　　B.二级
　　C.三级　　　　　　D.按受纳水域的功能要求，分别执行一级标准或二级标准
（4）废水处理系统按处理程度划分，通常包括（　　）。
　　A.一级处理、二级处理和深度处理　　　　B.预处理、化学处理、电化学处理
　　C.预处理、生化处理　　　　　　　　　　D.预处理、物理处理、深度处理
（5）污水中的氮元素以主要以（　　）形式存在。
　　A.有机氮和氨氮　　　　　　　　　　　　B.有机氮和凯氏氮
　　C.有机氮和无机氮　　　　　　　　　　　D.凯氏氮和无机氮
（6）污水按（　　）可分为生活污水、工业废水。
　　A.来源　　　　　　B.性质　　　　　　　C.含量　　　　　　　D.多少
（7）水温是污水水质的重要（　　）性质指标之一。
　　A.物理　　　　　　B.化学　　　　　　　C.生物　　　　　　　D.生化
（8）污废水排放时，pH要求的范围为（　　）。
　　A.3～5　　　　　　B.4～7　　　　　　　C.6～9　　　　　　　D.9～11
（9）城市污水处理厂一级处理SS的去除效率为（　　）。
　　A.20%～30%　　　 B.30%～40%　　　　　C.40%～50%　　　　　D.50%～60%
（10）以下不属于国家工业废水排放标准的主要指标是（　　）。
　　A.氨氮　　　　　　B.BOD_5　　　　　　C.pH　　　　　　　　D.Fe^{2+}
（11）城市污水经二级处理，排入受纳水体之前，进行加氯消毒并保持一定的余氯浓度，一般加氯量为（　　）mg/L。
　　A.5～10　　　　　 B.15～25　　　　　　 C.25～40　　　　　　 D.40～55

2 污水的物理处理

借助于物理作用分离和除去污水中不溶性悬浮物体或固体的方法叫**物理处理法**,又称之为机械治理法。这种方法的最大优点是简单易行,效果良好,费用也较低。

2.1 均和调节

2.1.1 均和调节作用

污水的水质、水量常常是不稳定的,具有很强的随机性。尤其是当操作不正常或设备产生泄漏时,污水的水质就会急剧恶化,水量也大大增加,往往会超出污水处理设备的处理能力,给处理操作带来很大的困难,使污水处理设施难以维持正常操作,特别是对生物处理设备净化功能影响极大,甚至使整个处理系统遭到破坏。

调节的作用就是减少污水特征上的波动,为后续的水处理系统提供一个稳定和优化的操作条件。在调节的过程中通常要进行混合,以保证水质的均匀和稳定,这就是**均衡**。

通过调节和均衡作用主要达到以下目的:

① 提供对污水处理负荷的缓冲能力,防止处理系统负荷的急剧变化;

② 减少进入处理系统污水流量的波动,使处理污水时所用化学品的加料速率稳定,适合加料设备的能力;

③ 控制污水的 pH 值,稳定水质,并可减少中和作用中化学品的消耗量;

④ 防止高浓度的有毒物质进入生物化学处理系统;

⑤ 当工厂或其他系统暂时停止排放污水时,仍能对处理系统继续输入污水,保证系统的正常运行。

调节和均衡作用可以通过设在污水处理系统之前的**调节池**来实现。

2.1.2 水量调节

污水处理中单纯的水量调节有两种方式:一种为**线内调节**(见图 2-1),进水一般采用重力流,出水用泵提升;另一种为**线外调节**(见图 2-2)。调节池设在旁路上,当污水流量过高时,多余污水用泵打入调节池,当流量低于设计流量时,再从调节池回流至集水井,并送去后续处理。

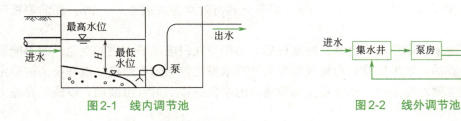

图 2-1 线内调节池　　　　　　　　图 2-2 线外调节池

线外调节与线内调节相比，其调节池不受进水管高度限制，但被调节水量需要两次提升，消耗动力大。

2.1.3 水质调节

水质调节的任务是对不同时间或不同来源的污水进行混合，使流出的水质比较均匀。水质调节的基本方法有两种。

2.1.3.1 外加动力调节

水质调节采用外加动力调节（见图2-3）。外加动力就是采用外加叶轮搅拌、鼓风空气搅拌、水泵循环等设备对水质进行强制调节，它的设备比较简单，运行效果好，但运行费用高。

2.1.3.2 采用差流方式调节

水质调节采用差流方式进行强制调节，使不同时间和不同浓度的污水进行水质自身水力混合，这种方式基本上没有运行费用，但设备较复杂。

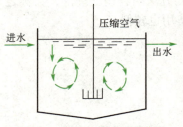

图2-3 外加动力水质调节池

（1）对角线调节池　差流方式的调节池类型很多，常用的是对角线调节池（见图2-4）。对角线调节池的特点是出水槽沿对角线方向设置，污水由左右两侧进入池内后，经过一定时间的混合才流到出水槽，使出水槽中的混合污水在不同的时间内流出，即不同时间、不同浓度的污水进入调节池后，就能达到自动调节均和水质的目的。

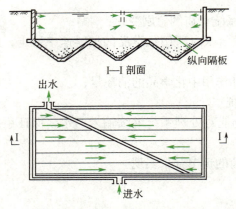

图2-4 对角线调节池

2.1 对角线调节池　2.2 折流调节池

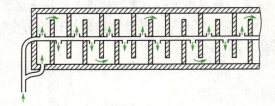

图2-5 折流调节池

为了防止污水在池内短路，可以在池内设置若干纵向隔板。污水中的悬浮物会在池内沉淀，这样可考虑设置沉渣斗，通过排渣管定期将污泥排出池外。如果调节池的容积很大，需要设置的沉渣斗过多，这样管理太麻烦，可考虑将调节池做成平底，用压缩空气搅拌，以防止沉淀。空气用量为 $1.5 \sim 3 m^3/(m^2 \cdot h)$ 调节池的有效水深采取 $1.5 \sim 2m$，纵向隔板间距为 $1 \sim 1.5m$。

如果调节池采用堰顶溢流出水，则这种形式的调节池只能调节水质的变化，而不能调节水量和水量的波动。如果后续处理构筑物要求处理水量比较均匀和严格，以利投药的稳定或控制良好的微生物处理条件，则需要使调节池内的水位能够上下自由波动，以便贮存盈余水量，补充水量短缺。

（2）**折流调节池** 折流调节池（见图 2-5）在池内设置许多折流隔墙，污水在池内来回折流，充分在池内得到混合、均衡。折流调节池配水槽设在调节池上，通过许多孔口流入，投配到调节池的前后各个位置内，调节池的起端流量一般控制在 1/3～1/4 流量，剩余的流量可通过其他各投配口等量地投入池内。

外加动力的水质调节池和折流调节池，一般只能调节水质而不能调节水量，调节水量的调节池需要另外设计。

2.1.4 调节池容积的计算

调节池的容积可按污水浓度和流量变化的规律和要求的调节均和程度来计算。在一般场合，用于工业废水的调节池，其容积可按 6～8h 的污水水量计算，若水质水量变化大时，可取 10～12h 的流量，甚至采取 24h 的流量计算。采用的调节时间越长，污水水质越均匀，应根据具体条件和处理要求来选定合适的调节时间。污水经过一定的调节时间后的平均浓度可按下式计算：

$$c = \frac{c_1 Q_1 t_1 + c_2 Q_2 t_2 + \cdots + c_n Q_n t_n}{qT} \tag{2-1}$$

式中　　c——时间 T 内的污水平均浓度，mg/L；

q——时间 T 内的污水平均流量，m³/h；

$c_1, c_2, \cdots, c_n$——污水在各时间段 $t_1, t_2, \cdots, t_n$ 内的平均浓度，mg/L；

$Q_1, Q_2, \cdots, Q_n$——相应于 $t_1, t_2, \cdots, t_n$ 时段内的污水平均流量，m³/h；

T——$t_1, t_2, \cdots, t_n$ 时间段（时）总和。

调节池的容积可按下式计算：

$$V = qT \tag{2-2}$$

若采用对角线调节池，容积可按下式计算：

$$V = \frac{qT}{1.4} \tag{2-3}$$

式中　1.4——经验系数。

上述计算公式中的基本数据，是通过实测取得的逐时污水流量与其对应的污水浓度变化图表而来的。因此，污水流量和水质变化的观测周期越长，则调节池计算结果的准确性与可靠性也越高。

2.2　筛滤

筛滤是污水处理厂中的第一个处理单元，筛是一个有孔眼的过滤装置，主要用于除去污水中较大的漂浮物和悬浮物，目标是：①减轻后续处理构筑物的处理负荷；②防止堵塞水泵或管路；③回收有用物质。

用于污水处理的筛滤装置通常有两种类型，分别是格栅和筛网。**格栅**的间隙一般在 3～100mm，用于去除粗大的漂浮物和悬浮物，**筛网**的有效孔径一般小于 6mm。

筛滤元件可由平行的金属棒（条）、金属丝、尼龙格网、金属网或穿孔板组成，孔眼通常是圆形或长（正）方形缝隙。由平行的棒或条构成的筛称为格栅，用于去除较大的悬浮物，如毛发、碎屑、果皮、塑料制品等，其去除物叫栅渣；由楔形金属丝、穿孔板和金属丝织物等构成的叫筛网，用于去除不易沉淀的较小的悬浮物，如纤维、纸浆、藻类等，其去除物叫筛余物。

2.2.1 格栅

2.2.1.1 格栅的安装位置、作用及类型

在城市污水处理中，**格栅**通常由一组或多组平行金属棒（条）制成的框架组成，倾斜或直立地设立在进水渠道中，或在泵站的集水池入口处，拦截粗大的悬浮物，以保护水泵、阀门、管道和其他附件，使其不受破布或较大物体的堵塞和损伤。工业废水处理厂是否需要则取决于废水的特性。

按照清除方法不同，可将格栅分为两大类：人工清理格栅和机械格栅。

（1）**人工清理格栅**　适用于小型污水处理厂。此类格栅用直钢条制成，为方便清渣作业，避免清渣过程中栅渣掉回水中，安装角度取30°～45°为宜（安装角度为格栅平面与水平面的夹角）。

（2）**机械格栅**　当栅渣量大于0.2m³/d时，采用机械格栅。其安装角度为60°～70°，有时也以90°角安置。机械格栅可分为两大类，一类是格栅固定不动，截留物用机械方法清除，如移动伸缩臂式格栅除污机、钢绳牵引式格栅除污机等；另一类是活动格栅，如回转式、鼓轮式、阶梯式除污机等。图2-6是鼓轮式格栅。

2.3　回转式格栅　　2.4　钢丝绳牵引式格栅除污机　　2.5　移动伸缩臂式格栅除污机

图2-6　鼓轮式格栅

按格栅栅条的净间隙，可分为粗格栅（50～100mm）、中格栅（10～40mm）、细格栅（3～10mm）3种。在大型污水处理厂（站），一般应设置两道格栅，一道筛网。第一道粗格栅（间隙40～100mm）或中格栅（间隙4～40mm）；第二道中格栅或细格栅（4～10mm）；第三道为筛网（小于4mm）。

处理构筑物前置格栅和筛网、栅条间隙根据污水种类、流量、代表性杂物种类和大小来确定。一般应符合下列要求：最大间隙50～100mm；机械清渣5～25mm；人工清渣5～50mm；筛网0.1～2mm。

水泵前置格栅，栅条间隙应根据水泵要求来确定，一般可参照表2-1。

表2-1　污水泵型号、栅条间隙与栅渣量的关系

污水泵型号	栅条间隙/mm	栅渣量/[L/(人·d)]	污水泵型号	栅条间隙/mm	栅渣量/[L/(人·d)]
2.5PW、2.5PWL	≤20	4～6	8PW	≤90	0.5
4PW、4PWL	≤40	2.7	10PWL	≤110	<0.5
6PW	≤70	0.8	12PWL	≤110	<0.5

续表

污水泵型号	栅条间隙/mm	栅渣量/[L/(人·d)]	污水泵型号	栅条间隙/mm	栅渣量/[L/(人·d)]
14PWL	≤120	<0.5	14Sh	≤20	5～6
16PWL	≤130	<0.5	20Sh	≤25	4.0
32PWL	≤150	<0.5	24Sh	≤30	3.2
20ZLB-70	≤60	1.0	32Sh	≤40	2.7
28ZLB-70	≤90	0.5			

2.2.1.2 格栅的运行和管理

（1）**过栅流速的控制**　合理地控制过栅流速，能够使格栅高效地发挥拦截作用。一般认为，污水过栅越缓慢，拦污效果越好，但当缓慢至砂在栅前渠道及栅下沉积时，过水断面会缩小，反而使流速变大。污水在栅前渠道流速一般应控制为 0.4～0.8m/s，过栅流速应控制在 0.6～1.0m/s。具体控制在多少，应视处理厂来水中污物的组成、含砂量以及格栅间距等具体情况而定。运行人员应在运转实践中摸索出本厂的过栅流速控制范围。

栅前流速和过栅流速的计算公式如下所述。

栅前流速：

$$v_1 = \frac{Q}{BH_1} \tag{2-4}$$

式中　v_1——栅前渠道内水流速度，m/s；
　　　Q——入流污水流量，m³/s；
　　　B——栅前渠道宽度，m；
　　　H_1——栅前渠道的水深，m。

过栅流速：

$$v = \frac{Q}{b(n+1)H_2} \tag{2-5}$$

式中　v——污水通过格栅时的水流速度，m/s；
　　　b——栅条净间隙，m；
　　　n——格栅栅条的数量；
　　　H_2——格栅的工作水深，m。

污水流量可从厂内的流量测量设施得出，水深可由液位计测得，也可在渠道内设一竖直标尺读取。

过栅流速的控制可通过调整格栅的运行台数控制水流的过栅速度，使过栅流速在所要求的范围内。

过栅流速太高或太低，有时是由于进入各个渠道的流量分配不均匀引起的。流量大的渠道，对应的过栅流速必然高，反之，流量小的渠道，过栅流速则较低。应经常检查并调节栅前的流量调节阀门或闸门，保证过栅流量的均匀分配。

（2）**栅渣的清除**　为使水流通过格栅时，水流横断面积不减少，应及时清除格栅上截留的污物。间歇式操作的机械格栅，其运行方式可用定时控制操作，或按格栅前后渠道的液位差的随动装置来控制格栅的工作程度，有时也采用上述两种方式相结合的运行方式。

格栅前后的液位差与污水流过格栅的水头损失相当，过栅水头损失与过栅流速、栅条形状及格栅的拦污状况有关，一般控制在 0.08～0.15m 之间。

从清污来看，利用栅前液位差，即过栅水头损失来自动控制清污，是最好的方式。因为只要格栅上有栅渣累积，水头损失必然增大。缺点是在一些处理厂的冬季运行中，由于热蒸汽冷凝使液位计探头测量不准确，导致控制失误。定时开停的除污方式比较稳定，缺点是当栅渣量增多时，会使清污不及时。手动开停方式的缺点是操作工工作量较大，但能够保证及时清污。不管采用哪种清污方式，值班人员都应经常到现场巡检，观察格栅上栅渣的累积情况，并估计栅前后液位差是否超过最大值，做到及时清污。

2.6　转筒筛网　　2.7　振动筛网

2.8　水力筛网　　2.9　转盘式筛网

（3）定期检查渠道的沉砂情况　格栅前后渠道内积砂除与流速有关外，还与渠道底部流水面的坡度和粗糙度等因素有关系，应定期检查渠道内的积砂情况，及时清砂并排除积砂的原因。

（4）机械格栅的维护管理　机械格栅是污水处理厂内最易发生故障的设备之一，巡检时应注意有无异常声音，栅条是否变形，应定期加油保养。

2.2.2　筛网

筛网用以截阻、去除污水中的纤维、纸浆等较细小的悬浮物。筛网一般用薄铁皮钻孔制成，或用金属丝编制而成，孔眼直径为 0.5～1.0mm。

筛网的形式有很多种。图 2-7 所示是用于从制浆造纸工业废水中回收纸浆纤维的转鼓式筛网，转鼓绕水平轴旋转，圆周转速约为 0.5m/s，废水由鼓外进入，通过筛网的孔眼过滤，流入鼓内。纤维被截留在鼓面上，在其转出水面后经挤压轮挤压脱水，再用刮刀刮下回收。筛网孔眼的大小，按每 1m² 筛网截留 20～70g 纤维考虑确定。

图 2-8 所示为一种新型水力驱动转鼓式筛网。该装置设在水渠出口或水池入口处，当含有纤维的污水流入转鼓筛网上，随着转鼓旋转，纤维被带至转鼓上部，经加压水冲洗后落在滑纤板上，滑落至集纤盘再由人工清理。转鼓的驱动是以水作动力，将冲网水分出一部分直接注入水斗，在水斗重力的作用下，使转鼓产生一个扭矩，致使转鼓旋转。这种形式的转鼓筛网优点是不需要电力，结构简单可靠，运行费用低。筛网及过水部分均为不锈钢制作。

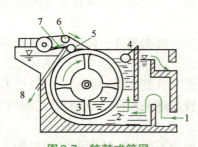

图 2-7　转鼓式筛网

1—进水；2—转鼓池；3—滤后水；4—水位浮球；
5—滤渣挤压轮；6—调整轮；7—刮刀；8—滤渣回收

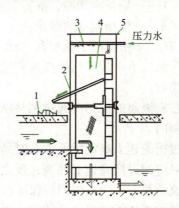

图 2-8　水力驱动转鼓式筛网

1—集纤盘；2—滑纤盘；3—冲网水管；
4—筛网；5—箱体

微滤机是一种筛网过滤器，用以截留细小悬浮物，如去除二级出水和稳定塘中的悬浮固体，图2-9所示是微滤机的工作示意图。

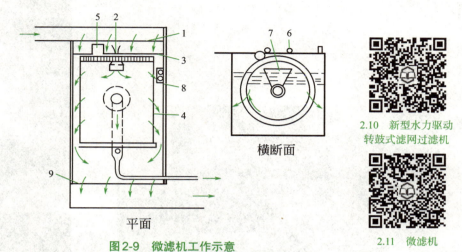

图2-9 微滤机工作示意

1—进水堰；2—进口阀门；3—放空阀门；4—转鼓；5—驱动装置；6—冲洗水管；
7—冲洗水集水管；8—水位差测定仪；9—出水堰

滤前水由进水堰溢流到集水槽，并通过进口阀门流入转鼓中，转鼓的另一端是封闭的。滤网敷在转鼓周围，转鼓内水面较外侧为高，借助于转鼓滤网内外的水位差，使鼓内水能够滤流到转鼓外侧。滤后水经出水堰排出。转鼓在池内的浸水深度，一般为其直径的3/5左右。

在转鼓的正上方，与转鼓平行设置有带喷嘴的冲洗水管。每当转鼓转到对应于冲洗水管的位置时，鼓内的截留物便受到反向冲洗。冲洗后的水经转鼓内的集水斗通过排水管排出。排水管是通过转鼓的中空转轴连通到池外的。驱动装置附有变速装置。

转鼓上的滤网可用铜丝、镍丝、不锈钢丝或尼龙丝等织成，网眼多为20～40μm。

微滤机的主要运行参数包括转速、滤速和冲洗强度等。转鼓的转速一般介于3～20r/min之间，滤率介于20～90m/h之间，多采用20～25m/h。冲洗水用量为滤过水量的3%～5%，冲洗水压力为0.05～0.2MPa。过网水头损失不超过0.25m，整个滤机的水头损失则不超过0.45m。

影响微滤机截留效果的因素很多，主要是悬浮杂质的物理化学性质和浓度。

2.2.3 栅渣或筛余物的处理和处置

收集到的栅渣或筛余物，经过压缩将含水率降至一定程度后，直接运到处置区填埋，或同城市垃圾一起处理；大型系统也有采用焚烧的方法彻底处理；或将栅渣破碎后返回污水中，随水流至后续污水处理构筑物进行处理。

破碎机可安装在格栅后、污水泵前，作为格栅的补充，防止污水泵被阻塞并提高与改善后续处理构筑物的处理效能；也可安装在沉砂池之后，使破碎机的磨损减轻。图2-10是目前用得较多的栅渣脱水机，图2-11是目前用得较多的破碎机。

图2-10 栅渣脱水机

图2-11 破碎机

2.3 沉淀

2.3.1 沉淀的基本理论

2.3.1.1 沉淀的作用

沉淀是使水中悬浮物质（主要是可沉固体）在重力作用下下沉，从而与水分离，使水质得到澄清。这种方法简单易行，分离效果良好，是水处理的重要工艺，在每一种水处理过程中几乎都不可缺少。在各种水处理系统中，沉淀的作用有所不同，大致如下：

① 作为化学处理与生物处理的预处理；
② 用于化学处理或生物处理后，分离化学沉淀物、分离活性污泥或生物膜；
③ 污泥的浓缩脱水；
④ 灌溉农田前作灌前处理。

2.3.1.2 沉淀的类型

按照水中悬浮颗粒的浓度、性质及其絮凝性能的不同，沉淀现象可分为以下几种类型。

（1）**自由沉淀** 悬浮颗粒的浓度低，在沉淀过程中互不黏合，不改变颗粒的形状、尺寸及密度。如沉砂池中颗粒的沉淀。

（2）**絮凝沉淀** 当悬浮物浓度较低（约为 50～500mg/L）时，在沉淀过程中，颗粒与颗粒之间可能相互碰撞产生絮凝作用，使颗粒的粒径与质量逐渐加大，沉淀速度不断加快，比如活性污泥在二次沉淀池中的沉淀就是此种类型。

（3）**拥挤沉淀** 水中悬浮颗粒的浓度比较高，在沉降过程中，产生颗粒互相干扰的现象，在清水与浑水之间形成明显的交界面，并逐渐向下移动，因此又称成层沉淀。活性污泥法后的二次沉淀池以及污泥浓缩池中的初期情况均属这种沉淀类型。

（4）**压缩沉淀**　一般发生在高浓度的悬浮颗粒的沉降过程中，颗粒相互接触并部分地受到压缩物支撑，下层颗粒间隙中的液体被挤出界面，固体颗粒群被浓缩。浓缩池中污泥的浓缩过程属此类型。

2.3.1.3　沉速公式

为了说明影响颗粒沉淀的主要因素，现以单体球形颗粒的自由沉淀为例加以说明。颗粒在重力、浮力以及水的阻力的作用下，当达到平衡时以匀速下沉，对于层流状态（通常把雷诺数 $Re<2$ 的颗粒沉降状态称为层流状态）直径为 d 的球形颗粒，其沉降速度可用斯托克斯公式表示。

$$u=\frac{g(\rho_s-\rho)d^2}{18\mu} \tag{2-6}$$

式中　u——颗粒沉降速度，m/s；
　　ρ_s, ρ——分别为颗粒、水的密度，g/cm³；
　　g——重力加速度，m/s²；
　　d——与颗粒等体积的圆球直径，cm；
　　μ——水的动力黏滞系数，与水温有关，g/(cm·s)。

由上式可见，颗粒与水的密度差是影响颗粒分离的一个主要因素。若 $\rho_s-\rho>0$，表示颗粒下沉，则 u 为下沉速度；若 $\rho_s-\rho=0$，表示颗粒既不下沉也不上浮，颗粒处于悬浮状态；若 $\rho_s-\rho<0$，u 为负值，表示颗粒比水轻，从而上浮，此时 u 为上浮速度。

此外，d 与 μ 对沉速也有重要影响，特别是 d，增大 d 或降低 μ，均有助于提高沉降速度。

2.3.1.4　沉降曲线

污水中的悬浮物实际上是大小、形状及密度都不相同的颗粒群，其沉淀特性也因污水性质不同而异。因此，通常要通过沉淀实验来判定其沉淀性能，并根据所要求的沉降效率来取得沉降时间和沉降速度这两个基本的设计参数。按照实验结果所绘制的各参数之间的相互关系的曲线，统称为**沉降曲线**。对于不同类型的沉淀，它们的沉降曲线的绘制方法是不同的。

图2-12为自由沉淀型的沉降曲线。其中，图（a）为沉降效率 E 与沉降时间 t 之间的关系曲线；图（b）为沉降效率与沉降速度 u 之间的关系曲线。

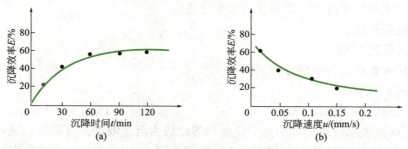

图2-12　自由沉淀型的沉降曲线

若污水中的悬浮物浓度为 c_0，经 t 时间沉降后，水样中残留浓度为 c，则沉降效率为：

$$E=\frac{c_0-c}{c_0}\times100\% \tag{2-7}$$

2.3.1.5 沉淀池分离效果分析

为了分析沉淀的普遍规律及其分离效果，提出一种理想沉淀池的模式，理想沉淀池由流入区、沉降区、流出区和污泥区四部分组成（见图2-13）。对于理想的沉淀池，作如下假定：一是从入口到出口，池内污水按水平方向流动，颗粒水平分布均匀，水平流速为等速流动；二是悬浮颗粒沿整个水深均匀分布，处于自由沉淀状态，颗粒的水平分速等于水平流速，沉降速度固定不变；三是颗粒沉到池底即认为被除去。

按照上述条件，悬浮颗粒在沉淀池内的运动轨迹是一系列倾斜的直线。

设 u_0 为某一指定颗粒的沉降速度，又称 u_0 为指定颗粒最小沉降速度，它的含义是：在给定的沉降时间 t 内，位于进水口水面上的这种颗粒正好沉到池底。当颗粒的沉降速度 $u \geq u_0$ 时，可沉于池底部（如 AD 线）；当沉速 $u < u_0$ 时，不能一概而论，其中一部分靠近水面，可被水带出（如 AE 线），而另一部分因接近池底，而能沉于池底。

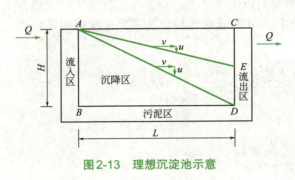

图2-13 理想沉淀池示意

在理想沉淀池中，可得到下列各项关系式：

$$L = \frac{VH}{u_0} \tag{2-8}$$

$$t = \frac{L}{v} = \frac{H}{u_0} \tag{2-9}$$

$$V = Qt = HBL \tag{2-10}$$

$$q_0 = \frac{Q}{A} = u_0 \tag{2-11}$$

式中　　L ——池长；
H ——沉降区有效水深；
B ——池宽；
v ——污水的水平流速，即颗粒的水平分速；
u_0 ——沉降速度；
V ——沉淀池容积；
t ——污水在沉淀池内的停留时间；
Q ——进水流量；
A ——沉降区平面面积。

通常称沉淀池进水流量与沉淀池平面面积的比值为沉淀池**表面负荷率**，又称**过滤率**，用符号 q_0 表示，它与 u_0 在数值上是相同的（但单位不同）。应该指出，在实际沉淀池中，由于紊流、水温、进出口水流不匀等因素的影响，水在池内实际停留时间要比理想沉淀池的短，故在应用静态沉淀实验资料进行沉淀池设计和核算时需加以修正，可按下式考虑：

$$q_d = \left(\frac{1}{1.25} \sim \frac{1}{1.75}\right) q_0 \tag{2-12}$$

$$u_d = \left(\frac{1}{1.25} \sim \frac{1}{1.75}\right) u_0 \tag{2-13}$$

$$t_d = (1.5 \sim 2.0) t_0 \tag{2-14}$$

式中，q_0、u_0、t_0 分别为静态沉淀实验的表面负荷、最小沉速和沉降时间；q_d、u_d、t_d 分别为沉淀池的设计表面电荷、最小沉速和沉降时间。

沉淀池的沉降率仅与颗粒沉速或沉淀池的表面负荷有关，而与池深和沉降时间无关。在可能的条件下，应该把沉淀池搞得浅些，表面积大些，这就是颗粒沉淀的浅层理论。

2.3.2 沉砂池的构造与工作特征

沉砂池的功能是从污水中分离相对密度较大的无机颗粒，例如砂、炉灰渣等。它一般设在泵站、沉淀池之前，用于保护机件和管道免受磨损，还能使沉淀池中污泥具有良好的流动性，能防止排放与输送管道被堵塞，且能使无机颗粒和有机颗粒分别分离，便于分离处理和处置。

沉砂池的工作，是以重力分离作为基础（一般属自由沉淀类型），就是把沉砂池内的水流速度控制到只能使相对密度大的无机颗粒沉淀，而有机颗粒可随水流出的程度。

常用的沉砂池有平流沉砂池、曝气沉砂池和钟式沉砂池。

2.3.2.1 平流沉砂池

平流沉砂池结构简单，截留效果好，是沉砂池中常用的一种。这种池子的水流部分，实际上是一个加宽加深的明渠，两端设有闸板，以控制水流，池底设 1～2 个贮砂斗，如图 2-14 所示。利用重力排砂，也可用射流泵或螺旋泵排砂。

2.12 平流式沉砂池

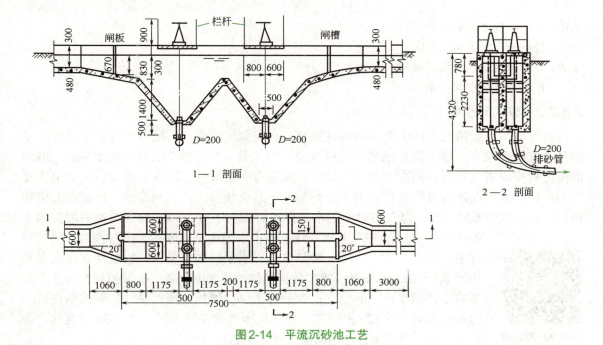

图 2-14 平流沉砂池工艺

设计和核算时，应考虑下列各项：
① 污水按自流方式流入池内时，应按最大设计流量计算；
② 当污水用泵抽送入池内时，应按工作水泵的最大组合流量计算；
③ 沉砂池座数或分格数不应少于2个，按并联设计，当污水量较少时，可考虑一格工作，一格备用。

设计和运行时，采用的主要技术数据如下：
① 池内最大流速为 0.3m/s，最小流速为 0.15m/s；
② 水在池内停留时间一般为 30～60s；
③ 有效水深不应大于 1.2m，每格宽度不小于 0.6m；
④ 贮砂斗容积一般按 2d 内沉砂量考虑。

平流式沉砂池的运行操作要点：
运行操作主要是控制污水在池中的水平流速 v 和水力停留时间 T。水平流速一般控制在 0.15～0.30m/s，具体取决于污水中砂的粒径大小。污水中砂的粒径大，则可增加水平流速，反之则应减小 v 才能使砂粒充分沉淀下来。控制要点是，当流量变化时首先应调整溢流堰高度来改变有效水深；而后考虑改变运行池数。

水力停留时间一般应控制在 30～60s，水力停留时间影响沉砂效率，如停留时间太短，则在某一水平流速本应沉淀下来的砂粒也会随水流走，反之，有机物将沉淀下来。

水平流速 v 和水力停留时间 T 的计算公式分别为

$$v = \frac{Q}{BHn} \quad (2\text{-}15)$$

$$T = \frac{BLHn}{Q} \quad (2\text{-}16)$$

式中　n——投运池数；
　　　Q——入厂流量，m³/s；
　　　B，L——池宽和池长，m；
　　　H——有效水深，m。

2.3.2.2 曝气沉砂池

普通沉砂池截留的沉砂中夹杂一些有机物，影响截留效果。采用曝气沉砂池可在一定程度上克服此缺点。曝气沉砂池是一长形渠道，沿池壁一侧的整个长度距池底 60～90cm 的高度处安设曝气装置，而在下部设集砂斗，池底有一定坡度，以保证砂粒滑入。由于曝气的作用，水流在池内呈螺旋状前进。使颗粒处于悬流状态，且互相摩擦，使表面有机物擦掉，获得较纯净的砂粒。曝气沉砂池的水力停留时间为 1～3min，水平流速一般控制在 0.06～0.12m/s，曝气强度应保证池中水的旋流速度在 0.3m/s 左右。曝气强度有三种表达方式：第一种是单位污水量的曝气量，一般控制在每立方米污水 0.1～0.3m³ 空气；第二种是单位池容的曝气量，一般控制在每立方米池容每小时 2～5m³ 空气；第三种是单位池长的曝气量，一般控制在每米池长每小时 16～28m³ 空气。曝气沉砂池的有效水深为 2～3m，宽深比为 1～1.5m，曝气沉砂池的断面形式见图 2-15。

2.13　曝气沉砂池

曝气沉砂池的**运行操作要点**是：控制污水在池中的旋流速度和旋转圈数。旋流速度与砂粒粒径相关，粒径越小，需要的旋流速度越大。旋流速度也不能太大，否则沉下的砂粒会重新泛起。旋流速度与沉砂池的几何尺寸、扩散器的安装位置和曝气强度等因素有关。旋转圈数则与除砂效率相关，旋转圈数越多，除砂效率越高。要去除直径为 0.2mm 的砂粒需要维持 0.3m/s 旋转速度，在池中至少旋转 3 圈。在运行中可通过调整曝气强度，改变旋流速度和旋转圈数，保证稳定的除砂效率。当进入沉砂池的污水量增大时，水平流速也将加快，此时应增大曝气强度。

水平流速 v 和水力停留时间 T 的计算公式同平流沉砂池。

沉砂池中的沉砂量取决于进水水质，运转人员应认真摸索总结本厂砂量的变化规律，及时排砂。排砂间隙过长会堵塞排砂管、砂泵，堵卡刮砂机械；如排砂间隙太短又会使排砂量增大，含水率高，增加后续处置的难度。沉砂池上的浮渣也应定期清除。

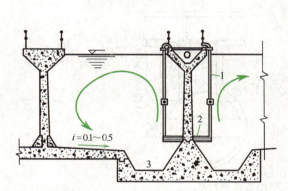

图 2-15　曝气沉砂池剖面图

1—压缩空气管；2—空气扩散板；3—集砂槽

2.14　链斗式除砂机　2.15　除砂设备工作流程　2.16　水力旋流器与螺旋吸砂机

2.17　PXS-1 型行车泵吸砂机　2.18　砂泵工作示意　2.19　门形抓斗式除砂机

曝气沉砂池与普通沉砂池相比具有下列**优点**：

① 沉砂池中有机物含量低，不易腐败；
② 有预曝气作用，可脱臭，改善水质，有利于后续处理。

2.3.2.3　钟式沉砂池

钟式沉砂池是利用机械力控制流态与流速，加速砂粒的沉淀，并使有机物随水流带走的沉砂装置，如图 2-16 所示。

沉淀池由流入口、流出口、沉砂区、砂斗、砂提升管、排砂管、电动机和变速箱组成。污水由流入口沿切线方向流入沉砂区，利用电动机及传动装置带动转盘和斜坡式叶片旋转，在离心力的作用下，污水中密度较大的砂粒被甩向池壁，掉入砂斗，有机物则被留在污水中。调整转速，以达到最佳沉砂效果。沉砂用压缩空气经砂提升管、排砂管清洗后排除，清洗水回流至沉砂区。

2.20　钟式沉砂池

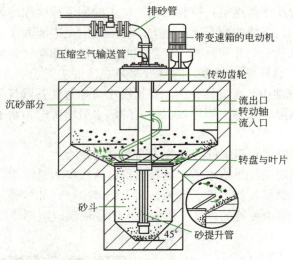

图2-16 钟式沉砂池

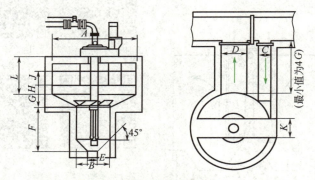

图2-17 钟式沉砂池各部分尺寸

根据处理污水量的不同，钟式沉砂池可分为不同型号。各部分尺寸如图2-17及表2-2所示。

表2-2 钟式沉砂池各部分尺寸

流量/(L/s)	A	B	C	D	E	F	G	H	J	K	L
50	1.83	1.0	0.305	0.61	0.30	1.40	0.30	0.30	0.20	0.80	1.10
110	2.13	1.0	0.308	0.76	0.30	1.40	0.30	0.30	0.30	0.80	1.10
180	2.43	1.0	0.405	0.90	0.30	1.55	0.40	0.30	0.40	0.80	1.15
310	3.05	1.0	0.610	1.20	0.30	1.55	0.45	0.30	0.45	0.80	1.35
530	3.06	1.5	0.750	1.50	0.40	1.70	0.60	0.51	0.58	0.80	1.45
880	4.87	1.5	1.00	2.00	0.40	2.20	1.00	0.51	0.60	0.80	1.85
1320	5.48	1.5	1.10	2.20	0.40	2.20	1.00	0.61	0.63	0.80	1.85
1750	5.80	1.5	1.20	2.40	0.40	2.50	1.30	0.75	0.70	0.80	1.95
2200	6.10	1.5	1.20	2.40	0.40	2.50	1.30	0.89	0.75	0.80	1.95

2.3.3 沉淀池的构造与工作特征

沉淀池是分离水中悬浮颗粒的一种主要处理构筑物，应用十分广泛。

按照沉淀池内水流方向的不同，沉淀池可分为平流式、竖流式、辐流式和斜流式四种。

2.3.3.1 平流式沉淀池

平流式沉淀池池形呈长方形，水在池内按水平方向流动，从池一端流入，从另一端流出（见图2-18）。按功能区分，沉淀池可分为流入区、流出区、沉降区、污泥区以及缓冲层五个部分。流入区的任务是使水流均匀地流过沉降区，流入装置常用潜孔，在潜孔后（沿水流方向）设有挡板，其作用一方面是消除入流污水能量，另一方面也可使入流污水在池内均匀分布。入流处的挡板一般高出池水水面 0.1～0.15m，挡板的浸没深度在水面下应不小于 0.25m，并距进水口 0.5～1.0m。

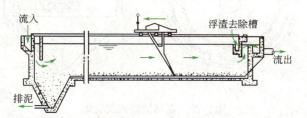

图 2-18 平流式沉淀池

2.21 平流式沉淀池

流出区设有流出装置（多采用自由堰形式），出水堰可用来控制沉淀池内的水面高度，且对池内水流的均匀分布有着直接影响，安置要求是沿整个出流堰的单位长度溢流量相等。溢流堰最大负荷不宜大于 2.9L/(m·s)（初次沉淀池），1.7L/(m·s)（二次沉淀池）。为了减少负荷，改善出水水质，溢流堰可采用多槽沿程布置。为此锯齿形三角堰水面宜位于齿高的 1/2 处，见图 2-19（a）。为适应水流的变化，在堰口处设有能使堰板上下移动的调节装置，使出水堰口尽可能水平。为防止浮渣随出水流走，堰前应设挡板或浮渣槽，挡板应高出池内水面 0.1～0.15m，并浸没在水面下 0.3～0.4m，距溢流堰 0.25～0.5m。锯齿堰及沿程布置流出槽见图 2-19（b）。

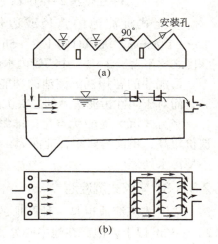

图 2-19 溢流堰及多槽流出装置

沉降区是可沉颗粒与水进行分离的区域。污泥区用于贮放与排出污泥，在沉淀前端设有污泥斗，其他池底设有 0.01～0.02 的底坡。收集在泥斗内的污泥通过排泥管排出池外，排泥方法分重力排泥与机械排泥，重力排泥的水静压力应大于或等于 1.5m，排泥管的直径通常不小于 200mm。为了保证已沉入池底与泥斗中的污泥不再浮起，有一层分隔沉降区与污泥区的水层，称为缓冲层，其厚度为 0.3～0.5m。

为了不设置机械刮泥设备，可采用多斗式沉淀池，在每个贮泥斗单独设置排泥管，各自独立排泥，互不干扰，以保证污泥的浓度。

平流式沉淀池的沉降区有效水深一般为 2～3m，污水在池中停留时间为 1～2h，表面负荷 1～3m³/(m²·h)，水平流速一般不大于 5mm/s。为了保证污水在池内分布均匀，池长与池宽比以 4～5 为宜。

平流式沉淀池的主要**优点是**：有效沉降区大，沉淀效果好，造价较低，对污水流量适应性强。**缺点是**：占地面积大，排泥较困难。

2.3.3.2 竖流式沉淀池

竖流式沉淀池在平面图形上一般呈圆形或正方形，原水通常由设在池中央的中心管流入，在沉降区的流动方向是由池的下面向上作竖向流动，从池的顶部周边流出（见图2-20）。池底锥体为贮泥斗，它与水平的倾角常不小于45°，排泥一般采用静水压力。

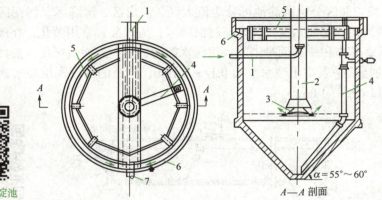

2.22　竖流式沉淀池

图 2-20　圆形竖流式沉淀池
1—进水管；2—中心管；3—反射板；4—排泥管；5—挡板；6—流出槽；7—出水管

竖流式沉淀池的直径或边长一般在8m以下，沉降区的水流上升速度一般采用0.5～1.0mm/s，沉降时间1～1.5h。为保证水流自下而上垂直流动，要求池子直径与沉降区深度之比不大于3∶1。中心管内水流速度应不大于0.03m/s，而当设置反射板时，可取0.1m/s。

污泥斗的容积视沉淀池的功能各异。对于初次沉淀池，池斗一般以贮存2d污泥量来计算，而对于活性污泥法后的二次沉淀池，其停留时间以取2h为宜。

竖流式沉淀池的**优点是**：排泥容易，不需设机械刮泥设备，占地面积较小。其**缺点是**：造价较高，单池容量小，池深大，施工较困难。因此，竖流式沉淀池适用于处理水量不大的小型污水处理厂。

2.3.3.3　辐流式沉淀池

辐流式沉淀池也是一种圆形的、直径较大而有效水深则相应较浅的池子，池径一般在20～30m以上，池深在池中心处为2.5～5m，在池周处为1.5～3m。池径与池高之比一般为4～6。污水一般由池中心管进入，在穿孔挡板（称为整流板）的作用下使污水在池内沿辐射方向流向池的四周，水力特征是水流速度由大到小变化。由于池四周较长，出口处的出流堰口不容易控制在一致的水平，通常用锯齿形三角堰或淹没溢孔出流，尽量使出水均匀。

圆形大型辐流式沉淀池常采用机械刮泥，把污泥刮到池中央的泥斗，再靠重力或泥浆泵把污泥排走。当池径小于20m时，可考虑采用方形多斗排泥，污泥自行滑入斗内，并用静水压力排泥，每斗设独立的排泥管。其工艺构造见图2-21。

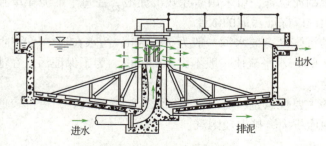

2.23　辐流式沉淀池

图 2-21　普通辐流式沉淀池

辐流式沉淀池的**优点是**：建筑容量大，采用机械排泥，运行较好，管理较简单。其**缺点是**：池中水流速度不稳定，机械排泥设备复杂，造价高。这种池子适用于处理水量大的场合。

2.3.3.4 斜板式（斜管）沉淀池

这是利用浅池沉淀原理而发展出来的一种池型（图2-22），减少沉淀池的深度，可以缩短沉降时间，因而减少沉淀池的体积，也可提高沉降效率。如前所述，池长为L，池深为H，池中水平流速为v，颗粒沉速为u_0的沉淀池中，在理想状态下，$\dfrac{L}{H}=\dfrac{v}{u_0}$。

可见，L与v值不变时，池深H越小，可被沉淀去除的悬浮物颗粒也越小。若用水平隔板，将H分为3等份，每层深$\dfrac{H}{3}$，如图2-22（a），在u_0与v不变的条件下，则只需$\dfrac{L}{3}$，就可将沉速为u_0的颗粒去除，也即总容积可减小到$\dfrac{1}{3}$。如果池长L不变，见图2-22（b），由于池深为$\dfrac{H}{3}$，则水平流速可增加到$3v$，仍能将沉速为u_0的颗粒沉淀掉，也即处理能力可提高3倍。把沉淀池分成n层就可把处理能力提高n倍。这就是20世纪初，哈真（Hazen）提出的浅池沉淀理论。

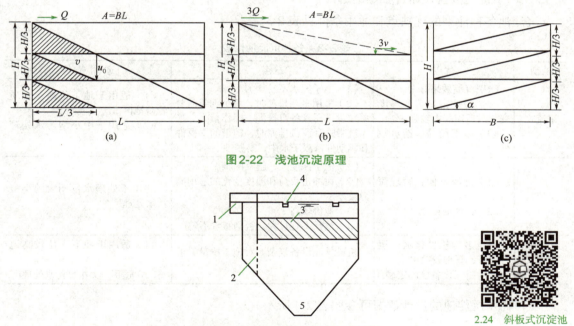

图2-22 浅池沉淀原理

图2-23 异向流斜板式沉淀池示意

1—进水槽；2—布水孔；3—斜板；4—出水槽；5—污泥斗

2.24 斜板式沉淀池

为了解决沉淀池的排泥问题，浅池理论在实际应用时，把水平隔板改为倾角为α的斜板（管），α采用50°～60°。所以把斜板（管）的有效面积的总和，乘以$\cos\alpha$，即得水平沉淀面积。

$$A=\sum_{n=1}^{n}A_1\cos\alpha \tag{2-17}$$

为了创造理想的层流条件，提高去除率，需控制雷诺数 $Re=\dfrac{v\omega}{\nu P}$。式中 v 为流速，ω 为过水断面积，ν 为动力黏度，P 为过水断面的湿周。斜板（管）由于湿周 P 长，故 Re 可控制在200以下，远小于层流界限500。又从弗劳德数 $Fr=\dfrac{v^2 P}{\omega g}$ 可知，由于 P 长，ω 小，Fr 数可达 $10^{-3}\sim 10^{-4}$，确保了水流的稳定性。

在斜板式沉淀池与斜管沉淀池中，水流方向相对于平面而言是呈倾斜方向的，可称为斜流式沉淀池。斜板沉淀池按水流方向，可分为上向流（又称异向流）、平向流（又称侧向流）、下向流（又称同向流）三种。斜管沉淀池只有上向流与下向流两种。

图2-23为异向流斜板式沉淀池示意图。异向流斜板（管）长度通常采用 1～1.2m，倾角60°，板间垂直间距不能太小，以 8～12cm 为宜。为防止沉淀污泥的上浮，缓冲层高度一般采用 0.5～1.0m。

斜板（管）沉淀池的**优点**：水流接近层流状态，对沉淀有利，且增大了沉淀面积以及缩短了颗粒沉淀距离，因而大大减少了污水在池中的停留时间，初沉池约30min，这种池的处理能力高于一般沉淀池，占地也小。但存在以下一些**缺点**：造价较高，斜板（管）上部在日光照射下会大量繁殖藻类，增加污泥量，易在板间积泥，不宜用于处理黏性较高的泥渣。

2.3.3.5 沉淀池池型及设计参数的选择

沉淀池各种池型的优缺点和适用条件见表2-3。

表2-3　各种沉淀池比较

池型	优点	缺点	适用条件
平流式	（1）沉淀效果好； （2）对冲击负荷和温度变化的适用能力较强； （3）施工简易，造价较低	（1）池子配水不易均匀； （2）采用多斗排泥时，每个泥斗需要单独设排泥管各自排泥，操作量大。采用链带式刮泥机排泥时，链带的支撑件和驱动件都浸于水中，易锈蚀	（1）适用于地下位高及地质较差地区； （2）适用于中小型污水处理厂
竖流式	（1）排泥方便，管理简单； （2）占地面积小	（1）池子深度大，施工困难； （2）对冲击负荷和温度变化的适用能力较差； （3）造价较高； （4）池径不宜过大，否则布水不匀	适用于处理水量不大的小型污水处理厂
辐流式	（1）多为机械排泥，运行较好，管理较简单； （2）排泥设备已趋定型	机械排泥设备复杂，对施工质量要求高	（1）适用于地下水位较高地区； （2）适用于大中型污水处理厂

城市污水沉淀池的设计数据可参照表2-4所示。

表2-4　城市污水沉淀池设计数据

类别	沉淀池位置	沉降时间 /h	表面负荷 /[m³/(m²·h)]	污泥量（干物质）/[g/(人·d)]	污泥含水率 /%	固体负荷 /[kg/(m²·d)]	堰口负荷 /[L/(s·m)]
初次沉淀池	单独沉淀池	1.5～2.0	1.5～2.5	15～17	95～97		≤2.9
	二级处理前	1.0～2.0	1.5～3.0	14～25	95～97		≤2.9
二次沉淀池	活性污泥法后	1.5～2.5	1.0～1.5	10～21	99.2～99.6	≤150	1.5～2.9
	生物膜法后	1.5～2.5	1.0～2.0	7～19	96～98	≤150	1.5～2.9

沉淀池有效水深（H）、沉降时间（t）与表面负荷（q'）的关系如表 2-5 所示。

表2-5 沉淀池有效水深（H）、沉降时间（t）与表面负荷（q'）的关系

q' / [m³/(m²·h)]	t/h				
	H=2.2m	H=2.5m	H=3.0m	H=3.5m	H=4.0m
3.0			1.0	1.17	1.33
3.5		1.0	1.2	1.4	1.6
2.0	1.0	1.25	1.50	1.75	2.0
1.5	1.33	1.67	2.0	2.33	2.67
1.0	2.0	2.5	3.0	3.5	4.0

2.3.3.6 沉淀池的操作管理

（1）**工艺条件的控制** 一般污水处理厂（站）进水的水质水量随时间大幅度变化，工艺条件的控制目标是将沉淀池的工艺参数控制在要求的范围之内。运行中主要控制污水在池中的水平流速、水力停留时间和出水堰板溢流负荷三个参数。水平流速不能大于冲刷流速，即 $v \leqslant 50$mm/s；水力停留时间 $T \geqslant 1.5$h；堰板溢流负荷 $q' \leqslant 10$m³/(m²·h)。如发现上述参数超出要求范围，可按下式对运行池数和各参数进行调整。

$$n = \frac{Q}{qBL} \quad (2\text{-}18)$$

$$T = \frac{BLHn}{Q} \quad (2\text{-}19)$$

$$v = \frac{Q}{BHn} \quad (2\text{-}20)$$

$$q' = \frac{Q}{l'n} \quad (2\text{-}21)$$

式中　Q——原污水入厂（站）流量，m³/h；
　　　　n——运行池数，个；
　　　　q——水力表面负荷，m³/(m²·h)；
　　L,B,H——沉淀池长、宽和有效水深，m；
　　　　l'——每个池子的溢流堰板总厂，m。

（2）**刮泥和排泥操作** 有两种方式，间歇刮（排）泥和连续刮（排）泥。

① 刮泥　通过刮泥机械把池底污泥刮至泥斗，有的刮泥机同时将池面浮渣刮入浮渣槽。平流式初沉池采用桁车刮泥机时，一般间歇刮泥；采用链条式刮泥机时，则既可间歇也可连续刮泥。刮泥周期长短取决于污泥的量和水质，当污泥量大或已腐败时应缩短周期，但刮板行走速度不能超过其极限，即1.2m/min，否则会搅起已沉淀污泥。连续刮泥易于控制，但链条和刮板磨损较严重。辐流式初沉池周边沉淀的污泥要长时间才能被刮板推移到中心泥斗，一般须采用连续刮泥。采用周边刮泥机时，周边线速度不可超过 3m/min，否则周边沉淀污泥会被搅起。

2.25　链板式刮泥机

2.26　桥式刮泥机

2.27　虹吸式吸泥机　2.28　静压式吸泥机

② 排泥　对排泥操作的要求是既要把污泥排净，又要使污泥浓度较高。平流式初沉池采用桁车式刮泥机时，采用间歇式排泥，当污泥被刮至泥斗以后，开始排泥，刮泥周期与排泥周期一致，刮泥与排泥协同操作。每次排泥时间长短，取决于污泥量、排泥泵的容量和浓缩池要求的进泥浓度。初沉池排泥的含固量可达到 3% 左右，当部分剩余污泥进入初沉池产生良好的絮凝作用时，排泥含固量可达 5% 左右。

③ 排泥时间的确定　在排泥开始时，从排泥管定时连续取样测定含固量变化，直至含固量降至基本为零，所需时间即排泥时间。大型污水处理厂一般采用自动控制排泥。多用时间程序控制，即定时开停排泥泵或阀，这种方式不能适应泥量的变化。较先进的排泥控制方式是定时排泥，并在排泥管路上安装污泥浓度或密度计，当排泥浓度降至设定值时，泥泵自动停止。PLC 自控系统能根据积累的污泥量和设定的排泥浓度，自动调整排泥时间，既不降低污泥浓度，又能将污泥较彻底排除。

当平流沉淀池采用链条式刮泥机和辐流沉淀池采用回转桥式刮泥机时，可以采用连续排泥。连续排泥的特点是易于控制，但排泥浓度较低。当初沉池污泥直接进入消化池时，不宜采用连续排泥，否则会浪费消化池容积及热量。

（3）排浮渣　平流式沉淀池桁车刮泥机和辐流式沉淀池回转式刮泥机都是刮板收集浮渣并将其推送至浮渣槽（斗）内，由于刮板和浮渣槽配合常出问题，浮渣难以进入浮渣槽，应及时进行调整。另外还需及时将浮渣槽内的浮渣及时用水冲入浮渣井。

（4）日常巡检及维护　除正确地进行工艺控制、定时排泥排浮渣外，运行人员还应定时巡检，内容包括：

① 出水三角堰板是否有堰口被浮渣堵死，如有，应及时清除。三角堰每个堰口出流是否均匀，如不均匀，应及时通过调节装置调整堰板的水平度，保证出流均匀。应注意观察各池上的溢流量是否相同，如有差别，可调节初沉池的进水闸门，使进入每池的流量分配均匀。

② 经常从排泥管上的取样口取样观察污泥的颜色。当颜色变暗或变黑，说明污泥已腐败，应加速排泥，当池内液面冒泡时，说明腐败已很严重。

③ 应勤听设备是否有异常声音，勤观察是否有部件松动，如有则及时处理。

④ 排泥管路应每月冲洗一次，防止油脂在管内或阀门处积累。冬季冲洗次数应增加。

⑤ 初沉池每年应排空一次，彻底检查清理。检查内容有：水下部件的锈蚀程度是否需重新做防腐；池底是否有积砂，池内是否有死区，刮板与池底是否密合；排泥斗及排泥管内是否有积砂；池壁或池底的混凝土抹面是否有脱落等。

（5）异常问题分析及排除　在运行中，对于产生的异常问题，首先应认真分析其产生的原因，对症下药，逐一排除。

① 导致 SS 去除率降低的原因如下：

a. 工艺控制不合理，体现在水力负荷太大或水力停留时间太短。

b. 沉淀池内出现短流，可能是堰板溢流负荷太大、堰板不平整、池内有死区、入流温度变化太大，形成密度流、进水整流栅板损坏或设置不合理，或受风力影响引起出水不均匀等。

c. 排泥不及时，池内积砂或浮渣太多，可能是由于刮泥机出现故障，造成池内积砂或浮渣太多；排泥泵出现故障或进泥管路堵塞，使排泥不畅；排泥周期太长或排泥时间太短等。导致浮渣从堰板溢流的原因可能是浮渣刮板与浮渣槽不密合；浮渣挡板淹没深度不够；入流中油脂类物质多或者清渣不及时。导致排泥下降的原因可能是排泥时间太长；各池排泥不均匀；泥斗严重积砂，有效容积较小；刮砂与排泥步调不一致；SS 去除太低。

d. 由于入流工业废水中耗氧物质太多或污水在管路中停留时间太长使得入流污水严重腐败，不易沉淀造成。

② 浮渣从堰板溢流的原因有：浮渣刮板与浮渣槽不密合、浮渣刮板损坏、浮渣挡板淹没深度不够、入流油脂类工业废水太多、清渣不及时等原因造成浮渣从堰板溢流。

③ 排泥浓度下降的原因有：排泥时间太长、各池排泥不均匀、积泥斗严重积砂使泥斗有效容积减少、刮泥与排泥步调不一致、SS去除率太低。

2.3.4 提高初次沉淀池沉淀效果的方法——强化一级处理

提高初次沉淀池沉淀效果也叫强化一级处理，强化一级处理是在污水一级处理的沉淀法基础上，对污水沉淀过程进行化学、生物或化学生物絮凝的强化处理，其处理效果介于一级处理与二级处理之间。

2.3.4.1 强化一级处理的适用性

强化一级处理技术主要适用于合流制系统；用于分期建设的污水处理厂以及酸化水解难降解的有机物，提高二级处理效果。

强化一级处理的处理对象是呈悬浮或胶体状态的污染物，使其发生絮凝和凝聚，提高沉淀分离效果，改善一级处理出水水质。在普通一级处理的基础上，增加少量投资，较大程度地提高污染物的去除率，削减总污染负荷，降低去除单位质量污染物的费用。

强化一级处理技术可分为：化学强化一级处理、生物絮凝强化一级处理、化学生物絮凝强化一级处理以及酸化水解等。

2.3.4.2 化学强化一级处理

化学强化一级处理是向污水投加混凝剂、助凝剂，使污水中的微细悬浮颗粒与胶体颗粒凝聚与絮凝，提高去除率。如，非传染病医院污水就采用化学强化一级强化的沉淀工艺，采用的混凝剂为聚合铝（PAC）或聚合铁（PAF），助凝剂为聚丙烯酰胺（PAM）。图2-24为非传染病医院污水一级强化处理工艺流程图。

图2-24　非传染病医院污水一级强化处理工艺流程

运行实践表明，投加化学药剂后，悬浮固体的去除率可达60%～90%，BOD去除率达40%～70%。值得注意的是，投加化学药剂会增加污泥稳定和处置过程中的污泥量。此外，由于投加化学药剂而产生的污泥含量和特性会干扰后续的污泥稳定化过程。例如，化学性污泥会改变厌氧消化中的pH、增加污泥中的惰性固体含量或改变其他条件，从而影响厌氧消化过程。

2.3.4.3 生物絮凝吸附法强化一级处理

生物絮凝吸附法强化一级处理由短期曝气池（约30min）与沉淀池组成，回流少量活性污泥或腐殖污泥作为生物絮凝剂（回流比约为20%～25%）至短期曝气池，利用微生物絮凝吸附作用，可降解部分溶解性有机物，提高沉降性能与系统对COD、SS、BOD去除效果。

2.3.4.4 化学生物絮凝强化一级处理

化学生物絮凝强化一级处理是集上述两者的优点而成的一种强化一级处理技术。处理效果好，运行稳定可靠，药剂消耗量低，产生的污泥量少，从而降低运行成本。

化学生物絮凝强化一级处理由混合池、化学生物絮凝池、沉淀池组成，混合和絮凝均采用气动方式，回流污泥投加在化学生物絮凝池入口端。

絮凝剂采用聚合铝盐或聚合铁盐。沉淀池水力停留时间1.5h。

化学生物絮凝强化一级处理，COD去除率约为45%～70%，TP去除率为48%～84%，SS去除率为71%～90%。

2.3.4.5 酸化水解

酸化水解池的作用是使难降解有机物转化为易于生物降解，同时降低污水的色度，为维持酸化水解池内的污泥浓度，需回流二次沉淀池的沉淀污泥。

酸化水解池停留时间一般采用12.5h，循环回流式，用潜水搅拌器推动循环流动，污泥回流比为50%～125%，污泥浓度2g/L，污泥负荷为0.9～1.2kgCOD/（kgMLSS·d）。

一般来讲，强化初级处理（强化一级处理）主要包括投加化学药剂以增加悬浮固体和BOD的去除率。化学药剂如铁的化合物（氯化铁和硫酸铁）、铝盐如硫酸铝（明矾）或石灰皆可以增加传统初沉池的沉淀效能。这些化学药剂也有助于除磷。据报道，投加化学药剂后，悬浮固体的去除率可达60%～90%，BOD去除率达40%～70%。如前文所述，这些化学药剂不仅可强化初沉池的沉降效能，也可有助于除磷。本章前面介绍了有关向初沉池投加化学药剂的内容。值得注意的是，投加化学药剂会增加污泥稳定和处置过程中的污泥量。此外，由于投加化学药剂而产生的污泥含量和特性会干扰后续的污泥稳定化过程。例如，化学性污泥会改变厌氧消化中的pH、增加污泥中的惰性固体含量或改变其他条件，从而影响厌氧消化过程。

2.4 除油

2.4.1 含油污水的特征

污水中的油品以四种状态存在。

（1）浮油　浮油一般指在2h静止状态下可浮于水面的油珠，直径在100～150μm，在污水中呈悬浮状态，可以依靠它与水的密度差而从水中分离出来。浮油是含油污水的主要组分。

（2）分散油　悬浮于水中的微小油珠，粒径一般在10～100μm，不稳定，静止一定时间后往往形成浮油。

（3）乳化油　油品是非常细小的油滴，油珠粒径小于10μm，常以乳化状态存在，即使长期静置也难以从水中分离出来。这是由于油滴表面存在双电层或受乳化剂的保护阻碍了油滴的合并，使其保持稳定状态。乳化油必须先经过破乳处理转化为浮油，然后再加以分离。

（4）溶解油　在水中呈溶解状态的油微粒称溶解油，油珠粒径有的可小到几个纳米，其溶解度很小，如脂肪烃的溶解度一般仅为5～15mg/L。

2.4.2 隔油池的类型和构造

隔油主要用于对污水中浮油的处理，它是利用水中油品与水密度的差异与水分离并加以清除的过程。隔油过程在隔油池中进行，目前常用的隔油池有两大类：平流式隔油池与斜流式隔油池。

2.4.2.1 平流式隔油池

平流式隔油池的构造如图 2-25 所示，污水自进水管流入，经配水槽进入澄清区。密度小的油品上浮在水面，经池另一端的集油管收集并导出池外。密度大的固体杂质则沉到池底，然后经污泥斗排出。大型隔油池内还设有链带式刮油泥机，利用链带上刮板的作用，将水面的浮油和池底的污泥分别刮到集油管和污泥斗中。

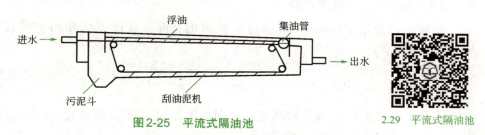

图 2-25　平流式隔油池

2.29　平流式隔油池

污水在池内停留时间一般为 1.5～2h，水平流速很低，一般为 2～5mm/s，最大不超过 10mm/s，以利于油品的上浮和泥渣的沉降。池长和池深之比不小于 4，池上应加盖板，以防止石油气味的散发，同时还起着防雨、防火和保温作用。

平流式隔油池除油率一般为 60%～80%，粒径 150μm 以上的油珠均可除去。它的优点是构造简单，运行管理方便，除油效果稳定。缺点是体积大，占地面积大，处理能力低，排泥难，出水中仍含有乳化油和吸附在悬浮物上的油分，一般很难达到排放要求。

2.4.2.2 斜板式隔油池

图 2-26 所示的是一种 CPI 型波纹板式隔油池。池中以 45°倾角安装许多由聚酯玻璃钢制成的波纹板，污水在板中通过，使所含的油和泥渣进行分离。斜板的板间距为 20～50mm，层数为 24～26 层。设计中采用的雷诺数 Re 为 360～400，这样即使水处理量突然增大数倍，板间水流仍然处于层流状况。

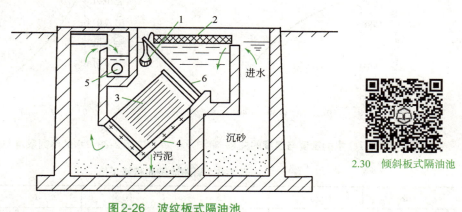

图 2-26　波纹板式隔油池
1—撇油管；2—泡沫塑料浮盖；3—波纹板；4—支撑；5—出水管；6—整流板

2.30　倾斜板式隔油池

经预处理（除去大的颗粒杂质）后的污水，经溢流堰和整流板进入波纹板间，油珠上浮到上板的下表面，经波纹板的小沟上浮，然后通过水平的撇油管收集，回收的油流到集油池。污泥则沉到下板的上表面，通过小沟下降到池底，然后通过排泥管排出。经处理后的污水从隔油池上部的出水管排出。

波纹板隔油池可分离油滴的最小直径约为60μm，污水在池中停留时间一般不大于30min。

2.4.3 隔油池的计算与设计

平流隔油池的设计可按油粒上升速度或污水停留时间计算。

2.4.3.1 按油粒上浮速度计算

油粒上浮速度 u（cm/s）可通过实验求出（同沉淀的方法相同）或直接应用修正的Stokes公式计算。

$$u = \frac{\beta g d^2 (\rho_0 - \rho_1)}{18\mu} \tag{2-22}$$

式中，水的密度 ρ_0 和绝对黏度 μ 分别由图2-27和图2-28查得；β 表示由于水中悬浮物影响，使油粒上浮速度降低的系数。

$$\beta = \frac{4 \times 10^4 \times 0.8 s^2}{4 \times 10^4 + s^2} \tag{2-23}$$

式中　s——污水中悬浮物的浓度，mg/L。

隔油池的表面积 A（m²）计算如下：

$$A = \alpha \frac{Q}{u} \tag{2-24}$$

式中　Q——污水设计流量，m³/h；
　　　α——考虑池容积利用系数及水流紊流状态对隔油池表面积的修正值，它与 v/u 的比值有关（v：水平流速），其值按表2-6选取。

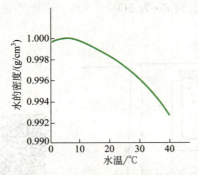

图2-27　水的密度与温度的关系

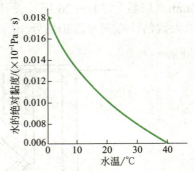

图2-28　水的绝对黏度与温度的关系

表2-6　隔油池表面积修正值

v/u	20	15	10	6	3
α	1.74	1.64	1.44	1.37	1.28

2.4.3.2 按污水的停留时间计算

污水在隔油池内的停留时间和水平流速是隔油池计算与设计的主要参数。停留时间一般为 1.5～2.0h，水平流速一般为 2～5mm/s。运行中的**实际停留时间**可按下式计算：

$$t = \frac{W}{Q} = \frac{Lbhn}{Q} \qquad (2\text{-}25)$$

式中　t——污水在隔油池内的停留时间，h；
　　　Q——污水流量，m³/h；
　　　W——隔油池总有效容积，m³；
　　　L——隔油池有效长度，m；
　　　b——隔油池每个格间的宽度，m；
　　　h——隔油池的工作水深，m；
　　　n——隔油池格间数。

运行中的污水实际水平流速可按下式计算：

$$v = \frac{Q}{3.6A_c} = \frac{Q}{3.6bhn} \qquad (2\text{-}26)$$

式中　v——污水在隔油池内的水平流速，mm/s；
　　　A_c——隔油池的过水断面面积，m²。

2.4.4　隔油技术的进展

近年来，国内外对含油污水处理又取得了不少新进展，出现了一些新型的除油技术和设备。

2.4.4.1　粗粒化装置

粗粒化装置是一种小型高效的油水分离装置，目前已广泛用于化工、交通、海洋、食品等行业含微量油或含乳化油污水的处理。

粗粒化的原理是让污水通过一种耐油、耐腐蚀的粗粒化材料组成的填充层，控制条件，使油水混合液中油粒子的物理吸附、黏附、凝聚等过程急速进行，使得微油油粒（粒径为 1～2μm）粗粒化，并促使乳化油破乳进而聚集成大的油滴，使油水得以分离。

粗粒化装置分为固定床和流化床两种类型，图 2-29 便是固定床粗粒化装置的示意图。将粗粒化材料组成的填充层固定在筒体内，含油污水从下部进入，通过填充层，油分被吸附并粗粒化形成油滴，经收纳箱的小孔流出并上浮到装置上部，积聚后定期排出。

在流化床粗粒化装置中，粗粒化材料处于流化状态，被处理水与床层内的粗粒化材料充分接触，完成吸附和粗粒化过程。

固定床结构简单，较常使用。流化床设备复杂，但粗粒化床与被处理污水接触充分，粗粒化效率较高。

粗粒化材料可分为无机物和有机物两类。无机物有硅砂、分子筛、沸石、活性炭、硅藻土、活性白土、石棉、玻璃纤维等。有机物主要是合成高分子聚合物，如聚链烯烃、尼龙、维尼龙、聚酯、聚苯乙

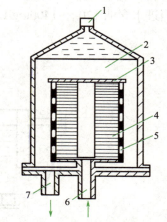

图 2-29　固定床粗粒化装置
1—净化水出口；2—油水分离空间；3—盖；
4—亲油性纤维填料；5—小孔；6—污水入口；
7—净化水出口

烯、聚氨酯等。

粗粒化装置除油率高，出水含油量可降至20mg/L以下，设备占地面积小，药剂、动力消耗小，不产生二次污染，是一种很有发展前途的除油装置。

长岭炼油厂和抚顺石油研究所研制的一种高效除油器如图2-30所示。它是用钢丝、蜡料及合成纤维等亲油疏水材料作粗粒化材料，先使分散在水中的微小油滴聚结为大油滴，然后通过多层波纹板组使其聚结为更大的油滴，最后利用波纹板组出口处的微孔曝气管喷出的小气泡，通过气浮使油滴上浮至水面而达到分离目的。使用该装置出水中油含量可降至20mg/L，并使污水中的油品得到回收。

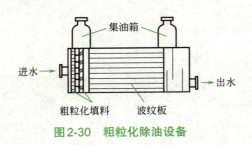

图2-30 粗粒化除油设备

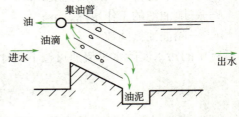

图2-31 多层波纹板式（MWS型）隔油池

2.4.4.2 多层波纹板式隔油池（MWS型）

该装置设计原理与CPI型波纹板式隔油池相同，但它是用多层波纹板把水池分成许多相同的小水池，而不是分成带状空间，油滴上浮和油泥的沉降分别在池的两端进行，避免了返混，使出水保持干净。多层波纹板式隔油池结构如图2-31所示。多层波纹板式隔油池装置结构简单，占地面积小，易管理，能除去水中粒径为15μm以上的油粒。

2.4.4.3 聚结斜板除油罐

聚结斜板除油罐利用粗粒化材料和斜板除油的双除油作用对含油污水进行治理。见图2-32，含油污水先经预沉室初步处理后进入聚结室，室内装有 d 为 7~12mm、$\delta=0.6m$ 的粗粒化材料，使小油滴粗粒化形成油滴再进入斜板沉降室进一步处理。污水在罐中总停留时间1h，当进水含油 120~1400mg/L 时，出水含油量可降至 5~15mg/L。

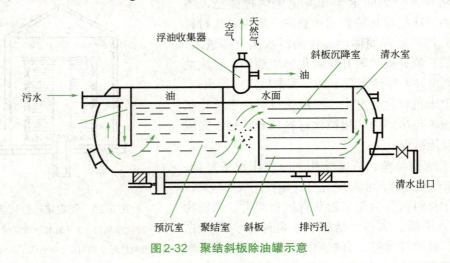

图2-32 聚结斜板除油罐示意

2.5 过滤

2.5.1 过滤机理

在水处理技术中，过滤是通过具有孔隙的粒状滤料层（如石英砂等）截留水中悬浮物和胶体而使水获得澄清的工艺过程。滤池的形式有多种多样，以石英砂为滤料的普通快滤池使用历史最久，并在此基础上出现了双层滤料、多层滤料和向上流过滤等。若按作用水头分，有重力式滤池和压力式滤池两类。为了减少滤池的闸阀并便于操作管理，又发展了虹吸滤池、无阀滤池等自动冲洗滤池。所有上述各种滤池，其工作原理、工作过程都基本相似。这里对污水处理中应用较多的快滤池作一介绍。

过滤的作用，不仅可截留水中悬浮物，而且通过过滤层还可把水中的有机物、细菌乃至病毒随着悬浮物的降低而被大量去除。滤池的净水原理介绍如下。

2.5.1.1 阻力截留

当污水自上而下流过颗粒滤料层时，粒径较大的悬浮颗粒首先被截留在表层滤料的孔隙中，随着此层滤料间的空隙越来越小，截污能力也变得越来越大，逐渐形成一层主要由被截留的固体颗粒构成的滤膜，并由它起重要的过滤作用。这种作用属阻力截留或筛滤作用。悬浮物粒径越大，表层滤料和滤速越小，就越容易形成表层筛滤膜，滤膜的截污能力也越高。

2.5.1.2 重力沉降

污水通过滤料层时，众多的滤料表面提供了巨大的沉降面积。重力沉降强度主要与滤料直径及过滤速度有关。滤料越小，沉降面积越大；滤速越小，则水流越平稳，这些都有利于悬浮物的沉降。

2.5.1.3 接触絮凝

由于滤料具有巨大的比表面积，它与悬浮物之间有明显的物理吸附作用。此外，砂粒在水中常带表面负电荷，能吸附带电胶体，从而在滤料表面形成带正电荷的薄膜，并进而吸附带负电荷的黏土和多种有机物等胶体，在沙粒上发生接触絮凝。

在实际过滤过程中，上述三种机理往往同时起作用，只是随条件不同而有主次之分。对粒径较大的悬浮颗粒，以阻力截留为主，因这一过程主要发生在滤料表层，通常称为表面过滤。对于细微悬浮物，以发生在滤料深层的重力沉降和接触絮凝为主，称为深层过滤。

2.5.2 颗粒材料滤池——快滤池

2.5.2.1 快滤池的构造与工艺过程

快滤池一般为矩形钢筋混凝土的池子，本身由洗砂排水槽、滤料层、承托层、配水系统组成。图 2-33 为快滤池的构造示意图。池内填充石英砂滤料，滤料下铺有砾石承托层（即垫层），最下面是集水系统（或配水系统），在滤料层的上部设有洗砂排水槽。

过滤工艺包括过滤和反洗两个基本阶段。过滤时，污水由水管经闸门进入池内，并通过滤层和垫层流到池底，水中的悬浮物和胶体被截留于滤料表面和内层空隙中，过滤水由集水系统经闸门排出。随着过滤过程的进行，污物在滤料层中不断积累，滤料层内的孔隙由上至下逐渐被堵塞，水流通过滤料层的阻力和水头损失随之逐步增大，当水头损失达到允许的最大值时或出

2.31 普通快滤池

水水质达某一规定值时,这时滤池就要停止过滤,进行反冲洗工作。

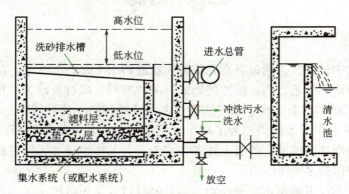

图 2-33　重力式快滤池构造及工作过程示意

冲洗时,冲洗水的流向与过滤完全相反,是从滤池的底部向滤池上部流动,故叫**反冲洗**。**冲洗水的流向**是:首先进入配水系统向上流过承托层和滤料层,冲走沉积于滤层中的污物,并夹带着污物进入洗砂排水槽,由此经闸门排出池外。冲洗完毕后,即可进行下一循环的过滤。

从过滤开始到过滤停止之间的过滤时间,叫滤池的工作周期,它同滤料组成、进出水水质等因素有关,一般在 8～48h 范围。

2.5.2.2　滤料

作为快滤池的滤料有石英砂、无烟煤、大理石粒、磁铁矿粒以及人造轻质滤料等,其中以石英砂应用最广泛。**对滤料的要求**是:①有足够的机械强度;②化学性质稳定;③价廉易得;④具有一定的颗粒级配和适当的孔隙率。

滤料颗粒的大小用"粒径"表示,**粒径**是指能把滤料颗粒包围在内的一个假想球面的直径。具有一定的滤料级配,包括要求滤料粒径有一定大小范围以及不同尺寸颗粒所占的比例。例如快滤池采用石英砂单层滤料时,要求最小粒径为 0.5mm,最大粒径为 1.2mm,并且要求滤料具有一定的不均匀系数。

滤池分单层滤料池、双层滤料池和三层滤料池。后两种滤池是为了提高滤层的截污能力。单层滤料滤池的构造简单,操作也简便,因而应用广泛。双层滤料滤池是在石英砂滤层上加一层无烟煤滤层,三层滤料是由石英砂、无烟煤、磁铁矿的颗粒组成。关于单层滤料滤池、双层滤料滤池的滤料组成及滤速示于表 2-7 中。

表 2-7　滤池的滤料组成及滤速

类别	滤料组成			滤速/(m/h)
	粒径/mm	不均匀系数 K_{80}	厚度/mm	
石英砂单层滤料滤池	d_{min}=0.5 d_{max}=1.2	2.0	700	8～12
双层滤料池	无烟煤 d_{min}=0.8 d_{max}=1.8 石英砂 d_{min}=0.5 d_{max}=1.2		400～500 400～500	12～16

2.5.2.3 承托层

承托层的作用是过滤时防止滤料进入配水系统，冲洗时起均匀布水作用。在表 2-8 中列出了承托层的规格。承托层一般采用卵石或碎石。

表 2-8 承托层规格

层次（由上而下）	粒径/mm	厚度/mm	层次（由上而下）	粒径/mm	厚度/mm
1	2～4	100	3	8～16	100
2	4～8	100	4	16～32	100～150

2.5.2.4 配水系统

配水系统的作用是保证反冲洗水均匀地分布在整个滤池断面上，而在过滤时也能均匀地收集过滤水，前者是滤池正常操作的关键。为了尽量使整个滤池面积上反冲洗水分布均匀，工程中采用了以下两种配水系统。

（1）大阻力配水系统　大阻力配水系统是由穿孔的主干管及其两侧一系列支管以及卵石承托层组成，每根支管上钻有若干个布水孔眼。这种配水系统在快滤池中被广泛应用，此系统的优点是配水均匀，工作可靠，基建费用低，但反冲洗水水头大，动力消耗大。

（2）小阻力配水系统　小阻力配水系统是在滤池底部设较大的配水室，在其上面铺设阻力较小的多孔滤板、滤头等进行配水。小阻力配水系统的优点是反冲洗水头小，但配水不够均匀。这种系统适用于反冲洗水头有限的虹吸吸滤池和压力式无阀滤池等。

2.5.2.5 滤池的冲洗

值得注意的是滤池冲洗质量的好坏，对滤池的工作有很大影响，滤池反冲洗的目的是恢复滤料层（砂层）的工作能力，要求在滤池冲洗时，应**满足下列条件**：

① 冲洗水在整个底部平面上应均匀分布，这是借助配水系统完成的；
② 冲洗水要求有足够的冲洗强度和水头，使砂层达到一定的膨胀高度；
③ 要有一定的冲洗时间；
④ 冲洗的排水要迅速排除。

根据石英砂滤料层快滤池的经验表明，冲洗时滤料层的膨胀率为 40%～50%，冲洗时间为 5～6min，冲洗强度以 12～14L/(s·m^2) 较为合适。所谓的冲洗强度，是指滤池冲洗时每平方米滤池面积上所通过的流量，单位为 L/(s·m^2)。滤层膨胀率是指滤料层在冲洗时滤层膨胀后所增加的厚度与膨胀前厚度之比，以 % 表示。

2.5.3 快滤池的异常问题及解决办法

为了用好、管好滤池，现把快滤池常见的故障或异常问题以及解决对策阐述如下。

2.5.3.1 冲洗时大量气泡上升

（1）主要危害
① 滤池水头损失增加很快，工作周期缩短。
② 滤层产生裂缝，影响水质或大量漏砂、跑砂。

（2）主要原因
① 滤池发生滤干后，未经反冲排气又再过滤使空气进入滤层。
② 工作周期过长，水头损失过大，使砂面上的作用水头小于滤料水头损失，从而产生

负水头，使水中逸出空气存于滤料中。

③ 当用水塔供给冲洗水时，因冲洗水塔存水用完，空气随水夹带进入滤池。

④ 藻类滋生而产生的气体。

⑤ 水中溶气量过多。

（3）**解决对策**

① 加强操作管理，一旦出现上述情况，可用清水倒滤。

② 调整工作周期，提高滤池内水位。

③ 水塔中贮存的水量要比一次反冲洗量多一些。采用预加氯杀藻。

④ 检查产生水中溶气量大的原因，消除溶气的来源。

2.5.3.2 滤料中结泥球

（1）**主要危害**　砂层阻塞，砂面易发生裂缝，泥球往往腐蚀发酵，直接影响滤砂的正常运转和净水效果。

（2）**主要原因**

① 冲洗强度不够，长时间冲洗不干净。

② 进入滤池的水浊度过高，使滤池负担过重。

③ 配水系统不均匀，部分滤池冲洗不干净。

（3）**解决对策**

① 改善冲洗条件，调整冲洗强度和冲洗历时。

② 降低沉淀水出口浊度。

③ 检查承托层有无移动，配水系统是否堵塞。

④ 用液氯或漂白粉溶液等浸泡滤料，情况严重时要大修翻砂。

2.5.3.3 滤料表面不平，出现喷口现象

（1）**主要危害**　过滤不均匀，影响出水水质。

（2）**主要原因**

① 滤料凸起，可能是滤层下面承托层及配水系统有堵塞。

② 滤料凹下，可能配水系统局部有碎裂或排水槽口不平。

（3）**解决对策**　针对凸起和凹下查找原因，翻整滤料层和承托层，检修配水系统和排水槽。

2.5.3.4 漏砂跑砂

（1）**主要危害**　影响滤池正常工作，使清水池和出水中带砂影响水质。

（2）**主要原因**

① 冲洗时大量气泡上升。

② 配水系统发生局部堵塞。

③ 冲洗不均匀，使承托层移动。

④ 反冲洗时阀门开放太快或冲洗强度过高，使滤料跑出。

⑤ 滤水管破裂。

（3）**解决对策**

① 解决冲洗时产生大量气泡上升。

② 检查配水系统，排除堵塞。

③ 改善冲洗条件。

④ 注意操作。
⑤ 检修滤水管。

2.5.3.5 滤速逐渐降低，周期减短

（1）**主要危害** 影响滤池正常生产。

（2）**主要原因**

① 冲洗不良，滤层积泥或藻类滋生。
② 滤料强度差，颗粒破碎。

（3）**解决对策**

① 改善冲洗条件。
② 用预加氯杀藻。
③ 刮除表层滤砂，换上符合要求的滤砂。

❓ 习题及思考题

1. 填空题

（1）常用的格栅形式有_____、_____两类。其主要作用是_____。

（2）调节池的主要作用是_____、_____、_____等，水量调节可分_____和_____。

（3）沉淀基本类型有_____、_____、_____、_____，按水流方向不同，沉淀池可分为_____、_____、_____。

2. 判断题

（1）格栅与筛网的工作原理是一致的，处理对象也相同。（   ）
（2）沉淀是使水中可沉固体在重力作用下下沉，从而与水分离的方法。（   ）
（3）过滤是通过具有孔隙的粉状滤料层截留水中悬浮物和胶体的过程。（   ）
（4）沉淀、隔油及沉砂的工作原理都是不同的，隔油不仅能去除浮油，也能去除乳化油。（   ）

3. 简答题

（1）水力筛与转筒筛的工作特点有什么不同？
（2）自由沉淀、絮凝沉淀、拥挤沉淀与压缩沉淀各有何特点？说明它们的内在联系与区别。
（3）水中颗粒的密度$\rho=2.6g/cm^3$，粒径$d=0.1mm$，求它在水温10℃情况下的单颗粒沉降速度。
（4）如何从理想沉淀池的理论分析得出斜板（管）沉淀的设计原理？
（5）沉淀池刮泥排泥的方法有哪些？在什么条件下采用？
（6）平流沉砂池有何优缺点？对其不足有何办法解决？
（7）曝气沉砂池在运行操作时主要控制什么参数？
（8）沉淀池主要由什么部分构成？各部分功能如何？
（9）沉淀池的入口布置关键要注意布水均匀，如果不均匀会产生什么后果？
（10）试归纳辐流式沉淀池的构造特点及工作过程。
（11）导致沉淀池SS去除率降低的原因是什么？如何解决？

(12) 过滤的类型有几种？每种过滤形式适于什么场合？
(13) 试比较过滤与沉淀的异同。
(14) 水中颗粒被过滤设备（包括滤池及其他过滤设备）截留主要靠什么作用？
(15) 快滤池所用滤料有什么要求？常见的滤料有哪些？
(16) 快滤池的过滤是如何进行的？如何判断过滤终点？
(17) 快滤池冲洗的目的是什么？简述冲洗操作的过程。
(18) 过滤时出水水质下降的原因是什么？发现跑砂、漏砂应如何解决？

技能训练　静置沉淀实验

一、实验目的

观察沉淀过程，求出沉淀曲线。

沉淀曲线应包括：①沉降时间 t 与沉降效率 E 的关系曲线；②颗粒沉降速度 u 与沉降效率 E 的关系曲线。

二、实验原理

在含有离散颗粒的污水静置沉淀过程中，若试验柱内有效水深为 H，通过不同的沉降时间 t，可求得不同的颗粒沉降速度 u，$u=H/t$。对于指定的沉降时间 t_0 可求得颗粒沉降速度 u_0。那些沉速等于或大于 u_0 的颗粒在 t_0 时间内可全部除去，而对沉速小于 u_0 的颗粒则只能除去一部分，其去除的比例为 u/u_0。

设 x_0 为沉速 $u<u_0$ 的颗粒所占百分数，于是在悬浮颗粒总数中，沉速 $u \geqslant u_0$ 的颗粒所占的百分数应为 $(1-x_0)$，它们在 t_0 时间内均可除去。因此，去除率可用 $1-x_0$ 来表示。沉速 $u<u_0$ 的每种粒径的颗粒去除率为 $\int_0^{x_0} \frac{u}{u_0} \mathrm{d}x$。所以，总去除率计算如下。

$$E = (1-x_0) + \frac{1}{u_0}\int_0^{x_0} \frac{u}{u_0}\mathrm{d}x$$

对于絮凝性悬浮颗粒的静置沉淀去除率，不仅与沉速有关，还与深度有关。因此实验柱应在不同深度处设取样口。在不同的选定时段，从不同深度取出水样，测定这部分水样中的颗粒浓度，并用以计算沉淀物的百分数。在横坐标为沉降时间、纵坐标为深度的图上绘出等浓度曲线，据此可求出悬浮颗粒的总去除率。

沉淀开始时，可以认为悬浮颗粒在水中的分布是均匀的。随着沉淀历时的增加，试验柱内悬浮颗粒的分布变为不均匀。严格地说经过沉降时间 t 后，应将柱内有效水深 H 的全部水样取出，测其悬浮物含量，来计算 t 时间内的沉降效率。这样，每个实验柱只能求一个沉降时间的沉降效率，致使实验工作量较大。为了简化实验及测定工作量，考虑到实验柱内悬浮物浓度沿水深逐渐加大，近似地认为在 $H/2$ 处水样的悬浮物浓度可以代表整个有效水深内悬浮物的平均浓度。于是如果将进样口装在 $H/2$ 处，在一个实验柱内可按不同沉降时间多次取样。这样做虽有一定的误差，但一般情况下，在工程上还是允许的。

三、实验设备

1.沉淀实验柱：直径 ϕ100mm，工作有效水深（由溢出口下缘到柱底的距离）H=1500mm 或 2000mm。

2. 真空抽滤装置或过滤装置。
3. 悬浮固体测定所需的设备，包括分析天平、带盖称量瓶或古氏坩埚、干燥器、烘箱等。
4. 搅拌桶和泵。

四、实验水样

生活污水，造纸废水，高炉煤气洗涤废水，其他工业废水或黏土配水。

五、实验步骤

1. 将水样倒入搅拌桶内，用泵循环搅拌约 5min，使水样中悬浮颗粒分布均匀。

2. 用泵将水样输入沉淀实验柱。在输入过程中，从柱中取样 3 次，每次约 50mL（取样后要准确记录水样体积）。此水样的悬浮物浓度即为实验水样的原始浓度 c_0。

3. 当水样升到溢流口沿溢流管流出水后，关紧沉淀实验柱底部的阀门，停泵并记下沉淀开始时间。

4. 观察静置沉淀现象。

5. 隔 5min、10min、20min、30min、60min、120min，从实验柱中部取样口取样 2 次，每次约 50mL（准确记录水样体积）。取水样前要先排出取样管中的积水约 10mL，取水样后要测量工作水深的变化。

6. 将每一种沉降时间的两个水样做平行实验，用滤纸过滤（滤纸应当是已在烘箱内烘干后称量过的），并把过滤后的滤纸放入已准确称量的带盖称量瓶内。在 105～110℃烘箱内烘干，称量滤纸及带盖称量瓶的增重，即为水样中的悬浮物质量。

7. 计算不同沉降时间 t 的水样中的悬浮物浓度 c，沉降效率 E，以及相应的颗粒沉速 u_0。画出 E-t 和 E-u 的关系曲线。

六、对实验报告的要求和讨论

1. 提出实验记录及沉淀曲线。实验记录参考格式见表 2-9。
2. 分析实验所得结果。
3. 实验结果讨论
（1）实验测得的沉降效率与数学计算相比，误差为多少？误差原因何在？
（2）分析不同工作水深的沉淀曲线，如应用到设计沉淀池，需要注意些什么问题？

表 2-9 静置沉淀实验记录

水样名称：　　　　　　取样日期：　　　　　　实验日期：
沉淀柱直径：　　　　　截面积：　　　　　　　水温：

静置沉淀时间 /min	水样体积 /mL	排出积水体积 /mL	称量瓶号	称量瓶及滤纸总质量 /g	称量瓶滤纸和悬浮物总质量 /g	水样中悬浮物质量 /g	悬浮物浓度 /(mg/L)	悬浮物平均浓度 /(mg/L)	沉降效率 $\dfrac{c_0-c}{c_0}\times 100\%$ /%	沉淀柱内工作水深 /mm	颗粒沉速 /(mm/s)

3 污水的化学处理

3.1 中和

3.1.1 概述

中和法是利用化学酸碱中和的原理消除污水中过量的酸和碱,使其 pH 值达到中性或接近中性的过程。

酸性污水中有的含无机酸(如硫酸、硝酸、盐酸、磷酸、氢氟酸、氢氰酸等),有的含有机酸(如乙酸、甲酸、柠檬酸等),主要来源于化工厂、化纤厂、电镀厂、金属酸洗车间等。碱性污水中含有碱性物质,如苛性钠、碳酸钠、硫化钠及氨类等,主要来源于印染厂、炼油厂、造纸厂等。

酸碱废液是两种重要的工业废液,通常在处理酸碱废液时,对于浓度较高的酸碱废液(如酸含量大于 3%~5% 的废酸液或碱含量大于 1%~3% 的废碱液)时,应首先考虑综合利用,这样既可回收酸碱,又可大大减少或消除酸碱污水的处理量。如利用钢铁酸洗废液制造混凝剂 $FeSO_4$ 或聚合硫酸铁,也可用扩散渗析法回收钢铁酸洗废液中的硫酸;用蒸发浓缩法回收苛性钠等。

对于酸含量小于 3%~5% 或碱含量小于 1%~3% 的低浓度酸性污水与碱性污水,由于其中酸碱含量低,综合利用及回收价值不大,常采用中和处理,使污水的 pH 值恢复到接近中性(pH 为 6~9),消除其危害。

中和处理适用于污水处理中的下列情况:①污水排入受纳水体前,其 pH 值指标超过排放标准,这时应采用中和法处理,以减少对水生生物的影响;②工业废水排入城市下水道系统前,采用中和法处理以免对管道系统造成腐蚀,在排入前对工业废水进行中和,比之对工业废水与其他污水混合后的大量污水进行中和要经济得多;③化学处理或生物处理之前,对生物处理而言,需将处理系统的 pH 值维持在 6.5~8.5 范围内,以确保最佳的生物活力。

中和法处理因污水的酸碱性不同而不同。针对酸性污水,主要有酸性污水与碱性污水相互中和、投药中和及过滤中和三种方法。而对于碱性污水,主要有碱性污水与废酸性物质相互中和、投药中和两种方法。由于酸性污水的数量和危害都比碱性污水大得多,因此本节主要介绍酸性污水的中和处理。

中和处理时,发生的主要是酸和碱生成盐和水的中和反应。反应如下:

$$酸 + 碱 = 盐 + 水 \quad 或 \quad H^+ + OH^- = H_2O$$

当进行中和反应的酸碱物质的量相等时,两者恰好完全中和,达到等量点。由于酸碱相对强弱的不同,并考虑到生成盐的水解作用,中和达到等量点时污水可能呈中性(强酸强碱中和),也可能呈酸性(强酸与弱碱中和)或碱性(强碱与弱酸中和)。中和过程中,污水

pH值随中和药剂投加量而变化，这种变化规律可由中和曲线（以 pH 值为纵坐标，酸或碱的投加量为横坐标作图，所得曲线）来表示，如图 3-1 所示。

实际污水的成分比较复杂，干扰酸碱平衡的因素较多，中和时 pH 值的变化情况也比较复杂。这时，应通过实验绘制出中和曲线，以便确定中和剂投加量。

应该指出，除中和处理之外，还有一种与此相类似的处理操作，就是为了某种特殊要求，将污水的 pH 值调整到某一特定值（范围），这种处理操作叫 pH 值调节。如将 pH 值由中性或酸性调至碱性，称为碱化；如将 pH 值由中性或碱性调至酸性，称为酸化。

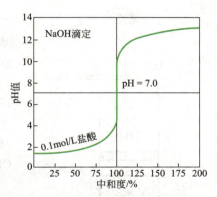

图 3-1　强酸和强碱的中和曲线

3.1.2　酸碱污水相互中和

酸碱污水相互中和是一种既简单又经济的以废治废的处理方法，适用于各种浓度的酸碱污水。因此，当工厂有条件时，应优先考虑。当酸性或碱性污水（渣）不足时，还应补充中和剂。

当酸碱污水排出的水量、水质比较均匀、稳定，并且酸碱含量又能相互平衡时，可直接利用水泵吸水池或管道进行混合中和，而不必设置中和池，但这种情况并不多见。如果水量、水质变化较大，则一般应设置调节池加以调节，然后在中和池中和；若污水水量和水质变化较大，且污水本身的酸、碱含量很难平衡，往往需要补加碱（或酸）性中和剂。当出水水质要求很高，或污水中还含有其他杂质或重金属离子时，连续流无法保证出水水质，较稳妥可靠的方法是采用间歇式中和池，一般设两个，交替使用。此时间歇式中和池优越性较明显，可在同一个池内完成混合、反应、沉淀、排水、排泥等工序，且出水水质较有保证。但间歇式中和池不宜用于污水量大的情况。

在碱性污水充足的情况下，用碱性污水中和酸性污水应避免出现二次返回用酸中和，因此应控制中和过程中碱性污水的投加量。酸、碱污水互相中和的结果，应该使混合后的污水达到中性或弱碱性。根据化学反应基本定律——等物质的量规则，二者完全中和的条件应为：

$$\sum c_z Q_z \geqslant \sum c_s Q_s \alpha k \qquad (3-1)$$

式中　c_z——碱性污水的浓度，g/L；
$\quad\quad\, Q_z$——碱性污水的流量，m³/h；
$\quad\quad\, c_s$——酸性污水的浓度，g/L；
$\quad\quad\, Q_s$——酸性污水的流量，m³/h；
$\quad\quad\, \alpha$——碱性中和剂对酸的比耗量，kg/kg（见表 3-1）；
$\quad\quad\, k$——反应不均匀系数，一般取 k 为 1.5～2.0。

表 3-1　碱性中和剂对酸的比耗量

酸	中和 1kg 酸所需碱的量 /kg				
	CaO	Ca(OH)$_2$	CaCO$_3$	MgCO$_3$	CaCO$_3$·MgCO$_3$
H$_2$SO$_4$	0.571	0.755	1.020	0.860	0.940
HNO$_3$	0.446	0.590	0.795	0.668	0.732
HCl	0.770	1.010	1.370	1.150	1.290
CH$_3$COOH	0.466	0.616	0.830	0.695	—

应该指出，采用烟道气中和碱性污水也是以废治废的有效方法。烟道气中含有高达24%的CO_2，有时还含有少量SO_2及H_2S，故可以用来中和碱性污水。

用烟道气中和碱性污水一般在喷淋塔中进行，如图3-2所示。污水由塔顶布水器均匀淋下，烟道气则由塔底逆流而上，两者在填料层间逆流接触，完成中和反应，污水与烟道气都得到了净化。对于烟道气用量的计算，应根据其所含CO_2及SO_2等酸性气体的数量来确定。

此法可以把污水处理与消烟除尘结合起来，以废治废，投资省，运行费用低，但处理后的污水中，硫化物、色度和耗氧量均有显著增加，还需进一步处理。

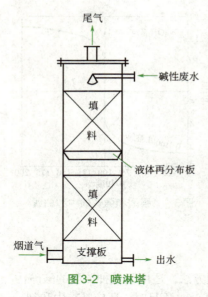

图3-2 喷淋塔

3.1.3 投药中和法

投药中和是应用广泛的一种中和方法。此法可处理任何浓度、任何性质的酸碱污水，也可以进行污水的pH值调节。

3.1.3.1 酸性污水的投药中和

中和酸性污水时，常用的药剂有石灰（CaO）、石灰石（$CaCO_3$）或白云石等，有时也采用苛性钠、碳酸钠等。此外，为综合利用，还采用碱性废渣、废液，如电石渣、废碱液等。其中以石灰为最常用，因为其不仅价格便宜，可中和任何浓度的酸，而且在污水中形成的石灰乳[主要成分是$Ca(OH)_2$]对污水中的杂质具有凝聚作用，能降低污水中的有机物含量和色度。

石灰乳与酸性污水中主要酸的反应如下：

$$H_2SO_4 + Ca(OH)_2 = CaSO_4 + 2H_2O$$

$$2HNO_3 + Ca(OH)_2 = Ca(NO_3)_2 + 2H_2O$$

$$2HCl + Ca(OH)_2 = 2CaCl_2 + 2H_2O$$

当采用石灰石中和硫酸时，会产生石膏。反应如下：

$$H_2SO_4 + CaCO_3 = CaSO_4 + H_2O + CO_2\uparrow$$

由于生成的石膏溶解度很低，20℃时只有1.6g/L，因此，为了避免石灰石表面被石膏及CO_2所覆盖，硫酸浓度理论上应低于1.15g/L。实际上允许低于2~2.3g/L，使中和产物硫酸钙不致饱和析出。如硫酸浓度较大，为了使中和效果好，应将石灰石预先粉碎成0.5mm以下的颗粒后使用。

中和药剂投加量G_z（kg/h）可按下面公式计算：

$$G_z = \frac{Q_s(c_{s1}a_1 + c_{s2}a_2)k}{1000a} \tag{3-2}$$

式中 Q_s——酸性污水流量，m^3/h；

c_{s1}——污水中酸的浓度，g/L（kg/m^3）；

c_{s2}——污水中酸性盐的浓度，g/L（kg/m^3）；

a_1——碱性中和剂对酸的比耗量,kg/kg(见表3-1);
a_2——碱性中和剂对酸性盐的比耗量,kg/kg;
a——药品纯度,%;
k——反应不均匀系数,以石灰中和H_2SO_4时,干投采用1.4~1.5,湿投采用1.05~1.10。

当酸性污水中含有重金属盐类,如铅、锌、铜等,计算时应增加和重金属化合产生沉淀的药剂量。或直接通过试验,根据中和曲线确定。

投药中和法的工艺过程主要包括:中和药剂的制备与投配、混合与反应、中和产物的分离、泥渣的处理与利用。酸性污水投药中和流程如图3-3所示。

酸性污水投药中和之前,有时需要进行预处理。预处理包括悬浮杂质的澄清、水质及水量的均和。前者可以减少投药量,后者可以创造稳定的处理条件。

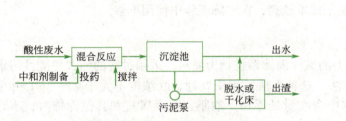

图3-3 酸性污水投药中和流程

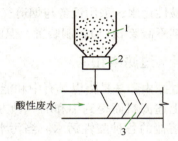

图3-4 石灰干投法示意
1—石灰粉贮斗;2—电磁振荡设备;3—隔板混合槽

投加石灰有干投法和湿投法两种方式。

干投法如图3-4所示。首先将生石灰或石灰石粉碎,使其达到技术上要求的粒径(0.5mm)。投加时,为了保证石灰能均匀地加到污水中去,可用具有电磁振荡装置的石灰投配器。石灰投入污水渠,经混合槽折流混合0.5~1min,然后进入沉淀池将沉渣进行分离。干投法的**优点**是设备简单。**缺点**是反应不彻底,反应速率慢,投药量大,为理论值的1.4~1.5倍,要求石灰洁净、干燥、成粒状,石灰破碎、筛分等劳动强度大。

湿投法如图3-5所示,它是目前使用较多的方法。首先将石灰投入消解槽,消解成40%~50%的浓度后投放到石灰乳贮槽,经搅拌配制成5%~10%的石灰乳,再用泵送到投配器,经投配器投入到混合反应池。送到投配器的石灰乳量大于投加量时,多余部分回流,以保持投配器液面不变,投加量由投配器孔口的开启度来控制。当短时间停止投加石灰时,石灰乳可在系统内循环,不易堵塞。石灰消解槽不宜采用压缩空气搅拌,因为石灰乳与空气中的CO_2会生成$CaCO_3$沉淀,既浪费中和剂,又易引起堵塞。一般采用机械搅拌。

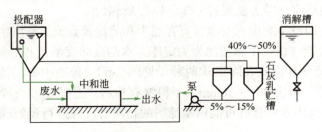

图3-5 石灰湿投法示意

投到混合反应池的石灰乳与加到池内的酸性污水在搅拌下（必须搅拌，否则石灰渣易在池内沉淀）进行混合反应，污水在反应池的停留时间一般为 5～20min。与干投法相比，湿投法的优点是反应迅速、彻底，投药量较少，仅为理论量的 1.05～1.10 倍，但所用的设备多。

碱性药剂中和法的缺点是劳动卫生条件差，操作管理复杂，制备溶液、投配药剂需要较多的机械设备。采用石灰质药剂时，其明显的缺点是质量难于保证，灰渣较多，沉渣体积大，占处理水量的 2%，且不易脱水。

3.1.3.2 碱性污水的投药中和

中和碱性污水常用的药剂是硫酸、盐酸、压缩 CO_2。因工业硫酸价格较低，应用最广。使用盐酸的最大优点是反应产物的溶解度大、泥渣量少，但价格高、出水中溶解固体浓度也高。

无机酸中和碱性污水的工艺过程与设备，和投药中和酸性污水时基本相同。用压缩 CO_2 中和碱性污水，采用设备与烟道气处理碱性污水类似，采用逆流接触反应塔。用压缩 CO_2 作中和剂不需要 pH 值控制装置，但由于成本较高，在实际工程中使用不多。

3.1.4 过滤中和法

过滤中和法是指以具有中和能力的碱性固体颗粒物为滤料，采用过滤的形式使酸性污水通过上述滤料而得到中和的一种方法。这种方法适用于处理含酸浓度不大于 2～3g/L 并生成易溶盐的各种酸性污水。当污水中含大量悬浮物、油脂、重金属盐和其他毒物时，不宜采用。

具有中和能力的滤料有石灰石、白云石、大理石等，一般最常用的是石灰石。采用石灰石作滤料时，其反应式如下：

$$2HCl + CaCO_3 = CaCl_2 + H_2O + CO_2 \uparrow$$

$$2HNO_3 + CaCO_3 = Ca(NO_3)_2 + H_2O + CO_2 \uparrow$$

$$H_2SO_4 + CaCO_3 = CaSO_4 + H_2O + CO_2 \uparrow$$

以石灰石为滤料处理含硫酸污水时，硫酸浓度一般不应超过 1～2g/L。否则，中和产物硫酸钙结晶极易在滤料表面上结垢，很难冲掉，阻碍反应的进行。采用白云石作滤料处理含硫酸污水时，其反应式如下：

$$2H_2SO_4 + CaCO_3 \cdot MgCO_3 = CaSO_4 + MgSO_4 + 2H_2O + 2CO_2 \uparrow$$

由于 $MgSO_4$ 的溶解度较大，所以 $CaSO_4$ 生成量仅为石灰石反应的一半，从而可以提高进水的硫酸浓度，但白云石的反应速率较石灰石慢，需较长的水力停留时间。

过滤中和过程均产生 CO_2，CO_2 溶于水即为碳酸，使出水 pH 值为 5 左右，通常采用空气曝气和出水跌落自然曝气等方法脱掉 CO_2，以提高 pH 值。

过滤中和所使用的设备为中和滤池，有普通中和滤池及升流式膨胀中和滤池两种类型。

（1）普通中和滤池　普通中和滤池为固定床，水的流向有平流和竖流两种。目前大多采用竖流式。竖流式又分升流式和降流式两种（见图 3-6）。普通中和滤池的滤床厚度一般为 1～1.5m，滤料粒径一般为 30～50mm，不得混有粉料。过滤速度一般不大于 5m/h，接触时间不小于 10min，当污水中含有可能堵塞滤料的物质时，应进行预处理。

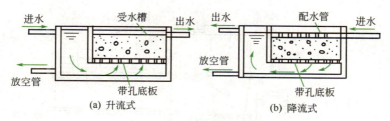

图 3-6 普通中和滤池

（2）**升流式膨胀中和滤池**　根据污水通过滤料层时滤速发生变化与否，可将升流式膨胀中和滤池分为恒速升流式和变速升流式两种。

恒速升流式膨胀中和滤池如图 3-7 所示。这种滤池的构造可分为四部分：底部为进水设备，一般采用大阻力穿孔管布水，孔径 9～12mm；进水设备上面是卵石垫层，其厚度为 0.15～0.2m，卵石粒径为 20～40mm；垫层上面为石灰石滤料，粒径为 0.5～3mm，平均 1.5mm，滤料层厚度在运转初期为 1～1.2m，最终换料时为 2m，滤料膨胀率为 50%，滤料的分布状态是由下往上粒径逐渐减小；滤料上面是缓冲层，高度为 0.5m，使水和滤料分离，在此区域内水流速逐渐减慢，出水由出水槽均匀汇集出流。

这种中和滤池水流由下向上流动，流速高达 30～70m/h，再加上生成 CO_2 气体作用，使滤料互相碰撞摩擦，表面不断更新，因此中和效果较好。滤池的出水中由于含有大量溶解 CO_2，使出水 pH 值为 4.2～5.0。

变速升流式膨胀中和滤池如图 3-8 所示。其特点是中和滤池筒体是倒圆锥状，其中滤料层截面面积是变化的。底部滤速较大，可达 130～150m/h，可使大颗粒滤料处于悬浮状态；上部滤速较小，为 40～60m/h，可保持上部微小滤料不致流失，从而可防止池内滤料表面形成 $CaSO_4$ 覆盖层，又可以提高滤料的利用率，还可以提高进水的含酸浓度，同时不发生堵塞。该滤池目前得到了广泛的应用，并有定型产品可供选用。

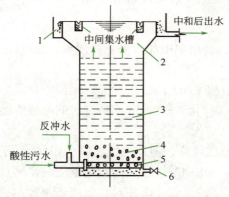

图 3-7　恒速升流式膨胀中和滤池

1—环形集水槽；2—清水区；3—石灰石滤料；4—卵石垫层；
5—大阻力配水系统；6—放空管

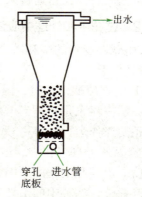

图 3-8　变速升流式膨胀中和滤池

图 3-9 所示为采用变速升流式膨胀中和滤池（塔）处理酸性污水的实用装置流程。

过滤中和法的**优点**是操作管理简单，出水 pH 值较稳定，沉渣量少，仅为污水体积的 0.1%，不影响环境卫生。**缺点**是需要控制进水的硫酸浓度。

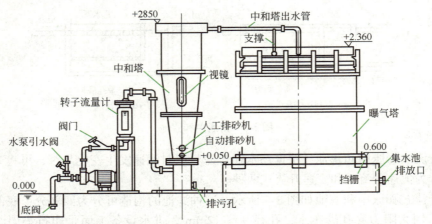

图 3-9　变速升流式膨胀中和滤池（塔）处理酸性污水装置流程

3.1.5　中和处理中应注意的问题

3.1.5.1　投药中和处理中应注意的问题

投药中和处理中应注意的问题主要有三点，介绍如下。

> ① 当某些工厂或车间污水的 pH 值波动较大，即中和处理前的原污水 pH 值的变化较大时，为取得良好中和处理，应通过 pH 值检测仪或人工用 pH 试纸测试及时调整碱液（或碱性中和剂）的投加量。
>
> ② 采用工业液碱（其含碱浓度一般在 30% 左右）作中和剂时，应在溶液槽中把液碱稀释成工作液（浓度一般为 5%～15%），再投加到污水中，否则会因混合不匀而未充分发挥中和效果，并造成碱液的浪费。
>
> ③ 中和过程中形成的各种沉渣（如石膏和铁矾等）应及时分离与去除，否则会引起管道堵塞。分离设备通常采用沉淀池，清除沉渣可用泥浆泵或利用静水压力。

3.1.5.2　过滤中和处理中应注意的问题

采用碱性滤料的中和塔，随着运行时间增加，会出现中和效果下降现象，其可能原因及解决措施如下。

> ① 处理硫酸污水时，因在滤料表面形成不溶物（如 $CaSO_4$）硬壳，阻碍中和反应继续进行。解决对策是：适当增加过滤速度与水温，以消除硬壳，并控制进水的硫酸浓度，以实现正常操作运行。
>
> ② 污水处理过程中，虽未发现在滤料表面形成硬壳，但发现处理后水 pH 值低于正常控制值。出现此问题的原因是：由于滤料不断与污水中酸性物质进行化学反应，导致滤料不足；此外，滤料中的惰性杂质随着中和过滤时间的延长，其相对含量越来越多，必然引起滤料层的不断塌陷。解决措施为：应定期补加滤料。若经多次补加滤料后，滤料层的高度已达到滤池的允许装料高度，且出水仍不符合要求时，就必须进行倒床换料。
>
> ③ 当采用碳酸盐作中和滤料时，往往因反应生成的 CO_2 气体吸附在滤料表面形成气体薄膜，从而阻碍中和反应的进行，影响出水水质。出现此类问题的原因是：其一，污水中酸的浓度过大，反应产生的 CO_2 气体过多，从而造成在滤料表面聚集；其二，过滤速度过小，不能把反应生成的气体及时随水流带出。解决办法是：控制酸的浓度；加大过滤速度；采用升流过滤方式。

3.2 混凝

混凝就是通过向水中投加一些药剂（常称混凝剂），使水中难以沉淀的细小颗粒（粒径大致为 1～100μm）及胶体颗粒脱稳并互相聚集成粗大的颗粒而沉淀，从而实现与水分离，达到水质的净化。混凝可以用来降低污水的浊度和色度，去除多种高分子有机物、某些重金属物和放射性物质。此外，**混凝法**还能改善污泥的脱水性能。因此，**混凝法**是工业废水处理中常采用的方法。它既可以作为独立的处理法，也可以和其他处理法配合，作为预处理、中间处理或最终处理。在三级处理中常常被采用。

混凝法与污水的其他处理法比较，其**优点**是设备简单，维护操作易于掌握，处理效果好，间歇或连续运行均可以。**缺点**是由于不断向污水中投药，经常性运行费用较高，沉渣量大，且脱水较困难。

3.2.1 混凝原理

3.2.1.1 胶体的特征

（1）**胶体结构** 胶体结构很复杂，它是由胶核、吸附层及扩散层三部分组成。**胶核**是胶体粒子的核心，它由数百乃至数千个分散固体物质分子组成。在胶核表面拥有一层离子，称为电位形成离子或电位离子，胶核因电位离子而带有电荷，为维持胶体离子的电中性，胶核表面的电位离子层通过静电作用，从溶液中吸引了电量与电位离子层总电量相等而电性相反的离子，这些离子称为反离子，并形成反离子层。这样，胶核固相的电位离子层与液相中的反离子层就构成了胶体粒子的双电层结构，如图3-10所示。被吸引的反离子中有一部分被胶核牢固吸引并随胶核一起运动，这部分反离子称为束缚反离子，组成**吸附层**；另一部分反离子距胶核稍远，胶核对其吸引力较小，不随胶核一起运动，称为自由反离子，组成**扩散层**；而吸附层与扩散层之间的交界面称为滑动面。胶核、电位离子层和吸附层共同组成运动单元，称胶体颗粒，简称**胶粒**。胶粒再与扩散层合起来组成电中性胶团。胶团的结构如下：

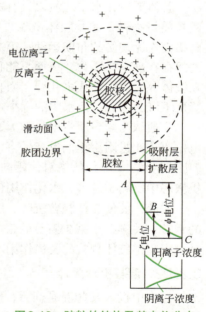

图 3-10 胶粒的结构及其电位分布

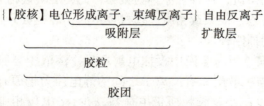

由于胶粒内反离子电荷数少于表面电荷数，故胶粒总是带电的，其电量等于表面电荷数与吸附层反离子电荷数之差，其电性与电位离子电性相同。

胶粒表面的电位离子与溶液主体之间所产生的电位称为**总电位**（或称 ψ 电位），而胶粒与扩散层之间由于胶粒剩余电荷的存在所产生的电位称为**界面动电位**（或称 ζ 电位），如图

3-10所示。ψ电位对于某类胶体而言，是固定不变的，也不具备实用意义，而ζ电位可以用电泳或电渗的速度计算出来，它随着温度、pH值及溶液中反离子浓度等外部条件而变化，在水处理中具有重要的意义。其值可通过下式计算：

$$\zeta = \frac{0.4\pi\eta u}{DE} \tag{3-3}$$

式中　η——液体的黏滞系数（绝对黏度），Pa·s；
　　　u——液体的移动速度，cm/s；
　　　D——液体的介电常数；
　　　E——两电极间单位距离的外加电位差，绝对静电单位/cm，其中1绝对静电单位=300V。

ζ电位的正负与胶体所带电荷有关，若胶体带负电，则ζ电位为负值，若胶体带正电，ζ电位为正值。通常，ζ电位的绝对值范围为10～200mV。

（2）**胶体颗粒的稳定性与脱稳**　胶体颗粒在水中能中长期保持分散状态而不下沉的特性称为胶体的稳定性。

胶体颗粒在水中之所以具有稳定性，其原因有三：第一，污水中的细小悬浮颗粒和胶体微粒质量很轻，尤其胶体微粒直径为10^{-3}～10^{-6}mm，这些颗粒在污水中受水分子热运动的碰撞而作无规则的布朗运动；第二，胶体颗粒本身带电，同类胶体颗粒带有同性电荷，彼此之间存在静电排斥力，从而不能相互靠近以结成较大颗粒而下沉；第三，许多水分子被吸引在胶体颗粒周围形成水化膜，阻止胶体颗粒与带相反电荷的离子中和，妨碍颗粒之间接触并凝聚下沉。因此，污水中的细小悬浮颗粒和胶体微粒不易沉降，总保持着分散和稳定状态。

一般认为胶粒所带电量越大，胶粒的稳定性越好。而胶粒带电是由于胶核表面所吸附的电位离子比吸附层里的反离子多，当胶粒与液体作相对运动时，吸附层和扩散层之间便产生ζ电位所致。ζ电位的绝对值越高，胶粒带电量越大，胶粒间产生的静电斥力也越大；同时，扩散层中反离子越多，水化作用也越大，水化壳也越厚，胶粒也就越稳定。

因此，要使胶体颗粒沉降，就需破坏胶体的稳定性。促使胶体颗粒相互接触，成为较大的颗粒，关键在于减少胶粒的带电量，这可以通过压缩扩散层厚度、降低ζ电位来达到。这个过程叫做胶体颗粒的脱稳作用。

3.2.1.2 混凝机理简介

污水中投入某些混凝剂后，胶体因ζ电位降低或消除而脱稳。脱稳的颗粒便相互聚集为较大颗粒而下沉，此过程称为**凝聚**，此类混凝剂称为凝聚剂。但有些混凝剂可使未经脱稳的胶体也形成大的絮状物而下沉，这种现象称为**絮凝**，此类混凝剂称为絮凝剂。不同的混凝剂能使胶体以不同的方式脱稳、凝聚或絮凝。按机理不同，混凝可分为压缩双电层、吸附电中和、吸附架桥、沉淀物网捕四种。

（1）**压缩双电层机理**　当向溶液中投加电解质后，溶液中与胶体反离子相同电荷的离子浓度增高，这些离子与扩散层原有反离子之间的静电斥力把原有部分反离子挤压到吸附层中，从而使扩散层厚度减小，胶粒所带电荷数减少，ζ电位相应降低。因此，胶粒间的相互排斥力也减少。当排斥力降至一定值，分子间以吸引力为主时，胶粒就相互聚合与凝聚。

（2）**吸附电中和机理**　当向溶液中投加电解质作混凝剂，混凝剂水解后在水中形成胶体微粒，其所带电荷与水中原有胶粒所带电荷相反。由于异性电荷之间有强烈的吸附作用，这种吸附作用中和了电位离子所带电荷,减少了静电斥力,降低了ζ电位,使胶体脱稳并发生凝聚。但若混凝剂投加过多,混凝效果反而下降。因为胶粒吸附了过多的反离子,使原来的电荷变性,排斥力变大,从而发生了再稳现象。

(3) **吸附架桥机理** 吸附架桥作用主要是指高分子聚合物与胶粒和细微悬浮物等发生吸附、桥联的过程。高分子絮凝剂具有线性结构,含有某些化学活性基团,能与胶粒表面产生特殊反应而互相吸附,在相距较远的两胶粒间进行吸附架桥,使颗粒逐渐变大,从而形成较大的絮凝体。

(4) **沉淀物网捕机理** 若采用硫酸铝、石灰或氯化铁等高价金属盐类作混凝剂,当投加量大得足以迅速沉淀金属氢氧化物[如$Al(OH)_3$、$Fe(OH)_3$]或金属碳酸盐(如$CaCO_3$)时,水中的胶粒和细微悬浮物可被这些沉淀物在形成时作为晶核或吸附质所网捕。

以上介绍的混凝的四种机理,在污水处理中往往是同时或交叉发挥作用的,只是在一定情况下以某种作用机理为主而已。低分子电解质混凝剂,以双电层作用产生凝聚为主;高分子聚合物则以架桥联结产生絮凝为主。所以,通常将低分子电解质称为凝聚剂,而把高分子聚合物称为絮凝剂。向污水中投加药剂,进行水和药剂的混合,从而使水中的胶体物质产生凝聚和絮凝,这一综合过程称为混凝过程。

3.2.1.3 影响混凝效果的因素

在污水的混凝沉淀处理过程中,影响混凝效果的因素比较多,其中重要的有以下几方面。

(1) **pH值** 水的pH值大小直接关系到选用药剂的种类、加药量和混凝沉淀效果。水中的H^+和OH^-参与混凝剂的水解反应,因此,pH值强烈影响混凝剂的水解速度、产物的存在形态与性能。如硫酸铝作为混凝剂时,最佳pH值范围是5.7~7.8,不能高于8.2。如果pH值过高,硫酸铝水解后生成的$Al(OH)_3$胶体就会溶解,即:

$$Al(OH)_3 + OH^- \rightleftharpoons AlO_2^- + 2H_2O$$

生成的AlO_2^-对含有负电荷胶体微粒的污水就没有作用。再如三价铁盐的最佳pH值范围是6.0~8.4,而亚铁盐则要求pH值大于9.5。使用铝盐与铁盐混凝剂时,还要求水中含有一定的碱性物质,用以中和混凝剂在水解过程中产生的H^+。若碱度不足,水的pH值下降,则对混凝不利。此时,应投加石灰或碳酸钠等,以调节pH值。

高分子混凝剂尤其是有机高分子混凝剂,混凝效果受pH值的影响较小。

(2) **温度** 水温对混凝效果影响很大。对于无机盐类混凝剂,其水解时呈吸热反应,水温低时水解困难,如硫酸铝,当水温低于5℃时,水解速度变慢,不易生成$Al(OH)_3$胶体。同时,水温低时,水黏度大,分子热运动减慢,脱稳胶粒彼此接触碰撞的机会减少,不利于相互凝聚,也使絮凝体生长受阻。因此,水温低时混凝效果差。但水温也不宜太高,否则易使高分子絮凝剂发生老化或分解生成不溶性物质,反而降低混凝效果。如硫酸铝,其最佳混凝温度是35~40℃。

(3) **共存杂质** 水中黏土杂质,粒径细小而均匀者,对混凝不利,粒径参差者对混凝有利。颗粒浓度过低往往对混凝不利,回流沉淀物或投加混凝剂可提高混凝效果。水中存在大量有机物时,能被黏土吸附,使微粒具备有机物的高度稳定性,此时,向水中投氯以氧化有机物,破坏其保护作用,常能提高混凝效果。水中的盐类也影响混凝效果,如水中Ca^{2+}、Mg^{2+}、硫及磷化物一般对混凝有利,而某些阴离子、表面活性剂对混凝不利。

(4) **混凝剂的种类、投加量及投加次序** 由于工业废水的水质比较复杂,因此在选择混凝剂的种类及确定其投加量时，需充分考虑水中杂质的成分、性质和浓度对混凝效果的影响。混凝剂投加量有其最佳值，混凝剂投加量不足，则水中杂质未能充分脱稳去除，加入太多则会再稳定。在实际生产中，混凝剂品种的选择和最佳投加量、最佳操作条件主要通过混凝试验来确定。一般的投量范围是：普通的铁盐、铝盐是 10～100mg/L；聚合盐为普通盐的 1/2～1/3；有机高分子絮凝剂 1～5mg/L。

当使用多种混凝剂时，其最佳投加次序应通过试验确定。一般而言，当无机混凝剂与有机混凝剂并用时，先投加无机混凝剂，再投加有机混凝剂。但当处理的胶粒在 50μm 以上时，常先投加有机混凝剂吸附架桥，再加无机混凝剂压缩双电层而使胶体脱稳。

（5）**水力条件（搅拌）** 搅拌的目的是帮助混合反应、凝聚和絮凝，过于激烈地搅拌会打碎已经凝聚和絮凝的絮状沉淀物，反而不利于混凝沉淀，因此搅拌一定要适当，即要控制搅拌强度和搅拌时间。搅拌强度常用速度梯度 G 来表示。在混合阶段，要求混凝剂与污水迅速均匀的混合，为此要求较强的搅拌强度，控制 G 在 500～1000s^{-1}，搅拌时间应控制在 10～30s。而到了反应阶段，既要创造足够的碰撞机会和良好的吸附条件让絮体有足够的成长机会，又要防止生成的小絮体被打碎，因此搅拌强度要小，控制 G 在 20～70s^{-1}，而反应时间需加长，一般为 15～30min。

为确定最佳的工艺条件，一般情况下，可以用烧杯搅拌法进行混凝的模拟试验。

3.2.2 混凝剂与助凝剂

3.2.2.1 混凝剂

混凝剂具有破坏胶体的稳定性和促进胶体絮凝的功能。其品种很多，按其化学成分可分为无机混凝剂和有机混凝剂两大类，列于表3-2。

表3-2 混凝剂分类表

分类			混凝剂
无机类	低分子	无机盐类	硫酸铝、硫酸铁、硫酸亚铁、铝酸钠、氯化铁、氯化铝
		碱类	碳酸钠、氢氧化钠、氧化钙
		金属电解产物	氢氧化铝、氢氧化铁
	高分子	阳离子型	聚合氯化铝、聚合硫酸铝
		阴离子型	活性硅酸
有机类	表面活性剂	阴离子型	月桂酸钠、硬脂酸钠、油酸钠、松香酸钠、十二烷基苯、磺酸钠
		阳离子型	十二烷胺乙酸、十八烷胺乙酸、松香胺乙酸、烷基三甲基氯化铵
	低聚合度高分子	阴离子型	藻蛋白酸钠、羧甲基纤维素钠盐
		阳离子型	水溶性苯胺树脂盐酸盐、聚乙烯亚胺
		非离子型	淀粉、水溶性脲醛树脂
		两性型	动物胶、蛋白质
	高聚合度高分子	阴离子型	聚丙烯酸钠、水解聚丙烯酰胺、磺化聚丙烯酰胺
		阳离子型	聚乙烯吡啶盐、乙烯吡啶共聚物
		非离子型	聚丙烯酰胺、氯化聚乙烯

（1）**无机混凝剂** 目前广泛使用的无机混凝剂有铝盐混凝剂和铁盐混凝剂。

铝盐混凝剂主要有硫酸铝[$Al_2(SO_4)_3 \cdot 18H_2O$]、明矾[$Al_2(SO_4)_3 \cdot K_2SO_4 \cdot 24H_2O$]、铝酸钠（$Na_3AlO_3$）、三氯化铝（$AlCl_3$）及碱式氯化铝[$Al_n(OH)_mCl_{3n-m}$]。

硫酸铝无毒，价格便宜，使用方便，混凝效果较好，用它处理后的水不带色，用于脱除浊度、色度和悬浮物，但絮凝体较轻，适用于水温20～40℃，pH值范围5.7～7.8。

聚合氯化铝（PAC，即碱式氯化铝）是一种多价电解质，能显著降低水中黏土类杂质（多带负电荷）的胶体电荷。由于相对分子质量大，吸附能力强，具有优良的凝聚能力，形成的矾花（即絮凝体）较大，凝聚沉淀性能优于其他混凝剂。PAC聚合度较高，投加后快速搅拌，可以大大缩短絮凝体形成的时间。PAC受水温影响较小，低水温时凝聚效果也很好。PAC对水的pH值降低较少，适宜的pH值范围为5～9。结晶析出温度在-20℃以下。是目前国内外使用较广泛的无机高分子混凝剂。

铁盐混凝剂主要有硫酸亚铁（$FeSO_4 \cdot 7H_2O$）、硫酸铁[$Fe_2(SO_4)_3$]、三氯化铁（$FeCl_3 \cdot 6H_2O$）及聚合硫酸铁[$Fe_2(OH)_n(SO_4)_{3-n/2}$]$_m$。

硫酸亚铁作混凝剂形成的絮凝体较重，形成较快而且稳定，沉降时间短，能去除臭味和一定的色度。适用于碱度高、浊度大的污水。污水中若有硫化物，可生成难溶于水的硫化亚铁，便于去除。缺点是：腐蚀性比较强；污水色度高时，色度不易除净。

三氯化铁是一种常用的混凝剂。它形成的絮凝体易沉淀，处理低温水或低浊度水效果比铝盐好，适宜的pH值范围为6～8.4。缺点是：腐蚀性强，易吸水潮解，处理后的水的色度比用铝盐高。

聚合硫酸铁也是具有一定碱度的无机高分子物质，其混凝作用机理与聚合氯化铝颇为相似。适宜水温10～20℃，pH值范围5.0～8.5，但在pH为4.0～11范围内仍可使用。与普通铁铝盐相比，它具有投加剂量少、絮体生成快、对水质的适应范围广及水解时消耗水中碱度少等一系列优点，因而在污水处理中应用越来越广泛。

（2）**有机混凝剂** 目前应用较为广泛的有机混凝剂主要是人工合成的有机高分子絮凝剂。其分子结构一般为链状，分子量都很高（分子量为10^3～10^6数量级），絮凝能力很强。常用的有聚丙烯酸钠（阴离子型）、聚乙烯吡啶盐（阳离子型）和聚丙烯酰胺（非离子型）等。

聚丙烯酰胺（PAM）是目前使用最多的一种高分子混凝剂。在处理污水时，具有凝聚速度快、用量少、絮凝体粗大强韧等优点。常与铁盐、铝盐合用，从而得到满意的处理效果。

随着有机合成工业的发展，合成高分子混凝剂的种类日益增多，尤其是离子型高分子混凝剂由于其优异的性能将成为今后的发展重点。

3.2.2.2 助凝剂

在污水混凝处理中，有时使用单一的混凝剂不能取得良好的效果，往往需要投加辅助药剂以提高混凝效果，这种辅助药剂称为助凝剂。

助凝剂的作用是提高絮凝体的强度，增加重量，促进其沉降，且使污泥有较好的脱水性能，或者用于调整pH值，破坏对混凝作用有干扰的物质。

按其功能，助凝剂可分为三类。

（1）**pH调整剂** 如CaO、$Ca(OH)_2$、Na_2CO_3、$NaHCO_3$等碱性物质。用来调整pH值，以达到混凝剂使用的最佳pH值。

（2）**絮体结构改良剂** 如聚丙烯酰胺、活性硅酸、活性炭、各种黏土等。用以改善絮体的结构，增加其粒径、密度和强度。

（3）**氧化剂** 如 Cl_2、$NaClO$、O_3 等。用来去除有机物对混凝剂的干扰，以提高混凝效果。

值得注意的是：有些高分子物质，如淀粉、活性硅酸、PAM 等本身就具有混凝及助凝作用。混凝剂和助凝剂的选择和用量要根据不同污水的试验数据加以确定。选择的原则是价格低，来源广，用量少，效率高，生成的絮凝体密实，沉淀快，容易与水分离等。

3.2.3 混凝工艺过程及设备

整个混凝沉淀处理工艺流程包括混凝剂的配制与投加、混合、反应及沉淀分离几个部分。其流程如图 3-11 所示。

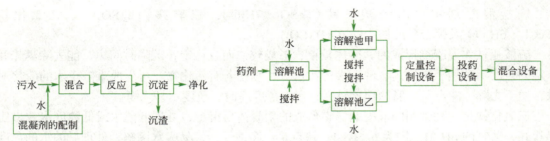

图 3-11 混凝沉淀处理工艺流程　　　　图 3-12 药剂的溶解和投加过程

化学混凝设备包括混凝剂的配制和投加设备、混合设备、反应设备及沉淀设备。

3.2.3.1 混凝剂的配制与投加

混凝剂的投配方法有干投法和湿投法。干投法就是将固体混凝剂（如硫酸铝）破碎成粉末后定量地投入待处理水中。此法对混凝剂的粒度要求较严，投量控制较难，对机械设备的要求较高，劳动条件也较差，目前国内使用较少。湿投法是将混凝剂和助凝剂先溶解配成一定浓度的溶液，然后按处理水量大小定量投加。此法应用较多，其过程见图 3-12。

（1）**混凝剂溶液的配制** 混凝剂溶液的配制过程包括溶解与调制两步。溶解一般在溶解池（溶药池）中进行，其作用是把块状或粒状的药剂溶解成浓溶液。调制则在溶液池中进行，其作用是把浓溶液配成一定浓度的溶液。

溶液池的容积可按下式计算：

$$W = \frac{24 \times 100 aQ}{1000 \times 1000 cn} = \frac{aQ}{417cn} \tag{3-4}$$

式中　W——溶液池的容积，m^3；

a——混凝剂最大用量，mg/L；

Q——处理的水量，m^3/h；

c——溶液浓度，按药剂固体质量分数计算，一般用 10%～20%；

n——每昼夜配制溶液的次数，一般为 2～6 次。

溶药池的容积 W_1 可按下式估算：

$$W_1 = (0.2 \sim 0.3)W \tag{3-5}$$

配制时需要搅拌，通常采有水力搅拌、机械搅拌或压缩空气搅拌等。药剂量小时采用水力搅拌，如图3-13所示。也可以在溶药桶或溶药池内直接进行人工配制。药剂量大时采用机械搅拌，如图3-14所示；或采用压缩空气搅拌，如图3-15所示。从药剂的溶解性看，对易溶解药剂可采用水力搅拌和人工直接配制，而机械搅拌和压缩空气搅拌适用于各种药剂的配制。但压缩空气搅拌不宜作长时间的石灰乳液连续搅拌。

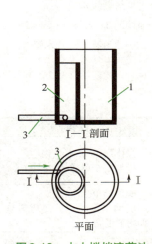

图3-13　水力搅拌溶药池

1—溶液池；2—溶药池；3—压力水管

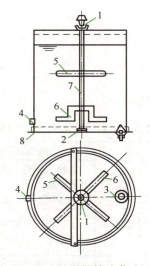

图3-14　机械搅拌溶药池

1，2—轴承；3—异径管箍；4—出液管；
5—桨叶；6—锯齿角钢桨叶；
7—立轴；8—底板

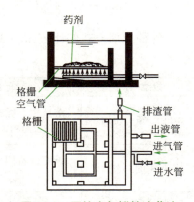

图3-15　压缩空气搅拌溶药池

无机盐类混凝剂的溶解池、溶液池、搅拌装置和管配件等都应考虑防腐措施或用防腐材料，尤其在使用$FeCl_3$时必须采用。

（2）混凝剂的**投加**　混凝剂的投加有两种方式，即重力投加和压力投加。

① **重力投加**　采用水泵进行混合时，药剂加在泵前吸水井或吸水管处，一般采用重力投加，即所谓的泵前重力投加，如图3-16所示。为了防止空气进入水泵吸水管内，需设一个装有浮球阀的水封箱。当采用混合设备或管道混合时，若允许提高溶液池位置，也可采用重力投加，如图3-17所示。

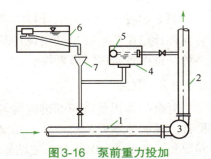

图3-16　泵前重力投加

1—吸水管；2—出水管；3—水泵；4—水封箱；5—浮球阀；6—溶液池；7—漏斗

② **压力投加**　压力投加又分为两种形式：一是泵投加，采用耐酸泵配以转子或电磁流量计，这是广泛采用的方法，或者直接用计量泵，将药液送到投药点；二是水射器投加，水射器利用高压水通过喷嘴和喉管之间的真空抽吸作用将药液吸入，同时随水的余压注入原水管中，如图3-18所示。

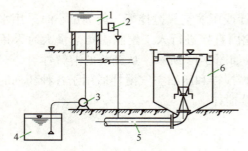

图 3-17 高架溶液池重力投加

1—溶液箱；2—投药箱；3—提升泵；
4—溶液池；5—原水进水管；6—澄清池

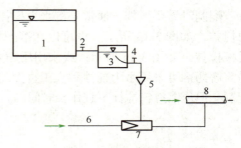

图 3-18 水射器投加

1—溶液池；2，4—阀门；3—投药箱；5—漏斗；
6—高压水管；7—水射器；8—原水管

各种投加方式的比较如表 3-3 所示。

表 3-3 各种投加方式的比较

投加方式		设备	适用范围	特点
重力投加	重力投加	溶液槽，提升泵，高位溶液槽，投药箱，计量设备	①投入水池、水井或水泵出水管路 ②适用于中小型水厂	操作简单 投加安全可靠
	泵前重力投加	投配设备同上，浮球阀水封箱	①投入污水泵前管路中 ②适用于中小型水厂	操作简单 借助水泵叶轮，使药剂与水均匀混合
压力投加	泵投加	计量加药泵，溶液槽	①药液投入压力管路中 ②适用于大中型水厂	不用计量设备
		耐酸水泵，溶液槽，转子流量计	①药液投入压力管路中 ②适用于大中型水厂	设备易得，使用方便，工作可靠
	水射器投加	溶液槽，投药箱，水射器，高压水管	①药液投入压力管中 ②各种水厂规模均可适用	设备简单，使用方便，工作可靠，效率低

混凝剂投加时，要求计量准确，而且能随时调节。计量方法多种多样，常用的计量设备有浮杯计量设备、孔口计量设备及转子计量设备，其中转子流量计是计量设备中应用最多的一种。也可直接用计量泵投加。

3.2.3.2 混合

混合的作用是将药剂迅速均匀地扩散到污水中，达到充分混合，以确保混凝剂的水解与聚合，使胶体颗粒脱稳，并互相聚集成细小的矾花。混合阶段需要剧烈短促的搅拌，混合时间要短，大约在 10～30s 内完成，一般不得超过 2min。混合有两种基本形式：一种是借水泵的吸水管或压力管混合；另一种是在混合设备中进行混合。

（1）借水泵的吸水管或压力管混合 当泵站与絮凝反应设备距离很近时，将药液加于泵吸水管或吸水井中，通过水泵叶轮高速转动达到快速而剧烈的混合目的。其优点是混凝效果好，设备简单，节省投资，不另消耗动力；缺点是当吸水管多时，投资设备要增多，安装管理麻烦，对水泵叶轮有轻微腐蚀，同时应避免空气进入水泵。

当泵站与反应池较远时，可将药液投入离反应池前一定距离（应不小于 50 倍管道直径）的进水管中，使药剂与水在管道内混合，也有较好的凝聚效果。管道混合的优点是设备简单，不占地，节省投资，压头损失小；缺点是当流量减小时，可能在管中反应沉淀，堵塞管道。

（2）在混合设备中进行混合 在专用混合设备中进行混合，有机械和水力两种方法。

① **机械混合** 这是用电动机带动桨板或螺旋桨进行强烈搅拌的一种有效的混合方法。机械混合池构造如图 3-19 所示。桨板外缘的线速度一般为 2m/s 左右，混合时间为 10～30s。其**优点**是机械搅拌的强度可以调节，比较机动，混合效果较好。**缺点**是增加了机械设备，增加了维修保养工作和动力消耗。机械混合池适用于各种规模的水厂中。机械混合池的桨板有多种形式，如桨式、推进式、涡流式等，采用较多的为桨式。

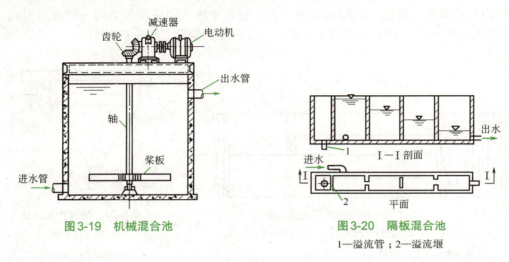

图 3-19　机械混合池　　　　　　图 3-20　隔板混合池

1—溢流管；2—溢流堰

② **水力混合** 是通过水的流动以达到药剂与水的混合。水力混合槽有多种形式，常见的有隔板混合池、穿孔板式混合池、涡流式混合池等。图 3-20 所示为隔板混合池。池为钢筋混凝土或钢制，池内设隔板，药剂于隔板前投入，水在隔板通道间流动过程中与药剂达到充分的混合。混合时间一般为 10～30s。

水力混合池主要**优点**是混合效果较好，某些池型能调节水头高低，适应流量变化，操作简单，广泛用于大中型水处理厂中；**缺点**是占地面积较大，某些进水方式要裹进大量气体，对后续处理带来一些不利影响。

3.2.3.3　反应

水与药剂混合后即进入反应池进行反应。反应阶段的作用是促使混合阶段所形成的细小矾花在一定时间内继续形成大的、具有良好沉淀性能的絮凝体（可见的矾花），以使其在后续的沉淀池内下沉。所以反应阶段需要有适当的紊流程度及较长的时间，通常反应时间需 20～30min 左右。

反应池的形式也有机械搅拌和水力搅拌两类。水力搅拌反应池在中国应用广泛，类型也较多，主要有隔板反应池、涡流式反应池等。其中比较常用的是隔板反应池。

（1）**隔板反应池**　隔板反应池有平流式、竖流式和回转式三种。

　　　　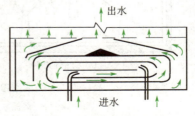

图 3-21　平流式隔板反应池　　　　图 3-22　回转式隔板反应池

① **平流式隔板反应池**　其结构见图3-21。多为矩形钢筋混凝土池子，池内设木质或水泥隔板，水流沿廊道回转流动，可形成很好的絮凝体。一般进口流速0.5～0.6m/s，出口流速0.15～0.2m/s，反应时间一般为20～30min。其优点是反应效果好，构造简单，施工方便。但池容大，水头损失大。

② **竖流式隔板反应池**　此类反应池的原理与平流式隔板反应池相同。

③ **回转式隔板反应池**　其结构见图3-22，它是平流式隔板反应池的一种改进形式，常与平流式沉淀池合建，如图3-23所示。其优点是反应效果好，压头损失小。

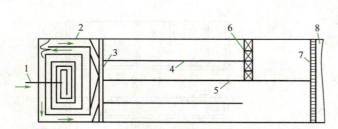

图3-23　带回转式隔板反应池的平流式沉淀池

1—进水管；2—回转式隔板反应池；3—穿孔配水墙；
4—导流墙；5—隔墙；6—吸泥机桁架；
7—上部穿孔出水墙；8—出水井

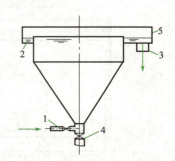

图3-24　涡流式反应池

1—进水管；2—圆周集水槽；3—出水管；
4—放水阀；5—格栅

隔板反应池适用于处理水量大且水量变化小的情况。

（2）**涡流式反应池**　涡流式反应池的结构如图3-24所示。涡流式反应池的下半部为圆锥形，水从锥底部流入，形成涡流扩散后缓慢上升，随锥体面积变大，反应液流速由大变小，流速变化的结果有利于絮凝体形成。涡流式反应池的优点是反应时间短，容积小，好布置。

（3）**机械搅拌式反应池**　机械搅拌式反应池的结构如图3-25所示。反应池用隔板分为2～4格，每格装一搅拌叶轮，叶轮有水平和垂直两种。水力停留时间一般采用15～30min，叶轮半径中点线速度由进水格的0.5～0.6m/s依次减到出水格的0.1～0.2m/s。

3.2.3.4　沉淀

进行混凝沉淀处理的污水经过投药混合反应生成絮凝体后，要进入沉淀池使生成的絮凝体沉淀与水分离，最终达到净化的目的。

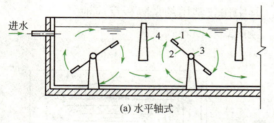
(a) 水平轴式

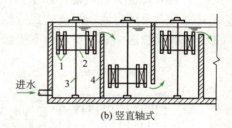
(b) 竖直轴式

图3-25　机械搅拌式反应池

1—桨板；2—叶轮；3—转轴；4—隔板

3.2.4 操作管理

3.2.4.1 混凝剂的配制

混凝剂的配制先在溶解池充分分散溶解，再送入溶液池内稀释成规定浓度。

（1）无机及其聚合物类混凝剂的配制　配制的混凝剂稀溶液数量一般宜在一个班内用完。配制混凝剂原药的数量可按下式计算：

$$M = cV \times 1000 \tag{3-6}$$

式中　M——混凝剂原药的质量，kg；
　　　c——要配制的混凝剂的投加浓度，mg/L；
　　　V——配制的混凝剂稀溶液的体积，m³。

（2）部分水解聚丙烯酰胺（PHP）混凝剂的配制　其水解度 β（%）是指水解时，聚丙烯酰胺（PAM）分子中酰胺基转换成羧基的百分比，一般取 $\beta=20\% \sim 30\%$。由于羧基数量测定困难，工程实践中采用水解比 γ 来表征水解度。

$$\gamma = NaOH 质量 / PAM 质量$$

生产实践表明，γ 取 20% 为宜。γ 值过大，水解速度过快，NaOH 用量大，费用高；γ 值过小，反应不足，助凝效果差。水解时间取 2～4h。配制过程中，PAM 先配制成 0.5%，水解后再稀释成 0.1%。

3.2.4.2 日常管理

具体操作时应注意以下几方面的问题：

①每班应观察并记录矾花生成情况，并将之与历史资料比较，发现异常应及时判明原因，采取相应对策；②定期清洗加药设备；③定期核算混合反应池的速度梯度值，检查系统的腐蚀情况；④防止药剂变质失效（如 $FeSO_4$）；⑤定期进行沉降试验和烧杯搅拌试验，检查是否为最佳投药量；⑥连续或定期检测水温、pH 值、浊度、SS、COD 等水质指标。

3.2.4.3 异常现象及其处理

混凝操作中常见的异常现象及其产生原因和处理对策见表3-4。

表3-4　混凝工艺异常现象分析与对策

异常现象	原因与对策
反应池末端絮体正常，沉淀池出水携带絮体	①沉淀池超负荷。增加运行池数，降低表面水力负荷 ②水流短路。查明短路原因（死角、密度流），采取整流措施
反应池末端絮体细小，沉淀池出水浑浊	①进水碱度偏低。补充碱度 ②混凝剂投量不足。增加用量 ③水温降低。改用无机高分子混凝剂等受水温影响小的混凝剂 ④混凝条件改变。采用水力混合时，流量减小，混凝剂混合强度减小，提高混合强度；反应池内大量集泥，絮凝时间缩短，排除集泥
反应池末端絮体松散，沉淀池出水清澈（浑浊），出水携带絮体（浑浊）	混凝剂投加过量。降低混凝剂投加量

3.2.5 澄清池

3.2.5.1 澄清池的作用及类型

澄清池是用于混凝处理的一种设备。它主要用于给水处理，也可用于污水处理，去除原水中的胶体（特别是无机性胶体）颗粒。在澄清池内能同时实现混凝剂与原水的混合、反应和絮体沉淀分离等过程。它利用接触凝聚原理，在池中让已经生成的絮凝体悬浮起来形成悬浮泥渣层（接触凝聚区），其中悬浮物浓度约 3～10g/L，当投加混凝剂的原水通过它时，水中新生成的微絮粒被迅速吸附在悬浮泥渣上，从而能够达到良好的去除效果。澄清池的效率取决于泥渣悬浮层的活性与稳定，因此，保持泥渣处于悬浮、浓度均匀、活性稳定的工作状态是所有澄清池的共同要求。

澄清池具有处理效果好、生产效率高、药剂用量省、占地面积小等**优点**，且设计已标准化。**缺点**是对进水水质要求严格，设备结构复杂。

根据泥渣与污水接触方式的不同，澄清池可分为泥渣悬浮型和泥渣循环型两类。前者利用进水的位能连续地或周期地冲起泥渣，使其悬浮，并截留原水中的小絮体，多余的泥渣经沉淀浓缩后排出，主要形式有悬浮澄清池和脉冲澄清池。后者利用搅拌机或射流器让泥渣在竖直方向上不断循环，在循环过程中捕集水中的微小絮粒，并在分离区加以分离，典型设备有机械搅拌澄清池和水力循环澄清池。几种常用澄清池的特点和适用条件见表 3-5。目前最常用的是机械加速澄清池。

表3-5 常用澄清池的特点和适用条件

类型	特点	适用条件
机械加速澄清池	处理效率高，单位面积产水量大；处理效果稳定，适应性较强。但需要机械搅拌设备；维修较麻烦	进水悬浮物含量小于5000mg/L，短时间内允许在5000～10000mg/L；适用于中大型水处理厂
水力循环澄清池	无机械搅拌设备；构筑物简单 投药量较大；对水质、水温变化适应性差；水头损失较大	进水悬浮物含量小于2000mg/L，短时间内允许在5000mg/L；适用于中小型水处理厂
脉冲澄清池	混合充分，布水均匀；池深较浅 需要一套抽真空设备。虹吸式水头损失较大，脉冲周期较难控制；对水质、水量变化适应性较差；操作管理要求较高	进水悬浮物含量小于3000mg/L，短时间允许在5000～10000mg/L；适用于各种规模水处理厂
悬浮澄清池	无穿孔底板式构造较简单。双层式加悬浮层，底部开孔，能处理高浊度原水，但需设气水分离器。双层式池深较大；对水质、水量变化适应性较差；处理效果不够稳定	单层池：适用于进水悬浮物含量小于3000mg/L 双层池：适用于进水悬浮物含量3000～10000mg/L 流量变化一般每小时不大于10% 水温变化每小时不大于1℃

（1）**机械加速澄清池** 机械加速澄清池简称加速澄清池，多为圆形钢筋混凝土结构，小型的也有钢板结构。主要构造包括第一反应室、第二反应室、导流室和泥渣浓缩室，如图 3-26 所示。此外还有进水系统、加药系统、排泥系统、机械搅拌提升系统等。

其工作过程为：污水从进水管通过环形配水三角槽，从底边的调节缝流入第一反应室，混凝剂可以加在配水三角槽中，也可以加到反应室中。第一反应室周围被伞形板包围着，其上部设有提升搅拌设备，叶轮的转动

3.1 机械加速澄清池

在第一反应室形成涡流，使污水、混凝剂以及回流过来的泥渣充分接触混合，由于叶轮的提升作用，水由第一反应室提升到第二反应室，继续进行混凝反应。第二反应室为圆筒形，水从筒口四周流出到导流室。导流室内有导流板，使污水平稳地流入分离室，分离室的面积较大，使水流速度突然减小，泥渣便靠重力下沉与水分离。分离室上层清水经集水槽与出水管流出池外。下沉的泥渣小部分进入泥渣浓缩室，经浓缩后由排泥管定期排放，大部分泥渣在提升设备作用下通过回流缝又回到第一反应室，再以上述流程进行循环。

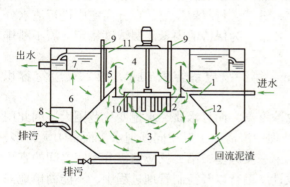 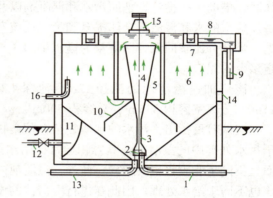

图3-26　机械加速澄清池示意

1—进水管；2—进水槽；3—第一反应室（混合室）；4—第二反应室；5—导流室；6—分离室；7—集水槽；8—泥渣浓缩室；9—加药管；10—机械搅拌器；11—导流板；12—伞形板

图3-27　水力循环澄清池示意

1—进水管；2—喷嘴；3—喉管；4—第一反应室；5—第二反应室；6—分离室；7—环形集水槽；8—出水槽；9—出水管；10—伞形板（用于大池）；11—沉渣浓缩室；12—排泥管；13—放空管；14—观察窗；15—喷嘴与喉管距离调节装置；16—取样管

（2）**水力循环澄清池**　水力循环澄清池是利用水的动能，在水射器的作用下，将池中的活性泥渣吸入和原水充分混合，从而加强了水中固体颗粒间的接触和吸附作用，形成良好的絮凝，加速了沉降速度，使水得到澄清。水力循环澄清池的构造如图3-27所示。

其工作过程为：加了混凝剂的原水从进水管道进入喷嘴，以高速喷入喉管，在喉管的喇叭四周围形成真空，吸入大约3倍于原水的泥渣量，经过泥渣与原水的迅速混合，进入渐扩管形的第一反应室以及第二反应室中进行混凝处理。喉管可以上、下移动以调节喷嘴和喉管的间距，使其等于喷嘴直径的1～2倍，并借此控制回流的泥渣量。水流从第二反应室进入分离室，由于断面积的突然扩大，流速降低泥渣就沉下来，其中一部分泥渣进入泥渣浓缩斗定期排出，而大部分泥渣被吸入喉管进行回流，清水上升从集水槽流出。

3.2　水力循环澄清池

3.2.5.2　澄清池在污水处理中的应用举例

澄清池问世以来，大多应用于给水处理。但随着污水处理要求的提高，澄清池在污水处理中，特别是污水深度处理中的应用也日益增多。

如某造纸厂对于碱性草浆污水的处理，先使制浆污水经过碱回收装置，提取黑液，随后对由洗、选、漂水组成的中段污水，采用图3-28所示的处理流程进行净化处理，每天处理污水量为2400m³。

图 3-28 某造纸厂中段污水的处理流程

该厂造纸污水的色度、悬浮物、有机物含量均较高，经加速曝气池生物处理后，污染物浓度仍较高，因此用凝集澄清做进一步处理，污水在进入澄清池前投加混凝剂硫酸铝，投量为 766mg/L。考虑到机械加速澄清池对水质、水量的变动具有较大的适应性，故被选用。操作时，借助于机械叶轮把原污水和混凝剂以及回流的泥浆混合；由于叶轮的提升作用，把第一反应室的水和泥渣混合体提升到第二反应室，继续进行凝聚反应，在分离室中进行渣水分离，大部分泥浆回流，回流量为进水量的 3～4 倍。为保持池内悬浮层浓度稳定，需不断排走多余的泥渣。

该厂加速澄清池的池径 12m，池深 4.3m，第一反应室容积 50m³，第二反应室容积 25m³，分离室容积 375m³，总容积 500m³。

应该着重指出，污水的水质复杂，污染物浓度高，而且水质、水量变化范围大，因此用于污水处理中的澄清池，其容积通常比给水处理中澄清池（对相同处理水量而言）大得多，而且不同工业废水也有差异。此外，澄清池内第一反应室、第二反应室、分离室之间的容积比也不同于给水处理。因此在进行澄清池的设计、运行以及控制管理过程中，不能简单地采用给水处理中的技术数据，而应该针对具体的污水先通过小型实验，以获得澄清池的适宜结构形式、水力停留时间等科学依据，在此基础上再进行工业化生产处理设备的设计或选用适宜的定型产品。

此外，澄清池在焦化废水深度处理中也得到了应用，与反硝化 - 硝化工艺联合用于去除 COD。

3.3 化学沉淀

化学沉淀法是向水中投加某些化学药剂，使之与水中溶解性物质发生化学反应，生成难溶化合物，然后进行固液分离，从而除去污水中污染物的方法。利用此法可在给水处理中去除钙、镁硬度，污水处理中去除重金属（如 Hg、Zn、Cd、Cr、Pb、Cu 等）和某些非金属（如 As、F 等）离子态污染物。

化学沉淀法的工艺流程和设备与混凝法相类似，主要步骤包括：①化学沉淀剂的配制与投加；②沉淀剂与原水混合、反应；③固液分离；④泥渣处理与利用。

根据采用的沉淀剂及反应中所生成的生成物不同，可将化学沉淀法分为氢氧化物沉淀法、硫化物沉淀法、钡盐沉淀法、碳酸盐沉淀法和铁氧体沉淀法等。

3.3.1 化学沉淀的基本原理

物质在水中的溶解能力可用溶解度表示。溶解度的大小主要取决于物质和溶剂的本性，也与温度、盐效应、晶体结构和大小等有关。习惯上把溶解度大于 1g/100g H_2O 的物质列为可溶物，小于 0.1g/100g H_2O 的物质列为难溶物，介于两者之间的，列为微溶物。利用化学沉淀法处理水所形成的化合物都是难溶物。

在一定温度下，难溶化合物的饱和溶液中，各离子浓度的乘积称为溶度积常数（简称溶度积），以 K_{sp} 表示。难溶物的溶解 - 沉淀平衡可用下列通式表达：

$$A_mB_n(固) \xrightleftharpoons[结晶]{溶解} mA^{n+} + nB^{m-} \qquad (3-7)$$

溶度积 K_{sp} 值为：

$$K_{sp} = [A^{n+}]^m [B^{m-}]^n$$

令　A_mB_n 的溶解度为 S（mol/L），则 $[A^{n+}]=mS$，$[B^{m-}]=nS$

故　$K_{sp} = (mS)^m(nS)^n$

根据溶度积可以判断沉淀的生成与溶解，判断水中离子是否能用化学沉淀法处理以及分离的程度。

① 若 $[A^{n+}]^m[B^{m-}]^n < K_{sp}$，则溶液不饱和，难溶物将继续溶解而无沉淀析出；② $[A^{n+}]^m[B^{m-}]^n = K_{sp}$，则溶液达到饱和，但无沉淀产生，溶解与沉淀之间建立了多相离子动态平衡；③ $[A^{n+}]^m[B^{m-}]^n > K_{sp}$，将产生沉淀，当沉淀完后，溶液中所余的离子浓度仍保持 $[A^{n+}]^m[B^{m-}]^n = K_{sp}$ 关系。

若欲降低水中某种有害离子 A 的浓度，可采取下列方法：①可向水中投加沉淀剂离子 C，以形成溶度积很小的化合物 AC，而从水中分离出来；②利用同离子效应向水中投加同离子 B，使 A 与 B 的离子积大于其溶度积，此时式（3-7）的平衡向左移动；③若溶液中有数种离子共存，加入沉淀剂时，必定是离子积先达到溶度积的优先沉淀，这种现象称为分步沉淀。显然，各种离子分步沉淀的次序取决于溶度积和有关离子的浓度。

难溶化合物的溶度积可从化学手册中查到，表 3-6 仅摘录一部分。由表可见，金属硫化物、氢氧化物或碳酸盐的溶度积均很小，因此，可向水中投加硫化物（一般常用 Na_2S）、氢氧化物（一般常用石灰乳）或碳酸钠等药剂来产生化学沉淀，以降低水中金属离子的含量。

表3-6　溶度积简表（18～25℃）

化合物	溶度积	化合物	溶度积
$Al(OH)_3$	1.1×10^{-15}（18℃）	$Fe(OH)_2$	1.64×10^{-14}（18℃）
$AgBr$	4.1×10^{-13}（18℃）	$Fe(OH)_3$	1.1×10^{-36}（18℃）
$AgCl$	1.56×10^{-10}（25℃）	FeS	3.7×10^{-19}（18℃）
Ag_2CO_3	6.15×10^{-12}（25℃）	Hg_2Br_2	1.3×10^{-21}（25℃）
Ag_2CrO_4	1.2×10^{-12}（14.8℃）	Hg_2Cl_2	2×10^{-18}（25℃）
AgI	1.5×10^{-16}（25℃）	Hg_2I_2	1.2×10^{-28}（25℃）
Ag_2S	1.6×10^{-49}（18℃）	HgS	$4 \times 10^{-53} \sim 2 \times 10^{-49}$（18℃）
$BaCO_3$	7×10^{-9}（16℃）	$MgCO_3$	2.6×10^{-5}（12℃）
$BaCrO_4$	1.6×10^{-10}（18℃）	MgF_2	7.1×10^{-9}（18℃）
BaF_2	1.7×10^{-6}（18℃）	$Mg(OH)_2$	1.2×10^{-11}（18℃）
$BaSO_4$	0.87×10^{-10}（18℃）	$Mn(OH)_2$	4×10^{-14}（18℃）
$CaCO_3$	0.99×10^{-8}（15℃）	MnS	1.4×10^{-15}（18℃）
CaF_2	3.4×10^{-11}（18℃）	NiS	1.4×10^{-24}（18℃）
$CaSO_4$	2.45×10^{-5}（25℃）	$PbCO_3$	3.3×10^{-14}（18℃）
CdS	3.6×10^{-29}（18℃）	$PbCrO_4$	1.77×10^{-14}（18℃）
CoS	3×10^{-26}（18℃）	PbF_2	3.2×10^{-8}（18℃）
$CuBr$	4.15×10^{-8}（18～20℃）	PbI_2	7.47×10^{-9}（15℃）
$CuCl$	1.02×10^{-6}（18～20℃）	PbS	3.4×10^{-28}（18℃）
CuI	5.06×10^{-12}（18～20℃）	$PbSO_4$	1.06×10^{-8}（18℃）
$Cu(OH)_2$	8.5×10^{-45}（18℃）	$Zn(OH)_2$	1.8×10^{-14}（18～20℃）
CuS	2×10^{-47}（16～18℃）	ZnS	1.2×10^{-23}（18℃）

3.3.2 氢氧化物沉淀法

水中金属离子很容易生成各种氢氧化物,其中包括氢氧化物沉淀及各种羟基配合物,显然,它们的生成条件和存在状态与溶液 pH 值有直接关系。如果金属离子以 M^{n+} 表示,则其氢氧化物的溶解平衡为:

$$M(OH)_n \rightleftharpoons M^{n+} + nOH^-$$

因为

$$K_{sp} = [M^{n+}][OH^-]^n$$

故有

$$[M^{n+}] = K_{sp}/[OH^-]^n$$

这是与氢氧化物沉淀共存的饱和溶液中的金属离子浓度,也就是溶液在任一 pH 值条件下,可以存在的最大金属离子浓度。

因为 25℃时水的离子积为:

$$K_w = [H^+][OH^-] = 1 \times 10^{-14}$$

所以:

$$[M^{n+}] = \frac{K_{sp}}{\left(\dfrac{K_w}{[H^+]}\right)^n}$$

将上式取对数可以得到:

$$\lg[M^{n+}] = \lg K_{sp} - n\lg K_w - n\text{pH} = 14n - n\text{pH} - pK_{sp} \quad (3\text{-}8)$$

由式(3-8)可见:①金属离子浓度相同时,溶度积 K_{sp} 愈小,则开始析出氢氧化物沉淀的 pH 值愈低;②同一金属离子,浓度愈大,开始析出沉淀的 pH 值愈低。

根据各种金属氢氧化物的 K_{sp} 值,由式(3-7)可计算出某一 pH 值时溶液中金属离子的饱和浓度。但由于污水水质复杂,干扰因素很多,上述理论计算结果可能与实际有出入,因此,实际操作时应通过试验来控制 pH 值,使其保持在最优沉降区域内。表 3-7 列出了某些金属氢氧化物沉淀析出的最佳 pH 值范围。

表 3-7 金属氢氧化物沉淀析出的最佳 pH 值范围

金属离子	Fe^{3+}	Al^{3+}	Cr^{3+}	Cu^{2+}	Zn^{2+}	Ni^{2+}	Pb^{2+}	Cd^{2+}	Fe^{2+}	Mn^{2+}
最佳 pH 值	5~12	5.5~8	8~9	>8	9~10	>9.5	9~9.5	>10.5	5~12	10~14
加碱溶解的 pH 值		>8.5	>9		10.5		>9.5		>12.5	

当污水中存在 CN^-、NH_3、S^{2-} 及 Cl^- 等配位体时,能与金属离子结合生成可溶性配合物,增大金属氢氧化物的溶解度,对沉淀法不利,应通过预处理除去。

此外,值得特别注意的是,有些金属如 Zn、Pb、Cr、Al 等的氢氧化物为两性化合物,它们既可在酸性溶液中溶解,又可在碱性溶液中溶解,因此,只有在一定 pH 值范围才呈不溶性沉淀物。例如 $Zn(OH)_2$ 应控制 pH 值在 9~10 范围操作,当 pH<9,以 Zn^{2+} 状态存在,pH>10.5,以 $[Zn(OH)_4]^{2-}$ 状态存在,pH 值为 9~10 时,才以不溶性的 $Zn(OH)_2$ 沉淀存在,pH 值不足或过高,均不能得到好的处理效果。

此法常用的沉淀剂有石灰、碳酸钠、苛性钠等，以石灰为最经济。一般适用于不准备回收的低浓度金属污水（例 Cd^{2+}、Zn^{2+}）的处理。

3.3.3 硫化物沉淀法

金属硫化物是比氢氧化物更为难溶的沉淀物，对除去水中重金属离子（如 Hg^{2+}、Ag^+、Cu^{2+} 等）有更好的效果。此法常用的沉淀剂有 H_2S、$NaHS$、Na_2S、$(NH_4)_2S$、FeS 等。在金属硫化物沉淀的饱和溶液中，有如下金属硫化物的溶解 - 沉淀平衡：

$$MS(固) \rightleftharpoons M^{2+} + S^{2-}$$

$$[M^{2+}] = K_{sp}/[S^{2-}] \tag{3-9}$$

式中，K_{sp} 为金属硫化物的溶度积，表 3-8 列出了一些金属硫化物的溶度积。

表 3-8　一些金属硫化物的溶度积

化学式	K_{sp}	化学式	K_{sp}	化学式	K_{sp}
Ag_2S	1.6×10^{-49}	Cu_2S	2.0×10^{-47}	MnS	1.4×10^{-15}
Al_2S_3	2.0×10^{-7}	CuS	8.5×10^{-45}	NiS	1.4×10^{-24}
Bi_2S_3	1.0×10^{-97}	FeS	3.7×10^{-19}	PbS	3.4×10^{-28}
CdS	3.6×10^{-29}	Hg_2S	1.0×10^{-45}	SnS	1.0×10^{-25}
CoS	4.0×10^{-21}	HgS	4.0×10^{-53}	ZnS	1.6×10^{-24}

以硫化氢为沉淀剂时，硫化氢在水中分两步离解：

$$H_2S \rightleftharpoons H^+ + HS^-$$

$$HS^- \rightleftharpoons H^+ + S^{2-}$$

离解常数分别为：

$$K_1 = \frac{[H^+][HS^-]}{[H_2S]} = 9.1 \times 10^{-8}$$

$$K_2 = \frac{[H^+][S^{2-}]}{[HS^-]} = 1.2 \times 10^{-5}$$

将以上两式相乘，得到：

$$\frac{[H^+]^2[S^{2-}]}{[H_2S]} = 1.1 \times 10^{-22}$$

所以：

$$[S^{2-}] = \frac{1.1 \times 10^{-22}[H_2S]}{[H^+]^2}$$

将上式代入式（3-9），得到：

$$[M^{2+}] = \frac{K_{sp}[H^+]^2}{1.1 \times 10^{-22}[H_2S]} \tag{3-10}$$

在 101.3kPa、25℃条件下，硫化氢在水中的饱和浓度为 0.1mol/L（pH≤6），把此值代入式（3-10），得到：

$$[M^{2+}] = \frac{K_{sp}[H^+]^2}{1.1 \times 10^{-23}} \tag{3-11}$$

从式（3-11）可以看出，重金属离子的浓度与 pH 值有关，并随着 pH 值的增加而降低。

虽然硫化物法比氢氧化物法可更完全地去除重金属离子，但由于沉淀反应生成的硫化物颗粒细，沉淀困难，一般需投加凝聚剂以加强去除效果，其处理费用较高，因此，应用并不广泛，有时仅作为氢氧化物法的补充。此外，在使用过程中还应注意避免造成硫化物的二次污染问题。

3.3.4 钡盐沉淀法

这种方法主要用于处理含六价铬的污水。采用的沉淀剂为 $BaCO_3$、$BaCl_2$、$Ba(NO_3)_2$、$Ba(OH)_2$ 等。以 $BaCO_3$ 作沉淀剂，其除铬的反应原理为：

$$BaCO_3 + CrO_4^{2-} + 2H^+ =\!\!=\!\!= BaCrO_4 \downarrow + CO_2 \uparrow + H_2O$$

$$2BaCO_3 + Cr_2O_7^{2-} =\!\!=\!\!= 2BaCrO_4 \downarrow + CO_3^{2-} + CO_2 \uparrow$$

碳酸钡也是一种难溶盐，它的溶度积（K_{sp}=8.0×10⁻⁹）比铬酸钡的溶度积（K_{sp}=2.3×10⁻¹⁰）大。在碳酸钡饱和溶液中，钡离子的浓度比铬酸钡饱和溶液中的钡离子的浓度约大 6 倍。因此，对于 $BaCO_3$ 为饱和溶液的钡离子浓度，相对于 $BaCrO_4$ 溶液已成为过饱和了，所以向含有 CrO_4^{2-} 的污水中投加 $BaCO_3$，Ba^{2+} 就会和 CrO_4^{2-} 生成 $BaCrO_4$ 沉淀，从而使 $[Ba^{2+}]$ 和 $[CrO_4^{2-}]$ 下降。$BaCO_3$ 溶液未被饱和，$BaCO_3$ 就会逐渐溶解，直到 CrO_4^{2-} 完全沉淀。这种由一种沉淀转化为另一种沉淀的过程称为沉淀的转化。

采用钡盐法处理含铬污水，应注意下列几点。

① 为了提高除铬效果，应投加过量的碳酸钡，反应时间应保持 20～30min。投加过量的碳酸钡后，污水中钡的残存浓度在 50mg/L 以上时，钡也有害，通常采用石膏过滤法去除残钡。

② 要准确掌握污水 pH 值，应控制 pH 值在 4.5～5 之间为好，因 pH 值太低，铬酸钡溶解度大，对除铬不利；而 pH 值过高，CO_2 气体难以析出，不利于除铬反应的进行。

③ 调整污水的 pH 值，宜采用硫酸或乙酸而不采用盐酸，因为残氯对镀件质量有影响。

钡盐法的优点是处理后水清澈透明，可用于生产。缺点是碳酸钡来源少，且引进二次污染物 Ba^{2+}，此外，处理过程控制要求严格。

3.3.5 碳酸盐沉淀法

此法是通过向水中投加某种沉淀剂，使其与金属离子生成碳酸盐沉淀物。对于不同的处理对象，碳酸盐法有三种不同的应用方式：①投加可溶性碳酸盐（如碳酸钠），使水中金属离子生成难溶碳酸盐而沉淀析出，这种方式可除去水中重金属离子和非碳酸盐硬度；②投加难溶碳酸盐（如碳酸钙），利用沉淀转化原理，使水中重金属离子（如 Pb^{2+}、Cd^{2+}、Zn^{2+}、Ni^{2+} 等离子）生成溶解度更小的碳酸盐而沉淀析出；③投加石灰，使之与水中碳酸盐硬度，如 $Ca(HCO_3)_2$、$Mg(HCO_3)_2$，生成难溶的碳酸钙和氢氧化镁而沉淀析出，此方式可去除水中的碳酸盐硬度。下面仅对处理重金属污水的某些实例作简要介绍。

（1）**除锌**　对于含锌污水，可采用碳酸钠作沉淀剂，将它投加入污水中，经混合反应，可生成碳酸锌沉淀物而从水中析出。沉渣经清水漂洗，真空抽滤，可回收利用。

（2）**除铅**　对于铅蓄电池污水，可采用碳酸钠作沉淀剂，使与污水中的铅反应生成碳酸铅沉淀物，再经砂滤，在pH值为6.4～8.7时，出水的总铅含量为0.2～3.8mg/L，可溶性铅为0.1mg/L。采用白云石过滤含铅污水，可以使溶解的铅变成碳酸铅沉淀，而后从污水中去除。

（3）**除铜**　用化学沉淀法处理含铜污水时，可用碳酸钠作沉淀剂，当污水pH值在碱性条件下，采用如下的化学反应，使铜离子生成不溶于水的碱式碳酸铜而从水中分离出来。

$$2Cu^{2+} + CO_3^{2-} + 2OH^- \longrightarrow Cu_2(OH)_2CO_3 \downarrow$$

3.3.6　铁氧体沉淀法

铁氧体是一类具有一定晶体结构的复合金属氧化物，是一种重要的磁性介质。其化学组成主要是由二价金属氧化物与三价金属氧化物构成，最常见的是磁性氧化铁Fe_3O_4（FeO和Fe_2O_3的混合物）。所谓铁氧体沉淀法，就是采用适宜的处理工艺，使污水中各种金属离子形成不溶性的铁氧体晶粒而沉淀析出，从而使污水中金属离子得以去除。

铁氧体法的处理工艺过程包括投加亚铁盐、调整pH值、充氧加热、固液分离、沉渣处理五个环节。

（1）**投加亚铁盐**　为了形成铁氧体，需要有足量的Fe^{2+}及Fe^{3+}。投加亚铁盐的作用有三：①补充Fe^{2+}；②通过氧化，补充Fe^{3+}；③若污水中有六价铬，则Fe^{2+}能使其还原为Cr^{3+}，作为铁氧体的原料之一。

（2）**调整pH值**　一般调整污水的pH值为8～9，以使大多数金属氢氧化物能沉淀析出。

（3）**充氧加热**　通常向污水中通入空气，使二价铁转化为三价铁，通过加热，促使反应的进行，加速形成铁氧体。

（4）**固液分离**　可采用沉淀法或离心分离法使之与污水分离。因铁氧体带有磁性，也可采用磁力分离法使之分离。

（5）**沉渣处理**　按沉渣的组成、性能及用途的不同，处理方式各异。若污水的成分单纯，浓度稳定，则沉渣可作铁淦氧磁体的原料。若污水成分复杂，则沉渣可供制耐蚀瓷器或暂时堆置贮存。

采用铁氧体法去除污水中铬、汞及其他金属，效果均很显著。此法在电镀含铬废水处理、钝化和电镀污水混合处理、含汞废水处理中已获得应用，尤其对处理电镀混合废水比较适宜。试验研究表明，此法也可在常温下进行，但反应时间比加热条件下所需时间要长得多。图3-29为铁氧体沉淀法处理含铬废水的工艺流程。

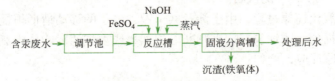

图3-29　铁氧体沉淀法处理含铬废水的工艺流程

铁氧体法的**优点**是：可同时去除废水中存在的多种金属离子；出水水质好；沉渣易分离；设备较简单。**缺点**是：不能单独回收有用金属；需耗亚铁、碱与热能，处理成本较高；

出水中硫酸铁含量高。

3.4 化学氧化还原

污水中的溶解性无机或有机污染物，可以通过化学反应过程将其氧化或还原，转化成无毒或微毒的新物质，从而达到处理的目的。这类处理污水的方法称为氧化还原法。

污水的氧化还原法可根据有毒、有害物质在氧化还原反应中是被氧化还是被还原的不同，分为氧化法和还原法两大类。

与生物氧化法相比，化学氧化还原法需较高的运行费用。因此，目前化学氧化还原法仅用于饮用水处理、特种工业用水处理、有毒工业废水处理和以回用为目的污水深度处理等有限场合。

3.4.1 基本原理

在氧化还原反应中，反应的实质是参加化学反应的原子或离子失去或得到电子，引起化合价的升高或降低。失去电子的过程称为氧化，得到电子的过程称为还原。反应中得到电子的物质称为氧化剂，失去电子的物质称为还原剂。氧化剂使还原剂失去电子而受到氧化，本身则被还原。相反，还原剂使氧化剂得到电子而受到还原，其本身则被氧化。如：

$$Fe + Hg^{2+} = Fe^{2+} + Hg \downarrow$$

在反应中，铁失去电子，成为Fe^{2+}，铁被氧化，为还原剂；而Hg^{2+}得到电子成为金属汞，从水中沉淀分离，Hg^{2+}被还原，Hg^{2+}为氧化剂。

氧化剂的氧化能力和还原剂的还原能力是相对的，其强度可以用相应的氧化还原电位的数值来比较。在标准状态下，可通过物质的标准电极电位$E^{\ominus}$值来判断（许多种物质的标准电极电位$E^{\ominus}$值可以在化学书中查到）。通常，$E^{\ominus}$值愈大，物质的得电子能力愈强，其氧化性亦愈强，$E^{\ominus}$愈小，物质的失电子能力愈强，其还原性亦愈强。例如，$E^{\ominus}(Cl_2/Cl^-) = 1.36V$，其氧化态$Cl_2$转化为$Cl^-$时，可以作为较强的氧化剂。相反，$E^{\ominus}(S/S^{2-}) = 0.48V$，其还原态$S^{2-}$转化为氧化态S时，可以作为较强的还原剂。氧化剂与还原剂的电位差愈大，氧化还原反应进行得愈完全。

在实际应用中，反应条件往往与标准状况不同，在实际的物质浓度、温度和pH值条件下，物质的氧化还原电位$E(V)$可用能斯特方程来计算。

$$E = E^{\ominus} + \frac{0.0591}{n} \lg \frac{[氧化态]}{[还原态]} \qquad (3\text{-}12)$$

式中　n——反应中电子转移的数目。

对于有机物的氧化还原过程，由于涉及共价键，电子的移动情形很复杂，难以用电子的得失来分析，常根据加氧或加氢反应来判断。把加氧或去氢的反应称为氧化反应，把加氢或去氧的反应称为还原反应，例如：

$$CH_4 + 2O_2 = CO_2 + 2H_2O$$

$$CH_4 + Cl_2 = CH_3Cl + HCl$$

在上述反应中，CH_4被氧化，是还原剂，O_2、Cl_2被还原，是氧化剂。

各类有机物的可氧化性是不同的。经验表明，酚类、醛类、芳胺类和某些有机硫化物（如硫醇、硫醚）等易于氧化；醇类、酸类、酯类、烷基取代的芳烃化合物（如甲苯）、硝基取代的芳烃化合物（如硝基苯）、不饱和烃类、糖类化合物等在一定条件（如强酸、强碱或催化剂）下可以氧化；而饱和烃类、卤代烃类、合成高聚物等难以氧化。

在进行污水处理时，对氧化剂或还原剂的选择应当考虑下列因素：①对水中特定的杂质有良好的氧化还原作用；②反应后生成物应当无害，不需二次处理；③价格合理，易得；④常温下反应迅速，不需加热；⑤反应时所需pH值不宜太高或太低；⑥操作简便。

事实上，很难找到满足上述所有要求的氧化剂或还原剂，因此实际操作时应因地制宜，进行技术经济比较后选定。

3.4.2 化学氧化法

化学氧化法就是向污水中投加氧化剂，将污水中的有毒、有害物质氧化成无毒或毒性小的新物质的方法。污水中的有机物（如色、臭、味、COD）及还原性无机离子（如CN^-、S^{2-}、Fe^{2+}、Mn^{2+}等）都可通过氧化法消除其危害。

氧化处理法的实质是在强氧化剂的作用下，水中的有机物被降解成简单的无机物；溶解的污染物被氧化为不溶于水，且易于从水中分离的物质。此法特别适用于污水中含有难以生物降解的有机物以及能引起色度、臭味的物质的处理，如农药、酚、氰化物、单宁、木质素等。

常用的**氧化剂**有氯类和氧类两种：前者包括气态氯、液氯、次氯酸钠、次氯酸钙（漂白粉）、二氧化氯等；后者中有氧、臭氧、过氧化氢、高锰酸钾等。

3.4.2.1 氯氧化法

氯氧化法广泛用于污水处理中，如医院污水处理，工业废水处理，含氰、含酚、含硫化物的废水和染料废水的处理，污水的脱色、除臭、杀菌等。氯氧化时，常用的药剂有液氯、漂白粉、次氯酸钠等。它们在水溶液中可电离生成次氯酸离子。

$$Ca(ClO)Cl \Longrightarrow Ca^{2+} + Cl^- + ClO^-$$

$$NaClO \Longrightarrow Na^+ + ClO^-$$

$$Cl_2 + H_2O \Longrightarrow H^+ + Cl^- + HClO$$

$$HClO \Longrightarrow H^+ + ClO^-$$

$HClO$和ClO^-的标准电极电位如下：

在酸性溶液中　　$HClO + H^+ + 2e^- \Longrightarrow Cl^- + H_2O$　　$E^{\ominus}=1.49V$

在碱性溶液中　　$ClO^- + H_2O + 2e^- \Longrightarrow Cl^- + 2OH^-$　　$E^{\ominus}=0.9V$

在中性溶液中　　$E^{\ominus}=1.2V$

由此可见，$HClO$和ClO^-都具有强的氧化能力，但$HClO$的氧化能力比ClO^-要强。因此，氯氧化法通常在酸性溶液中较为有利。

（1）**含氰污水的氯氧化**　氯氧化氰化物是分阶段进行的。在一定的反应条件下，第一阶段将CN^-氧化成氰酸盐。要求pH为10~11（因中间产物CNCl毒性与HCN相等且在酸性介质中稳定），反应10~15min。反应过程如下：

$$CN^- + ClO^- + H_2O \Longrightarrow CNCl + 2OH^-$$

$$CNCl + 2OH^- \rightleftharpoons CNO^- + Cl^- + H_2O$$

虽然氰酸盐 CNO^- 的毒性只有 HCN 的千分之一，但以保证水体安全出发，应进行第二阶段处理，以完全破坏碳氮键。即增加漂白粉或氯的投量，进行完全氧化。此阶段控制 pH 为 8～8.5，反应时间 1h 以内。反应过程如下：

$$2CNO^- + 3ClO^- \rightleftharpoons CO_2\uparrow + N_2\uparrow + 3Cl^- + CO_3^{2-}$$

采用液氯氧化时，完成两段反应所需的总药剂理论量为 $CN:Cl_2=1:6.83$。实际上，为使 CN^- 完全氧化，常加入 8 倍的氯。处理设备主要是反应池及沉淀池。反应过程中要连续搅拌，可采用压缩空气搅拌或水泵循环搅拌。小水量时，可采用间歇操作。设二池，交替反应与沉淀。

（2）**硫化物的氯氧化**　氯氧化硫化物的反应如下：

$$H_2S + Cl_2 \rightleftharpoons S + 2HCl$$

$$H_2S + 3Cl_2 + 2H_2O \rightleftharpoons SO_2 + 6HCl$$

硫化氢部分氧化成 S 时，1mg/L H_2S 需 2.1mg/L Cl_2；完全氧化为 SO_2 时，1mg/L H_2S 需 6.3mg/L Cl_2。

（3）**含酚废水的氯氧化**　采用氯氧化除酚，理论投氯量与酚量之比为 6:1 时，即可将酚完全破坏，但由于污水中存在其他化合物也与氯作用，实际投氯量必须过量数倍，一般要超出 10 倍左右。如果投氯量不够，则酚氧化不充分，而且生成具有强烈臭味的氯酚。当氯化过程在碱性条件下进行时，也会产生氯酚。

（4）**污水脱色**　氯有较好的脱色效果，可用于印染废水脱色。脱色效果与 pH 值以及投氯方式有关。在碱性条件下效果更好。若辅加紫外线照射，可大大提高氯氧化效果，从而降低氯用量。

3.4.2.2　空气氧化法

空气氧化法是利用空气中的氧气氧化污水中污染物的一种处理方法。从热力学上分析，空气氧化法具有以下特点。

① 电对 O_2/O^{2-} 的半反应式中有 H^+ 或 OH^- 参加，因而氧化还原电位与 pH 值有关。在强碱性溶液（pH=14）中，半反应式为 $O_2 + 2H_2O + 4e^- \longrightarrow 4OH^-$，$E^\ominus = 0.401V$；在中性（pH = 7）和强酸性（pH = 0）溶液中，半反应式为 $O_2 + 4H^+ + 4e^- \longrightarrow 2H_2O$，$E^\ominus = 0.815V$ 和 1.229V。由此可见，降低 pH 值，有利于空气氧化。

② 在常温常压和中性条件下，分子氧 O_2 为弱氧化剂，反应性很低，故常用来处理易氧化的污染物，如 S^{2-}、Fe^{2+}、Mn^{2+} 等。

③ 提高温度和氧分压，可以增大电极电位；添加催化剂，可以降低反应活化能，都利于氧化反应的进行。

本节主要介绍空气氧化法处理含硫污水工艺。

硫（Ⅱ）在污水中以 S^{2-}、HS^-、H_2S 的形式存在。在碱性溶液中，硫（Ⅱ）的还原性较强，且不会形成挥发性的硫化氢，空气的氧化效果较好。氧气与硫化物反应如下：

$$2HS^- + 2O_2 \rightleftharpoons S_2O_3 + H_2O + 2e^-$$

$$2S^{2-} + 2O_2 + H_2O \rightleftharpoons S_2O_3^{2-} + 2OH^-$$

$$S_2O_3^{2-} + 2O_2 + 2OH^- \rightleftharpoons 2SO_4^{2-} + H_2O$$

由上述反应式可计算出，氧化1kg硫化物为硫代硫酸盐，理论上需氧量为1kg，约相当于3.7m³空气。由于部分硫代硫酸盐（约10%）会进一步氧化为硫酸盐，使需氧量约增加到4.0m³空气。实际操作中供气量为理论量的2～3倍。

空气氧化脱硫的过程在密闭的塔内进行。图3-30为某炼油厂空气氧化脱硫塔示意图。含硫污水、蒸汽（用于加热）、空气通过射流混合器并升温至80～90℃，进入氧化脱硫塔，经喷嘴雾化，分四段（每段高3m，进口处装设喷嘴）进行氧化反应。氧化过程中气水比应大于15，污水在塔内反应停留时间为1.5～2.5h。为加大气液接触面积，提高反应效果，国外还采用筛板塔、填料塔等形式的反应塔。

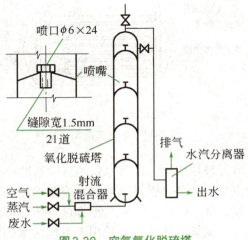

图3-30 空气氧化脱硫塔

此外，空气氧化法还可用于处理溶有Fe^{2+}的原水。地下水中往往会有溶解性的Fe^{2+}，可通过曝气，利用空气中的O_2将Fe^{2+}氧化成Fe^{3+}，再与水中的碱相作用，形成$Fe(OH)_3$沉淀而得到去除。总反应式为：

$$4Fe^{2+} + 8HCO_3^- + 9O_2 + 2H_2O \rightleftharpoons 4Fe(OH)_3\downarrow + 8CO_2\uparrow$$

曝气方式一般采用空气压缩机充气，曝气后的水进入滤池，截留$Fe(OH)_3$沉淀物。

3.4.2.3 臭氧氧化法

（1）臭氧的性质与制备 臭氧是氧的同素异构体，在常温常压下是一种有特殊气味的淡紫色气体。它的密度是氧气的1.5倍，在水中的溶解度比氧大十几倍。O_3在常温下不稳定，易于自行分解成为氧气并放出热量，O_3在水溶液中的分解速度比在气相中的分解速度快得多，而且强烈地受OH^-的催化，pH值越高，分解速度越快。臭氧的氧化性很强，其氧化还原电位与pH值有关，在酸性溶液中，$E^{\ominus}=2.07V$，氧化性仅次于氟；在碱性溶液中，$E^{\ominus}=1.24V$，氧化性略低于氯。在理想条件下，臭氧可把水溶液中大多数单质和化合物氧化到它们的最高氧化态；对水中有机物有强烈的氧化降解作用，还有强烈的消毒杀菌作用。高浓度臭氧是有毒气体，对眼及呼吸器官有强烈的刺激作用。臭氧具有强腐蚀性，因此与之接触的容器、管路等均应采用耐腐蚀材料。

由于臭氧的不稳定性，因此一般多在现场制备臭氧。制备臭氧的方法很多，有电解法、化学法、高能射线辐射法和无声放电法等。目前，工业上几乎都采用干燥空气或氧气经无声放电来制取臭氧，中国已有多种臭氧发生器的定型产品出售，可供使用单位选购。反应式如下：

$$3O_2 \xrightarrow{\text{无声放电}} 2O_3 - 288kJ$$

图3-31为卧管式臭氧发生器，其外形与热交换器相似，是一个圆筒形的封闭容器。器内装有几十组至上百组的放电管，每根放电管均由两根同心管组成，外管为金属管（常用不锈钢或铝管），内管为玻璃管（此管内壁涂有银或石墨作导电层）。也可将玻璃管套在金属管外面，而不涂任何导电材料，玻璃管外壁为冷却水。冷却水即为地极（低压级），作为内管的

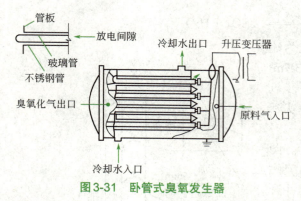

图 3-31 卧管式臭氧发生器

金属管为高压极；内外管之间留有 1～3mm 的环内放电间隙。一部分氧分子在电子轰击下分解成氧原子，再与氧分子合成为 O_3，这种方法生产出来的臭氧浓度约为 1%～3%(质量分数)。此种气体通常称为臭氧化空气或臭氧化氧气，由管路引出后，即可用于水处理。

（2）臭氧氧化法的特点与应用范围 臭氧氧化法的**优点**是：①为强氧化剂，能与有机物、无机物迅速反应，氧化能力强；②不产生污泥；③不产生氯酚臭味；④ O_3 现场制取，现场使用，没有原料的运输与贮存问题；⑤受水温与 pH 值的影响不如氯那样大。其**缺点**是：①整个设备需防腐；设备费用高；②发生 O_3 的设备效率低和耗电量高；③臭氧对人体有害，因此，在臭氧处理的工作环境中需要有通风与安全措施。

臭氧氧化法主要是用于有机污水的消毒杀菌，还用于污水的脱色、除臭、除氰、除铁、除洗涤剂、除酚及其他有机物和深度处理中。例如，印染污水色度较高，用臭氧处理效果较好；用臭氧处理人造丝染色污水，脱色率可达 90%，如臭氧与絮凝过滤混合使用，脱色率可达 99%～100%。对一般印染污水，O_3 投量 40mg/L，脱色率达 90% 以上；对混凝法难以去除的水溶性染料用臭氧接触 3～10min，水就变得无色。

（3）臭氧处理工艺系统 污水的臭氧处理工艺主要有两类。

① 以空气或富氧空气为原料气的开路系统 把污水与臭氧气送入接触反应器进行氧化，在处理过程中产生的废气直接予以释放，这种系统的流程简单。

② 以纯氧或富氧空气为原料气的闭路系统 在闭路系统中，把接触反应器产生的废气又返回到臭氧制取设备，这样可提高原料气的含氧率，降低生产成本。但是废气在循环回用过程中，其氮含量将越来越高。为此可采取压力转换氮分离器来降低含氮量。

污水的臭氧处理在接触反应器内进行，为了使臭氧与水中杂质充分反应，应尽可能使臭氧化空气在水中形成微细气泡，并采用两相逆流操作，以强化传质过程。图 3-32 为臭氧处理开路系统。

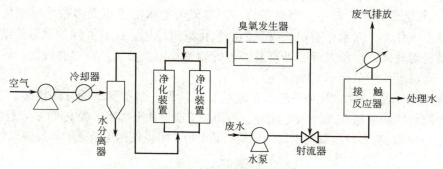

图 3-32 臭氧处理开路系统

臭氧处理系统中最主要的是接触反应器。接触反应器的作用是：促进气、水扩散混合，使气、水充分接触，迅速反应。

一般常用的反应器有微孔扩散板式鼓泡塔和喷射器。微孔扩散板式鼓泡塔中臭氧化气从塔底的微孔扩散板喷出,以微小气泡上升,与污水逆流接触,如图3-33所示。这一设备的特点是接触时间长,水力阻力小,水无需提升,气量容易调节。适用于处理含有烷基苯磺酸钠、焦油、COD、BOD_5、污泥、氨氮等污染物的废水。

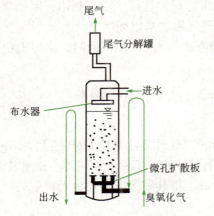

图3-33 微孔扩散板式鼓泡塔

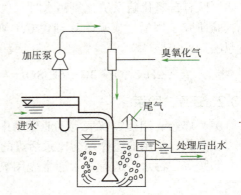

图3-34 部分流量喷射接触池

喷射器式接触反应器中高压污水通过水射器将臭氧吸入水中,如图3-34所示。这种设备的特点是混合充分,但接触时间较短。适用于处理含有铁(Ⅵ)、锰(Ⅱ)、氰、酚、亲水性染料、细菌等污染物的废水。

3.4.3 化学还原法

化学还原法就是向污水中投加还原剂,将污水中的有毒、有害物质还原成无毒或毒性小的新物质的方法。污水中的Cr(Ⅵ)、Hg(Ⅱ)等重金属离子均可通过还原法进行处理。常用的还原剂有硫酸亚铁、氯化亚铁、铁屑、锌粉、二氧化硫、硼氢化钠等。

3.4.3.1 还原法去除六价铬

电镀、冶炼、制革、化工等工业废水中常含有剧毒的Cr(Ⅵ)。它常以两种形式存在:铬酸根CrO_4^{2-}和重铬酸根$Cr_2O_7^{2-}$。在酸性溶液中,主要以$Cr_2O_7^{2-}$存在;在中性或碱性溶液中,主要以CrO_4^{2-}存在。

利用还原剂将剧毒的Cr(Ⅵ)还原成毒性极微的Cr(Ⅲ),是最早采用的一种治理方法。常用的还原剂有亚硫酸氢钠、二氧化硫、硫酸亚铁等。反应如下:

$$H_2Cr_2O_7 + 6FeSO_4 + 6H_2SO_4 = Cr_2(SO_4)_3 + 3Fe_2(SO_4)_3 + 7H_2O$$

$$H_2Cr_2O_7 + 3H_2SO_3 = Cr_2(SO_4)_3 + 4H_2O$$

$$2H_2Cr_2O_7 + 6NaHSO_3 + 3H_2SO_4 = 2Cr_2(SO_4)_3 + 3Na_2SO_4 + 8H_2O$$

还原反应要在酸性溶液中进行,以pH<4为宜。如用亚硫酸作还原剂时,pH为3~4时,氧化还原反应进行得最完全,投药量也最省。此时理论药剂用量为:

$$Cr(Ⅵ):FeSO_4 \cdot 7H_2O = 1:16$$

还原物Cr^{3+}可通过加碱(如石灰)至pH为8~9使之生成为$Cr(OH)_3$沉淀,而从溶液中分离出来。

水污染控制技术

$$Cr_2(SO_4)_3 + 3Ca(OH)_2 = 2Cr(OH)_3\downarrow + 3CaSO_4\downarrow$$

采用药剂还原法去除 Cr(Ⅵ) 时，还原剂和碱性药剂的选择要因地制宜，全面考虑。一般多采用硫酸亚铁和石灰(称硫酸亚铁-石灰法)，因其价廉易得，但产生的泥渣量较多。也有采用亚硫酸氢钠和氢氧化钠的，虽药剂价贵，但沉渣量少且利于回收利用，因而应用较广。如厂区有二氧化硫及硫化氢污水时，也可采用尾气还原法来以废治废。

试验研究了用活性炭吸附处理含 Cr(Ⅵ) 污水的方法。当 pH 值很低时，本质上仍是一种还原法。

$$2H_2Cr_2O_7 + 3C + 6H_2SO_4 = 2Cr_2(SO_4)_3 + 3CO_2\uparrow + 8H_2O$$

3.4.3.2 还原法除汞

氯碱、炸药、制药、仪表等工业废水中剧毒的 Hg^{2+}，处理方法是将 Hg^{2+} 还原为 Hg，加以分离和回收。常用的还原剂为比汞活泼的金属(铁屑、锌粒、铝粉、铜屑等)和硼氢化钠、醛类、联胺等。污水中的有机汞通常先用氧化剂(如氯)将其破坏，转化为无机汞后，再用金属置换。

金属还原除 Hg^{2+} 时，将含汞污水通过金属屑滤床，或与金属粉混合反应，置换出金属汞。置换反应速率与接触面积、温度、pH 值等因素有关。通常将金属破碎成 2～4mm 的碎屑，并去掉表面污物，泥油污可用汽油浸泡除去，锈蚀层可用酸洗。控制反应为 20～80℃，温度太高，虽能加速反应，但会有汞蒸气逸出。采用铁屑过滤时，pH 为 6～9 较好，耗铁量最少；pH<6 时，则铁因溶解而耗量增大；pH<5 时，有氢析出，吸附于铁屑表面，阻碍反应的进行。据某厂试验，用工业铁粉去除酸性污水中的 Hg^{2+}，在 50～60℃，混合反应 1～1.5h，经过滤分离，污水中含汞量降低 90% 以上。某水银电解法氯碱车间的含汞淡盐水，用铁屑填充的过滤床处理，温度在 20～80℃，pH 为 6～9，接触时间 2min，汞去除率达 90%。

铜屑还原时，pH 值在 1～10 之间均可。此法常用于处理含酸浓度较大的含汞污水。如某化工厂污水中酸浓度达 30%，含汞量为 600～700mg/L，采用铜屑过滤去除汞，接触时间不低于 40min，含汞量可降至 10mg/L 以下，除汞率达 98% 以上。

硼氢化钠在碱性条件下(pH 为 9～11)可将汞离子还原成金属汞，其反应为：

$$Hg^{2+} + BH_4^- + 2OH^- = Hg\downarrow + 3H_2\uparrow + BO_2^-$$

还原剂一般配成 $NaBH_4$ 含量为 12% 的碱性溶液，与污水一起加入混合反应器进行反应。将产生的气体(氢气和汞蒸气)通入洗气器，用稀硝酸洗气以除去汞蒸气，硝酸洗液返回原污水池再进行除汞处理。而脱气泥浆中的汞粒(粒径约 10μm)可用水力旋流器分离，能回收 80%～90% 的汞。残留于溢流水中的汞，用孔径为 5μm 的微孔过滤器截留去除，出水中残汞量低于 0.01mg/L。回收的汞可用真空蒸馏法净化。据试验 1kg 硼氢化钠可回收 2kg 汞。

3.5 电解

电解法就是利用电解的基本原理，将含电解质的污水通过电解过程，在阳、阴两极上分别发生氧化反应和还原反应，从而使某些污染物转化为无害物质以实现污水净化的方法。电解是把电能转化为化学能的过程，因此也称电化学法。

电解法广泛用于处理含氰、含铬、含镉的电镀废水。在国外还用于处理一些化工废水，如染料生产过程中排出的废水用电解法处理，能取得良好的脱色效果。

用电解法处理污水，按照去除对象以及产生的电化学作用来区分，可分为电解氧化、电解还原、电解气浮、电解凝聚等方法。

电解法的**特点**是：电解装置紧凑，占地面积小，一次投资较少，易于实现自动化。药剂用量及产生的废液量少。通过调节槽电压和电流，可以适应较大幅度的水量与水质变化冲击。但电耗和可溶性材料消耗较多，副反应多，电极易钝化。

3.5.1 电解基本原理

3.5.1.1 电极反应

当接通电源时，在电解槽的阳极上发生氧化反应，这是由于污水中的 OH^- 在阳极上放电后，产生氧气；当污水中含 Cl^-（通常在电解时需投加电解质 NaCl）时，它也移向阳极并在阳极板上放电，产生 Cl_2。

$$4OH^- - 4e^- \longrightarrow 2H_2O + O_2 \uparrow$$

$$2Cl^- - 2e^- \longrightarrow Cl_2 \uparrow$$

当采用可溶性物质作阳极（如铁、铝等）时，还可发生如下阳极反应：

$$Fe - 2e^- \longrightarrow Fe^{2+}$$

$$Al - 3e^- \longrightarrow Al^{3+}$$

在电解槽的阴极板上，则发生还原反应，水中 H^+ 移向阴极取得电子还原为氢，在其作用下，某些有机物，可以发生还原作用；水中若存在金属阳离子（如 Cu^{2+}），则会移向阴极取得电子后得到还原，在阴极表面析出。

$$2H^+ + 2e^- \longrightarrow H_2 \uparrow$$

$$Cu^{2+} + 2e^- \longrightarrow Cu \downarrow$$

可见电解时，阳极能接纳电子，起了氧化剂的作用；而阴极能放出电子，起了还原剂的作用。电解法处理污水的实质，就是直接或间接地利用电解作用，把水中污染物去除，或把有毒物质变成无毒、低毒物质。

应该指出，电解槽的阳极可分为可溶性阳极与不溶性阳极两类，不溶性阳极是用铂、石墨制成的，在电解过程中本身不参与反应，只起传导电子的作用。而可溶性阳极是采用铁、铝等可溶性金属制成的，在电解过程中本身溶解，金属原子放出电子而氧化成正离子进入溶液，这些正离子或沉积于阴极，或形成金属氢氧化物，可作为混凝剂，起凝聚作用。利用这种凝聚作用处理污水中的有机物或无机胶体的过程即为电解凝聚。此外，当电解槽的电压超过水的分解电压时，电解时在阳极、阴极表面上产生的 O_2、H_2，并以微小气泡逸出，在上升过程中可以黏附水中杂质微粒及油类浮至水面，产生气浮作用。这种过程即为电解气浮。在采用可溶性阳极的电槽中，凝聚和气浮作用是同时存在的。利用电解凝聚和气浮，可以处理多种含有机物、重金属污水，如制革污水等。

3.5.1.2 电解过程的影响因素

（1）电极材料　电极材料的选用甚为重要，选择不当能使电解效率降低，电能消耗增加。常用的电极材料有铁、铝、石墨等。作为电解选用的阳极，可采用氧化钛、氧化铝等。电解凝聚用溶解性阳极，常选用铁。

（2）槽电压　电能消耗与电压有关，槽电压取决于污水的电阻率和极板间距。一般污水电阻率控制在 $1200\Omega \cdot cm$ 以下，对于导电性能差的污水要投加食盐，以改善其导电性能。投加食盐后，电压降低，使电能消耗减少。

极板间距影响电能耗量和电解时间。间距过大，可使电解时间、槽电压和电耗增加，影响处理效果。电极间距缩小，能使电能耗量降低，电解时间缩短。但间距太小时，电极的组数过多，安装、管理和维修都比较困难。

（3）电流密度　电流密度即单位极板面积上通过的电流强度，以 $A/0.1m^2$ 表示。通常，所需的阳极电流密度随污水浓度而异。污水中污染物浓度大时，可适当提高电流密度；反之，则需降低电流密度。若污水浓度恒定，电流密度越大，电压亦越高，处理速度加快，电能耗量增加；但电流密度过大，电压过高，将影响电极使用寿命；电流密度小时，电压降低，电耗量减少，但处理速度缓慢，所需电解槽容积增大。适宜的电流密度由试验确定，可选择 COD 去除率高而耗电量低的点作为运转控制的指标。

（4）pH 值　污水的 pH 值对于电解过程操作很重要。如电解处理含铬污水时，pH 值低，则处理速度快，电耗少。这是因为污水被强烈酸化，可促使阴极保持经常活化状态，而且由于强酸的作用，电极发生较剧烈的化学溶解，缩短了 Cr(Ⅵ) 还原为 Cr(Ⅲ) 所需的时间。但 pH 值低，不利于 Cr^{3+} 的沉淀。因此，需要控制合适的 pH 值范围（通常 pH 为 4～6.5）。含氰污水电解处理则要求在碱性条件下进行，以防止有毒气体氰化氢的挥发。氰离子浓度越高，要求 pH 值越大。

在采用电凝聚过程时，要使金属阳极溶解，产生活性凝聚体，需控制进水 pH 值在 5～6。进水 pH 值过高，易使阳极发生钝化，放电不均匀，并停止金属溶解过程。

（5）搅拌作用　搅拌的作用是促进离子对流与扩散，减少电极附近浓差极化现象，并能起清洁电极表面的作用，防止沉淀物在电解槽中沉降。搅拌对于电解历时和电能消耗影响较大，通常采用压缩空气搅拌。

3.5.2　电解装置及特点

3.5.2.1　电解槽结构特点

用于工业废水连续处理的电解槽多为矩形。按槽内水流情况，可分为翻腾式、回流式两种；按电极与电源母线连接方式可分为单极式与双极式两种。

图 3-35 为翻腾式电解槽。整个电解槽用极板分成数段，槽内水流方向与极板面平行，水流沿着极板作上下翻腾流动。其特点是电极利用率高，施工、检修、更换极板都很方便，极板分组悬挂于槽中，在电解消耗过程中不会引起变形，可避免极板与极板、极板与槽壁互相接触，从而减少了漏电现象。但水流路线短，不利于离子的充分扩散，槽的容积利用率较低。实际生产中多采用这种槽型。

图 3-36 所示为回流式电解槽。槽中多组阴、阳电极交替排列，构成许多折流式水流通道。电极板与进水方向垂直，水流沿着极板往返流动。其特点是水流路线长，接触时间长，死角少，离子扩散与对流能力好，电解槽的利用率高，阳极钝化现象也较为缓慢，但更换极板比较困难。

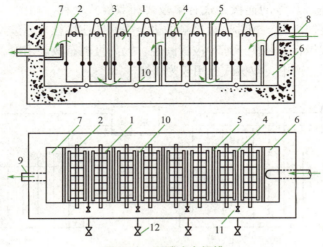

图 3-35 翻腾式电解槽

1—电极板；2—吊管；3—吊钩；4—固定卡；5—导流板；6—布水槽；7—集水槽；
8—进水管；9—出水管；10—空气管；11—空气阀；12—排空阀

当作为电解凝聚处理或具有凝聚作用时，采用图 3-37 所示的回转式电解槽，将废铁屑或铝屑加入聚氯乙烯槽框中，并插入石墨棒作阳极，中心的铁管作阴极。在两极上施加直流电压，进行电解。送电后，阳极旋转，污水流动状态好，易于排出浮渣。另外由于搅拌作用，促进了凝聚体的凝聚。这种电解槽**特点**是利用废铁屑处理污水，以废治废；**缺点**是电极结构复杂，耗电量大。

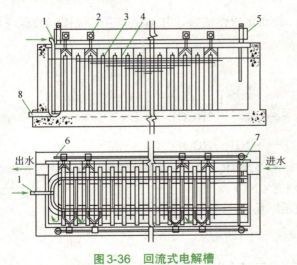

图 3-36 回流式电解槽

1—压缩空气管；2—螺钉；3—阳极板；4—阴极板；
5—母线；6—母线支座；7—水封板；8—排空阀

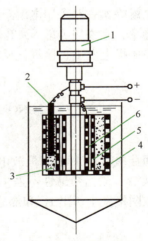

图 3-37 回转式电解槽

1—搅拌电机；2—石墨棒；3—铁屑；
4—聚氯乙烯外框；5—聚氯乙烯内框；6—铁阴极筒

3.5.2.2 电解槽的极板电路

电解需要直流电源，其整流设备应根据电解所需的总电流和总电压进行选择。电解所需的电压和电流，既取决于电解反应，也取决于电极与电源母线的连接方式。

电解槽电极与电源母线的连接方式有单极式和双极式两种，如图 3-38 所示。其中双极式极板电路中极板腐蚀均匀，相邻极板接触的机会少，即使接触也不致发生电路短路而引起事故，因此，双极式极板电路便于缩小极板间距，提高极板有效利用率，减小投资和节省运行费用等。故在实际生产中，双极式应用较为普遍。

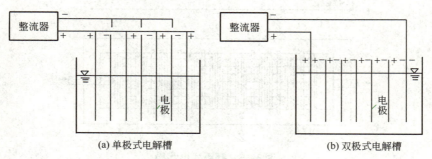

图 3-38　电解槽的极板电路

3.5.3　电解法处理电镀废水实例

3.5.3.1　电解氧化处理含氰电镀废水

电解氧化指污水污染物在电解槽的阳极失去电子，发生氧化反应，或者发生二次反应，即电解反应产物在溶液中某些组分发生反应，转化为无害成分。前者是直接氧化，后者为间接氧化。利用电解氧化可以处理阴离子污染物，如 CN^-、$[Fe(CN)_6]^{3-}$、$[Cd(CN)_4]^{2-}$ 和有机物（如酚）等。

电解除氰一般采用电解石墨板作阳极，普通钢板作阴极，并用压缩空气搅拌。为提高污水电导率，宜添加少量 NaCl。

在阳极上发生直接氧化反应。

$$CN^- + 2OH^- - 2e^- \longrightarrow CNO^- + H_2O$$

$$2CNO^- + 6OH^- - 6e^- \longrightarrow N_2 \uparrow + 2HCO_3^- + 2H_2O$$

$$CNO^- + 2H_2O \longrightarrow NH_3 + HCO_3^-$$

间接氧化：Cl^- 在阳极放电产生 Cl_2，Cl_2 水解成 HClO，ClO^- 氧化 CN^- 为 CNO^-，最终为 N_2 和 CO_2。若溶液碱性不强，将会生成中间态 CNCl。

在阴极发生析出 H_2 和部分金属离子的还原反应。

$$2H^+ + 2e^- \longrightarrow H_2 \uparrow$$

$$Cu^{2+} + 2e^- \longrightarrow Cu$$

……

电解条件由含氰浓度、氧化速率、电极材料等因素确定。

电解除氰有间歇式和连续式流程，前者适用于污水量小，含氰浓度大于 100mg/L，且水质水量变化较大的情况，反之，则采用连续式处理。调节池和沉淀池停留时间各为 1.5～2.0h，在间歇流程中，调节和沉淀也在电解槽中完成。

3.5.3.2 电解还原处理含铬电镀污水

电解还原主要用于处理阳离子污染物,如 Cr(Ⅵ)、Hg(Ⅱ)等。目前在生产应用中,都是以铁板作为阳极,电解过程靠铁板溶解产生的亚铁离子去还原相应的金属离子。同时,由于电解时阴极析出了氢气,污水的 pH 值升高,使溶液中重金属离子以氢氧化物形式沉淀,达到净化的目的。

电解还原处理含铬污水时,其阳极与阴极发生的反应分析如下。

(1)阳极反应 电解法处理含铬污水起始的 pH 值一般呈酸性,且在电解过程中加入氯化钠作为导电盐及阳极去极化剂,因此,阳极处于活化状态,发生铁的溶解反应。

$$Fe - 2e^- \longrightarrow Fe^{2+}$$

因 Fe^{2+} 有很强的还原性,Cr(Ⅵ)很快还原为 Cr(Ⅲ)。

$$Cr_2O_7^{2-} + 6Fe^{2+} + 14H^+ \longrightarrow 2Cr^{3+} + 6Fe^{3+} + 7H_2O$$

$$CrO_4^{2-} + 3Fe^{2+} + 8H^+ \longrightarrow Cr^{3+} + 3Fe^{3+} + 4H_2O$$

当阳极局部钝化时,阳极区也会发生 OH^- 放电析出氧的反应。

$$4OH^- - 4e^- \longrightarrow O_2 + 2H_2O$$

(2)阴极反应 阴极主要发生析出氢气的反应。

$$2H^+ + 2e^- \longrightarrow H_2$$

阴极也有极少量的 Cr(Ⅵ)直接还原。

$$Cr_2O_7^{2-} + 14H^+ + 6e^- \longrightarrow 2Cr^{3+} + 7H_2O$$

$$Cr_2O_4^{2-} + 8H^+ + 3e^- \longrightarrow Cr^{3+} + 4H_2O$$

显然,电解处理含铬污水实际上是间接氧化还原反应过程。

随电解反应的进行,污水中的 H^+ 越来越少,溶液逐渐变为碱性(pH 为 7.5~9),并生成稳定的氢氧化物沉淀。

$$Cr^{3+} + 3OH^- \longrightarrow Cr(OH)_3 \downarrow$$

$$Fe^{3+} + 3OH^- \longrightarrow Fe(OH)_3 \downarrow$$

最后,将水和沉淀物分离,清水可循环使用或排放,达到除去污水中六价铬的目的。

电解含铬废水的工艺流程如图 3-39 所示。与含氰废水处理所不同的是,该工艺可间歇运行也可连续运行。图中调节池的功能是调节含铬废水的水量和均化水质,以保证电解效果的稳定。电解时加入适量氯化钠并用压缩空气搅拌。经电解后含有氢氧化铁和氢氧化铬等沉淀物的污水流到沉淀池使沉淀物与水分离,清水可以排放或经过滤后循环使用。沉淀池内含有大量水分的污泥排入污泥干化场脱水干化。

图 3-39 含氰(或含铬)废水电解法处理工艺流程

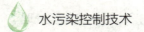

理论上还原 1g 六价铬需消耗电量 3.09A·h，实际上消耗 3.5～4.0A·h。一般投加食盐 1～1.5g/L，极板距 20～30mm，极水比 3～2dm^2/L，将含铬 50mg/L 及 100mg/L 的污水处理到 0.5mg/L 以下，电耗分别为 0.5～1.0（kW·h）/m^3 水及 1～2（kW·h）/m^3 水。

利用电解法氧化还原含铬废水，效果稳定可靠，操作管理简单，但需消耗大量电能及钢材，运转费用较高。

3.6 消毒

3.6.1 消毒的目的和方法

生活污水、医院污水及某些工业废水中，除含大量细菌外，还受到病原微生物的污染。这些借水传播的病原微生物，主要有细菌类、病毒类、原生动物类以及寄生虫类。因此，对这些污水进行处理过程中，必须严格消毒。另外，在城市给水厂中，水经过混凝沉淀和过滤后能除去不少细菌和其他微生物，但不能保证把所有的病原微生物全部根除，也必须进行水的消毒。**消毒的目的**就是要杀灭水中的病原微生物，防止疾病扩散，保护公用水体。

应该指出，不应把消毒与灭菌混淆，消毒是对有害微生物的杀灭过程，而灭菌是杀灭或去除一切活的细菌或其他微生物以及它们的芽孢。

消毒的方法很多，可归纳为化学法消毒与物理法消毒两大类。

化学法消毒是通过向水中投加化学消毒剂来实现消毒，在污水消毒处理中采用的主要化学消毒方法有氯化法、臭氧消毒法、二氧化氯消毒法等。

物理法消毒是应用热、光波、电子流等来实现消毒作用的方法。在水的消毒处理中，采用或研究的物理消毒方法有加热消毒、紫外线消毒、辐射消毒、高压静电消毒以及微电解消毒等方法。

3.6.2 物理法消毒

由于种种原因（如费用高、水质干扰因素多、技术不成熟等），目前物理消毒法尚难在污水消毒处理的生产实践中应用。因此，这里仅对一些方法进行简介。

3.6.2.1 紫外线消毒与加热消毒

紫外线消毒是一种利用紫外线照射污水进行杀菌消毒的方法。紫外线可杀灭微生物的生长和胚胎细胞，对病毒也有致死作用。紫外线消毒与其波长有关。当紫外线波长为 200～295nm，有明显的杀菌作用，波长为 260～265nm 的紫外线杀菌力最强。

利用紫外线消毒的水，要求色度低，含悬浮物低，且水层较浅，否则，光线的透过力与消毒效果会受影响。当浊度不小于 5 度，色度不小于 10^{-5} 时，要先进行预处理。当水中存在有机物质时，具有显著的干扰作用。由此可见，紫外线消毒的应用范围有限。

这种消毒方法杀菌速度快，管理操作方便，不会生成有机氯化合物与氯酚味。主要缺点是：要求预处理程度高，处理水的水层薄，耗电量大，成本高，没有持续的消毒作用。

紫外线消毒一般仅用于特殊情况下的小水量处理厂。

3.6.2.2 加热消毒

加热消毒法是通过加热来实现消毒目的的一种方法。人们把自来水煮沸消毒后饮用，早已成为常识，是一种有效而实用的饮用水消毒方法。但是若把此法应用于污水消毒处理，则费用高。对于污水而言，加热消毒虽然有效，但很不经济，因此，这种消毒方法仅适用于特殊场合很少量水的消毒处理。

3.6.2.3 辐射消毒

辐射是利用高能射线（电子射线、γ射线、X射线、β射线等）来实现对微生物的灭菌消毒，对某结核病医院的污水经高压灭菌后，分别接种大肠菌、草分枝杆菌（PHLI）、卡介苗（BCG），然后采用 Co^{60}，γ射线（平均能量为1.25MeV）进行辐射试验。结果表明，当照射总剂量为25.8C/kg时，可全部杀死大肠菌、PHLI、BCG。由于射线有较强的穿透能力，可瞬时完成灭菌作用，一般情况下不受温度、压力和pH值等因素的影响。可以认为，采用辐射法对污水灭菌消毒是有效的，控制照射剂量，可以任意程度地杀死微生物，而且效果稳定。但是一次投资大，还必须获得辐照源以及安全防护设施。

除上述物理消毒方法外，关于高压静电消毒、微电解消毒等新方法，在污水消毒处理中还处于探索阶段或初期研究阶段。

3.6.3 化学法消毒

3.6.3.1 氯化法消毒

氯化法消毒起源于1850年。1904年英国正式将它用于公共给水的消毒。常用的化学药剂有液氯、漂白粉、漂粉精和氯片等。这些消毒剂的杀菌机理基本上相同，主要靠水解产物次氯酸的作用，故统称为氯系消毒剂。

(1) 氯的性质及消毒作用 氯是工业上主要的消毒剂，通常在一定压力下以液氯形式装瓶供应。在气态时呈黄绿色，重约为空气的2.48倍。液氯为琥珀色，重约为水的1.44倍。氯有刺激臭，有毒，当空气中氯气浓度达40～60mg/L时，呼吸0.5～1h即有危险。其标准氧化还原电极电位 $E^{\ominus}/(Cl_2/2Cl^-)=1.36V$，故 Cl_2 有很强的氧化能力。

① 氯与水的作用　氯微溶于水，10℃时的最大溶解度约为1%。当水中加入氯后即能发生水解反应。

$$Cl_2 + H_2O \longrightarrow HClO + H^+ + Cl^-$$

这个反应基本上在几分钟内完成。次氯酸（HClO）是一种弱酸，又进而在瞬间离解为 H^+ 和 ClO^-，并达到平衡。

$$HClO \rightleftharpoons H^+ + ClO^-$$

电离常数为

$$K = \frac{[H^+][ClO^-]}{[HClO]}$$

由此可推得

$$\lg \frac{[ClO^-]}{[HClO]} = \lg K + pH$$

可见，水中HClO、ClO^- 所占的比例随水温及溶液中pH值而变化。其关系如图3-40所示。一般认为：Cl_2、HClO和 ClO^- 均具有氧化能力，但HClO的杀菌能力比 ClO^- 强得多，

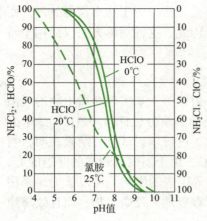

图3-40 HClO、ClO⁻所占的比例与pH值和水温的关系

大约要高出70～80倍以上。这是因为HClO系中性分子，可以扩散到带负电的细菌表面，并穿过细胞膜渗入细菌体内。由于氯原子的氧化作用破坏了细菌体内的酶而使细菌死亡。ClO⁻则带负电，难于靠近带负电的细菌，所以虽有氧化作用，也难起到消毒作用。

通常把以HClO与ClO⁻的形式存在于水中的氯称为游离有效氯。从图3-40可知，当pH＞8.5时，80%以上的游离氯以ClO⁻存在；而pH＜7时，80%以上呈HClO形式存在。前已述及，HClO消毒能力比ClO-要强多得，由此可见，控制低的pH值有利于消毒操作。

② 氯与氨的作用　氯和次氯酸不仅能与细菌作用，杀死细菌，也能与存在于水中的多种物质作用。当水中有氨存在时，氯和次氯酸极易与氨化合成各种氯胺。

$$NH_3 + HClO \Longrightarrow H_2O + NH_2Cl$$

$$NH_3 + 2HClO \Longrightarrow 2H_2O + NHCl_2$$

$$NH_3 + 3HClO \Longrightarrow 3H_2O + NCl_3$$

NH_2Cl、$NHCl_2$ 和 NCl_3 分别称为一氯胺、二氯胺和三氯胺（三氯化氮）。各种氯胺生成的比例与水的pH值及起始氯氨比密切有关。各种氯胺比例与pH值的关系见图3-40。从图可知，当水的pH值在5～8.5之间时，NH_2Cl 与 $NHCl_2$ 同时存在，但pH值低时，$NHCl_2$ 较多。NCl_3 要在pH值低于4.4时才产生，在一般自来水中不大可能形成。各种氯胺也具有杀菌能力。通常 $NHCl_2$ 的杀菌能力比 NH_2Cl 强，因此，从氯胺角度看，pH值低些也是有利于消毒的。

其实，各种氯胺的消毒作用还是缘于次氯酸（即氯胺的缓慢水解生成次氯酸）。但它们的杀菌能力不及HClO强，而且杀菌作用进行得比较缓慢。因此，通常将氯与氨或其他有机氮呈化学结合存在于水中的氯（各种氯胺）称为化合有效氯。

氯胺杀菌作用虽比较慢，但氯胺在水中较为稳定，杀菌的持续时间长。利用这个特性，有些水厂（如北京、天津和大连等地）在消毒加氯的同时，还外加一些氨（如液氨、氯化铵或硫酸铵等），使形成一定量的氯胺。这种消毒方法就叫氯胺消毒法。

③ 氯与其他杂质的作用　氯还可以与水中的其他杂质，特别是还原性物质起化学作用。Fe^{2+}、Mn^{2+}、NO_2^-、S^{2-} 等都是水中可能存在的一些无机性还原物质。水中也可能含有有机性的还原物质，尤其是在污水的消毒过程中。这些还原性物质都可能受到氯的氧化，并影响氯的消毒作用，因此也要消耗一部分投加的氯气。

（2）**加氯量的确定**　氯化法消毒所需的加氯量，应满足两个方面的要求：一是在规定的反应终了时，应达到指定的消毒指标；二是出水要保持一定的剩余氯，使那些在反应过程中受到抑制而未杀死的致病菌不能复活。通常把满足上述两方面要求而投加的氯量分别称为需氯量和余氯量。因此，用于污水或原水消毒的加氯量应是需氯量与余氯量之和。污水或给水消毒的加氯量应经试验确定。

① **余氯种类和余氯量**　氯消毒时，消毒效果（K）与氯的剂量（C）和接触时间（t）密

切相关。

$$K \propto C^n t \quad (n>0) \tag{3-13}$$

可见，在给定的消毒效果下，如氯和水有较长的接触时间，低的氯剂量就够了，若接触时间短，就需要有较高的氯剂量。此外，消毒效果还与有效氯的种类有关。因此，不仅要测知总余氯的浓度，还要区别不同种类的余氯。通常把 Cl_2、$HClO$ 和 ClO^- 称为游离性余氯（自由性余氯），而把 NH_2Cl 和 $NHCl_2$ 及其他氯胺化合物称为化合性余氯。两者之和是总余氯。

氯化处理后水中的余氯要求，应根据水处理的目的和性质而定。如我国的《生活饮用水卫生标准》规定，加氯接触 30min 后，出水游离性余氯不应低于 0.3mg/L，管网末梢水的游离性余氯不应低于 0.05mg/L；对各种污水的氯化处理，也有相应的余氯量指标控制要求，如含氰污水的氯化处理时，要求水中的余氯量为 2～5mg/L。

② **加氯量** 对给水和污水进行氯化处理时，所需的加氯量通常由实验确定：在相同水质的一组水样中，分别投加不同剂量的氯或漂白粉，经一定接触时间（15～30min）后，测定水中的余氯量，得到如图 3-41 所示的余氯量与加氯量的关系曲线（称需氯量曲线）。依据此曲线，并根据余氯量指标，即可确定所需的加氯量。

图中虚线（该线与坐标轴的夹角为 45°）表示水中无杂质时，加氯量与余氯量相等。同一加氯量下，虚线与实线的纵坐标差（b）代表水中微生物和杂质的耗氯量。通常可把实线分成四个区：在 1 区内，氯先与水中所含的还原性物质（如 NO_2^-、Fe^{2+}、S^{2-} 等）反应，余氯量为 0，在此过程中虽然也会杀死一些细菌，但消毒效果不可靠。在 2 区内，投加的氯基本上都与氨化合成氯胺，以化合性余氯存在，有一定的消毒效果。在 3 区内仍然是化合性余氯，但由于加氯量较大，部分氯胺被氧化为 N_2O、N_2 或 HCl，化合性余氯量反而逐渐减少，直至降到最小值 B 点。称 B 点为折点，表示余氯存在形式的转折点。折点 B 以前的余氯全都是化合性余氯，没有游离性余氯。折点 B 以后即进入 4 区，此时实线与虚线平行。说明所增加余氯量完全以游离性余氯存在。这一区内既有化合性余氯，又有游离性余氯，消毒效果最好。当按大于需氯量曲线上所出现折点 B 的量来加氯时，常称为折点氯化法。

当无实测资料时，对生活污水，其加氯量可参照如下数值：一级处理后的污水采用 20～30mg/L，二级处理后的污水采用 8～15mg/L；对一般的地面水经混凝沉淀过滤后或清洁的地下水，加氯量可采用 1.0～1.5mg/L，一般的地面水经混凝沉淀而未经过滤时，可采用 1.5～2.5mg/L。

（3）**加氯设备** 加氯设备通常都采用加氯机。国内最常用的加氯机有转子加氯机和真空加氯机两种。图 3-42 为常用的 ZJ 型转子加氯机。其工作原理是：来自氯瓶的氯气首先进入旋风分离器 1，再通过弹簧膜阀 2 和控制阀 3 进入转子流量计 4 和中转玻璃罩 5，经水射器 7 与压力水混合，溶解于水中被送至加氯点。各部分作用如下：旋风分离器用于分离氯气中可能存在的悬浮杂质，如铁锈、油污等，其底部有旋塞可定期打开以清除杂质；弹簧膜阀系减压阀门，能保证氯瓶内安全压力大于 0.1MPa，如小于此压力，该阀即自动关闭，并起到稳压作用；控制阀和转子流量计用来控制和测定加氯量；中转玻璃罩用以观察加氯机的工作情况，同时起稳定加氯量，防止压力水倒流和当水源中断时破坏罩内真空的作用；平衡水箱可以补充和稳定中转玻璃罩内水量，当水流中断时自动暴露单向阀口，吸入空气使中转玻璃罩真空破坏；水射器的作用是从中转玻璃罩内抽吸所需的氯，使其与水混合并溶解，同时使玻璃罩内保持负压状态。

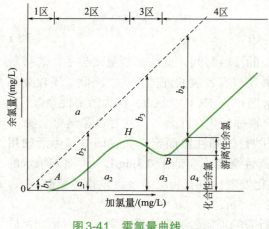

图3-41 需氯量曲线

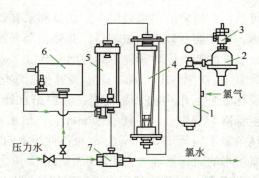

图3-42 ZJ型转子加氯机

1—旋风分离器；2—弹簧膜阀；3—控制阀；4—转子流量计；
5—中转玻璃罩；6—平衡水箱；7—水射器

具体操作时应按产品使用说明书的规定进行操作。因氯有毒，故氯的运输、贮存及使用应特别谨慎小心，确保安全。加氯设备的安装位置应尽量靠近加氯点。加氯设备应结构坚固，防冻保温，通风良好，并备有检修及抢救设备。

3.6.3.2　臭氧法消毒

臭氧具有很强的氧化能力，仅次于氟，约是氯的两倍。因此，臭氧的消毒能力比氯更强。臭氧消毒法的**特点**是：消毒效率高，速度快，几乎对所有的细菌、病毒、芽孢都是有效的；同时能有效地降解水中残留有机物、色、味等；pH值、温度对消毒效果影响很小。**缺点**是设备投资大，电耗大，成本高，设备管理较复杂。

此法适用于出水水质较好，排入水体卫生条件要求高的污水处理场合。一些国家的水厂采用此法消毒的也不少，近年来上海、北京等地的水厂也有使用。

当臭氧用于消毒过滤水时，其投加量一般不大于1mg/L，如用于去色和除臭味，则可增加至4～5 mg/L。剩余臭氧量和接触时间是决定臭氧处理效果的主要因素。一般说，如维持剩余臭氧量为0.4mg/L，接触时间为15min，可得到良好的消毒效果，包括杀灭病毒。

3.6.3.3　二氧化氯消毒

采用二氧化氯消毒本质上也是一种氯消毒法，但它具有与通常氯消毒不同之处：二氧化氯一般只起氧化作用，不起氯化作用，因此它与水中杂质形成的三氯甲烷等比氯消毒要少得多。二氧化氯也不与氨作用，在pH值为6～10范围内的杀菌效率几乎不受pH值影响。二氧化氯的消毒能力次于臭氧，但高于氯。与臭氧比较，其优越之处在于它有剩余消毒效果，但无氯臭味。二氧化氯有很强的除酚能力。

二氧化氯由亚氯酸钠和氯反应而成。

$$2NaClO_2 + Cl_2 \longrightarrow 2ClO_2 + 2NaCl$$

由于亚氯酸钠较贵，且二氧化氯生产出来即须应用，不能贮存，所以只有水源严重污染（如含氨量达几个mg/L或有大量酚存在）而一般氯消毒有困难时，才采用二氧化氯消毒。

3.6.4 消毒法在污水处理中的应用

生活污水、医院污水以及禽畜养殖、生物制品和食品、制药等部门产生的污水通常都含有大量细菌,其中一些可能属于病原菌。因此,这些部门的污水在排放前必须进行消毒处理,以免引起疾病的传播。现以某医院污水处理为例,简要介绍其污水消毒工艺。

图 3-43 为该医院采用的污水处理流程。从中可看出,污水经二级(生化)处理后[生化处理采用接触氧化池,池内设有波形填料,其填料间距为 3cm,上升流速为 8.1m/h,填料表面水力负荷为 0.05m³/(m²·h),接触氧化时间为 20min],进行消毒处理。其消毒方法采用氯化法,消毒设备为接触消毒池。接触消毒池的投氯量为 20mg/L,接触消毒时间为 1h。消毒后污水的余氯量为 2～3mg/L。该医院污水处理的水质净化效果如表 3-9 所示。

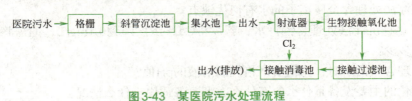

图 3-43 某医院污水处理流程

表 3-9 某医院污水处理的水质净化效果

项目	原污水	生物接触池出水	过滤池出水	消毒池出水
BOD_5/(mg/L)	75.70	15.23	9.91	7.70
COD_{Cr}/(mg/L)	134.26	48.99	35.82	35.36
悬浮物/(mg/L)	127.00	32.20	33.45	24.10
细菌总数/(个/mL)	1.5×10^8	1.4×10^5		60
大肠菌数/(个/L)	9.4×10^{10}	9.4×10^9		<9

? 习题及思考题

1.填空题

(1)中和处理的目的是_____,常见的中和法有_____、_____、_____。

(2)过滤中和处理硫酸污水时,进水硫酸浓度应控制在_____,原因是_____。

(3)中和投药的方式有_____和_____两种。

(4)混凝机理包括_____、_____、_____、_____四种作用;铝盐混凝剂主要起_____的作用,而高分子混凝剂则为_____。

(5)电解处理含铬污水时,由于_____的缘故,其pH值应控制在合适的范围,一般取pH=_____;而处理含氰污水则要求在_____下进行。这是因为_____的缘故。

2.判断题

(1)中和处理与pH值调节是同一概念。(   )

（2）酸性污水中和处理中常用的中和剂是石灰。（　　）
（3）投加助凝剂的作用是减弱混凝效果，生成粗大、结实易于沉降的絮凝体。（　　）
（4）混凝工艺中的反应阶段要求快速和剧烈搅拌，在几秒钟或一分钟内完成。（　　）
（5）化学氧化法常用的氧化剂有臭氧、液氯、次氯酸钠、空气等。（　　）
（6）电解法处理污水时，所需的阳极电流密度随污水浓度变而变。（　　）
（7）氯消毒与氯胺消毒的原理是一致，且消毒效果也一样。（　　）

3.简答题

（1）化学混凝法适用条件是什么？城市污水的处理可否用化学混凝法，为什么？
（2）化学混凝剂在投加时为什么必须立即与处理水充分混合剧烈搅拌？
（3）化学沉淀法处理含金属离子的水有何优缺点？
（4）用氢氧化物沉淀法处理含镉污水，若欲将Cd^{2+}浓度降到0.1mg/L，问需将溶液的pH值提高到多少？
（5）用氯处理含氰污水时，为何要严格控制溶液的pH值？
（6）臭氧氧化的主要设备是什么？有什么类型？各适用于什么情况？
（7）电解可以产生哪些反应过程？对水处理可以起什么作用？
（8）电解氧化除氰、电解还原除铬与化学氧化除氰、化学还原除铬有什么相同与不同之处？
（9）为什么在水消毒中广泛采用氯作为消毒剂？近年来发现了什么问题？并简述水中加氯消毒的原理。

技能训练　混凝实验

一、实验目的

1. 了解混凝的现象及过程，净水作用及影响混凝的主要因素。
2. 确定混凝剂的最佳投加量及其相应的pH值。

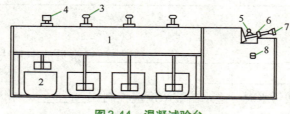

图3-44　混凝试验台

1—试验台；2—烧杯；3—搅拌器；4—离合器；5—调速拉钮；6—计数器；7—调速杆；8—开关

二、实验设备

混凝试验台（可变速，25～150r/min，见图3-44）；1000mL烧杯、25mL量筒；转速表、温度计、pH计；有关水质测定的药品和仪器。

三、实验水样

1. 河水或自配水样。

2. 某种工业废水。

四、实验步骤

1. 熟悉混凝试验台的操作，选择适当的混合搅拌转速（120～150r/min）、混合时间（1～3min，可取 1min）、反应搅拌转速（20～40r/min，太快会打碎矾花，太慢会使矾花沉淀）、反应时间（10～30min，可取 10min）。

2. 测定水样的水温及水质（pH 值、浑浊度或悬浮固体，必要时还要测 COD）。

3. 在烧杯中，各注入混合均匀的水样 1000mL（也可用 800mL 烧杯，注入水样 500mL），将烧杯装入搅拌机，注意叶片在水中的相对位置应相同。

4. 根据水样的性质选择各个烧杯的加药量，并置入量筒中准备投加。

5. 按混合搅拌速度开动搅拌机，并同时在各烧杯中倒入混凝剂溶液。当预定的混合时间到达后，立即按预定的反应搅拌速度搅拌。在预定的反应时间到达后，即停止搅拌。

6. 在反应搅拌开始后，就注意观察各个烧杯中有无矾花产生，矾花大小及松散密实程度。反应搅拌结束后，轻轻提起搅拌叶片（注意不要搅拌水样），并静置沉淀 20min。注意观察矾花的沉淀情况。

7. 沉降时间到达后，同时取出各烧杯中的澄清水样，测定有关水质指标，从而确定最佳投药量及相应的 pH 值；或者推荐的投药量（水质虽非最佳，但从经济考虑已可满足生产的需要）及相应的 pH 值。估算最佳或推荐投药量时的污泥沉降比。

8. 如果所得结果不甚理想而有必要调整 pH 值时，可在第 7 步所选定的投药量的基础上进行不同 pH 值的实验（pH 值可用 NaOH 或 H_2SO_4 溶液调整）从而求得较佳的 pH 值。进行综合考虑，得出最佳投药量和 pH 值。

9. 如果由一组实验的结果得不出混凝剂用量的结论，或者需要更准确地求出混凝剂用量或 pH 值时，则应根据对实验结果的分析，对混凝剂用量或 pH 值的变化方向作出判断，变化或缩小投药范围，进行另一组混凝实验。

10. 如有必要，可做多种混凝剂的实验，以确定最优的混凝剂及其用量和相应的 pH 值。

五、注意事项

1. 取水样时，必须使水样混合均匀，以保证各个烧杯中的水样性质相同。
2. 注意避免某些烧杯中的水样受到热或冷的影响，各烧杯中水样温度差应小于 0.5℃。
3. 注意保证搅拌轴放在烧杯中心处，叶片在杯内的高低位置应一样。
4. 从烧杯中吸出澄清水时，应避免搅动已经沉淀的矾花。
5. 测定水质时应选用同一套仪器进行，避免不同仪器带入的误差。

六、对实验结果整理与讨论

1. 实验数据记录

水样名称：　　　　　　取样地点：　　　　　　取样日期：
实验日期：　　　　　　实验人：　　　　　　　同组人：
混合时间：_____ min；搅拌速度：_____ r/min；反应时间：_____ min；搅拌速度：_____ r/min；沉降时间：_____ min。
实验水样体积（注入各个烧坏的水样量）：_____ mL。

A. 改变混凝剂用量

混凝剂种类：_____；溶液浓度：_____。

每1000mL（或500mL）水样投入1mL混凝剂溶液后折合浓度为_____mg/L。

助凝剂种类：_____；溶液浓度：_____。

每1000mL（或500mL）水样投入1mL助凝剂溶液后折合浓度为_____mg/L。

项目		原水	1号	2号	3号	4号
投药量	混凝剂/(mg/L)					
	助凝剂/(mg/L)					
水温/℃						
pH值						
出现矾花时间/min						
矾花沉淀情况						
浑浊度						
污泥沉降比/%						

注：实验中泥量往往很少不易测定，可取近似值。

B. 改变pH值

混凝剂种类：_____；投药量：_____mg/L。

NaOH溶液浓度：_____；H_2SO_4溶液浓度：_____。

每1000mL（或500mL）水样投入1mL NaOH（或H_2SO_4）溶液后折合浓度为_____mg/L。（实验数据记录表格式同上）

2. 实验结果分析与讨论

（1）以澄清水浑浊度（或其他水质指标）为纵坐标，以混凝剂投加量为横坐标，绘出浑浊度与投药量的关系曲线，并从图上求出最佳混凝剂投加量。

（2）绘出浑浊度与pH值关系曲线，从图上求所加混凝剂的混凝最佳pH值及适用范围。

（3）本实验与水处理实际情况有哪些差别？应如何改进？

4 污水的物理化学处理

4.1 气浮

气浮法亦称浮选,它是从液体中除去低密度固体物质或液体颗粒的一种方法。是通过空气鼓入水中产生的微小气泡与水中的悬浮物黏附在一起,靠气泡的浮力一起上浮到水面而实现固液或液液分离的操作。其处理对象是:靠自然沉降或上浮难以去除的乳化油或相对密度近于1的微小悬浮颗粒。

在污水处理领域,浮选广泛应用于:分离地面水中的细小悬浮物、藻类及微絮体;代替二次沉淀池,分离和浓缩剩余活性污泥;浓缩化学混凝处理产生的絮状化学污泥;回收含油污水中的悬浮油及乳化油;回收工业废水中的有用物质,如造纸厂污水中的纸浆纤维等。

4.1.1 气浮原理

4.1.1.1 水中悬浮物向气泡黏附的条件

浮选过程包括微小气泡的产生、微小气泡与固体或液体颗粒的黏附以及上浮分离等步骤。实现浮选分离必须满足两个条件:**一是必须向水中提供足够数量的微小气泡;二是必须使分离的悬浮物黏附于气泡而上浮达到分离**。后者则是气浮的最基本条件。

水中通入气泡后,并非任何悬浮物都能与之黏附。这取决于该物质的润湿性,即被水润湿的程度。通常把容易被水润湿的物质称为亲水性物质,反之,难以被水润湿的物质称为疏水性物质。水对各种物质润湿性的大小,可用它们与水的接触角 θ(以对着水的角为准)来衡量。接触角是气、液、固三相界面处于平衡状态时由界面张力所形成的。设有同一种液体,分别和具有不同表面特征的固体物接触时,可出现两大类型的气、液、固三相界面上的平衡状态,如图4-1所示,$\theta > 90°$ 和 $\theta < 90°$ 两大类。

图4-1中,σ_{la} 为液体-气体界面张力;σ_{lp} 为液体-固体界面张力;σ_{ap} 为气体-固体界面张力。接触角越小,表示固体物被水润湿性能强,即亲水性强。反之,接触角越大,表示固体物被水润湿性弱,即亲水性弱。当 $\theta \to 180°$ 时,这种物质最易被气浮。若 $\theta > 90°$,则颗粒为疏水性,容易与气泡黏附,可直接用气浮法去除;若 $\theta < 90°$,则颗粒为亲水性,不易与气泡黏附。当 $\theta \to 0°$ 时,这种物质不能气浮。对于细小的亲水性颗粒,若用气浮法进行分离,需要投加浮选剂,使其表面特性变成疏水性,才可与气泡黏附。浮选剂是一种能改变水中悬浮颗粒表面润湿性的表面活性物质,通常由极性基团及非极性基团所组成,为双亲分子,即对亲水、疏水性物质都亲密的意思。浮选剂的极性基团能选择性地被亲水物质所吸附,非极性基则指向水相,这样,亲水性物质的表面则具有疏水性而黏附在气泡上,并随气泡一起上浮至水面形成浮渣而被除去。

浮选剂种类很多,按其作用不同,可分为捕收剂、起泡剂、调整剂等。捕收剂能改善颗粒-水溶液界面、颗粒-空气界面自由能，提高可浮性。常见品种有硬脂酸、脂肪酸及其盐类、胺类等。起泡剂的作用是确保产生大量微细且均匀的气泡，并保持泡沫的稳定。通常为表面活性剂，但其用量不能超过限度，否则泡沫在水面上聚集过多，由于严重乳化，将显著降低气浮效果。调整剂的作用是提高气浮过程的选择性、加强捕收剂的作用并改善气浮条件。调整剂包括抑制剂、活化剂和介质调整剂三类。

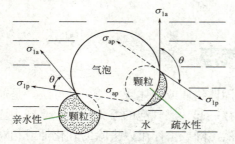

图4-1　亲水性和疏水性颗粒的接触角

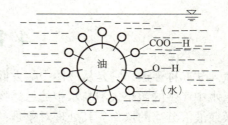

图4-2　表面活性物质在水中与油粒的黏附状态

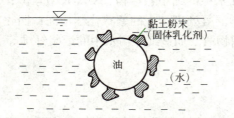

图4-3　固体粉末在水中与油粒的黏附状态

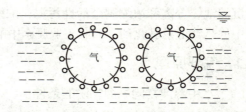

图4-4　表面活性物质与气泡黏附的电荷相斥作用

4.1.1.2　界面电现象及混凝剂脱稳

气浮法处理乳化油时，应投加混凝剂使其破乳脱稳。水中的乳化油在自然静置中能长期稳定而不上浮的原因是：污水中包含有某些表面活性物质，这种物质分子中的非极性端吸附在油粒内，而极性端则伸向水内，如图4-2所示。例如，皂性极性端在水中电离后，油粒界面形成核基团 COO^-，导致油粒界面包围了一层负电荷，由此产生双电层现象，其 ζ 电势阻碍着油粒的互相黏聚，使乳化油形成稳定的体系。另外是固体粉末的影响。在污水中，亲水性的固体粉末，如黏土等，$0° < \theta < 90°$，也能使乳化油稳定，故称其为固体乳化剂。因固体粉末的一小部分被油润湿，大部分面积被水润湿，如图4-3所示，这就好像油粒具有固体外壳一样，从而阻碍了油粒的互相黏聚。

因此，乳化油的气浮，先应向污水中投加电解质，如硫酸铝等，以压缩油粒的双电层，使其达到电中性，并吸附水中的固体粉末，再随气泡浮上。

4.1.1.3　气泡分散度和泡沫稳定性

在气浮过程中，需要形成大量的微细而均匀的气泡作为载体，与被浮选物质吸附。气浮效果的好坏很大程度上取决于水中空气的溶解量、饱和度、气泡的分散程度及稳定性。

（1）微气泡数量及分散度　气泡量愈多，分散度愈高，则气泡与悬浮颗粒接触、黏附的机会愈多，气浮效果就愈好。实践证明，气泡直径在 $100\mu m$ 以下才能很好地附着在悬浮物上面。如果形成大气泡，在上升过程中将产生剧烈的水力搅动，产生的惯性撞击力不仅不能使气泡很好地附着在颗粒表面，反而撞碎矾花颗粒，甚至把已附着的小气泡也撞开。其次，鼓入水中一定量的空气，如果形成大气泡，则表面积将显著减少。例如，一个直径 1mm 的气泡所含的空气相当于 8000 个 50μm 直径的气泡所含有的空气，后者的总表面积为前者的 400 倍。这样为数众多和表面积巨大的微细气泡与悬浮物的撞击黏附的机会必然就多，气浮效率也就增大了。

（2）泡沫稳定性　水面上的泡沫应保持一定程度的稳定性，但又不能过于稳定，过分稳定的泡沫难以运送和脱水。泡沫最适宜的稳定时间是数分钟。为此，在污水中应含有一定浓度的表面活性物质。表面活性物质虽然具有能使油珠乳化稳定的不利一面，但又具有促进气泡在水中弥散的有利一面。表面活性物质的非极性端伸入气相，极性端伸向水中，由于电荷的相斥作用，防止气泡兼并（见图 4-4），起到起泡剂的作用。

对污染物质含量不太多的污水，气泡的分散性可能成为控制气浮效果的主要因素。在这种情况下，污水中存在着适量的表面活性物质是适宜的。但是当其数量超过一定的限度后，表面活性物质使油类严重乳化的现象又转化为控制浮选效果的主要因素，这时尽管起泡现象强烈，泡沫形成良好，但浮选效果却很差。

4.1.2　气浮设备形式及计算

气浮法按气泡产生方法的不同，可分为充气气浮、溶气气浮及电解气浮三类。

4.1.2.1　充气气浮

充气气浮是利用机械剪切力，将混合于水中的空气粉碎成细小的气泡，以进行浮选的方法。充气气浮所形成的气泡直径大约为 1000μm。充气气浮按粉碎气泡方法的不同，分为水泵吸水管吸气气浮、射流气浮、扩散板曝气气浮以及叶轮气浮等四种。而广泛使用的是叶轮气浮。

（1）叶轮气浮　叶轮气浮设备如图 4-5 所示。在气浮池底部设有旋转叶轮，在叶轮的上部装着带有导向叶片的固定盖板，盖板上有孔洞。当电动机带动叶轮旋转时，在盖板下形成负压，从空气管吸入空气，污水由盖板上的小孔进入，在叶轮的搅动下，空气被粉碎成细小的气泡，并与水充分混合成为水气混合体，甩出导向叶片之外，导向叶片使水流阻力减小，又经整流板稳流后，在池体内平稳地垂直上升，进行浮选。形成的泡沫不断地被刮板刮出池外。

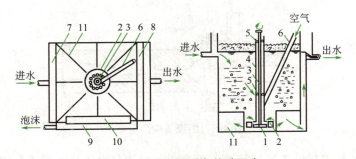

图 4-5　叶轮气浮设备构造示意

1—叶轮；2—盖板；3—转轴；4—轮套；5—轴承；6—进气管；
7—进水槽；8—出水槽；9—泡沫槽；10—刮沫板；11—整流板

这种气浮池采用正方形，边长不超过叶轮直径的 6 倍。叶轮直径一般为 200～400mm，最大不超过 600～700mm，叶轮转速为 900～1500r/min。池有效水深一般为 1.5～2.0m，最大不超过 3.0m。气浮时间为 15～20min。

叶轮所需轴功率 N 为：

$$N = \frac{qH\rho}{100\eta} \tag{4-1}$$

$$q = \frac{Q}{m(1-\alpha)} \tag{4-2}$$

$$H = a\frac{v^2}{2g} \tag{4-3}$$

式中　N——轴功率，kW；
　　　ρ——气水混合物的容重，一般为 670kg/m³；
　　　η——叶轮效率，可取 0.2～0.3；
　　　q——一个叶轮能吸入的气水混合物量，m³/s；
　　　Q——处理水量，m³/s；
　　　m——平行工作的叶轮个数；
　　　α——曝气系数，取实验值 0.35；
　　　H——气浮池的静水压力，亦即叶轮旋转产生的扬程，m；
　　　a——压力系数，等于 0.2～0.3；
　　　v——叶轮圆周线速度，m/s。

叶轮气浮法的**优点**是设备不易堵塞，适用于处理水量不大、污染物浓度较高的污水，除油效果可达 80% 左右。**缺点**是其产生的气泡较大，气浮效果较低。

（2）射流气浮　这是采用以水带气射流器向污水中混入空气进行浮选的方法。射流器的构造如图 4-6 所示。由喷嘴射出的高速污水使吸入室形成负压，并从吸气管吸入空气，在水气混合体进入喉管段后进行剧烈的能量交换，空气被粉碎成微小气泡，然后进入扩压段（扩散段），动能转化为势能，进一步压缩气泡，增大了空气在水中的溶解度，接着进入气浮池中进行泥水分离，亦即气浮过程。

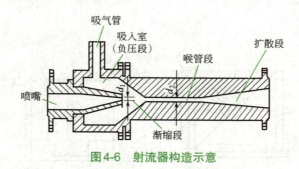

图 4-6　射流器构造示意

射流气浮法的**优点**是设备比较简单，投资低；**缺点**是动力损耗较大，喷嘴及喉管处较易被油污堵塞。

4.1.2.2　溶气气浮

溶气气浮是依靠水中过饱和空气，在减压时以微细的气泡形式释放出来，从而使水中的杂质颗粒被黏附而上浮。溶气气浮方法形成的气泡直径只有 80μm 左右，并且可人为控制气泡与污水的接触时间，净化效果比充气气浮好，应用也更为广泛。

根据气泡在水中析出时所处压力的不同，可将溶气气浮分为加压溶气气浮和溶气真空气浮两类。由于溶气真空气浮法的气浮池需在负压（真空）状态下运行，其构造复杂，运行与维护都有很大困难，实际应用不多。而加压溶气气浮法在国内外应用非常广泛。炼油厂几乎都采用这种方法来处理污水中的乳化油，并获得较好的处理效果，出水含油量可在 10～25mg/L 以下。因此，本节仅介绍加压溶气气浮。

（1）加压溶气气浮的操作原理　在加压情况下，将空气溶解在污水中达饱和状态，然后突然减至常压，这时溶解在水中的空气就成了过饱和状态，以极微小的气泡释放出来。乳化油和悬浮颗粒就黏附于气泡周围而随其上浮，在水面上形成泡沫然后由刮泡器清除，使污水得到净化。

（2）加压溶气气浮的基本流程　根据污水中所含悬浮物的种类、性质、处理水净化程度和加压方式的不同，基本流程有以下三种。

① 全流程溶气气浮法　全流程溶气气浮法是将全部污水用水泵加压，在泵前或泵后注入空气。如图 4-7、图 4-8 所示。全部污水加压至 3～4atm[1]，并在溶气罐内，空气溶解于污水中，然后通过减压阀将污水送入气浮池。污水中形成许多小气泡黏附污水中的乳化油或悬浮物而逸出水面，在水面上形成浮渣。用刮板将浮渣连续排入浮渣槽，经浮渣管排出池外，处理后的污水通过溢流堰和出水管排出。

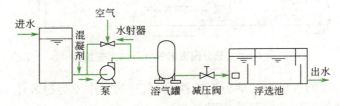

图 4-7　全部污水加压溶气气浮（泵前加气）

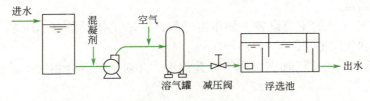

图 4-8　全部污水加压溶气气浮（泵后加气）

全流程溶气气浮法的**特点**：a. 溶气量大，增加了油粒或悬浮颗粒与气泡的接触机会；b. 在处理水量相同的条件下，它较部分回流溶气浮选法所需的气浮池小，从而减少了基建投资；c. 因全部污水加压，增加了含油污水的乳化程度，而且所需的压力泵和溶气罐的容量均较大，因此投资和运转动力消耗较大；d. 气浮前混凝处理所形成的絮凝体，在加压与减压过程中破碎，影响混凝效果。

② 部分溶气气浮法　部分溶气气浮法是取部分污水（通常占总水量的 15%～40%）加压和溶气，其余污水直接进入气浮池并在气浮池中与溶气水混合，如图 4-9 所示。

---

[1] 1atm=101325Pa。

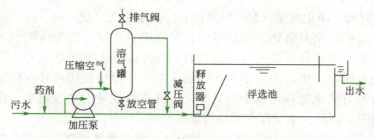

图4-9 部分进水加压溶气气浮法工艺流程

其**特点**为：a. 较全部进水加压溶气气浮法所需的压力泵小，故动力消耗低； b. 压力泵所造成的乳化油量较全部进水加压溶气气浮法低；c. 气浮池的大小与全部进水加压溶气气浮法相同，但较部分回流溶气气浮法小。

③ 部分回流溶气气浮法　部分回流溶气气浮法是取一部分除油后出水回流进行加压和溶气，减压后直接进入气浮池，与来自絮凝池的含油污水混合和浮选，如图4-10所示。回流量一般为含油污水的25%～50%。

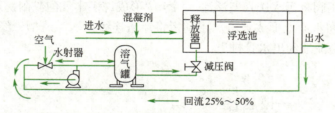

图4-10 部分回流溶气气浮法工艺流程

其**特点**为：a. 加压的水量少，动力消耗省；b. 气浮过程中不促进乳化；c. 矾花形成好，后絮凝也少；d. 浮选池的容积较前两种流程大。

为了提高气浮的处理效果，往往向污水中加入混凝剂或浮选剂，投加量因水质不同而异，一般由试验确定。

（3）加压溶气气浮的主要设备　加压溶气气浮法的主要设备有加压泵、溶气罐、减压阀、溶气释放器和气浮池。

① 加压泵及进气方式　加压泵用于提升污水，并对水气混合物加压，使受压空气溶于水中。

加压溶气时可分泵前进气和泵后进气两种方式。泵前进气，是由水泵压水管引出一支管返回吸水管，在支管上安装水力喷射器，省去了空压机。污水经过水力喷射器时造成负压，将空气吸入与污水混合后，经吸水管、水泵送入溶气罐。此法比较简便，水气混合均匀，但水泵必须采用自吸式进水，而且要保持1m以上的水头。此外，其最大吸气量不能大于水泵吸水量的10%，否则，水泵工作不稳定，会产生气蚀现象。

泵后进气，一般是在压水管上通入压缩空气。这种方法使水泵工作稳定，而且不必要求在正压下工作，但需要由空气压缩机供给空气。为了保证良好的溶气效果，溶气罐的容积也比较大，一般需采用较复杂的填充式溶气罐。

② 溶气罐　溶气罐是一个密封的耐压钢罐，罐上有进气管、排气管、进水管、出水管、放空管、液位计与压力表。空气与水在罐内混合、溶解。为了提高溶气量和速度，罐内常设若干隔板或填料。溶气罐的压力为0.2～0.4MPa，混合时间一般为2～5min。混合时间与

进气方式有关,即泵前进气混合时间可短些,泵后进气混合时间要长些。操作时需定期开启罐顶放空阀,将积存在罐顶部未溶解的空气排掉,以免减少罐容,影响气浮效果。

溶气罐的形式可分为静态型和动态型两大类。静态型包括花板式、纵隔板式、横隔板式等,多用于泵前进气。动态型分为填充式、涡轮式等,多用于泵后进气。图4-11所示为各种溶气罐形式。国内多采用花板式和填充式。操作供气方式可采用在水泵吸水管上吸入空气、在水泵压水管上设置射流器或采用空气压缩机供气。

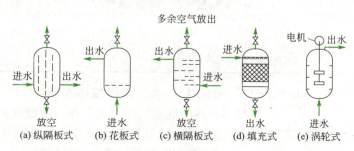

图4-11 溶气罐形式

③ 减压阀 减压阀的作用,在于保持溶气罐出口处的压力恒定,从而可以控制出罐后气泡的粒径和数量。也可用低压溶气释放器来代替减压阀,溶气水流经释放器时,由于形成强烈的搅动和涡流,使产生微细气泡。

④ 气浮池 目前常用的加压溶气气浮池有平流式和竖流式两种,均为敞口式水池。其作用主要是从减压阀流出的溶气污水在池中将空气以微小气泡形式逸出。气泡在上升过程中吸附乳化油和细小悬浮颗粒,上浮至水面形成浮渣,由刮渣机除去,如图4-12、图4-13所示。

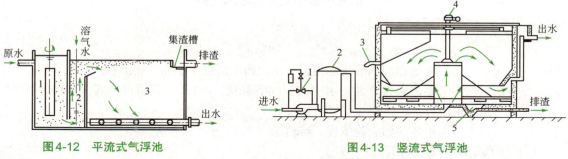

图4-12 平流式气浮池
1—反应池;2—接触室;3—气浮池

图4-13 竖流式气浮池
1—射流器;2—溶气罐;3—泡沫排出管;4—变速装置;5—沉渣斗

平流式气浮池的工作水深一般为1.5~2.0m,不超过2.5m,池深与池宽之比大于0.3。刮渣机的水平移动速度为5m/min,采用逆水流方向刮渣。收集的浮渣如泡沫很多,可经加热处理消泡。

竖式气浮池的池高度为4~5m,长、宽或直径一般在9~10m以内。中央进水室、刮渣板和刮泥耙都安装在中心转轴上,依靠电机驱动以同样速度旋转。

气浮池的表面负荷通常为5~10m³/(m²·h)。总停留时间为30~40min。

(4) 加压气浮计算

① 空气在水中的溶解度及溶气释放量的计算 加压气浮释放多少空气,可根据亨利定律计算。在一定温度下,空气在水中的溶解度与其所受压力成正比,空气在水中的溶解量为:

$$V = K_T p \tag{4-4}$$

式中 V——空气在水中的溶解度，L/m³水；
　　　K_T——溶解常数，L/(m³·kPa)，随温度而变，不同温度下的 K_T 值见表4-1；
　　　p——溶解空气的绝对压力，kPa。

表4-1 不同温度下的 K_T 值

温度/℃	K_T/[L/(m³·kPa)]	温度/℃	K_T/[L/(m³·kPa)]
0	0.285	30	0.158
10	0.218	40	0.135
20	0.180	50	0.120

如把温度为20℃、506.5kPa 的 1m³ 的溶气水，突然减压至常压时，它能释放出73L（73=91-18）的空气。可见，在一定温度和接触时间下，高压时溶解气量比低压时大，如将气体高压溶入，在低压时析出，就会产生气浮所需的大量气泡。

空气在水中的溶解速度与空气和水混合接触时间、水中空气溶解的不饱和程度等因素有关。图4-14展示了空气在水中的溶解量与加压时间的关系，此外空气在静止或缓慢流动的水流中，其溶解扩散速度也很慢。通常加压气浮操作时，水中空气含量约为饱和含量的50%～60%。

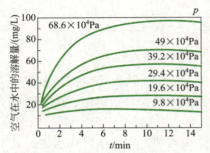

图4-14 空气在水中的溶解量与加压时间的关系（40℃）

② 溶气量与溶气水量的估算　在加压溶气系统设计中，常用的基本参数是气固比（G/S），即空气析出量 G 与原水中悬浮固体量 S 的比值，定义为：

$$\frac{G}{S} = \frac{q(a_1 - a_2)}{Qc_0} \tag{4-5}$$

式中 Q, q——污水流量和加压溶气水量，m³/h，如全部进水加压，则 $q=Q$；
　　　a_1, a_2——溶气罐内和气浮池出水中的空气溶解量，mg/L，其值可由式（4-4）和空气密度计算；
　　　c_0——污水中悬浮污染物浓度，mg/L。

根据亨利定律，上式可写为：

$$\frac{G}{S} = \frac{qa_0(fp-1)}{Qc_0} \tag{4-6}$$

式中 a_0——101.3kPa下空气在水中的饱和溶解度，mg/L，其值与温度有关（见表4-2）；
　　　f——溶气水中空气的饱和系数，其值与溶气罐结构、溶气压力和时间有关，一般为 0.5～0.8；
　　　p——溶气罐中的绝对压力，kPa。

$$p = \frac{p_{\text{表}} + 101.32}{101.32}$$

式中 $p_{\text{表}}$——表压，kPa。

表 4-2　空气在水中的饱和溶解度（101.3kPa）

温度 /℃	0	10	20	30	40
溶解度 a_0/(mg/L)	36.06	27.26	21.77	18.14	15.51

试验表明，参数 G/S 对气浮效果影响很大，如图 4-15 所示。由图可见，在一定范围内，G/S 值增大，出水悬浮物浓度降低，浮渣固体含量提高，即气浮效果是随气固比的增大而增大的；但对于不同的污水，其影响程度不同。因此，合适的 G/S 值应由试验确定，当无实测数据时，一般可选用 0.005～0.060，原水的悬浮物含量高时，取下限，低时则取上限。

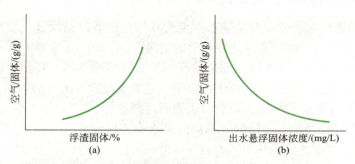

图 4-15　气固比对浮渣固体浓度和出水悬浮固体浓度的影响

根据试验或公式计算确定 G/S 值后，可用下式计算所需要的空气量 V_a（mg/L H_2O）：

$$V_a = \frac{(G/S)c_0 + a_1}{f} \tag{4-7}$$

当确定了气固比 G/S 和溶气压力 p 后，可由式（4-6）计算溶气水量 q。

4.1.2.3　电解气浮

电解气浮是对污水进行电解，这时在阴极产生大量的氢气泡，污水中的悬浮颗粒黏附在氢气泡上，随其上浮，从而达到了净化污水的目的。与此同时，在阳极上电离形成的氢氧化物起着混凝剂的作用，能使气浮过程和混凝过程结合进行，有助于污水中的污泥物上浮或下沉。电解气浮法所产生的氢气泡直径很小，仅有 20～100μm，特别适用于脆弱絮状悬浮物的分离。此法装置构造简单，是一种新的污水净化方法。

4.1.3　气浮法的优缺点

气浮法最早应用于洗煤水、石油污水处理。20 世纪 70 年代后，在造纸、食品等污水以及给水净化处理等方面也已有应用。它与沉淀法相比较，具有如下特点。

4.1.3.1　气浮法的优点

① 气浮池的表面负荷可达到 12m³/(m²·h)，水在气浮池中停留时间只需 10～20min，而且池深仅 2m 左右，因而占地少，节省基建投资，而且效率较高。

② 气浮池具有预曝气作用，出水和浮渣中都含有一定量的氧，对去除水中的表面活性剂及臭味等具有明显效果；有利于后续处理或再用，泥渣不易腐化。

③ 对低温低浊的含藻水，气浮法处理效率较高，出水水质好。

④ 对活性污泥法系统的固液分离，采用气浮法可以消除污泥膨胀问题，对曝气池的正常工作十分有利。

⑤ 浮渣含水率一般在 96% 以下，这对污泥的后续处理有利。

⑥ 可以回收利用有用物质。

4.1.3.2 气浮法的缺点

① 浮选法电耗较高，每吨水约耗电量 0.02～0.04kW·h。

② 设备维修管理工作量增加，减压阀、释放器或射流器易被堵塞。

③ 浮渣怕较大的风雨袭击。

4.1.4 气浮运行操作中应注意的事项

① 当与混凝处理配合使用时，应根据混凝反应池的絮凝情况及气浮池出水水质，注意调节混凝剂的投加量，特别要防止加药管的堵塞。

② 经常观察气浮池池面情况，如果发现接触区浮渣面不平，局部冒出大气泡，则多半是释放器受到堵塞；如果分离区浮渣面不平，池面上经常有大气泡破裂，则表明气泡与絮粒黏附不好，应采取适当措施，如投加表面活性剂等。

③ 掌握浮渣积累规律，选择最佳的浮渣含水率，以及按最大限度地不影响出水水质的要求进行刮渣，并建立每隔几小时刮渣一次的制度。

④ 经常观察溶气罐的水位指示管，使其控制在一定的范围内，以保证溶气效果。避免因溶气罐水位脱空，导致大量空气窜入气浮池而破坏净水效果与浮渣层。对已装有溶气罐液位自动控制装置的，则需注意设备的维护保养。

⑤ 做好日常的运行记录，包括处理水量、投药量、溶气水量、溶气罐压力、水温、耗电量、进出水水质、刮渣周期、泥渣含水率等。

4.1.5 新型气浮装置简介

4.1.5.1 浅层气浮

浅层气浮是溶气气浮的一种主要方式，是指旋转布水与溶气释放同时进行的一种回转式浅层压力溶气气浮。浅层气浮方法表面负荷高，分离速度快，效率高；污水处理高程易于布置；占地小，池深浅；适用于大中小各种水量、悬浮类、纤维类、活性污泥类、油类物质的分离，具有广阔的应用前景。

浅层气浮装置如图 4-16 所示，浅层气浮整体呈圆柱形，没有独立的接触区与沉淀区，进水口、出水口与浮渣排出口全部集中在池体中央区域内，布水机构、集水机构、溶气释放机构都与框架紧密连接在一起，围绕池体中心转动。废水与溶气水通过管道混合后进入池中心的进水管，再经旋转布水管从布水孔流出，均匀地分布于池中，进行分离沉淀，出水通过与布水管一起旋转的集水管收集，汇入池中心的排水管排出，浮渣通过与布水管和集水管一起旋转的滚筒式撇渣器撇除，汇入池中心的排渣管排出。布水管沿管长分布有不同密度的布水孔，布水孔方向与布水管旋转方向相反，不同的密度分布可使进水均匀地布于池中，布水小孔的出流速率与布水管旋转速率应尽量相同，这样可使池水一直保持相对静止状态，有利于微气泡对絮体的捕捉，使带气的絮粒以最快的速率上浮，达到固液分离的目的。

4 污水的物理化学处理

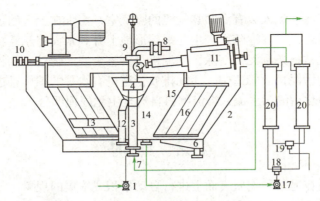

图 4-16 浅层气浮装置

1—水泵；2—气浮装置；3,7—中心管；4—水力接头；5—分配管；6—泥斗；8—可旋转分配管；9—水力接头；10—旋转装置；11—螺旋撇渣装置；12—排渣管；13—旋转集水管；14—中央旋转部分；15—锥形板装置；16—倾斜气浮区；17—进水泵；18,19—三通阀；20—溶气管

浅层气浮的主要设备包括空气溶解设备，溶气释放设备及气浮池。浅层气浮的主要设计参数如下：① 气浮池呈圆形，有效水深 0.5～0.6m；② 接触室上升流速下端取 20mm/s，上端取 5～10mm/s，水力接触时间 1～1.5min；③ 分离区表面负荷 3～5m³/(m²·h)，水力停留时间 12～16min；④ 布水机构的出水处应设整流器；⑤ 布水机构的旋转速度应满足微气泡浮升时间的要求，通常按 8～12min 旋转一周计算；⑥ 溶气水回流比应计算确定，一般应大于 30%，容器罐通常可设计成立式，溶气水力停留时间应计算确定，一般应大于 3min，设计工作压力 0.4～0.5MPa；⑦ 浅层气浮的其他设计方法基本同压力溶气气浮法。

4.1.5.2 涡凹气浮

涡凹气浮装置占地面积小，运行费用低廉，设备简单易于操作，对于石油类、固体悬浮物的处理效果显著，去除率超过 80%，BOD 及 COD 的去除率可达 60% 以上，而且能促进硫化物的氧化，减少污水中的含硫量。

涡凹气浮产生气泡的原理是通过引入机械力的切割作用，并利用水和空气的表面张力，形成微气泡并维持其在水中稳定存在。其主要设备有池体、涡凹曝气机，刮渣装置、排渣装置以及配套的混凝池。涡凹曝气机是产生微气泡的核心设备，其工作原理是靠高速旋转叶轮的离心力所造成的真空负压状态将空气吸入水底，然后依靠叶轮的高速旋转切割将空气打散成为微气泡而扩散于水中。

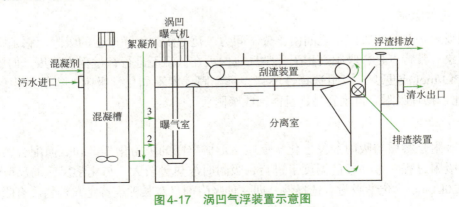

图 4-17 涡凹气浮装置示意图

经过预处理后的污水流入装有涡凹曝气机的曝气室，污水在上升的过程中通过与曝气机产生的微气泡充分混合，微气泡随之产生并螺旋形地上升到水面将悬浮物带到水面，浮在水面上的悬浮物间断地被链条刮泥机清除，刮泥机沿着整个液面运动，并将悬浮物从气浮槽的进口端推到出口端的污泥排放管道中。污泥排放管道里有水平的螺旋推进器，将所收集的污泥送入集泥池中。净化后的污水流入溢流槽再自流至生化处理部分。

4.2 吸附

吸附是一种物质在另一种物质表面上进行自动累积或浓集的现象。如把含有某种颜色的水与活性炭接触，带色的物质就会从水中转移到活性炭表面上去，水的颜色便逐渐消失，这种现象就是吸附。吸附可以发生在气-液、气-固、气-液两相之间。在污水处理中，吸附则是利用多孔性固体物质的表面吸附污水中的一种或多种污染物，从而达到净化水质的目的。通常把能起吸附作用的多孔性固体物质称吸附剂，被吸附物质称为吸附质。

在水处理领域，**吸附法**主要用以脱除水中的微量污染物，应用范围包括脱色、除臭、脱除重金属、各种溶解性有机物、放射性元素等。在处理流程中，吸附法可作为离子交换、膜分离等方法的预处理，以去除有机物、胶体物及余氯等；也可以作为二级处理后的深度处理手段，以保证回用水的质量。

利用吸附法进行水处理，**优点**是适应范围广、处理效果好、可回收有用物料、吸附剂可重复使用等，**缺点**是对进水预处理要求较高，运转费用较贵，系统庞大，操作较麻烦。

4.2.1 吸附的基本原理及分类

溶质从水中移向固体颗粒表面发生吸附，是水、溶质和固体颗粒三者相互作用的结果。引起吸附的主要原因在于溶质对水的疏水特性和溶质对固体颗粒的高度亲和力。溶质的溶解程度是确定第一种原因的重要因素。溶质的溶解度越大，则向吸附界面运动的可能性越小。相反，溶质的疏水性越大，向吸附界面移动的可能性越大。吸附作用的第二种原因主要由溶质与吸附剂之间的静电引力、范德华引力或化学键力所引起。与此相对应，可将吸附分为三种基本类型。

4.2.1.1 交换吸附

交换吸附就是通常所指的离子交换（见4.3）。其吸附过程是：溶质的离子由于静电引力作用聚集在吸附剂表面的带电点上，并置换出原先固定在这些带电点上的其他离子。

4.2.1.2 物理吸附

物理吸附是溶质与吸附剂之间由于分子间力（范德华力）而产生的吸附。它是一种常见的吸附现象。其特点是：吸附过程无化学反应，可在低温下进行；过程为放热，但放热量较小，约42kJ/mol或更少；吸附选择性不强，且牢固程度不如化学吸附，容易发生解吸（脱附）。因此，物理吸附后再生容易，且能回收吸附质。

4.2.1.3 化学吸附

化学吸附是溶质与吸附剂发生化学反应，形成牢固的吸附化学键和表面配合物的过程。其特点是吸附过程一般在较高温度下进行，吸附时放热量较大，与化学反应的反应热相近，约84～420kJ/mol。化学吸附有选择性，即一种吸附剂只对某种或特定几种物质有吸附作用。

化学吸附比较稳定，化学键力大时，吸附不可逆。因此，化学吸附再生较困难，必须在高温下才能脱附，脱附下来的可能还是原吸附质，也可能是新的物质。利用化学吸附处理毒性很强的污染物更安全。

在实际的吸附过程中，上述几类吸附往往同时存在，难以明确区分。在水处理中大多数的吸附现象是上述三种吸附作用的综合结果。在具体的吸附处理中，由于吸附剂、吸附质等因素的影响，可能其中某种作用是主要的。

4.2.2 吸附平衡与吸附等温线

4.2.2.1 吸附平衡与吸附速率

（1）**吸附平衡与吸附容量** 当污水与吸附剂充分接触后，一方面吸附质被吸附剂吸附；另一方面，一部分已被吸附的吸附质因热运动而脱离吸附剂表面，又回到液相中去。前者为吸附过程，后者为解吸过程。当吸附速度和解吸速度相等时，即达到吸附平衡。这时，吸附剂对吸附质的吸附能力的大小可用吸附容量 q 表示。所谓吸附容量，是指在一定温度和压力下达到吸附平衡时，单位质量吸附剂所吸附吸附质的质量。吸附容量 q 用下式计算：

$$q = \frac{V(c_0 - c)}{W} \tag{4-8}$$

式中　q——吸附容量，g/g；

　　　V——污水容积，L；

　　　W——吸附剂投加量，g；

　　　c_0——污水中吸附质的初始浓度，g/L；

　　　c——吸附平衡时水中剩余的吸附质浓度，g/L。

显然，吸附容量越大，单位吸附剂处理的水量越大，吸附周期越长，运转管理费用越小。

（2）**吸附速率** 吸附速率是指单位质量的吸附剂在单位时间内所吸附的物质的量。它可用于衡量吸附剂对吸附质的吸附效果，并决定污水和吸附剂的接触时间。吸附速率取决于吸附剂对吸附质的吸附过程，通常由试验来确定。

4.2.2.2 吸附等温线

在温度一定时，吸附容量随吸附质平衡浓度的提高而增加。通常把吸附容量 q 与相应的吸附质的平衡浓度 c 作图所得曲线称为**吸附等温线**。

描述吸附等温线的数学表达式称为吸附等温式。常用的有弗兰德利希（Freundlich）等温式、朗格缪尔（Langmuir）等温式和 B.E.T. 等温式。本书仅介绍弗兰德利希等温式。此式为指数函数形式的经验公式，表示如下：

$$q = K c^{\frac{1}{n}} \tag{4-9}$$

式中　K——弗兰德利希吸附系数；

　　　n——常数，通常大于 1。

式（4-9）虽为经验式，但与实验数据相当吻合，通常将该式绘制在双对数坐标纸上，以便确定 K 和 n 值，将式（4-9）两边取对数，得：

$$\lg q = \lg K + \frac{1}{n} \lg c \tag{4-10}$$

由实验数据按式（4-10）作图得一直线，如图 4-18 所示，其斜率等于 $1/n$，截距等于 $\lg K$。一般认为，$1/n=0.1 \sim 0.5$ 时，则易于吸附；$1/n > 2$ 时，则难以吸附。表 4-3 列举了活性炭吸附污水中酚、醋酸等时的 K 和 n 值，可供参考。

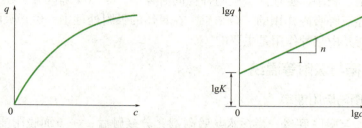

图 4-18　弗兰德利希吸附等温线

表 4-3　活性炭在某些物质水溶液中的吸附

吸附质	温度/℃	K	n	吸附质	温度/℃	K	n
酚	20	17.18	0.23	乙酸	50	0.48	0.66
酚	70	2.19	0.47	乙酸	70	0.04	0.75
甲酚	20	2.00	0.48	乙酸戊酯	20	4.80	0.49
乙酚	20	0.97	0.4				

【例 4-1】用活性炭吸附水中色素的试验方程式为：$q = 3.9c^{0.5}$。今有 100L 溶液，色素浓度为 0.05g/L，欲将色素除去 90%，加多少活性炭？

解　平衡时的 $c = 0.05 \times (1-90\%) = 0.005 (g/L)$

$$q = 3.9 \times 0.005^{0.5} = 0.276 (g/g)$$

$$W = \frac{V(c_0-c)}{q} = \frac{100 \times (0.05-0.005)}{0.276} = 16.3(g)$$

应该指出，上述吸附等温式仅适用于单组分吸附体系。

4.2.3　吸附的影响因素

了解影响吸附因素的目的是选择合适的吸附剂和控制合适的操作条件。影响吸附的因素很多，其中主要有吸附剂的种类和性质、吸附质的性质和吸附过程的条件。

4.2.3.1　吸附剂的种类及性质

（1）**吸附剂种类**　吸附剂的种类不同，吸附效果不同。一般说来，极性吸附剂易吸附极性吸附质，非极性吸附剂易吸附非极性吸附质。如硅胶和活性氧化铝为极性吸附剂，可以从污水中选择性吸附极性分子。

（2）**比表面积**　单位质量吸附剂的表面积称为比表面积。由于吸附现象是发生在吸附剂的表面上，所以吸附剂的比表面积越大，吸附能力越强，吸附容量也越大。在能够满足吸附质分子扩散的条件下，吸附剂的比表面积越大越好。如粉状活性炭比粒状活性炭性能好的主要原因就在于其比表面积比粒状活性炭的大。

（3）**孔结构**　孔隙结构是吸附剂的最重要的性质之一，其吸附功能主要存在于孔隙中。

吸附剂内孔的大小和分布对吸附性能影响很大。孔径太大，比表面积小，吸附能力差。孔径太小，则不利于吸附质扩散，并对直径较大的分子起屏蔽作用。吸附剂的内孔一般是不规则的，且孔径大小不一，通常将孔半径大于 $0.1\mu m$ 的称为大孔，介于 $2\times10^{-3}\sim0.1\mu m$ 之间的称过渡孔，而小于 $2\times10^{-3}\mu m$ 的称微孔。大孔的表面对吸附贡献不大，仅提供吸附质和溶剂的扩散通道。在气相吸附中，吸附容量在很大程度上决定于微孔；而在液相吸附时，由于吸附质分子直径较大（如着色成分的分子直径多在 $3\times10^{-9}m$ 以上），这时微孔几乎不起作用，吸附容量主要取决于过渡孔。

此外，吸附剂的颗粒大小、表面化学性质对吸附剂也有很大影响。吸附剂的颗粒大小主要影响它的吸附速率，小粒径的吸附剂具有较高的吸附速率。

4.2.3.2 吸附质的性质

（1）**吸附质在污水中的溶解度**　吸附质在污水中的溶解度对吸附有较大的影响。一般吸附质的溶解度越低，越容易被吸附，而不易被解吸。通常同系有机物在水中的溶解度随着其链长的增长而减小，而活性炭在污水中对同系有机物的吸附容量随着其链长的增加而增大。如活性炭对有机酸的吸附容量的次序是：甲酸＜乙酸＜丙酸＜丁酸。

（2）**吸附质的结构**　吸附质的结构对吸附效果也有很大影响。如活性炭处理污水时，对芳香化合物的吸附效果较脂肪族化合物好，不饱和链有机物较饱和有机物好，非极性或极性小的吸附质较极性强的吸附质好。

应当指出，实际处理的污水中往往含有多种有机物，其性质和浓度各不相同，而且受生产工艺的影响，它们的变化也大，相互之间可以互相促进、互相干扰或互不相干。

4.2.3.3 操作条件

在污水处理中，进水水质和选用的吸附剂确定后，吸附效果主要取决于吸附过程的操作条件，如温度、污水的 pH 值及吸附接触时间等。

（1）**温度**　污水处理的吸附过程主要是物理吸附，是放热过程，低温有利于吸附，升温有利于脱附。因此往往采用常温吸附，高温解吸。

（2）**pH 值**　污水处理中，溶液的 pH 值对吸附质在污水中的存在形式（分子、离子、配合物）有影响，也影响到吸附剂的表面特性，进而影响吸附效果。pH 值控制着某些化合物的离解度和溶解度，不同污染物吸附的最佳 pH 值应通过试验确定。

（3）**接触时间**　在吸附过程中，应保证吸附剂与吸附质有适当的接触时间，使吸附接近平衡，以充分发挥吸附剂的吸附能力。接触时间的长短取决于吸附速度的大小，吸附速度大，则接触时间可相应缩短；反之，则需延长接触时间。接触时间 t 可按下式计算：

$$t=\frac{V}{Q}=\frac{h}{v} \tag{4-11}$$

式中　V——吸附层容积，m^3；
　　　Q——污水的流量，m^3/h；
　　　h——吸附层高度，m；
　　　v——空塔过滤速度，m/h。

由此可见，实际操作时可通过控制污水的流速来实现。但流速过大，接触时间过短，吸附未达到平衡，吸附量小；流速过小，虽能提高一些吸附效果，但接触时间过长，影响设备的生产能力。因此，固定床操作时，一般需控制污水流动的空塔速度在 $4\sim15m/h$ 之间，接触时间为0.5～1.0h。

4.2.3.4 生物协同作用

在水处理，特别是在污水处理中，使用活性炭一段时间之后，在炭表面上会繁殖微生物，参与对有机物的去除，使活性炭的去除负荷及使用周期甚至会成倍地增长；同时也带来不利的影响，如：水头损失增加，需要经常反冲洗，容易造成厌氧状态，产生硫化氢臭气等。目前试验研究表明，采用向炭层曝气和加强反冲等措施可以基本上解决这些不利影响，这样就使得污水处理中使用活性炭的可能性大大增加，因而逐步发展了生物活性炭处理的新工艺，并且在近年来越来越多地被应用于出水指标要求较高的污水处理工程中。

4.2.4 吸附剂及其再生

4.2.4.1 吸附剂的选择要求及种类

广义而言，一切固体物质的表面都有吸附作用。但实际上，只有多孔性物质或磨得极细的物质，由于具有很大的比表面积，才有明显的吸附能力，也才能作为吸附剂。工业应用的吸附剂必须满足下列要求：吸附能力强；吸附选择性好；吸附平衡浓度低；容易再生与再利用；化学稳定性好；机械强度好；来源广及价格低廉等。一般工业吸附剂很难同时满足以上要求，应根据不同场合选用合适的吸附剂。

在污水处理过程中，常用的吸附剂有活性炭、磺化煤、沸石、焦炭、硅藻土、木炭、木屑、活性白土、腐殖酸以及大孔径吸附树脂等。

活性炭是目前应用最为广泛的吸附剂。它是一种非极性吸附剂，是以含碳为主的物质作原料，经高温炭化和活化制得的疏水性吸附剂，外观为暗黑色，有粒状和粉状两种。目前工业上大量采用粒状活性炭。活性炭主要成分为碳，此外还含有少量的氧、氢、硫等元素，以及水分、灰分。它具有良好的吸附性能和稳定的化学性质，可以耐强酸、强碱，能经受水浸、高温、高压作用，不易破碎。

活性炭最重要的物理性质是其特有的孔隙结构（具有特别发达的微孔结构）和巨大的比表面积（$600～1500m^2/g$），这是活性炭吸附能力强、吸附容量大的主要原因。一般活性炭的微孔容积约为$0.15～0.9mL/g$，其表面积却占总表面积的95%；过渡孔容积约为$0.02～0.1mL/g$，除特殊活化方法外，其表面积不超过总表面积的5%，大孔容积约为$0.2～0.5mL/g$，其表面积仅为$0.2～0.5m^2/g$。

活性炭的吸附以物理吸附为主，但由于表面氧化物存在，也进行一些化学选择性吸附。如果在活性炭中渗入一些具有催化作用的金属离子（如渗银）可以改善处理效果。

纤维活性炭是一种新型高效吸附材料。它是有机碳纤维经活化处理后形成的。具有发达的微孔结构，巨大的比表面积，以及众多的官能团，因此，吸附性能大大超过目前普通的活性炭。

目前，活性炭主要用于炼油、含酚印染、氯丁橡胶、腈纶、三硝基甲苯等污水的处理以及城市污水的深度处理。

4.2.4.2 吸附剂的再生

吸附剂在达到吸附饱和后，必须进行脱附再生才能重复使用。所谓再生，就是在吸附剂本身结构不发生或很少发生变化的情况下，用某种方法把吸附质从吸附剂孔隙中除去，恢复它的吸附能力，以达到重复使用的目的。活性炭的再生主要有以下几种方法。

（1）**加热再生法**　这是目前粒状活性炭的最常用最有效的再生方法。在高温下，吸附质分子易于从吸附剂活性中心点脱离；同时，吸附的有机物在高温下能氧化分解，或以气态分子，或断裂成短链，降低了吸附剂对它的吸附能力。加热再生过程由下列几个步骤进行：①脱水，使活性炭和输送液分离；②干燥，加温到100～150℃，把细孔中的水分蒸发出来，同时使一部分低沸点的有机物也挥发出来；③炭化，加热到300～700℃，使高沸点有机物热分解，一部分低沸点物质挥发，另一部分被炭化留在活性炭细孔中；④活化，加热到700～1000℃，使留在细孔中的残留物与活化气体（如水蒸气、CO_2 和 O_2）反应，反应产物以气态形式逸出，达到重新造孔的目的；⑤冷却，把活化后的活性炭用水急剧冷却，防止氧化。

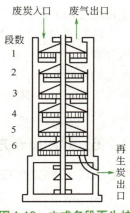

图4-19　立式多段再生炉

上述干燥、炭化、活化三步在一个直接燃烧立式多段再生炉中进行（见图4-19）。再生炉体为钢壳内衬耐火材料，内部分隔成4～9段炉床。中心轴转动时带动把柄使活性炭自上段向下段移动。该再生炉为六段，第一、二段用于干燥，第三、四段用于炭化，第五、六段为活化。

从再生炉排出的废气中含有甲烷、乙烷、乙烯、焦油蒸气、SO_2、CO_2、CO、H_2、过剩 O_2 等。为防止废气污染大气，可将排出的废气先送入燃烧器燃烧后，再送入水洗塔除去粉尘和有臭味物质。

4.1　立式多段再生炉的构造

（2）**化学氧化法**　活性炭的化学氧化法再生可分为下列几种方法。

① 湿式氧化法　在某些处理工程中，为了提高曝气池的处理能力，向曝气池内投加粉状炭，吸附饱和后的粉状炭可采用湿式氧化法进行再生。其工艺流程如图4-20所示。饱和炭用高压泵经换热器和水蒸气加热后送入氧化反应塔。在塔内被活性炭吸附的有机物与空气中的氧反应，进行氧化分解，使活性炭得到再生。再生后的炭经热交换器冷却后，送入再生炭储槽。在反应器底积集的无机物（灰分）定期排出。

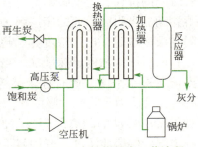

图4-20　湿式氧化再生工艺流程

② 电解氧化法　将炭作为阳极进行水的电解，在活性炭表面产生的氧气把吸附质氧化分解。

③ 臭氧氧化法　利用强氧化剂臭氧，将吸附在活性炭上的有机物加以分解。由于经济指标等方面原因，此法实际应用不多。

（3）**溶剂再生法**　用溶剂将被活性炭吸附的物质解吸下来。常用的溶剂有酸、碱、苯、丙酮、甲醇等。此方法在制药等行业常有应用，有时还可以进一步由再生液中回收有用物质。

（4）**生物法**　利用微生物的作用，将被活性炭吸附的有机物加以氧化分解。在再生周期较长、处理水量不大的情况下，可以将炭床内的活性炭一次性卸出，然后放置在固定的容器内进行生物再生，待一段时间后活性炭内吸附的有机物基本上被氧化分解，炭的吸附性能基本恢复时即可重新使用。另外也可以在活性炭吸附处理过程中，同时向炭床内鼓入空气，以供炭粒上生长的微生物生长繁殖和分解有机物的需要。这样整个炭床就处在不断地由水中吸附有机物，同时又在不断氧化分解这些有机物的动平衡中。因此，炭的饱和周期将成倍地延长，甚至在有的工程实例中一批炭可以连续使用五年以上。这也就是近年来使用越来越多的生物活性炭处理新工艺。

活性炭再生后，炭本身及炭的吸附量都不可避免地会有损失。对加热再生法，再生一次损耗炭约 5%～10%，微孔减少，过渡孔增加，比表面积和碘值均有所降低。对于主要利用微孔的吸附操作，再生次数对吸附有较重要的影响，因而做吸附试验时应采用再生后的活性炭，才能得到可靠的试验结果。对于主要利用过渡孔的吸附操作，则再生次数对吸附性能的影响不大。

4.2.5 吸附操作方式及设计

4.2.5.1 吸附操作方式

在污水处理中，吸附操作也可分为静态吸附和动态吸附两种。

（1）**静态吸附操作** 这是一种间歇式操作方式。其过程是把一定量的吸附剂投入欲处理的污水中，不断地进行搅拌达到吸附平衡后，再用沉淀或过滤的方法使污水与吸附剂分开。静态吸附常用设备有水池和水桶等。静态吸附工艺适合于小规模、间歇排放的污水处理。当处理规模大时，需建较大的混合池和固液分离装置。粉状炭的再生工艺也较复杂，故目前在生产上已很少采用。

（2）**动态吸附操作** 动态吸附操作是污水在流动条件下进行的吸附操作。

动态吸附柱的工作过程可用如图 4-21 的穿透曲线来表示。纵坐标为吸附质浓度 c，横坐标为出流时间 t（或出水量 V）。溶质浓度为 c_0 的水流过吸附柱时，溶质就逐渐地被吸附。随着时间的推移，上层吸附剂达到饱和，床层中发挥吸附作用的区域（称吸附带或吸附区）向下移动。吸附区前面的床层尚未起作用。出水中溶质浓度仍然很低。当吸附带前沿下移至吸附剂层底端时，出水浓度开始超过容许出水浓度 c_a，此时称床层穿透，对应的点 a 即为穿透点；以后出水浓度迅速增加，当吸附区后端下移到床层底端时，整个床层接近饱和，出水浓度接近进水浓度，此时称床层耗竭。通常当出水溶质浓度到达进水浓度的 90%～95%，即 c_b 时，可认为吸附柱的吸附能力已经耗竭，此点即为**吸附终点** b。在从 a 到 b 这段时间 Δt 内，吸附带所移动的距离即为吸附带的长度 δ。很明显，若吸附柱的总深度小于吸附带的长度，则出水中的溶质浓度一开始就不合格。

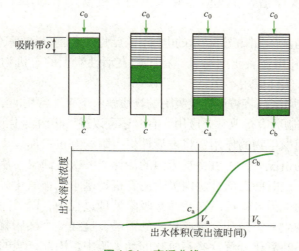

图 4-21　穿透曲线

吸附床的设计及运行方式的选择，在很大程度上取决于穿透曲线。由穿透曲线可以了解床层吸附负荷的分布，穿透点及耗竭点。穿透曲线愈陡，表明吸附速度愈快，吸附带愈短。

动态吸附操作常用的设备有固定床、移动床和流化床三种。固定床操作为半连续操作。移动床和流动床操作为连续操作。

① **固定床** 固定床是污水处理中常用的吸附装置。其构造见图4-22。污水连续地流过装有吸附剂的固定床层，被吸附后的污水连续地排出。当出水水质不符合要求（即床层被穿透）时，则停止进水，将吸附剂再生。固定床根据水流方向又分为升流式和降流式两种。降流式固定床中，水流自上而下流动，出水水质较好，但经过吸附后的水头损失较大，特别是在处理含悬浮物较多的污水时，为防止炭层堵塞，需先将污水经过砂滤柱进行过滤预处理，并对床层定期进行反冲洗，有时还需在吸附剂层上部设表面冲洗设备。在升流式固定床中，水流由下而上流动。这种床型水头损失增加较慢，运行时间较降流式长。当水头损失增大后，可适当提高进水流速，使充填层稍有膨胀（不混层），就可以达到自清的目的。但当进水流量波动较大或操作不当时，易流失吸附剂，处理效果也不好。升流式固定床吸附塔的构造与降流式基本相同，仅省去表面冲洗设备。

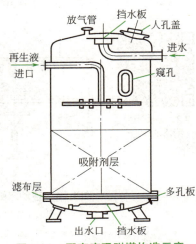

图4-22 固定床吸附塔构造示意

根据处理水量、原水水质及处理要求，固定床可分为单床和多床系统，一般单床使用较少，仅在处理规模很小时采用。多床又有并联与串联两种，如图4-23所示。前者适于大规模处理，出水要求较低；后者适于处理流量较小，出水要求较高的场合。

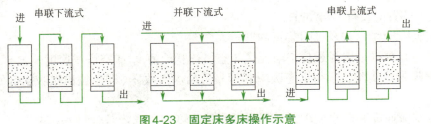

图4-23 固定床多床操作示意

② **移动床** 图4-24为移动床吸附塔构造示意图。原水从吸附塔底部流入和吸附剂进行逆流接触，处理后的水从塔顶流出，再生后的吸附剂从塔顶加入，接近吸附饱和的吸附剂从塔底间歇或连续地排出。间歇移动床处理规模大时，每天从塔底定时卸炭1~2次，每次卸炭量为塔内总炭量的5%~10%；连续移动床，即饱和吸附剂连续卸出，同时新吸附剂连续从顶部补入。

移动床较固定床能够充分利用吸附剂的吸附容量，水头损失小。由于采用升流式，污水从塔底流入，水中夹带的悬浮物随饱和吸附剂排出，因而不需要反冲洗设备，同时对原水预处理要求较低，出水水质良好。但这种操作方式要求塔内吸附剂上下层不能互相混合，操作管理要求高。目前较大规模污水处理时多采用这种操作方式。

4.2 移动床吸附塔的构造

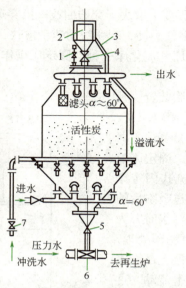

图 4-24 移动床吸附塔构造示意
1—通气阀；2—进料斗；3—溢流管；
4，5—直流式衬胶阀；6—水射器；7—截止阀

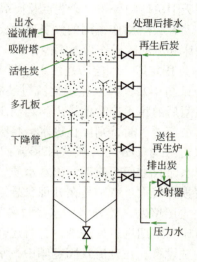

图 4-25 多层流化床吸附塔构造示意

③ 流动床 流动床也叫做流化床，构造示意如图 4-25 所示。吸附剂在塔中处于流化状态，并由上向下移动，原水由底部升流式通过床层。因此，吸附剂与水的接触面积增大。流动床是一种较为先进的床型，与固定床相比，可使用小颗粒的吸附剂，吸附剂一次投量较少，不需反洗，设备小，生产能力大，预处理要求低，但运转中操作要求高，不易控制，同时对吸附剂的机械强度要求高，目前应用较少。

4.2.5.2 吸附装置的设计

通常吸附装置的设计步骤如下：
① 选定吸附操作方式及吸附装置的形式；
② 参考经验数据，选择最佳空塔流速（空塔体积流速 v_L 或空塔线速度 v_s）；
③ 根据吸附柱实验，求得动态吸附容量 q 及通水倍数 n（即单位质量吸附剂所能处理的水的质量）；
④ 根据水流速度和出水要求，选择最适炭层高度 H（或接触时间 t）；
⑤ 选择吸附装置的个数 N 及使用方式；
⑥ 计算装置总面积 F（$F=Q/v_s$）和单个装置的面积 f（$f=F/N$），并确定吸附塔直径；
⑦ 计算再生规模，即每天需再生的饱和炭量 W（$W=\sum Q/n$）。

设计计算中有关数据的确定，应按水质、吸附剂品种及实验决定。活性炭用于深度处理时，下述参数可供设计时参考：①粉末炭投加的炭浆浓度约 40%；②固定床炭层厚度常取 1.5～2.0m；③粉末炭与水接触时间 20～30min；④空塔线速度，固定床常取 v_s=5～10m/h，而移动床则取 v_s=10～30m/h；⑤反冲洗水线速度 28～32m/h；⑥反冲洗时间 4～10min；⑦冲洗间隔时间 72～144h；⑧炭层冲洗膨胀率 30%～50%；⑨流动床运行时炭层膨胀率 10%；⑩多层流动床每层炭高 0.75～1.0m；⑪水力输炭管道流速 0.75～1.5m/s；⑫水力输炭水量与炭量体积比例 10∶1；⑬气动输炭质量比例 4∶1（空气密度约等于 1.2kg/m³）。

4.2.6 吸附法在污水处理中的应用实例

在污水处理中，吸附法处理的主要对象是污水中用生化法难于降解的有机物，或用一般氧化法难以氧化的溶解性有机物，及各种重金属离子。当用活性炭对这类污水进行处理时，它不但能够吸附这些难分解的有机物，降低COD_{Cr}，还能使污水脱色、脱臭，把污水处理到可重复利用的程度。所以吸附法在污水的深度处理中得到了广泛的应用。

在处理流程上，吸附法可与其他物理化学法联合，组成所谓物化流程。如先用混凝沉淀过滤等去除悬浮物和胶体，然后用吸附法去除溶解性有机物。吸附法也可与生化法联合，如向曝气池投加粉状活性炭；利用粒状吸附剂作为微生物的生长载体或作为生物流化床的介质；或在生物处理之后进行吸附深度处理等。这些联合工艺都在工业上得到应用。

（1）炼油厂废水深度处理　美国于1972年在Carson炼油厂建成了第一套用活性炭处理炼油废水的工业装置，处理能力为16000m³/d，COD_{Cr}去除率达95%。随后其他炼油厂也相继采用。中国于1976年建成第一套大型的炼油废水活性炭吸附处理的工业装置，其工艺流程如图4-26所示。

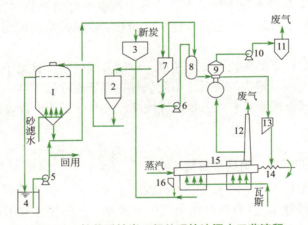

图4-26　粒状活性炭三级处理炼油污水工艺流程
1—吸附塔；2—冲洗罐；3—新炭投加斗；4—集水井；5—水泵；6—真空泵；7—脱水罐；8—储料罐；9—沸腾干燥床；10—引风机；11—旋风分离器；12—烟筒；13—干燥罐；14—进料机；15—再生炉；16—急冷罐

炼油废水经隔油、气浮、生化、砂滤后，由下而上流经吸附塔活性炭层，到集水井4，由水泵5送到循环水场，部分水作为活性炭输送用水。进水COD_{Cr}为80～120mg/L，挥发酚0.4mg/L，油含量40mg/L以下，处理后COD_{Cr}为30～70mg/L，挥发酚0.05mg/L，油含量4～6mg/L，主要指标达到或接近地面水标准。

吸附塔4台，ϕ4.4mm×8m，每台处理水量150m³/h，每塔内装ϕ1.5mm×（2～4）mm的柱炭42t，炭层高5m，空塔流速10m/h，水炭比6000:1，全负荷每天每塔卸炭600kg。吸附塔为移动床型，塔内炭自上而下脉冲式定时排出，用DN65水射器水力输送至脱水罐7，脱水后用真空泵吸入储料罐8，然后进入沸腾干燥炉9，干炭进入干燥罐13，再由螺旋输送器定量加入回转式再生炉15，再生后的活性炭落入急冷罐16，再用DN32水射器送到冲洗罐2，洗去粉炭后，再用DN65水射器送回吸附塔循环使用。部分新炭由3经DN32水射器补入系统，再生炉废气，送入烟囱内氧化后排放。

（2）含铬废水的处理　用活性炭处理含铬电镀废水已获得较广泛的应用，用此法处理浓度为 5～60mg/L 的含铬废水，出水水质可达到排放标准。

某厂含铬废水处理装置为升流式双柱串联固定床，柱径 30cm，高 1.2m，装活性炭 170L（85kg），活性炭的饱和容量为 13g/L 炭。处理污水流量为 300L/h，工作 pH 值 3～4，水流速度 7～15m/h。活性炭再生用 5% 的硫酸溶液进行，用 2 倍炭体积的酸，分两次浸泡吸附柱，然后把洗脱液回收，再生后的吸附柱即可恢复吸附能力，重新投入使用。吸附结果，除铬率为 99%，回收的铬酸可回钝化工序。这种方法投资少，操作管理简单，适用于中小型工厂。

此外，对染料废水、火药化工废水、有机磷废水、印染废水、含汞废水等，都可以用活性炭吸附处理，效果良好。

4.3 离子交换

离子交换法是一种借助于离子交换剂上的可交换离子和污水中的其他同性离子进行交换反应而使水质净化的方法。离子交换法在工业上首先用于给水处理技术，如硬水的软化、脱碱除盐、去硅除氟、制备纯水等方法。在工业废水处理中可用于回收和去除工业废水中金、镍、镉、铜、铬等；用于去除原子能工业废水中的放射性同位素；还能去除污水中磷酸、硝酸、氨、有机物等。

尽管离子交换法对污水的预处理要求较高，应用范围较窄，且离子交换剂的再生及再生液的处理有时也是一个难以解决的问题。但此法具有离子去除效率高、设备较简单、操作易控制、离子交换材料可以按照需要人工合成等优点，因而在工业上有着广泛的应用前景。

4.3.1 离子交换剂

4.3.1.1 离子交换剂的结构、组成及分类

离子交换剂分为无机和有机两大类。无机类离子交换剂有天然沸石（如海绿石砂）和人工合成沸石（铝代硅酸盐）。沸石既可作阳离子交换剂，也能用作吸附剂。有机类离子交换剂有磺化煤和各种离子交换树脂。在污水处理中，应用较多的是离子交换树脂。

（1）离子交换树脂的结构组成　**离子交换树脂**是一类具有离子交换特性的有机高分子聚合电解质，是一种疏松的具有多孔结构的固体球形颗粒，粒径一般为 0.3～11.2mm，不溶于水也不溶于电解质溶液，它由不溶性的树脂母体（也称骨架）和具有活性的交换基团（也叫活性基团）两部分组成。树脂母体为有机化合物和交联剂组成的高分子共聚物。交联剂的作用是使树脂母体形成立体的网状结构。交换基团由起交换作用的离子（称可交换离子）和与树脂母体联结的离子（称固定离子）组成。如磺酸型阳离子交换树脂 RSO_3H^+ 中（R 表示树脂母体），SO_3H^+ 是交换基团，其中 H^+ 是可交换离子，如图 4-27 所示。

（2）离子交换树脂的分类　离子交换树脂的分类方法很多，其中常见的分类方法如下。

离子交换树脂按离子交换的选择性，可分为阳离子交换树脂和阴离子交换树脂。阳离子交换树脂内的活性基团是酸性的，它能够与溶液中的阳离子进行交换。如 RSO_3H，酸性基团上的 H^+ 可以电离，能与其他阳离子进行等物质的量的离子交换。阴离子交换树脂内的活性基

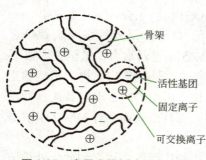

图 4-27　离子交换树脂结构示意

团是碱性的，它能够与溶液中的阴离子进行离子交换。如 R—NH$_2$ 活性基团水合后形成含有可离解的 OH$^-$。

$$RNH_2 \xrightarrow{水合} RNH_3^+ OH^-$$

OH$^-$ 可以和其他阴离子进行等物质的量的交换。

阳离子交换树脂中的 H$^+$ 可用钠离子 Na$^+$ 代替，阴离子交换树脂中的氢氧根离子 OH$^-$ 可以用氯离子 Cl$^-$ 代替。因此阳离子交换树脂中又有氢型和钠型之分，阴离子交换树脂中又有氢氧型和氯型之分。

离子交换树脂按活性基团中酸碱的强弱，可分为以下四类：①强酸性阳离子交换树脂，活性基团一般为—SO$_3$H，故又称磺酸型阳离子交换树脂；②弱酸性阳离子交换树脂，活性基团一般为—COOH，故又称为羧酸型阳离子交换树脂；③强碱性阴离子交换树脂活性基团一般为—NOH$^-$，故又称为季铵型阴离子交换树脂；④弱碱性阴离子交换树脂活性基团一般有—NH$_3$OH、=NH$_2$OH、≡NHOH（未水化时分解为—NH$_2$、=NH、≡N）之分，故分别又称为伯胺型、仲胺型和叔胺型离子交换树脂。

根据离子交换树脂颗粒内部的结构特点，又分为凝胶型和大孔型两类。目前，使用的树脂多数为凝胶型离子交换树脂。

此外，还有一些具有特殊活性基团的离子交换树脂，如氧化还原树脂、两性树脂及螯合树脂等。

4.3.1.2 离子交换树脂的性能

离子交换树脂的性能对处理效率、再生周期及再生剂的耗量都有很大的影响，其物理性能和化学性能如下。

（1）物理性能

① **外观**　常用凝胶型离子交换树脂为透明或半透明的珠体，大孔树脂为乳白色可不透明的珠体。优良的树脂圆球率高，无裂纹，颜色均匀，无杂质。

② **粒度**　树脂粒度对交换速度、水流阻力和反洗有很大影响。粒度大，交换速度慢，交换容量低；粒度小，水流阻力大。因此粒度大小要适当，分布要合理。一般树脂粒径 0.3～1.2mm，有效粒径（d_{10}）0.36～0.61，均一系数（d_{40}/d_{90}）为 1.22～1.66，均一系数的含义是筛上体积为 40% 的筛孔孔径与筛上体积为 90% 的筛孔孔径之比。该比值一般大于等于 1，愈接近于 1，说明粒度愈均匀。

③ **密度**　树脂密度是设计交换柱、确定反冲洗强度的重要指标，也是影响树脂分层的主要因素。树脂密度有三种表示方法：干真密度、湿真密度和湿视密度。

a. **干真密度**：表示树脂在干燥情况下的真实密度，一般用 g/mL 表示。

b. **湿真密度**：指树脂在水中充分溶解后的质量与真体积（不包括颗粒孔隙体积）之比。树脂的湿真密度对交换器反洗强度的大小、混合床再生前分层的好坏影响很大，其值一般为 1.04～1.3g/mL。通常阳离子型的湿真密度比阴离子型的大，强型的比弱型的大。树脂在使用过程中，因基团脱落，骨架中链的断裂，其密度略有减小。

c. **湿视密度**：指树脂在水中溶解后的质量与堆积体积之比。湿视密度用来计算交换柱所需装填湿树脂的质量，一般为 0.6～0.85g/mL。

④ **含水量**　是指在水中充分溶胀的湿树脂所含溶胀水质量占湿树脂质量的百分数。含水量主要取决于树脂的交联度、活性基团的类型和数量等，一般在 50% 左右。

⑤ **树脂的溶胀性** 用水浸泡干树脂时，由于水分子的逐渐渗入，活性基团的离解水合作用，导致树脂交联网孔增大、体积膨胀的现象叫做树脂的溶胀性。树脂的溶胀程度可用溶胀率（即溶胀前后的体积差与溶胀前的体积之比）来表示。树脂的溶胀率与交联度、活性基团的数量及性质有着密切的关系，它直接影响树脂的机械性能和交换容量，是树脂的重要性质之一。树脂的交联度大时，其溶胀度则小，交换容量亦低。

⑥ **机械强度** 反映树脂保持颗粒完整性的能力。树脂在使用中由于受到冲击、碰撞、摩擦以及胀缩作用，会发生破碎。因此，树脂应具有足够的机械强度，以保证每年树脂的损耗量不超过3%～7%。树脂的机械强度主要取决于交联度和溶胀率。交联度愈大，溶胀率愈小，则机械强度越高。

⑦ **耐热性** 各种树脂均有一定的工作温度范围，若操作温度过高，就会发生比较严重的热分解现象，影响交换容量和使用寿命；温度过低（如低于0℃），树脂内水分冻结，使颗粒破裂。通常控制树脂的贮藏及使用温度在5～40℃为宜。

除上述各项物理性能外，还有树脂的孔结构、耐磨性、在水中的不溶性等。

（2）化学性能

① **离子交换容量** 交换容量是树脂交换能力大小的标度，可以用重量法和容积法两种方法表示。重量法是指单位质量（重量）的干树脂中离子交换基团的数量，用mmol/g或mol/kg来表示。容积法是指单位体积的湿树脂中离子交换基团的数量，用mmol/L或mol/L来表示。由于树脂一般在湿态下使用，因此常用的是容积法表示。

离子交换容量可分为全交换容量、工作交换容量和有效交换容量。全交换容量是单位数量的离子交换树脂中能够起交换作用的活性基团的总数量。工作交换容量是指在动态工作条件下的交换容量。由于运行条件不同，测得的工作交换容量也就不同。有效交换容量是工作交换容量减去因正、反洗损失的交换容量。

② **酸碱性** H型阳树脂和OH型阴树脂在水中电离出H^+和OH^-，表现出酸碱性。根据活性基团在水中离解能力的大小，树脂的酸碱性有强弱之分。强酸强碱树脂的活性基团电离能力强，其交换容量基本上与pH值无关。弱酸树脂在水的pH值低时不电离或仅部分电离，因而只能在碱性溶液中才会有较高的交换能力；弱碱树脂则相反，只能在酸性溶液中才会有较高的交换能力。各类型交换树脂的有效pH值范围见表4-4。

表4-4 各类型交换树脂的有效pH值范围

树脂类型	离子交换树脂			
	强酸型	弱酸型	强碱型	弱碱型
有效pH值范围	1～14	5～14	1～12	0～7

③ **交联度** 即线性树脂分子与交联剂间发生交联反应所形成的交联键的密度。通常交联剂的用量直接影响树脂分子的交联度。交联度对树脂的许多性能具有决定性的影响。交联度较高的树脂，孔隙率较低，密度较大，离子扩散速度较低，对半径较大的离子和水合离子的交换量较小，浸泡在水中时，水化度较低，形变较小，也就较稳定，不易破碎。水处理中使用的离子交换树脂交联度为7%～10%。

④ **化学稳定性** 污水中的氧化剂如氧、氯、铬酸、硝酸等，由于其氧化作用能使树脂网状结构破坏，活性基团的数量和性质也会发生变化。

防止树脂因氧化而化学降解的办法有三种：一是采用高交联度的树脂，二是在污水中加入适量的还原剂，三是使交换柱内的 pH 值保持在 6 左右。

⑤ **选择性** 离子交换树脂在离子交换反应时，它对水中各种离子交换吸附的能力并不相同，对于其中一些离子很容易被吸附，而对另一些离子却很难吸附；被吸附的离子在树脂再生的时候，有的离子很容易被置换下来，而有的却很难被置换。离子交换树脂所具有的这种对水中离子能优先交换的特性称为选择性。离子交换树脂的选择性是决定离子交换法处理效果的一个重要因素。其主要取决于离子交换树脂对溶液中各种离子的亲和力大小，一般树脂对某种离子的亲和力越大，树脂对该离子的选择性亦越高，交换反应也越易进行。因此，采用离子交换法处理污水时，必须考虑树脂的选择性。在常温低浓度下，各种树脂对各种离子的选择性可归纳出如下规律。

a. 强酸性阳离子交换树脂的选择性顺序为：

$$Fe^{3+} > Cr^{3+} > Al^{3+} > Ca^{2+} > Ni^{2+} > Cd^{2+} > Cu^{2+} > Co^{2+} > Zn^{2+} > Mg^{2+} > K^+ = NH_4^+ > Na^+ > H^+ > Li^+$$

b. 弱酸性阳离子交换树脂的选择性顺序为：

$$H^+ > Fe^{3+} > Cr^{3+} > Al^{3+} > Ba^{2+} > Ca^{2+} > Ni^{2+} > Cd^{2+} > Cu^{2+} > Co^{2+} > Zn^{2+} > Mg^{2+} > K^+ = NH_4^+ > Na^+ > Li^+$$

c. 强碱性阴离子交换树脂的选择性顺序为：

$$Cr_2O_7^{2-} > SO_4^{2-} > CrO_4^{2-} > NO_3^- > Cl^- > OH^- > F^- > HCO_3^- > HSiO_3^-$$

d. 弱碱性阴离子树脂的选择性顺序为：

$$OH^- > Cr_2O_7^{2-} > SO_4^{2-} > CrO_4^{2-} > NO_3^- > Cl^- > HCO_3^-$$

螯合树脂的选择性顺序与树脂种类有关。螯合树脂在化学性质方面与弱酸阳离子树脂相似，但比弱酸树脂对重金属的选择性高。

4.3.1.3 离子交换树脂的选择、保存、使用和鉴别

（1）**树脂选择** 离子交换法主要用于除去水中可溶性盐类。选择树脂时应综合考虑原水水质、处理要求、交换工艺以及投资和运行费用等因素。当分离无机阳离子或有机碱性物质时，宜选用阳树脂；分离无机阴离子或有机酸时，宜采用阴树脂。对氨基酸等两性物质的分离，既可用阳树脂，也可用阴树脂。对某些贵金属和有毒金属离子（如 Hg^{2+}），可选择螯合树脂。对有机物（如酚），宜用低交联度的大孔树脂处理。绝大多数脱盐系统都采用强型树脂。

污水处理时，对交换势大的离子宜采用弱性树脂。此时弱性树脂的交换能力强、再生容易，运行费用较省。当污水中含有多种离子时，可利用交换选择性进行多级回收，如不需回收时，可用阳、阴树脂混合床处理。

（2）**树脂保存** 树脂应在 0～40℃ 下存放，当环境温度低于 0℃，或发现树脂脱水后，应向包装袋内加入饱和食盐水浸泡。对长期停运而闲置在交换器中的树脂应定期换水。

通常强性树脂以盐型保存，弱酸树脂以氢型保存，弱碱树脂以游离胺型保存，性能最稳定。

（3）**树脂使用** 树脂在使用前应进行适当的预处理，以除去杂质。最好分别用水、5% HCl、2%～4%NaOH 反复浸泡清洗两次，每次 4～8h。

树脂在使用过程中，其性能会逐步降低，尤其在处理工业废水时，主要有三类原因：①物理破损和流失；②活性基团的化学分解；③无机和有机物覆盖树脂表面。针对不同的原

因采取相应的对策，如定期补充新树脂，强化预处理，去除原水中的游离氯和悬浮物，用酸、碱和有机溶剂等洗脱树脂表面的垢和污染物。

（4）**树脂鉴别**　水处理中常用的四大类树脂往往不能从外观鉴别。根据其化学性能，可用表 4-5 方法区分。

表 4-5　未知树脂的鉴别

操作①	取未知树脂样品 2mL，置于 30mL 试管中			
操作②	加 1mol/L 的 HCl 15mL，摇 1～2min，重复 2～3 次			
操作③	水洗 2～3 次			
操作④	加 10%CuSO₄（其中含 1%H₂SO₄）5mL，摇 1min，放 5 min			
检查	浅绿色		不变色	
操作⑤	加 5mol/L 氨液 2mL，摇 1min，水洗		加 1mol/L 的 NaOH 5mL 摇 1min，水洗，加乙酸，水洗	
检查	深蓝	颜色不变	红色	不变色
结果	强酸性阳树脂	弱酸性阳树脂	强碱性阴树脂	弱碱性阴树脂

4.3.2　离子交换平衡

离子交换的本质是发生离子交换反应，其反应一般都是可逆的。它是一种特殊吸附过程，其过程特征为离子交换剂吸附水中的离子，并与水中的离子进行等量交换。其反应过程可如下表达：

对阳离子交换过程　　　　$nR^-A^+ + B^{n+} \rightleftharpoons R_n^-B^{n+} + nA^+$　　　　（4-12a）

对阴离子交换过程　　　　$nR^+C^- + D^{n-} \rightleftharpoons R_n^+D^{n-} + nC^-$　　　　（4-12b）

式中　A^+，C^-——树脂上的可交换离子；

　　　B^{n+}，D^{n-}——溶液中的交换离子；

　　　R——树脂母体。

在式（4-12a）中，阳离子交换树脂被原有的可交换离子 A^+ 所饱和，当其与含有 B^{n+} 的溶液接触时，就发生溶液中的 B^{n+} 对树脂上 A^+ 的交换反应，而使 B^{n+} 从溶液中去除或分离。但在一定条件下也可以进行逆反应，即溶液中 A^+ 对树脂上 B^{n+} 进行交换。此逆反应称为树脂的再生。式（4-12b）为阴离子交换反应。

对于式（4-12a），在平衡状态下，反应物浓度符合下列关系式：

$$K = \frac{[R_nB][A^+]^n}{[RA]^n[B^{n+}]}$$

式中，K 是平衡常数。$K>1$ 时，表示反应能顺利地向右方进行。K 值越大，越有利于交换反应，而不利于再生反应。K 值的大小能定量地反映在离子交换剂对某两个固定离子交换选择性的大小。对于式（4-12b），可得到同样的结论。

4.3.3　离子交换过程与再生过程

与吸附操作相似，离子交换操作也有静态法和动态法两种。但无论是哪种方法，其操作过程都包括离子交换与树脂再生两个基本过程。动态操作时，可采用固定床间歇操作和移动床及流化床连续操作。间歇操作时，离子交换与再生在固定床内交替进行。连续操作时，交换与再生分别在交换塔及再生塔内同时进行。

4.3.3.1 固定床离子交换操作

（1）**离子交换** 将离子交换树脂装于塔或罐内，以类似于过滤的方式运行。交换时树脂层不动，则构成固定床。现以钠型阳离子交换树脂处理硬水为例，说明离子交换过程（见图4-28）。离子交换过程可分为以下几个阶段。第一阶段是形成交换带的过程，在交换带内进行离子交换反应，如图4-28（a）所示（图中白点表示钙型树脂，黑点表示钠型树脂）。第二阶段是交换带推进阶段，形成的交换带以一定速度向前推移，进而交换带的上层树脂被钙饱和，见图4-28（b）。最后交换带推移到树脂层底部，硬度开始泄漏，见图4-28（c），此时称树脂层穿透，即进入第三阶段。若再继续进水，则出水中硬度将迅速增加，当出水硬度到达规定值 C_e，见图4-28（d）时，交换过程结束，树脂应予再生。

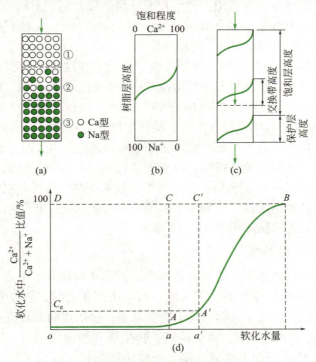

图4-28　离子交换过程示意

交换带的推进速度及高度取决于所用的树脂、水中交换离子 B 的种类和浓度以及工作条件。当前两者一定时，则主要取决于水流速度。这可用离子供应速度和离子交换速度的相对大小来解释。单位时间内流入某一树脂层的离子数量称为离子供应速度 v_1。在进水浓度一定时，流速愈大，则离子供应愈快。单位时间内交换的离子数量称为离子交换速度 v_2。对给定的树脂和 B，交换速度基本上是一个常数。当 $v_1 \leqslant v_2$ 时，交换带高度小，推进速度慢，树脂利用率高；当 $v_1 > v_2$ 时，进入的 B 离子来不及交换就流过去了，故交换带高度增加，推进速度也加快，树脂利用率低。合适的水流速度通常由实验确定，一般为 15～30m/h。交换带高度可实验求出。

（2）**交换树脂的再生过程** 再生过程即为交换反应的逆过程。借助具有较高浓度的再生液流过树脂层,将先前吸附的离子置换出来,使其交换能力得到恢复。

① **再生方式** 固定床交换柱常用的再生方式有顺流再生和逆流再生。前者再生与交换过程的水流方向相同,后者流向相反。由于逆流再生法是使配制的再生液先与未呈饱和状态的交换树脂接触,因而可以充分利用再生液的再生作用。但逆流再生时,应避免搅乱树脂层。

② **再生液及其浓度对再生效果的影响** 对于不同性质的污水和不同类型的离子交换树脂,所采用的再生液是不同的。通常用于强酸性阳离子交换树脂的再生液有 HCl、H_2SO_4、$NaCl$、Na_2SO_4 等溶液,用于弱酸性阳离子交换树脂的再生液有 HCl、H_2SO_4 等溶液,用于强碱性阴离子交换树脂的再生液有 $NaOH$、$NaCl$ 等溶液,用于弱碱性阴离子交换树脂的再生液有 $NaOH$、Na_2CO_3、$NaHCO_3$ 等溶液。具体操作时,应随处理工艺、再生效果、经济性及再生液的供应情况来选择不同的再生液。

再生液的浓度对树脂再生程度有较大影响。当再生剂用量一定时,在一定范围内,浓度越大再生程度越高;但超过一定范围,再生程度反而下降。对于阳离子交换树脂,食盐再生液浓度一般采用 5%~10%;盐酸再生液浓度一般用 4%~6%;硫酸再生液浓度则不应大于 2%,以免再生时生成 $CaSO_4$ 黏附在树脂颗粒上。

③ **再生操作** 固定床的再生操作包括反洗、再生和正洗三个过程。反洗是逆交换水流方向通入冲洗水和空气,以松动树脂层,清除积存在树脂层内的杂质、碎粒和气泡,确保下一步再生时,注入的再生液能分布均匀。反洗用原水,反洗流速约 15m/h,历时约 15min。反洗使树脂层膨胀 40%~60%。经反洗后,将再生液以一定流速(以 4~8m/h 为宜)通过树脂层,对树脂进行再生。再生时间一般不少于 30min,逆流再生时,通常小于 2m/h,也可采用气顶压、水顶压或中间排液法操作,以免搅乱树脂层和避免大反洗。当流出固定床的再生液中 B 离子浓度低于某一规定值后,停止再生,通水正洗。将树脂层内残留的再生液和再生时可能出现的反应产物清洗掉,直到出水水质符合要求为止。正洗水最好用交换处理后的净水。正洗用水量一般为树脂体积的 4~13 倍。

4.3.3.2 连续床离子交换操作

固定床离子交换器内树脂不能边饱和边再生,树脂和容器利用率都很低;树脂层的交换能力使用不当,上层的饱和程度高,下层低,而且生产不连续,再生和冲洗时必须停止交换。为了克服上述缺陷,发展了连续式离子交换设备,包括移动床和流动床。

图 4-29 为三塔式**移动床**系统,由交换塔、再生塔和清洗塔组成。运行时,原水由交换塔下部配水系统流入塔内,向上快速流动,把整个树脂层承托起来并与之交换离子。经过一段时间以后,当出水离子开始穿透时,立即停止进水,并由塔下排水。排水时树脂层下降(称为落床),由塔底排出部分已饱和的树脂,同时浮球阀自动打开,放入等量已再生好的树脂。注意避免塔内树脂混层。每次落床时间很短(约 2min)。之后又重新进水,托起树脂层,关闭浮球阀。失效树脂由水流输送至再生塔。再生塔的结构及运行与交换塔大体相同。

与固定床比较,移动床具有如下特点:树脂用量少,在相同产水量时,约为固定床的 1/3~1/2,但树脂磨损率大;能连续产水,出水水质也较好,但对进水变化的适应性较差;设备小,投资省,但自动化程度要求高。

移动床操作,有一段落床时间,并不是完全的连续过程。若让饱和树脂连续流出交换塔,由塔顶连续补充再生好的树脂,同时连续产水,则构成流动床处理系统。流动床内树脂和水流方向与移动床相同,树脂循环可用压力输送或重力输送。为了防止交换塔内树脂混层,通常设置 2~3 块多孔隔板,将流化树脂层分成几个区,也起均匀配水作用。

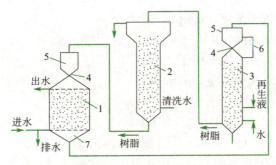

图 4-29　三塔式移动床

1—交换塔；2—清洗塔；3—再生塔；4—浮球阀；5—贮树脂斗；6—连通管；7—排树脂部分

流动床是一种较为先进的床型，树脂用量少，设备小，生产能力大，而且对原水预处理要求低。但由于操作复杂，目前运用不多。

4.3.4　离子交换设备和设计计算

4.3.4.1　固定床离子交换器的结构

固定床是目前广泛使用的工业离子交换设备。常用的固定床离子交换柱的形式有：单床（使用一种树脂的单层堆积结构）、多床（使用一种树脂，由两个以上交换器组成的交换系统）、复床（使用两种树脂的两个交换器的串联系统）、混合床（同一交换器内填装阴、阳两种树脂）和联合床（将复合床与混合床联合使用）五种形式，如图 4-30 所示。其中以单层固定床离子交换装置为最基本和最常用。这种交换器的构造与固定床吸附器基本一致，如图 4-30 所示。

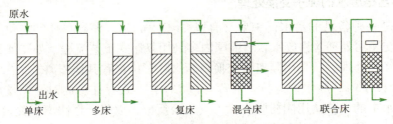

图 4-30　固定床离子交换柱组合方式

4.3.4.2　离子交换器的设计计算

离子交换器的设计包括选择合适的离子交换树脂，确定合理的工艺系统，计算离子交换器的尺寸大小、再生计算、阻力核算等。交换器的尺寸计算主要是直径和高度的确定。交换器直径可由交换离子的物料衡算式计算。

$$Qc_0t = q_wHA \tag{4-13}$$

由此可推得：

$$D = \sqrt{\frac{4Qc_0t}{\pi n q_w H}} \tag{4-14}$$

式中　Q——污水流量，m^3/h；

c_0——进水中交换离子浓度，mmol/L；
t——两次再生间隔时间，h；
n——交换器个数，一般应不少于 2 个；
q_w——交换剂的工作交换容量，mmol/L；
H——交换剂床层高，m；
A——交换器截面积，m²；
D——交换器的直径，m，其值一般小于 3m。

更简单地，可由要求的进水量和选定的水流空塔速度来计算塔径。

$$Q = Av \qquad (4-15)$$

式中，空塔流速 v 一般为 10～30m/h。

交换器筒体的高度包括树脂层高、底部排水区高和上部水垫层高三部分。设计时应首先确定交换剂层高度。树脂层越高，树脂的交换容量利用率越高，出水水质好，但阻力损失大，投资增多。通常树脂层高可选用 1.5～2.5m。塔径越大，层高越高，一般层高不得低于 0.7m。对于进水含盐量较高的场合，塔径和层高都应适当增加，以保证运行周期不低于 24h。树脂层上部水垫层的高度主要取决于反冲洗时的膨胀高度和保证配水的均匀性，顺流再生时膨胀率一般采用 40%～60%。逆流再生时这个高度可以适当减小。底部排水区高度与排水装置的形式有关，一般取 0.4m 左右。

离子交换树脂的质量，可以由上述树脂层高、塔截面积和树脂密度计算得到。

根据计算得出的塔径和塔高选择合适尺寸的离子交换器，然后进行水力核算。

4.3.5 离子交换法在污水处理中的应用

4.3.5.1 电镀含铬废水的离子交换处理

含铬废水是一种常见的污水，主要含有以 $Cr_2O_7^{2-}$ 和 CrO_4^{2-} 形态存在的六价铬以及少量的三价铬。离子交换法处理含铬废水，目前国内多采用复床式工艺流程，如图 4-31 所示。

含铬废水经预处理后，先用阳离子交换树脂去除三价铬和其他阳离子，出水呈酸性。当 pH 值下降到 4 以下时，废水中六价铬大部分以 $Cr_2O_7^{2-}$ 形式存在。此时，阳柱出水开始时只进入阴柱 I，水中的六价铬用阴树脂去除。其交换反应，以强酸性阳离子交换树脂 RH 和强碱性阴离子交换树脂 ROH 为例。

三价铬的交换为：

$$3RH + Cr^{3+} \rightleftharpoons R_3Cr + 3H^+$$

六价铬的交换为：

$$2ROH + Cr_2O_7^{2-} \rightleftharpoons R_2Cr_2O_7 + 2OH^-$$

$$2ROH + CrO_4^{2-} \rightleftharpoons R_2CrO_4 + 2OH^-$$

当出水中六价铬达到规定浓度时，树脂带有的 OH^- 基本上为废水中的 $Cr_2O_7^{2-}$、CrO_4^{2-}、SO_4^{2-} 和 Cl^- 所取代。树脂层中的阴离子按其选择性大小，从上到下分层，显然下层没有完全被 $Cr_2O_7^{2-}$ 所饱和。为了提高重铬酸的浓度和纯度，将阴柱 II 串联在阴柱 I

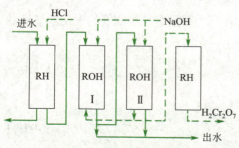

图 4-31 含铬废水的离子交换处理工艺流程

后，并继续向阴柱Ⅰ中通水，则阴柱Ⅰ内 $Cr_2O_7^{2-}$ 含量逐渐增加，SO_4^{2-} 和 Cl^- 含量逐渐下降。最后当阴柱Ⅰ出水中六价铬浓度与进水中相同，其中的树脂几乎全部被 $Cr_2O_7^{2-}$ 所饱和时，使阴柱Ⅰ停止工作进行再生。这种流程称为双阴柱全酸全饱和流程。

经阳柱和阴柱处理后，原水中金属阳离子和六价铬转到树脂上，树脂上的 H^+ 和 OH^- 被替换下来结合成水，所以可得纯度较高的水。

树脂失效后，阳树脂可用一定浓度的 HCl 溶液再生，阴树脂可用一定浓度的 NaOH 溶液再生。反应为：

$$R_3Cr + 3HCl \rightleftharpoons 3RH + CrCl_3$$

$$R_2CrO_4 + 2NaOH \rightleftharpoons 2ROH + Na_2CrO_4$$

$$R_2Cr_2O_7 + 4NaOH \rightleftharpoons 2ROH + 2Na_2CrO_4 + H_2O$$

为了回收铬酐，阴树脂的洗脱液再经一级 H 型阳离子交换进行脱钠，即得到铬酸。

$$4RH + 2Na_2CrO_4 \rightleftharpoons 4RNa + H_2Cr_2O_7 + H_2O$$

当阴柱Ⅰ再生时，污水按阳柱──→阴柱Ⅱ进行通水。当出水 Cr(Ⅵ) ≥ 0.5mg/L 时，再按阳柱──→阴柱Ⅱ──→阴柱Ⅰ的顺序通水。

值得注意的是，含铬废水的 pH 值一般小于 6，含有强氧化剂 $H_2Cr_2O_7$ 和 H_2CrO_4，因此应选择具有较高抗氧化能力和高机械强度的阳、阴两种树脂。如采用 732 型阳树脂和 710 型阴树脂。此外，交换柱、阀门、管道、泵等都应选用耐腐蚀材料的产品。

4.3.5.2 含酚废水的离子交换处理

近年来，美国用 XAD 离子交换树脂系统处理含酚废水。该树脂孔隙率高，比表面积大，粒度均匀，吸附容量大，且机械强度高。这种树脂对溶解度低的有机物吸附力很强。

中国有用大孔树脂处理含酚废水的实例。大孔树脂的孔径与吸附质分子直径之比以 6:1 最好。例如，沈阳有机化工厂采用自制 YLX-01 型树脂，处理生产癸二酸排出的含酚 1300～2500mg/L 的废水，树脂柱直径 870mm，高 4m，四柱并联运转。当柱内树脂装量为 1m³，床速为 3L/(L 树脂·h)，树脂层高 1750mm，下降速度为 5m/h，pH 值为 5～6 时，进水含酚浓度为 1700mg/L，经树脂柱处理，脱酚效率达 99.9% 以上。饱和后树脂用 10% 的 NaOH 溶液解吸，其用量为树脂的 5 倍，解吸再生液含酚 1% 左右，再用蓖麻油酸解吸其中的酚，含酚 5% 的蓖麻油酸作裂化原料使用。

4.3.6 离子交换系统的操作管理与维护

由于工业废水水质复杂，在水处理的要求方面，不只是去除某些离子，有些场合还要求对其中有回收价值的物质予以回收利用。因此，在使用离子交换处理时，在操作管理与维护方面应注意下列事项。

① 当污水中存在悬浮物质与油类物质时，会堵塞树脂孔隙，降低树脂交换能力，应在废水进入交换柱之前进行预处理，如采用砂滤等措施，把悬浮物与油类等物质预先除去。

② 当污水中溶解盐含量过高时，将会大大缩短树脂工作周期。当溶解盐含量大于 1000～2000mg/L 时，不宜采用离子交换法处理。

③ 应考虑污水 pH 值的影响。污水 pH 值对离子交换有两方面的影响。a. 影响某些离子在污水中的存在状态（或形成配位离子或胶体）。例如含铬废水当 pH 值高时，Cr(Ⅵ)

主要以铬酸根（CrO_4^{2-}）形态存在，而在pH值低的条件下，则以重铬酸根（$Cr_2O_7^{2-}$）形态存在。因此，用阴离子树脂去除Cr(Ⅵ)时，在酸性污水中比在碱性污水中的去除效率高，因为同样交换一个二价配位阴离子，$Cr_2O_7^{2-}$比CrO_4^{2-}多一个Cr(Ⅵ)。b.影响树脂交换基团的离解（参见4.3.1.2）。因此，针对具体的处理情况，应采取适当措施，例如选择适宜树脂、调整污水pH值、选择处理流程等。

④ 应考虑温度的影响。所处理的污水温度不得超过树脂耐热性能的要求。各种类型树脂的耐热性能或极限允许温度是不同的，可查阅有关资料或产品说明书。若水温度过高，应在进入交换树脂柱之前采取降温措施，或者选用耐高温（或耐较高温）的树脂。

⑤ 应考虑高价离子的影响。高价金属离子与树脂交换基团的固定离子的结合力强，可优先交换，但再生洗脱比较困难。

⑥ 应考虑氧化剂和高分子有机物的影响。具体内容参见4.3.1.2。

4.4 膜分离法

膜分离法是利用特殊的薄膜（如半透膜）对液体中的某些成分进行选择性透过的方法的统称。溶剂透过膜的过程称为渗透，溶质透过膜的过程称为渗析。常用的膜分离方法有电渗析、反渗透、超滤，其次是自然渗析和液膜技术。近年来，膜分离技术发展很快，在水和污水处理、化工、医疗、轻工、生化等领域得到大量应用。

膜分离的作用机理往往用膜孔径的大小为模型来解释，实质上，它是由分离物质间的作用引起的，同膜传质过程的物理化学条件，以及膜与分离物质间的作用有关。根据膜的种类、功能和过程推动力的不同，几种膜分离法的特征及应用如表4-6所示。

表4-6　几种主要膜分离法的特征及应用

膜过程	推动力	膜类型	传递机理	渗透物	截留物	主要应用
电渗析	电位差	离子交换膜	电解质离子选择性通过	电解离子	非解离和大分子物质	分离离子，用于回收酸、碱和苦咸水淡化
反渗透	压力差（1.0~10.0MPa）	致密非对称膜或复合膜	溶剂扩散	水和溶剂	全部悬浮物、溶质和盐	分离小分子溶质，用于海水淡化、去除无机离子或有机物
超滤	压力差（0.1~0.5MPa）	非对称超滤膜	筛滤及表面作用	水、溶剂、离子和相对分子质量小于1000的小分子	生化制品、胶体和大分子（相对分子质量为1000~300000）	截留大分子，去除颜料、油漆、微生物等
扩散渗析	浓度差	非对称膜，离子交换膜	溶质扩散	离子、低相对分子质量有机物、酸和碱	相对分子质量大于1000的溶解物和悬浮物	分离溶质，用于回收酸、碱等
液膜	化学反应和浓度差	载体膜	反应促进和扩散传递	电解质离子	非电解质离子	用于离子、有机分子等的回收

作为一种新型的水处理方法，膜分离法的共同**优点**是：可在一般温度下操作；不消耗热能，没有相变；装置简单，易操作控制；分离效率高等。**缺点**是：处理能力小；除扩散渗析

外，均需消耗相当的能量；对预处理要求高。

4.4.1 电渗析

4.4.1.1 基本原理

电渗析是指在直流电场的作用下，依靠对水中离子有选择透过性的离子交换膜，使离子从一种溶液有选择性地透过离子交换膜进入另一种溶液，以达到分离、提纯、浓缩、回收的目的。

电渗析的分离原理示意见图 4-32。以 NaCl 的水溶液为例。在阳电极和阴电极之间，阳膜（即阳离子交换膜，只允许阳离子通过）与阴膜（即阴离子交换膜，只允许阴离子通过）交替排列，在相邻的阳膜与阴膜之间形成隔室，其中充满浓度相同的 NaCl 水溶液。通直流电之后，水溶液中的离子定向迁移，带正电荷的 Na^+ 向阴极迁移，带负电荷的 Cl^- 向阳极迁移。由于离子交换膜的选择透过性，使 2、4、6 隔室中的离子透过膜迁移到 1、3、5 隔室中去。结果，2、4、6 隔室中的离子数量减少，含盐水被淡化；而 1、3、5 隔室中的离子数量增多，水溶液的浓度增加。

由电极和膜组成的隔室称为极室。极室中发生的电化学反应与普通的电极反应相同。阳极室内发生氧化反应，产生氯气和氧气，阳极水（即阳极室的出水）呈酸性，阳极易被腐蚀。阴极室内发生还原反应，产生氢气，阴极水（即阴极室的出水）呈碱性，阴极上易结水垢。

显然，离子交换膜的选择透过性是电渗析淡化与浓缩过程的关键。而离子交换膜的选择透过性又主要由膜的结构所决定。

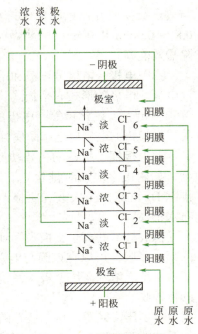

图 4-32 电渗析分离原理

4.4.1.2 电渗析装置

电渗析器是由膜堆（包括离子交换膜、隔板）、极区（包括电极、板框、垫板）和压紧装置三大部分组成。

（1）**离子交换膜** 它是电渗析器的关键部件。其化学组成与离子交换树脂相同，含有活性基团和可使离子透过的细孔，因此，可以把离子交换膜理解为薄膜状的离子交换树脂。

离子交换膜按解离离子的电荷性质分，有阳离子交换膜（简称阳膜）、阴离子交换膜（简称阴膜）和复合膜等几种。在电解质溶液中，阳膜允许阳离子透过而排斥阴离子，阴膜允许阴离子透过而排斥阳离子，这就是离子交换膜的选择透过性。按膜体的构造分，有异相膜、半均相膜和均相膜。均相膜比异相膜的电化学性能好，耐温性能较好，但制造较复杂。按膜的基材分，有聚苯乙烯膜、聚氯乙烯膜、全氟磺酸膜等。此外，还有很多特殊性能和用途的离子交换膜。

良好的离子交换膜应具备下列条件：

① 高的离子选择透过性，即阳膜只允许阳离子透过，阴膜则相反，实际应用的膜的选择透过率一般在 80%～95%；

② 渗水性低；

③ 导电性良好，膜的面电阻低，膜电阻通常为 2～10Ω·cm²；

④ 化学稳定性要好，能耐酸、碱、抗氧、抗氯；

⑤ 膜应平整、均一、无针孔，并具有一定的柔韧性和足够的机械强度。

离子交换膜的性能对电渗析效果影响很大。工业废水的成分与水质状况相当复杂，研制与选用适宜于污水处理的膜十分重要。

（2）**隔板**　其作用一是用于隔开阴膜和阳膜，二是作为水流的通道。隔板四周的边框与离子交换膜在压紧时应保持水密性。隔板的种类与形式很多，目前使用最多的是厚度为 0.8～0.9mm 和 0.5mm 的薄隔板，材质为聚丙烯，单流水道，编织网式。由于隔板薄，因而除盐效能高。

（3）**电极**　电极分阳极和阴极，接通直流电源后在两极间的离子交换膜和隔板中形成直流电场。电极的形式有平板式、网式和丝条式等。电极的材料有石墨、不锈钢、钛涂钌、钛镀铂、铅、二氧化铅等。电极的选择与水质、电流密度、使用寿命、加工、价格等因素有关。电渗析的电极应选择耐腐蚀性能好、价廉的材料。

（4）**板框**　板框的主要功能是使膜不与电极接触，通过极水排除极室中的电极过程产物，如阳极室应及时排除 Cl_2、O_2 及酸性阳极液和阳极腐蚀下来的固体颗粒物；阴极室应排除 H_2 及碱性阴极液和阴极产物水垢。板框的形状与隔板很相似，只是厚度稍大且没有布水槽。

构成极室的离子交换膜受到电极过程的影响而极易腐蚀和结垢，因此，为了保护靠电极的第一张膜，可以在该膜与电极之间增设"保护框"。保护框中的水流自成独立的系统，与淡水系统、浓水系统、极水系统相并列。此外，靠电极的第一张膜也可以采用抗氧化性能好的特种膜。

（5）**压紧装置**　压紧装置的作用是把大量薄片状的部件压紧成一个整体，使得内部各水流系统互不串水，也不向外部渗漏。压紧装置有螺栓夹板型和压滤机型两种。螺栓夹板型压紧装置的造价低，因而采用较多。

4.4.1.3　应用实例

电渗析法在工业废水处理中可用于回收酸、碱、镍等。在给水处理中用于脱盐、苦咸水淡化等。

采用电渗析处理含镍废水回收镍，在国内均已获得应用。图 4-33 为常用的工艺流程，由漂洗回收槽排出的含镍废水在进入电渗析设备前需经过滤等预处理，以去除其中的悬浮杂质，然后进入电渗析器。经电渗析处理后，浓水中的镍浓度增加，可以返回镀槽重复使用，淡水中的镍浓度减少，可以返回水洗槽用以补充清洗水。用此法可达到污水封闭循环的目的。

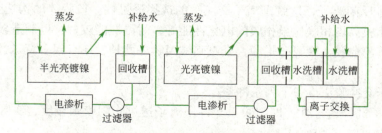

图 4-33　电渗析法处理电镀含镍废水的工艺流程

某电镀厂用电渗析处理回收槽含镍废水,当废水含镍浓度为 1g/L 时,镍的回收率可达 90% 左右,浓水含镍浓度可达 15～35g/L,pH 值在 6 左右,能回用于镀槽。电渗析器电流密度为 5～6mA/cm² 以下,回收 1kg 硫酸镍耗电 1.5～3.0kW·h。

据国外资料介绍,一般电渗析的电流密度与回收槽液含镍浓度的运行条件见表 4-7。通常能回收槽内镍量的 90% 左右。

表 4-7　电渗析法从回收槽液中回收镍的运行条件

名称	运行条件		
回收槽液含镍浓度/(g/L)	2～3	3～5	5～7
电渗析器电流密度/(A/dm²)	0.5	0.8	1.0
回收镍量/[kg/(m²·d)]	0.92	1.47	1.84

4.4.2　反渗透

4.4.2.1　反渗透原理

用一张半透膜将淡水和某种浓溶液隔开,如图 4-34 所示,该膜只让水分子通过,而不让溶质通过。由于淡水中水分子的化学位比溶液中水分子的化学位高,所以淡水中的水分子自发地透过膜进入溶液中,这种现象叫做**渗透**。在渗透过程中,淡水一侧液面不断下降,溶液一侧液面则不断上升。当两液面不再变化时,渗透便达到了平衡状态。此时两液面高差称为该种溶液的渗透压。如果在溶液一侧施加大于渗透压的压力 p,则溶液中的水就会透过半透膜,流向淡水一侧,使溶液浓度增加,这种作用称为**反渗透**。

由此可见,实现反渗透过程必须具备两个条件:一是必须有一种高选择性和高透水性的半透膜;二是操作压力必须高于溶液的渗透压。

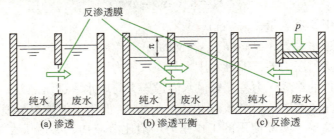

图 4-34　反渗透原理

渗透压是区别溶液与纯水性质之间差别的标志,它以压力来表示,与溶质的性质无关,其值为:

$$\pi = \varPhi RT \sum_i c_i \qquad (4\text{-}16)$$

式中　π——溶液的渗透压力,Pa;
　　　R——理想气体常数,8.314J/(mol·K);
　　　c_i——溶质 i 的浓度,mol/m³;
　　　T——绝对温度,K;
　　　$\varPhi$——范特霍夫常数,它表示溶质的离解状态,对于电解质溶液,当它完全离解时,$\varPhi$ 等于离解的阴、阳离子的总数,对非电解质溶液,$\varPhi=1$。

4.4.2.2 反渗透膜

反渗透膜是一类具有不带电荷的亲水性基团的膜，种类很多。按成膜材料可分为有机和无机高聚物，目前研究得比较多和应用比较广的是醋酸纤维素膜（CA 膜）和芳香族聚酰胺膜两种。

（1）**CA 膜** CA 膜的组成如下：①醋酸纤维素，为成膜材料；②溶剂，常用丙酮，用来溶解醋酸纤维素；③添加剂，也称溶胀剂，常用的有甲酰胺或过氯酸镁和水等，起膨胀作用，造成微细孔结构。上述材料按一定配方并经溶解形成膜液，充分溶解后可制成多种形式的膜。再经蒸发、凝胶、热处理等步骤，便可使用。CA 膜适用于地表水、污水及其他高污染水的处理，其适宜的 pH 值为 3～8，工作温度低于 35℃，操作压力为中压。

（2）**聚酰胺膜** 这种膜由芳香聚酰胺为成膜材料、二甲基乙酰胺为溶剂、硝酸锂或氯化锂为添加剂制成。常做成中空纤维形式，以增大膜的表面积。空心纤维的外径为 45～85μm，表皮层厚约 0.1～1.0μm，近似人头发粗细。它的单位体积透水量比醋酸纤维素膜高，使用寿命较长。

反渗透膜是实现反渗透分离的关键。良好的反渗透膜应具有多种性能：选择性好，单位膜面积上透水量大，脱盐率高；机械强度好，能抗压、抗拉、耐磨；热稳定性和化学稳定性好，能耐酸、碱腐蚀和微生物侵蚀，耐水解、辐射和氧化；结构均匀一致，且尽可能薄，寿命长，成本低。

膜的透水量取决于膜的物理性质（如孔隙率、厚度等）与膜的化学组成，以及系统的操作条件，如水的温度、膜两侧的压力差、与膜接触的溶液浓度和流速等。实际操作过程中，膜的物理特性、水温、进出水浓度、流速等对特定的过程是固定不变的，因此透水量仅为膜两侧压力差的函数。透水量可以用下式表示：

$$F_{水}=K_{w}(\Delta p-\Delta \pi) \tag{4-17}$$

式中　$F_{水}$——膜的平均透水量，$g/(cm^3 \cdot s)$；

K_{w}——膜的透水系数，$g/(cm^3 \cdot s \cdot MPa)$；

Δp——膜两边的压力差，即供水压力与淡水压力之差，MPa；

$\Delta \pi$——膜两边的渗透压力差，即供水渗透压力与淡水渗透压之差，MPa。

为使反渗透过程能够进行，必须满足 $\Delta p > \Delta \pi$。但为了使透水量增加，及溶质被浓缩时溶液的渗透压升高等，实际使用的工作压力一般比溶液初始渗透压大 3～10 倍。如海水的渗透压力约为 2.7MPa，而工作压力为 10.5MPa。

膜单位面积的透盐量可以用下式表示：

$$F_{盐}=P_{Y}\frac{c_{f}-c_{p}}{\delta}=\beta \Delta c \tag{4-18}$$

式中　$F_{盐}$——透盐量，$g/(cm^2 \cdot s)$；

P_{Y}——溶质在膜内的扩散系数，cm^2/s；

δ——膜的有效厚度，cm；

c_{f}，c_{p}——供水、淡水的盐浓度，g/cm^3；

β——膜的透盐系数$\left(\beta=\dfrac{P_{Y}}{\delta}\right)$，表示特定膜的透盐能力，cm/s。

与透水量不同，正常的透盐量与工作压力无关。工作压力升高，可使透水量增加，但透盐量不变,结果得到了更多的净化水。

4.4.2.3 反渗透装置

目前常用的反渗透装置有板框式、管式、螺旋卷式、中空纤维式、多束式等多种形式。

(1) **板框式**反渗透装置　板框式反渗透装置的构造与压滤机相类似(见图4-35)。整个装置由若干圆板一块一块地重叠起来组成。圆板外环有密封圈支撑,使内部组成压力容器,高压水串流通过每块板。圆板中间部分是多孔性材料,用以支撑膜并引出被分离的水。每块板两面都装上反渗透膜,膜周边用胶黏剂和圆板外环密封。板式装置上下安装有进水和出水管,使处理水进入和排出,板周边用螺栓把整个装置压紧。

板式反渗透装置结构简单,体积比管式的小,其缺点是装卸复杂,单位体积膜表面积小。

(2) **管式**反渗透装置　这种装置使用管状膜,膜置于小直径(10～20mm)耐压多孔管的内侧,膜与管之间衬以塑料网或纤维网。管式装置有多种形式,可分为单管式和管束式、内压管式和外压管式等。如图4-36所示。管式装置的特点是水力条件好,安装维修方便,易于换膜,能耐高压,可以处理高黏度原水。缺点是膜的有效面积较小,建造费用较高。

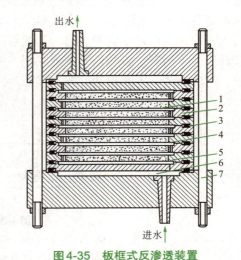

图4-35　板框式反渗透装置

1—膜;2—水引出孔;3—橡胶密封圈;4—多孔性板;5—处理水通道;6—膜间流水道;7—双头螺栓

(3) **螺旋卷式**反渗透装置　它由平板膜做成,在两层渗透膜中间夹衬着多孔支撑材料,把膜的三边密封形成膜袋,另一个开放的边与一根接受淡水的穿孔管密封连接,膜袋外再垫一层细网,作为间隔层,紧密卷绕而成一个组件,如图4-37所示。把一个或多个组件放入耐压筒内便可制成螺旋卷式反渗透装置。工作时,原水及浓缩液沿着与中心管平行方向在膜袋外细网间隔层中流动,浓缩液由筒的一端引出,渗透水则沿两层膜的垫层(多孔支撑材料)流动,最后由中心集水管引出。

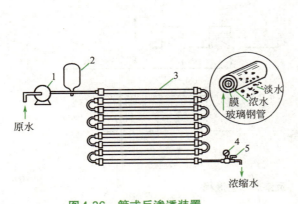

图4-36　管式反渗透装置

1—高压水泵;2—缓冲器;3—管式组件;4—压力表;5—阀门

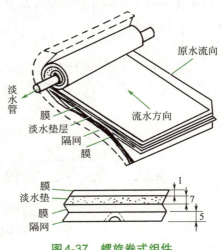

图4-37　螺旋卷式组件

螺旋卷式装置的**优点**是：其单位容积的膜表面积较大，故透水量大；结构紧凑，占地面积小；操作方便。其**缺点**是：原水流程短，压力损失大，膜沾污后消除困难，不能处理含有悬浮物的液体。

（4）**中空纤维式**反渗透装置　中空纤维膜是一种细如头发的空心管，由制膜液空心纺丝而成。将数十万根中空纤维膜捆成膜束，弯成U形装入耐压圆筒容器中，并将纤维膜开口端固定在环氧树脂管板上，即可组成反渗透器，如图4-38所示。原水从纤维膜外侧以高压通入，净化水由纤维管中引出。其**优点**是单位体积的膜表面积很大，制造和安装简单，可在较低压力下运行，膜的压实现象减缓，膜寿命长。其**缺点**是装置制作工艺技术较复杂，易堵塞，清洗不便，不能用于处理含有悬浮物的液体。

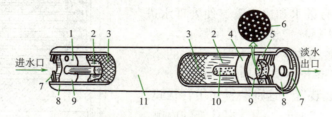

图4-38　中空纤维膜组件

1—浓水排除口；2—中空纤维束；3—导流网；4—环氧树脂管柱；5—多孔支撑圆盘；6—纤维束开口端；7—弹性挡圈；8—端板；9—"O"形密封圈；10—多孔进水分布管；11—壳体

以上几种类型的反渗透装置由于结构不同，在应用中各有特点，适宜于不同的处理范围。由于螺旋卷式及中空纤维式装置的单位体积处理量高，故大型装置采用这两种类型较多，而一般小型装置采用板框式或管式。

4.4.2.4　反渗透处理系统

反渗透处理系统包括预处理和膜分离两部分。预处理方法有物理法（如沉淀、过滤、吸附、热处理等）、化学法（如氧化、还原、pH值调节等）和光化学法。究竟选用哪一种方法进行预处理，不仅取决于原水的物理、化学和生物学特性，而且还要根据膜和装置构造来做出判断。

反渗透法作为一种分离、浓缩和提纯方法，常见流程有一级、一级多段、多级、循环等几种形式，如图4-39所示。

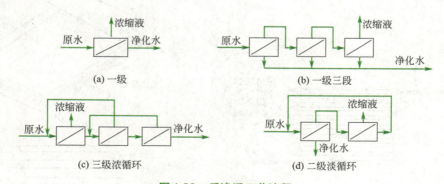

图4-39　反渗透工艺流程

一级处理流程即一次通过反渗透装置,该流程最为简单,能量消耗最少,但分离效率不很高。当一级处理达不到净化要求时,可采用一级多段处理或二级处理流程。在多段流程中,将第一段的浓缩液作为第二段的进水,将第二段的浓缩液又作为第三段的进水,以此类推。随着段数增加,浓缩液体积减小,浓度提高,水的回收率上升。在多级流程中,将第一级的净化水作为第二级的进水,以此类推,各级浓缩液可以单独排出,也可循环至前面各级作为进水。随着级数增加,净化水质提高。由于经过一级流程处理,水力损失较多,所以实际应用中在级或段间常设增压泵。

4.4.2.5 反渗透处理污水举例

反渗透在水处理中的应用日益广泛,在给水处理中主要用于苦咸水、海水的淡化和纯净水、超纯水的制取。在污水处理中主要用于去除重金属离子和贵重金属浓缩回收,渗透水也能重复回用。

(1)反渗透处理含镍废水 某厂把回收槽排出的含镍漂洗水,经过滤器后,用高压泵(压力为3MPa)送入管式反渗透器(其中设有42根管膜,每根管长1500mm,直径18mm)。图4-40为该厂含镍废水的反渗透处理流程。

对镍截留率为95%~99%,对SO_4^{2-}截留率为98%,对Cl^-的截留率为80%~90%。水的透过率6.8L/($m^2 \cdot h$)。浓液含镍浓度为3500~11900mg/L,返回镀槽利用;稀液含镍浓度为131~470mg/L,返回水洗槽。该厂镀槽每日蒸发量15L,则由反渗透器每日补给15L浓液。

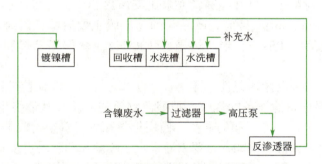

图4-40 某厂含镍废水的反渗透处理流程

(2)照相洗印废水的处理 照相洗印厂、电影制片厂排出多种废水,从废水中可以回收许多有用的物质。底片冲洗水中含硫酸钠约5g/L,经反渗透处理,处理水中仅含24mg/L,浓缩液中达33.2g/L。如采用CA膜,操作压力为2.8MPa,水回收率为90%,总盐去除率为94%。

(3)其他污水处理 反渗透用于处理酸性尾矿水、造纸废水、印染废水、石油化工废水,医院污水处理和城市污水的深度处理等也都获得了很好的效果。处理造纸废水,可去除BOD达70%~80%,COD减少85%~90%,色度减少96%~98%,Ca减少96%~97%,水回用率为80%。用于城市污水深度处理,可降低含盐量99%以上,而且还可去除各类含N、P化合物,使COD去除96%,达到10^{-6}数量级。

4.4.3 超滤

超滤与反渗透一样,也依靠压力推动力和半透膜实现分离。两种方法的区别在于超滤受渗透压的影响较小，能在低压力下操作（一般0.1～0.5MPa），而反渗透的操作压力为2～10MPa。超滤适于分离分子量大于500，直径为0.005～10μm的大分子和胶体，如细菌、病毒、淀粉、树胶、蛋白质、黏土和油漆色料等；而反渗透一般用来分离相对分子质量低于500，直径为0.0004～0.06μm的糖、盐等渗透压较高的体系。

4.4.3.1 超滤的基本原理

超滤膜对大分子溶质的分离过程主要是：①在膜表面及微孔内吸附（一次吸附）；②在孔中停留而被去除（堵塞）；③在膜面的机械截留（筛分）。一般认为超滤是一种筛分过程。其基本原理如图4-41所示。

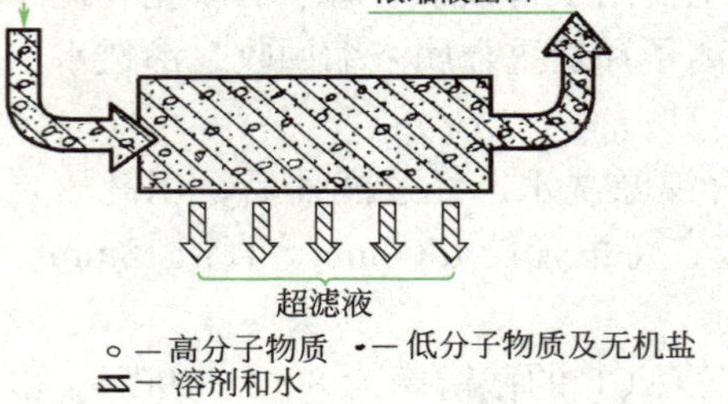

超滤过程中，溶液凭借外界压力的作用，以一定流速在具有一定孔径的超滤膜面上流动，溶液中的无机离子、低分子物质透过膜表面，溶液中的高分子物质、胶体微粒及细菌等被半透膜截留，从而达到分离和浓缩的目的。

超滤膜表面的孔隙大小及膜表面的化学性质是超滤过程的两个重要控制因素，溶质能否被膜孔截留还取决于溶质粒子的大小、形状、柔韧性以及操作条件等。

图4-41 超滤分离原理示意

4.4.3.2 超滤膜及超滤装置

超滤膜多数为不对称膜，其孔径通常要求比反渗透膜要大（反渗透膜通常小于10nm，而超滤膜孔径为1～40nm）。目前，商品化的超滤膜主要有醋酸纤维膜（CA膜）、聚砜膜（PS）、聚砜酰胺膜（PSA）、聚丙烯腈膜（PAN）、聚偏氟乙烯膜（PVDF）、聚醚砜膜（PES）等。

工业用超滤组件也和反渗透组件一样，有板框式、管式、螺旋卷式和中空纤维四种。超滤的运行方式应当根据超滤设备的规模、被截留物质的性质及其最终用途等因素来进行选择，另外还必须考虑经济问题。膜的通量、使用年限和更新费用构成了运行费的关键部分，因而决定了运行的工艺条件。例如，若要求通量大、膜龄长和膜的更换费低，则以采用低压层流运行方式较为经济。相反，若要求降低膜的基建费用，则应采用高压紊流运行方式。

在超滤过程中，不能滤过的残留物在膜表面层的浓聚，会形成浓差极化现象，使通水量急剧减少。为防止浓差极化现象，应使膜表面平行流动的水的流速大于3～4m/s，使溶质不断地从膜界面送回到主流层中，减少界面层的厚度，保持一定的通水速度和截留率。

4.4.3.3 超滤在水处理中的应用

超滤在水处理中的应用很广。在污水处理中，超滤主要用于电泳涂漆、印染、电镀等工业废水及城市污水的处理；应用于食品工业废水中回收蛋白质、淀粉等十分有效，国外早已大规模用于实际生产。在给水处理中主要用于去除细菌及超纯水制取的预处理，如近十几年来，国内外已将超滤用于饮用水的制备，推出了多种膜式净水器。

此外，目前超滤的应用还正在向非水体系拓展。超滤已成为蛋白和酶纯化和浓缩的高效过程，如：果汁浓缩利于运输和存放；低档茶叶加工成速溶茶等。特别引人注目的是应用于医药（中草药）制剂的澄清和浓缩。

4.5 萃取

为回收污水中的溶解污染物,向污水中加入一种与水互不相溶却可良好溶解污染物的溶剂(即萃取剂),使其与污水充分混合,由于污染物在该溶剂中的溶解度大于其在水中的溶解度,因而大部分污染物便转移到溶剂相中。然后分离污水相和溶剂相,即可使污水得到净化,再将溶剂相(其中的污染物和溶剂)加以分离,即可使溶剂再生,而分离的污染物得到回收。这种分离工艺称为**萃取**,所用的溶剂称为萃取剂,萃取后的溶剂相称萃取相,萃取后的污水相则称萃余相。萃取相分离溶剂后所得的溶液称萃取液。

萃取法目前仅适用于为数不多的几种有机污水(如含酚污水)和个别重金属污水的处理。

4.5.1 萃取的基本原理

萃取的实质是溶质(污染物)在水中和溶剂(萃取剂)中有不同的溶解度,溶质从水中转入溶剂中是传质过程,其过程推动力是污水中污染物的实际浓度与平衡浓度之差。一定温度条件下,萃取过程达到平衡时,污染物在萃取相和萃余相中的浓度之比,称为分配系数,即:

$$K_A = \frac{c_s}{c_e} \tag{4-19}$$

式中　K_A——分配系数;
　　　c_s——污染物(溶质)在萃取相中的平衡浓度,kg/kg;
　　　c_e——污染物(溶质)在萃余相中的平衡浓度,kg/kg。

K_A 值越大,则每次萃取的分离效果越好。一般情况下,K_A 不是常数。而是随物系、温度和浓度而变,但如组成变化范围不大时,K_A 可视为常数。在污水处理中,由于污水的水质复杂,分配系数一般应由试验确定。某些溶剂萃取含酚污水的分配系数 K_A 值如表4-8所示。

表4-8　溶剂萃取脱酚的分配系数 K_A(20℃)

溶剂	苯	重苯	乙酸丁酯	磷酸三丁酯	N-503	803号液体树脂
苯酚污水(苯酚含量23.0g/L)	3.29	2.44	50	64.11	122.1	593
甲酚污水(甲酚含量1.6g/L)	32.23	34.23	—	744.85	686.58	1942

在稳定的操作条件下,萃取速率可用下列方程式来表示:

$$G = KA\Delta c \tag{4-20}$$

式中　G——单位时间内污染物由污水中转移到萃取剂中的量,kg/h;
　　　K——物质的传质系数,m³/(h·m²),与两相的性质、浓度、温度、pH值有关;
　　　A——萃取塔的截面积,m²;
　　　Δc——萃取过程污水中污染物(溶质)的实际浓度与平衡时的浓度差,kg/m³。

由传递速率式可见,要提高萃取速度和设备生产能力,可以有以下几个途径。

(1)**增大两相接触界面面积**　通常使萃取剂以小液滴的形式分散到污水中去,分散相液滴越小,传质表面积越大。但要防止溶剂分散过度而出现乳化现象,给后续分离萃取剂带来困难。对于界面张力不太大的物系,仅依靠密度差推动液相通过筛板或填料,即可获得适当的分散度;但对于界面张力较大的物质,需通过搅拌或脉冲装置来达到适当分散的目的。

（2）**增大传质系数** 在萃取设备中，通过分散相的液滴反复地破碎和聚集，或强化液相的湍动程度，使传质系数增大。但是表面活性物质和某些固体杂质的存在，增加了在相界面上的传质阻力，将显著降低传质系数，因而应预先除去。

（3）**增大传质推动力** 采用逆流操作，整个萃取系统可维持较大的推动力，既能提高萃取相中溶质浓度，又可降低萃余相中的溶质浓度。逆流萃取时的过程推动力是一个变值，其平均推动力可取污水进、出口推动力的对数平均值。

（4）**延长时间** 延长萃取时间，可以增加萃取的数量。但延长时间增加的数量有一定限度，超过此限度，虽然延长时间，也难以再增加萃取量。

4.5.2 萃取剂及其再生

4.5.2.1 萃取剂的选择

在萃取操作中，萃取剂的选择是一个重要的因素。它不仅影响萃取产物的产量和组成，而且直接影响被萃取物质的分离效果。**萃取剂**应尽量满足下列要求：①选择性好，即分配系数大；②分离性能好，萃取过程不乳化、不随水流失，要求萃取剂黏度小，与污水的密度差大，表面张力适中；③化学稳定性好，不与污水中的杂质发生化学反应，腐蚀性小；④黏度小，凝固点低，着火点高，毒性小，蒸气压小，便于室温贮存和使用；⑤价格低廉，来源较广；⑥容易再生与回收。

4.5.2.2 常用的萃取剂

在国内，萃取法广泛应用于含酚污水的预处理及酚的回收。萃取剂的选择是该法应用的一个最重要因素。用于脱酚的萃取剂比较多，常用的有煤油、洗涤油、重苯、N-503、粗苯、N-503 及煤油混合液等。国外有乙酰苯、乙酸丁酯、磷酸三甲酯、异丙基醚等。这些萃取剂均具有脱酚效率高，分配系数大，不利于乳化等优点。其中 N-503（N,N-二甲基庚基乙酰胺）是一种高效脱酚萃取剂，同其他脱酚萃取剂相比，具有脱酚效率高、水溶性小、无二次污染、不易乳化、物理化学性能稳定、易于酚类回收及溶剂再生等优点。N-503 为淡黄色的油状液体，属取代酰胺类化合物，国内已工业化生产。该萃取剂除了对酚有较高的萃取效率以外，还对苯乙酮、苯甲醛、苯甲醇也有显著的萃取效果，还可用于冶金工业萃取铀、锆、铌和钌等金属。

4.5.2.3 萃取剂的再生

萃取操作中，对萃取相进行分离，可同时回收溶剂和溶质，具有重大的经济意义。这是因为，萃取过程对萃取剂的用量往往很大，有时达到和污水量相等，如不能将其再生回用，有可能完全丧失其处理污水的经济合理性。另外，萃取相中的溶质量也很大，如不回收，则造成极大浪费和二次污染。

萃取剂再生的方法有两类。

（1）**物理法**（蒸馏或蒸发） 当萃取相中各组分沸点相差较大时，最宜采用蒸馏法分离。例如，用乙酸丁酯萃取污水中的单酚时，溶剂沸点为 116℃，而单酚沸点为 181～202.5℃，相差较大，可用蒸馏法分离。根据分离目的，可采用简单蒸馏或精馏，设备以浮阀塔效果较好。

（2）**化学法** 投加某种化学药剂使其与溶质形成不溶于溶剂的盐类。例如，用碱液反萃取萃取相中的酚，形成酚钠盐结晶析出，从而达到两者分离的目的。化学再生法使用的设备有离心萃取机和板式塔。

4.5.3 萃取流程及设备

在污水处理中,萃取操作包括混合、分离和回收三个主要步骤。按萃取剂与污水接触方式的不同,萃取操作可以分为间歇式和连续式两种。

(1) **间歇萃取** 间歇萃取一般采用多段逆流方式,如图4-42所示。

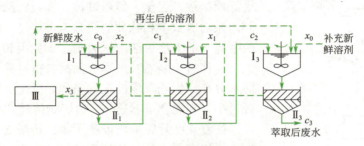

图4-42 多段逆流间歇萃取流程

污水首先与接近饱和的萃取剂相遇,新鲜的萃取剂与经几段萃取后的低浓度污水相遇,这样可增大传质过程的推动力,节省溶剂用量。一般在萃取罐内设有搅拌器来增加两相的接触面积和传质系数。污水和萃取剂在萃取罐内搅拌一定时间后,把它们排到分离罐进行静置分离。一般萃取罐内搅拌器转速300r/min,搅拌15min。污水在分离罐静置30min左右,经n段萃取后,根据物料平衡关系式可得溶质的残留浓度为:

$$c = \frac{c_0}{(1+Kb)^n} \tag{4-21}$$

式中 c——经n段萃取后污水中溶质的浓度;
c_0——污水中溶质的原始浓度;
K——分配系数;
n——萃取段数,工程上一般取2～4段;
b——溶剂量与污水量之比,即$b=$溶剂量/污水量。

乙酸丁酯b为10%～15%,重苯$b=1$。

由于间歇式萃取操作麻烦,设备笨重,而且萃取一次也不能将污水中的溶质充分萃取出来,因此只是对间歇排出的少量污水才考虑使用。

(2) **连续萃取** 连续萃取多采用塔式逆流操作方式。塔式逆流操作是将污水和萃取剂同时通入一个塔中,密度大的液相从塔顶流入,连续向下流动,充满全塔并由塔底排出;密度小的则从塔底流入,从塔顶流出,萃取剂与污水在塔内逆流相对流动,完成萃取过程。由于逆流操作,萃取剂进入塔后先遇到低浓度的污水,离塔前遇到高浓度的污水,这样可使萃取剂溶解更多的溶质。这种操作方式效率高,目前生产上多采用此法。

连续萃取采用的设备有填料塔、筛板塔、脉冲筛板塔、脉冲填料塔、转盘塔以及离心萃取机等。

① 往复叶片式脉冲筛板塔 基本构造如图4-43所示。塔分为三部分,上、下两个扩大部分是分离区。在工作区内装有一根纵向轴,轴上装有若干块筛板,筛板与塔体内壁之间要保持一定的间隙,筛板上筛孔的孔径约为7～16mm。中心轴靠塔顶电动机的偏心轮装置带

动作上下脉冲，此时，筛板也随之在塔内作垂直的上下往复运动，形成两液相之间的湍流条件，从而加强了溶剂与污水的充分混合，强化了萃取过程。在塔的分离区，轻、重两液相靠密度差进行分离。重液由塔上部进入至塔底经 Π 形管流出；轻液由塔下部进入至塔顶流出。Π 形管上部与塔顶空间相连，以维持塔内一定高度的液面。

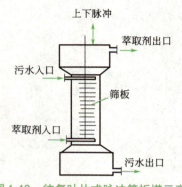

图4-43 往复叶片式脉冲筛板塔示意

该塔的特点是中心轴在电动机和偏心轮的带动下使筛板产生上下方向的脉冲运动，使液体剧烈搅动，两相能够更好地接触，强化了传质过程。筛板的脉冲频率（单位时间内振动次数）和脉冲的振幅（每振动一次筛板上下移动的距离）的大小一般由试验确定。如果频率过高，振幅过大，搅拌过于剧烈，则萃取剂被打得过碎，不能很好地与污水分离，影响萃取的正常操作。反之，脉冲的频率和振幅过小，则混合不够充分，也影响传质效率。

往复式叶片脉冲塔设备简单，传质效率高，流动阻力较小，生产能力比其他类型搅拌的塔大，因而近年来在国内应用较为广泛。

② 转盘塔　转盘塔也分为三部分，上下两个扩大部分为轻、重液分离室，中间部分是工作区，见图 4-44。这种塔在重液相与轻液相引入塔内时不需要任何分离装置，凡是溶质不是难于萃取的，在萃取要求不太高而处理量又较大的情况下，采用转盘塔是有利的。

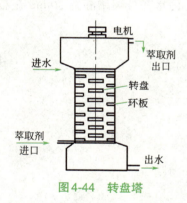

图4-44 转盘塔　　　　　图4-45 离心萃取机

③ 离心萃取机　离心萃取机的外形为圆筒形卧式转鼓，如图 4-45 所示。转鼓内有许多层同心圆筒；转鼓高速旋转（1500～3000r/min）产生的离心力，使重液由里向外，轻液由外向里流动，进行连续的对流混合与分离。在离心萃取机中产生的离心力约为重力的 1000～4000 倍（当转鼓半径 0.4m 时），所以可在转子外圈及中心部分的澄清区产生纯净的流出液。

离心萃取机的优点是效率高、体积小，特别是对用于液体的密度差很小的液-液萃取更为有利。其缺点是电能消耗大，设备加工比较复杂。

4.5.4　萃取法应用实例

4.5.4.1　萃取法处理含酚废水

焦化厂、煤气厂、石油化工厂排出的废水中常含有较高浓度的酚（1000～3000mg/L）。

为了回收酚，常采用萃取法处理这类污水。

某焦化厂采用萃取法回收含酚废水的工艺流程如图 4-46 所示。废水先经除油、澄清和降温预处理后进入脉冲筛板塔，由塔底供入二甲苯（萃取剂）。萃取塔高 12.6m，其中上下分离段 ϕ2m×3.55m，萃取段 ϕ1.3m×3.55m，总体积 28m³。筛板共 21 块，板间距 250mm，筛孔 7mm，开孔率 37.4%，脉冲强度 2724mm/min，电机功率 5.5kW。处理水量为 16.3m³/h，酚平均浓度为 1400mg/L，二甲苯与污水量之比为 1:1，萃取后，出水含酚浓度为 100~150mg/L，脱酚效率为 90%~93%。

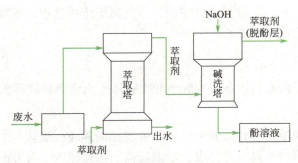

图 4-46　萃取塔脱酚工艺流程

含酚二甲苯自萃取塔顶送到碱洗塔进行脱酚。碱洗塔中装有 20% 浓度的氢氧化钠。脱酚后的二甲苯供循环使用。从碱洗塔放出的酚盐含酚 30% 左右，含游离碱 2%~2.5% 左右。

4.5.4.2　萃取法处理含重金属污水

某铜矿采选污水含铜 230~1500mg/L，含铁 4500~5400mg/L，含砷 10.3~300mg/L，pH 值为 0.1~3。该污水用 N-510 作螯合萃取剂，以磺化煤油作稀释剂。煤油中 N-510 浓度为 162.5mg/L。在涡流搅拌池中进行六级逆流萃取，每级混合时间 7min。总萃取率在 90% 以上。含铜萃取相用 1.5mol/L 的 H_2SO_4 反萃取，相比为 2.5，混合 10min，分离 20min。当 H_2SO_4 浓度超过 130g/L 时，铜的三级反萃取率在 90% 以上。反萃取所得 $CuSO_4$ 溶液送去电解沉积，得到高纯电解铜，废电解液回用于反萃取工序。脱除铜的萃取剂回用于萃取工序，萃取剂的耗损约 6g/m³ 污水。萃余相用氨水除铁（NH_3/Fe=0.5），在 90~95℃下反应 2h，除铁率达 90%。若通气氧化，并加晶种，除铁率会更高。所得黄铵铁矾，在 800℃ 下燃烧 2h，可得品位为 95.8% 的铁红（Fe_2O_3）。除铁后的污水酸度较大，可投加石灰或石灰石中和后排放。

4.6　吹脱

吹脱法是用来脱除污水中的溶解气体和某些极易挥发的溶质的一种气液相转移分离法。其过程是：将空气通入污水中，使其与污水充分接触，污水中的溶解气体和易挥发的溶质便穿过气液界面，进入空气相，从而达到脱除溶解气体（污染物）的目的。这种解吸过程即为吹脱。若把解吸的污染物收集，可以将其回收或制取新产品。

吹脱法常用于去除污水中含有的有毒、有害的溶解气体，例如 CO_2、H_2S、HCN 等。

4.6.1　吹脱基本原理

吹脱法的基本原理是气液相平衡及传质速度理论。在气液两相体系中，其气液相平衡关系符合亨利定律,即溶质气体在气相中的分压与该气体在液相中的浓度成正比。传质速度正比于组分平衡分压与气相分压之差。气液相平衡关系及传质速度与物系、温度、两相接触状况有关。对给定的物系,可以通过提高水温,使用新鲜空气或者采用负压操作,增大气液接触面积和时间,减少传质阻力,均可起到降低水中溶质浓度、增大传质速度的作用。

当空气通入水中,空气可以与溶解性气体产生吹脱作用及化学氧化作用。显然化学氧化仅对还原剂起作用,如 $H_2S + \frac{1}{2}O_2 \longrightarrow H_2O + S$。对 CO_2 则不能氧化。氧化反应的程度取决于溶解气体的性质、浓度、温度、pH 值等因素,需由试验来决定。吹脱作用使水中溶解的挥发物质由液相转为气相,扩散到大气中去,因此属于传质过程。推动力为污水中挥发性物质的浓度与大气中该物质的浓度差。

4.6.2 吹脱装置

在工程上一般采用的吹脱设备有吹脱池和吹脱塔(内装填料或筛板)等。

4.6.2.1 吹脱池

吹脱池有自然吹脱池与强化吹脱池两种。前者是依靠池面液体与空气自然接触而脱除溶解气体的,它适用于溶解气体极易挥发、水温较高、风速较大、有开阔地段和不产生二次污染的场合。若向池内鼓入空气或在池面上安装喷水管,则构成强化吹脱池。图 4-47 是某维尼纶厂用于去除因中和处理而含游离 CO_2 的酸性污水的强化吹脱池。它为一矩形水池,水深 1.5m,曝气强度 25~30m^3/($m^3 \cdot h$),吹脱时间 30~40min,压缩空气量 5m^3/m^3 水。空气用塑料穿孔管由池底送入,孔径 10mm,孔间距 5cm。吹脱后,游离 CO_2 由 700mg/L 降至 120~140mg/L,出水 pH 值为 6~6.5。存在的问题是布气孔易被 $CaSO_4$ 堵塞,造成曝气不均匀,当污水中含有大量表面活性物质时,易产生泡沫,影响操作和环境卫生。可以采用高压水喷射或加消泡剂进行除泡。

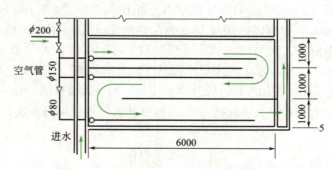

图 4-47 某维尼纶厂吹脱池(单位:mm)

4.6.2.2 吹脱塔

采用塔式装置吹脱效率较高,有利于回收有用气体,防止二次污染。在塔内设置栅板或瓷环填料(见图 4-48)或筛板,以促进气液两相的混合,增加传质面积。

填料塔的主要特征是在塔内装置一定高度的填料层,污水由塔顶往下喷淋,空气由鼓风机从塔底送入,在塔内逆流接触,进行吹脱与氧化。污水吹脱后从塔底经水封管排出。自塔顶排出的气体可进行回收或进一步处理。工艺流程如图 4-49 所示。

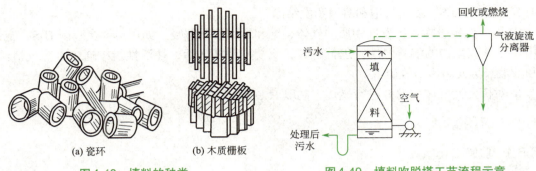

图 4-48 填料的种类 （a）瓷环 （b）木质栅板

图 4-49 填料吹脱塔工艺流程示意

填料塔的缺点是：塔体大，传质效率不如筛板塔高，当污水中悬浮物高时，易发生堵塞现象。

板式塔的主要特征是在塔内装有一定数量的塔板，污水水平流过塔板，经降液管流入下一层塔板。空气以鼓泡或喷射的形式穿过板上水层，相互接触传质。塔内气相和水相组成沿塔高呈阶梯变化。

4.6.3 影响吹脱的主要因素

在吹脱过程中，影响吹脱的因素很多，主要有以下几种。

（1）**温度** 在一定压力下，温度升高气体在水中的溶解度降低，对吹脱有利。如氰化钠在水中水解成氰化氢。

$$CN^- + H_2O \rightleftharpoons HCN + OH^-$$

水解速度在 40℃ 以上时迅速增加，产生的 HCN 的吹脱效率迅速升高。

（2）**气液比** 空气量过少，气液两相接触不够；空气量过多，不仅不经济，还会造成液泛，即污水被气流带走，破坏正常操作。为了使传质效率较高，工程上常采用液泛极限气液比的 80% 设计。

（3）**pH 值** 在不同的 pH 值条件下，气体的存在状态不同。例如游离 H_2S 和 HCN 的含量与 pH 值的关系如表 4-9 所示。因为只有游离的 H_2S、HCN 才能被吹脱，所以对含 S^{2-} 和 CN^- 的污水应在酸性条件下进行吹脱。

表 4-9 游离 H_2S、HCN 含量与 pH 值的关系

pH 值	5	6	7	8	9	10
游离 H_2S/%	100	95	64	15	2	0
游离 HCN/%		99.7	99.3	93.3	58.1	12.2

（4）**油类物质** 污水中油类物质会阻碍气体向大气中扩散，而且会阻塞填料，影响吹脱进行，应在预处理中除去。

4.6.4 解吸气体的最终处置

从污水中吹脱出来的气体有三种处置方法，即向大气排放、炉内燃烧和回收利用。后者是预防大气污染和利用三废资源的重要途径。回收解吸气体的基本方法有以下几种。

① 用碱性溶液吸收含挥发性物质的气体。如用 NaOH 溶液吸收 HCN，生成 NaCN；吸

收 H_2S，生成 Na_2S，然后将饱和溶液蒸发结晶。

② 用活性炭吸附含挥发性物质的气体，饱和后用溶剂解吸。如用活性炭吸附 H_2S，饱和后用亚氨基硫化物的溶液浸洗，进行解吸，反复浸洗几次后，往活性炭中通入水蒸气清洗，饱和溶液经蒸发后可回收硫。

③ 对挥发性气体如 H_2S 进行燃烧，制取 H_2SO_4。

4.6.5　应用实例

4.6.5.1　脱除硫化氢

某炼油厂从冷凝器排出的污水中，含有大量石油及腐蚀性强的硫化氢，为了脱除污水中硫化氢，使污水除油、加热后，先酸化至 pH＜5，以 100% 游离的 H_2S 存在，再用吹脱塔使其脱除。加热污水可强化吹脱效率。图 4-50 为从含油污水中脱除硫化氢气体的流程。

图 4-50　某厂从含油污水脱除硫化氢的流程

从吹脱塔排出的解吸气体，送该厂硫酸车间回收硫化氢，处理后循环使用。

所用吹脱塔是装有拉西环（25mm×25mm×3mm）的填料塔，喷淋密度为 50m³/（m²·h），空气用量 6～12m³/m³ 水。

4.6.5.2　脱除氰化氢

在选矿污水中，氰化物主要以氰化钠形式存在，它是一种强碱弱酸盐，在水溶液中易水解为氰化氢，加酸可促进水解反应的进行。生成的氰化氢用吹脱法脱除后，再用 NaOH 碱液吸收，可回收氰化钠，重新用于生产。如采用真空闭路循环系统，可使输送氰化氢气体的管路处于负压状态，防止漏气中毒，还可避免新鲜空气中所含 CO_2 对碱液的消耗。

吹脱塔的操作参数一般采用：喷淋密度 7.5～10m³/（m²·h），水温 50～55℃，气水比 25～35，pH 为 2～3。

? 习题及思考题

1.填空题

（1）实现气浮分离必须满足_____、_____两个基本条件。

（2）溶气加压气浮的运行方式有_____、_____、_____三种方式，各自的特点有_____。

（3）根据吸附作用力不同，吸附可分为_____、_____、_____三种类型。

（4）衡量离子交换剂性能的指标有_____、_____、_____、_____、_____等，常用的离子交换树脂有（按交换基团不同分）_____、_____。

（5）实现反渗透过程必须具备的条件有_____和_____。

（6）提高萃取速度的途径有_____、_____、_____、_____。

2. 判断题

（1）气浮法的关键装置物为溶气罐。（　　）
（2）在离子交换法中最常用的离子交换剂为磺化煤。（　　）
（3）当污水中溶解盐含量过高时，不宜采用离子交换法处理。（　　）
（4）吸附法处理污水时常用的吸附剂为活性炭。（　　）
（5）超滤的工作原理与反渗透的工作原理是一致的。（　　）
（6）有机酚的去除可以用萃取法，故污水中的无机物去除也可以用萃取法。（　　）

3. 简答题

（1）混凝剂与浮选剂有何区别？各起什么作用？
（2）是否任何物质都能与空气泡吸附？取决于哪些因素？
（3）感性认识活性炭、磺化煤、沸石、硅藻土等吸附剂。
（4）吸附柱有几种运行方式？通常采用哪种方式？为什么？
（5）某化工厂每小时排出含COD 30mg/L的污水50m³，拟采用活性炭吸附处理，将COD降至3mg/L作为循环水使用。由吸附实验，得吸附等温式为$q=0.058c^{0.5}$。需加多少活性炭？
（6）失效的离子交换树脂怎样再生？影响再生的因素有哪些？
（7）电镀车间的含铬污水，可以用氧化还原法、化学沉淀法和离子交换法等加以处理，那么，在什么条件下，用离子交换法进行处理是比较合适的？
（8）试述离子交换工艺的操作程序，并指出操作时应注意哪些因素？
（9）试分析几种膜分离技术的原理、特点与应用。
（10）从水中去除某些离子（如脱盐），可以用离子交换法和膜分离法。当含盐量较高时，你认为应该用离子交换法还是膜分离法？为什么？
（11）电渗析膜有几种？良好的电渗析膜应具备哪些条件？
（12）反渗透装置有几种？各种类型装置的操作特点是什么？
（13）什么是萃取过程的分配系数？它的数值和哪些因素有关？在式（4-19）中c_s与c_e是否指溶质的两相中的溶解度？分配系数与两相的体积是否有关？
（14）萃取设备有哪些类型？为什么在连续萃取的塔式设备中，轻液要由下往上、重液要由上往下流动？
（15）污水中什么物质适宜用吹脱法去除？对某些盐类物质，例如NaHS、KCN之类，能否用吹脱法去除？要采取什么措施？
（16）影响吹脱的因素有哪些？为什么？如何控制不利的因素来提高吹脱效率？
（17）什么情况下需要回收吹脱出来的挥发性物质？回收方法有哪些？一般会遇到什么困难？要注意什么问题？

技能训练1　气浮实验

一、实验目的

1. 掌握压力溶气气浮实验方法和释气量测定方法。
2. 了解悬浮颗粒浓度、操作压力、气固比、澄清分离效率之间的关系，加深对基本概念的理解。

二、实验原理及流程

气浮法是进行固液分离的一种方法，它常被用来分离密度小于或接近于1、难以用重力自然沉降法去除的悬浮颗粒。气浮效率受悬浮颗粒的性质和浓度、微气泡的数量和直径等多种因素的影响，因此，气浮处理系统的设计运行参数常通过试验确定。

压力溶气气浮法的工艺流程如图4-7～图4-10所示，目前以部分回流式应用最广（见图4-10）。

进行气浮时，用水泵将污水抽送到压力为2～4atm（1atm=101325Pa）的溶气罐中，同时注入加压空气。空气在罐内溶解于加压的污水中，然后使经过溶气的水通过减压阀进入气浮池，此时由于压力突然降低，溶解于污水中的空气便以微气泡形式从水中释放出来。微细的气泡在上升的过程中附着于悬浮颗粒上，使颗粒密度减小，上浮到气浮池表面与液体分离。

由斯托克斯公式 $v=\dfrac{g}{18\mu}(\rho_水-\rho_颗)d^2$ 可以知道，黏附于悬浮颗粒上的气泡越多，颗粒与水的密度差（$\rho_水-\rho_颗$）就越大，悬浮颗粒的特征直径也越大，两者都使悬浮颗粒上浮速度加快，提高固液分离的效果。水中悬浮颗粒浓度越高，气浮时需要的微细气泡数量越多，通常以气固比表示单位质量悬浮颗粒需要的空气量。

气固比（G/S）与操作压力、悬浮固体的浓度、性质有关。它对气浮效果的影响及其数值的确定参见4.1.2.2。

三、实验装置及设备

（一）测定气固比的实验装置及设备

1. 实验装置

测定气固比的实验装置由吸水池、水泵、空气压缩机、溶气罐、溶气释放器、气浮池等部分组成，如图4-51所示。

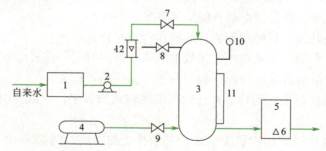

图4-51 压力溶气气浮实验装置

1—吸水池；2—水泵；3—溶气罐；4—空气压缩机；5—气浮池；6—溶气释放器；7—进水阀；8—调节阀；9—进气阀；10—压力表；11—水位计；12—玻璃转子流量计

溶气罐是个内径300mm，高2.2m，装有水位计的钢制压力罐。罐顶有调压阀，实验时用调压阀排去未溶空气和控制罐内压力。进气阀用以调节来自空压机的压缩空气量。水位计用以观察压力罐内水位，以便调节调压阀，使溶气罐内液位在实验期间基本保持稳定。

2. 实验设备和仪器仪表

硬塑料制吸水池1个（0.7m×0.7m×0.7m）；2BA-6型水泵1台（流量10～30m³/h，扬程34.5～24m）；钢制溶气罐1台（高度H=2.2m，直径D=300m）；精密压力表1个（量程0.59MPa）；Z-0.025/6型空气压缩机1台（风量0.025m³/min，额定压力0.59MPa）；TS-Ⅰ型释

放器 1 个；有机玻璃制气浮池 1 个（高 × 宽 × 长 =0.55m × 0.2m × 0.2m）；LZB-40 型玻璃转子流量计 1 个；烘箱 1 台；分析天平 1 台；100mL 量筒 10 个；200mL 锥形瓶 10 个；称量瓶 10 个；温度计 1 支。

（二）测定释气量的实验装置与设备

1. 实验装置

测定释气量的实验装置由释气瓶、量筒、量气管、水准瓶等组成，如图 4-52 所示。释气瓶用 2500mL 抽滤瓶改装，瓶口橡皮塞宜加工成适于排尽瓶中空气的形状。

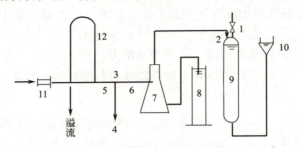

图 4-52　测定释气量的实验装置

1，2—旋塞；3—三通阀；4～6—连接管；7—释气瓶；8—量筒；9—量气管；10—水准瓶；11—释放器；12—溢流管

2. 实验设备和仪器仪表

水准瓶（可用大漏斗代替）1 个；100mL 量气管 1 个；2500mL 抽滤瓶（释放瓶）1 个；1000mL 量筒 1 个；三通阀 1 个；TS-Ⅰ型释放器 1 个；秒表 1 块。

四、实验步骤

本实验是在压力溶气气浮装置中，用城市污水处理厂的活性污泥混合液测定气固比对气浮效率的影响，用自来水测定气浮装置的释气量，分别叙述如下。

（一）气固比的测定

1. 启动空气压缩机。

2. 启动水泵将自来水打入溶气罐。

3. 开启溶气罐进气阀门，并通过调节调压阀和进水阀门使溶气罐内的压力与液位基本稳定（建议溶气罐的操作压力为 0.29MPa）。

4. 按气浮池容积和回流比（0.4），计算应加入气浮池的活性污泥混合液的体积和溶气水的体积。

5. 按实验步骤 4 的计算结果将活性污泥混合液加入气浮池，同时取 200mL 混合液测定 MLSS（每个样品取 100mL，做两个平行样品）。

6. 将释放器放入气浮池底部，按实验步骤 4 的计算结果注入溶气水。

7. 取出释放器后静置 5～6min，从气浮池的底部取澄清水 200mL，测定出流的悬浮固体浓度（每个样品取 100mL，做两个平行样品）。

8. 在工作压力、活性污泥浓度不变的条件下，改变回流比，使其为 0.6、0.7、0.8、1.0，按实验步骤 4~7 继续进行试验。

（二）释气量的测定

1. 按图 4-52 组装试验装置。

2. 将三通阀 3 置于连接管 4 和 5 相通的位置。

3. 调节溢流管的管顶标高，使分流到管 4 的流量为 0.75～1.0L/min。

4. 用自来水充满整个实验装置。

5. 关闭旋塞 1，打开旋塞 2，降低水准瓶，以排除释放瓶中的空气泡，待空气泡排完后关闭旋塞 2，倒掉量筒中的水。

6. 将三通阀 3 切换到管 5 和管 6 相通的位置，此时，溶气水流入释气瓶，瓶中原有的水被挤出，流入空量筒内，当量筒中水到 1L 刻度时，立即将三通阀 3 切换至测定前的位置（即连通管 4 与 5 相通的位置）。

7. 打开旋塞 2，等释气瓶中没有气泡后，降低水准瓶，使释气瓶中水位上升，直到瓶中的气体全部被挤到量气管后关闭旋塞 2。

8. 使水准瓶和量气管的液位相同（用调节水准瓶高度的方法），从量气管刻度读取气体体积。此体积为每升溶气水减压至 1atm（101325Pa）时所释出的气体体积（mL/L）。

五、注意事项

1. 进行气固比测定时，回流比的取值与活性污泥混合液浓度有关。当活性污泥浓度为 2g/L 左右时，按回流比 0.2、0.4、0.6、0.8、1.0 进行试验；当活性污泥浓度为 4g/L 左右时，回流比可按 0.4、0.6、0.7、0.8、1.0 进行试验。

2. 实验选用的回流比数至少要有 5 个，以保证能较正确地绘制出气固比与出水悬浮固体浓度关系曲线。

3. 实验装置中所列的水泵、吸水池和空压机可供 8 组学生同时进行实验。

六、实验结果整理

1. 记录实验条件

实验日期：____年____月____日；活性污泥采样地点：_____。

气温：____℃；空气的容重：____mg/L；水温：____℃；空气溶解度：____mg/L；

溶气罐的工作压力：____Pa。

2. 测定气固比实验数据记录可参考表 4-10 进行。

表 4-10　气固比实验数据记录

回流比 R（q/Q）	0.2	0.4	0.6	0.8	1.0	MLSS/（mg/100mL）
称量瓶序号						
后读数/g						
前读数/g						
差值/g						

3. 将表 4-11 的实验数据整理列入表 4-11。

表 4-11　气固比实验数据整理

回流比 R					
出水悬浮固体浓度/（mg/L）					
气固比					
去除率/%					

4. 根据表 4-11 数据绘制气固比与出水悬浮固体浓度之间关系曲线（参考图 4-15）。
5. 若实验时测定了浮渣固体浓度，可根据实验结果绘制出气固比与浮渣固体浓度的关系曲线。

七、实验结果讨论

1. 应用已掌握的知识分析取得的释气量测定结果的正确性。
2. 试述工作压力对溶气效率的影响。
3. 拟定一个测定气固比与工作压力之间关系的试验方案。

技能训练2　活性炭吸附

一、实验目的

1. 掌握吸附等温线的测定方法。
2. 掌握静态吸附容量的计算。

二、实验原理

利用活性炭可以吸附水中的污染物，从而起到净化污水的目的。静态吸附时，固体吸附剂在溶液中吸附溶质的程度，可用吸附容量来表示。在一定温度下，达到吸附平衡的溶液中，吸附量与溶液浓度的关系遵循 Freundlich 等温吸附方程，即可用式（4-9）和式（4-10）来表示。若以 $\lg q$ 对 $\lg c$ 作图，可得到一斜率为 n，截距为 $\lg K$ 的直线，由直线可求得 n 和 K 值。

吸附容量 q 可以通过吸附前后的溶液浓度的变化及活性炭准确称量值求得，即可由式（4-8）计算得到。

三、实验仪器和试剂

磨口带塞锥形瓶（250mL）6 个；普通锥形瓶（250mL）12 个；烧杯（250mL）6 个；酸式滴定管（配溶液用）2 支；漏斗 6 个；碱式滴定管 1 支；漏斗架 3 个；滴定管架 2 个；移液管（100mL）1 支；移液管（50mL）2 支；移液管（20mL）6 支；移液管（10mL）4 支；移液管（5mL）2 支；振荡机 1 台。

0.4mol/L 乙酸溶液；0.1mol/L NaOH 溶液；滤纸；活性炭；酚酞指示剂。

四、实验步骤

1. 活性炭的预处理。市售活性炭在制备、贮藏过程中常混有杂质，使吸附性能大为降低，故在使用前必须预处理。预处理方法如下（可根据活性炭污染情况任选其一）。

（1）在 150℃加热处理 4～5h 备用。

（2）加 2～3mol/L 盐酸至浸没活性炭，水浴加热半小时，减压滤干，以蒸馏水洗至 pH 为 5～6，滤干，150℃烘干 4～8h 备用。

2. 配制样品。取 6 个干净的磨口带塞锥形瓶，编号。每瓶内称取 1.5g 活性炭（准确称量至毫克），按下表所列的剂量先加入水，再加入 0.4mol/L 乙酸溶液。

项　　目	1	2	3	4	5	6
加水体积/mL	0	50	70	85	90	95
加乙酸溶液体积/mL	100	50	30	15	10	5

将各瓶塞紧,在室温下振荡各瓶。让其中溶液与活性炭充分混合。频繁地振荡使其达到吸附平衡(一般需要 2h 以上,所以可在实验前一天配制好样品溶液)。

3. 平衡组成的测定。达到平衡后,将溶液分别过滤,弃去开始滤出的数毫升溶液,然后把滤液接收在烧杯中。用移液管分别在第 1、2 号瓶中取 10mL,在第 3、4 号瓶中取 20mL,在第 5、6 号瓶中取 40mL,置于锥形瓶中。以酚酞为指示剂,用 0.1mol/L NaOH 标准溶液滴定。所有的溶液滴定均须重复操作一次。

五、注意事项

本实验的关键是吸附一定要达到平衡,6 个瓶的吸附温度要相同。

六、数据记录和处理

1. 根据 $c_1V_1=c_2V_2$,分别求出乙酸溶液的初始浓度 c_0 和平衡浓度 c;
2. 将 c_0 和平衡浓度 c 代入式(4-8)算出吸附容量 q 值,并算出 $\lg q$ 值和 $\lg c$ 值;将以上数据分别填入下表内。

项目	1	2	3	4	5	6
0.4mol/L 乙酸溶液体积 V/mL	100	50	30	15	10	5
蒸馏水体积 $V_水$/mL	0	50	70	85	90	95
活性炭质量 m/g						
滴定用碱的体积 V_{OH^-}/mL						
取样的体积 $V_{乙酸}$/mL	10	10	20	20	40	40
乙酸的平衡浓度 c/(mol/L)						
q 值						
$\lg q$ 值						
$\lg c$ 值						

3. 根据表内数据作出 q 对 c 的吸附等温线;并以 $\lg q$ 对 $\lg c$ 作图,从所得直线斜率和截距求出常数 K 和 n。

5 污水的好氧生物处理

5.1 污水生物处理的基本理论

去除胶体和溶解态有机物最经济有效的方法是生物化学法,简称**生物法**。生物法主要依靠微生物的新陈代谢将污水中的有机物转化为自身细胞物质和简单化合物,使水质得到净化。

5.1.1 污水中的微生物

5.1.1.1 微生物的分类

微生物一般只能用电子显微镜或光学显微镜才能看见。微生物对环境的适应性强,并能在多种因素的诱导下发生变异。污水中的微生物种类繁多,主要有菌类、藻类,水中常见的**微生物分类**如图 5-1 所示。

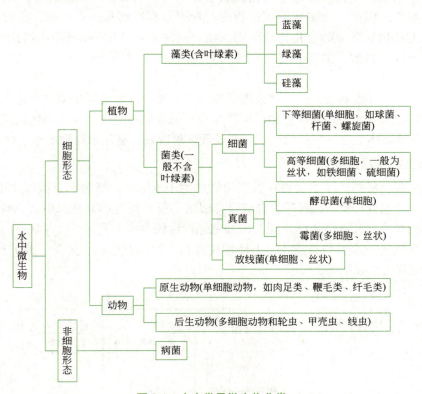

图 5-1 水中常见微生物分类

细菌的适应性强，增长速度快。细菌分裂一次的时间即世代时间为 20～30min。根据对营养物需求的不同，可将细菌分为自养菌和异养菌两大类。自养菌利用各种无机物（CO_2、HCO_3^-、NO_3^-、PO_4^{3-} 等）为营养将其转化为另一种无机物，释放出能量，合成自身细胞物质，其碳源、氮源和磷源皆为无机物。异养菌以有机碳作碳源，有机或无机氮为氮源，将其转化为 CO_2、H_2O、NO_3^-、CH_4、NH_3 等无机物，释出能量，合成细胞物质。污水处理设施中的微生物主要是异养菌。

真菌包括霉菌和酵母菌，前者是多细胞微生物，能产生菌丝；后者是单细胞微生物，不能形成菌丝。真菌是好氧菌，以有机物为碳源，生长 pH 为 2～9，最佳 pH = 5.6。真菌需氧量少，只有细菌的一半。真菌常出现于低 pH 值、分子氧较少的环境中。真菌丝体对活性污泥的凝聚起骨架作用，但过多丝状菌的出现会影响污泥的沉淀性能，而引起污泥膨胀。在生物膜中，普遍存在霉菌，被污染的水体中霉菌也很常见。真菌在污水处理中的作用不可忽视。

藻类是单细胞和多细胞的植物性微生物。它含有叶绿素，利用光合作用同化 CO_2 和 H_2O 放出 O_2，吸收水中的 N、P 等营养元素合成自身细胞。所以，藻类是自养微生物。白天藻类向水体提供 O_2，但夜间都吸收 O_2 放出 CO_2。氮和磷的存在会引起藻类大量繁殖，藻类繁殖是水体富营养化的标志。有些藻类能固定空气中的 N_2，即使除掉水中的氮也不能最终制止藻类的繁殖和富营养化的发展。

原生动物是最低等的能进行分裂增殖的单细胞动物。污水中的原生动物既是水质净化者又是水质指示物。绝大多数原生动物都属于好氧异养型。在污水处理中，原生动物的作用没有细菌重要，但由于大多数原生动物能吞食固态有机物和游离细菌，所以有净化水质的作用。原生动物对环境的变化比较敏感，在不同的水质环境中出现不同的原生动物，所以是水质指示物。例如，溶解氧充足时钟虫大量出现，溶解氧低于 1mg/L 时出现较少，也不活跃。

后生动物是多细胞动物。在污水处理设施和稳定塘中常见的后生动物有轮虫、线虫和甲壳类动物。后生动物皆为好氧微生物，生活在较好的水质环境中。后生动物以细菌、原生动物、藻类和有机固体为食，它们的出现表明处理效果较好，是污水处理的指示性生物。

5.1.1.2 微生物的营养关系

细菌、真菌、藻类、原生动物和后生动物共生于水体中。细菌和真菌以水中的有机物、氮和磷等为营养进行有氧和无氧呼吸合成自身细胞。藻类利用 CO_2 和水中氮、磷进行光合作用合成自身细胞并向水体提供 O_2。藻类的细胞死亡后成为菌类繁殖的营养物质。原生动物吞食水中固态有机物、菌类和藻类。后生动物捕食水中固体有机物、菌类、藻类和原生动物。它们之间的营养关系如图 5-2 所示。

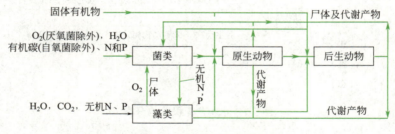

图 5-2 水中微生物的营养关系

5.1.2 微生物的代谢与污水的生物处理

微生物的生命过程是营养不断被利用，细胞物质不断合成又不断消耗的过程。在这一过程中伴随着新生命的诞生，旧生命的死亡和营养物（基质）的转化。污水的生物处理就是利用微生物对污染物（营养物）的代谢转化作用实现的。

5.1.2.1 微生物的代谢

微生物从污水中摄取营养物质，通过复杂的生物化学反应合成自身细胞和排出废物。这种为维持生命活动和生长繁殖而进行的生化反应过程叫新陈代谢，简称**代谢**。根据能量的转移和生化反应的类型可将代谢分为分解代谢和合成代谢。小分子的可溶性营养物（有机物）在透膜酶作用下透过细胞壁和细胞膜进入细胞内。大分子（淀粉、蛋白质等）、固体或胶体物质被微生物细胞吸附后，在胞外酶的作用下，分解（水解）转化为较简单的溶解性物质再透过细胞膜进入细胞质。进入细胞质的营养物在胞内酶的作用下发生一系列生化反应。这些生化反应可分为两类：第一类反应使营养物分解转化为简单的化合物并释放出能量，这一过程叫分解代谢或产能代谢；第二类反应使另一部分营养物转化为细胞物质并吸收分解代谢释放出的能量，这一过程叫合成代谢。当营养物缺乏时，微生物对自身细胞物质进行氧化分解，以获得能量，这一过程叫内源呼吸。当营养物充足时，内源呼吸并不明显，但营养物缺乏时，内源呼吸是能量的主要来源。

（1）**分解代谢**　分解代谢又叫产能代谢。根据分解代谢过程对氧的需求，可将分解代谢分为好氧分解代谢和厌氧分解代谢。无论哪种代谢都存在着电子和氢原子的转移，但不同代谢过程的电子受体和受氢体不同。

① 好氧分解代谢　好氧分解代谢是好氧微生物和兼性微生物利用分子氧（O_2）氧化分解营养物质的过程。反应的最终受氢体（电子受体）是分子氧。如：

$$C_xH_yO_z + \left(x + \frac{y}{4} - \frac{z}{2}\right)O_2 \longrightarrow xCO_2 + \frac{y}{2}H_2O + 能量 \tag{5-1}$$

$$C_{11}H_{29}O_7N + 14O_2 + H^+ \longrightarrow 11CO_2 + 13H_2O + NH_4^+ + 能量 \tag{5-2}$$

$$H_2S + 2O_2 \longrightarrow H_2SO_4 + 能量 \tag{5-3}$$

$$NH_4^+ + 2O_2 \longrightarrow NO_3^- + 2H^+ + H_2O + 能量 \tag{5-4}$$

好氧分解代谢速度较快，代谢过程中产生的能量多，基质氧化分解得彻底。

② 厌氧分解代谢　厌氧分解代谢是厌氧微生物和兼性微生物在无分子氧（O_2）的环境中氧化分解营养物质的过程。此过程的受氢体不是O_2，而是其他物质（有机物、含氧化合物等）。厌氧分解代谢过程中营养物氧化不彻底，最终产物除CO_2和H_2O外，还含有较多的小分子中间产物（乙醇、甲烷等），这些物质含有较多的能量，所以代谢过程释放的能量少。如：

$$C_6H_{12}O_6 \longrightarrow 2CH_3CH_2OH + 2CO_2\uparrow + 92.0kJ \tag{5-5}$$

$$C_6H_{12}O_6 + 4NO_3^- \longrightarrow 6CO_2\uparrow + 6H_2O + 2N_2\uparrow + 1755.6kJ \tag{5-6}$$

$$2CH_3OH + 2NO_3^- \longrightarrow N_2\uparrow + 4H_2O + 2CO_2\uparrow \tag{5-7}$$

$$2CH_3CHOHCOOH + H_2SO_4 \longrightarrow 2CH_3COOH + 2CO_2\uparrow + H_2S\uparrow + 2H_2O + 1125kJ \quad (5\text{-}8)$$

$$2CH_3CH_2OH + CO_2 \longrightarrow CH_4 + 2CH_3COOH \quad (5\text{-}9)$$

$$4H_2 + CO_2 \longrightarrow CH_4 + 2H_2O \quad (5\text{-}10)$$

（2）**合成代谢**　微生物在分解代谢过程中不但产生简单化合物（代谢产物）和能量，还产生一系列的中间产物（如有机酸、氨基酸、NH_3、NO_3^-、SO_4^{2-} 及 K^+、Na^+、Ca^{2+} 和 Mg^{2+} 等）。接着利用部分中间产物合成自身细胞物质（蛋白质、碳水化合物、脂肪、核酸等），这种合成细胞物质的过程叫做合成代谢。合成代谢过程中需要的能量来自分解代谢。好氧异养微生物的合成代谢和分解代谢总反应式如下：

$$C_xH_yO_z + NH_3 + \left(x + \frac{y}{4} - \frac{z}{2} - 5\right)O_2 \longrightarrow C_5H_7NO_2 + (x-5)CO_2 + \frac{1}{2}(y-4)H_2O \quad (5\text{-}11)$$

藻类是自养微生物，能进行光合作用合成自身细胞。在光照条件下，藻类以 H_2O 为供氢体，光合同化 CO_2 合成自身细胞、贮存糖或淀粉，释放 O_2。夜间利用白天合成的糖和淀粉等有机物进行有氧呼吸放出 CO_2。

$$CO_2 + H_2O \xrightleftharpoons[\text{夜间}]{\text{白天}} [CH_2O] + O_2 \quad (5\text{-}12)$$

（3）**分解代谢与合成代谢的关系**　没有新陈代谢就没有生命。微生物通过新陈代谢不断地增殖和死亡。微生物的分解代谢为合成代谢提供能量和物质，合成代谢为分解代谢提供催化剂和反应器。两种代谢相互依赖，相互促进，不可分割。微生物的新陈代谢可用图 5-3 表示。

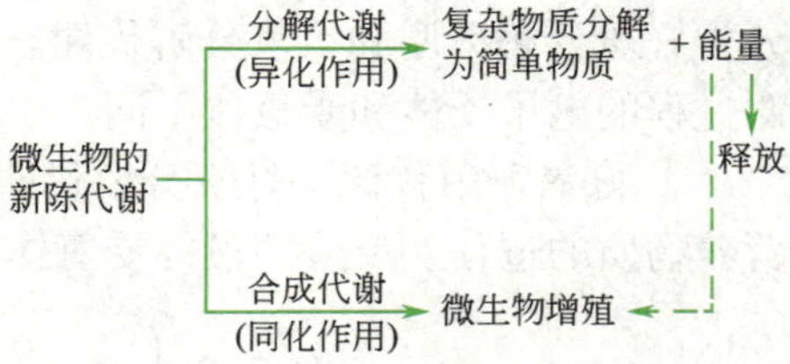

图 5-3　微生物新陈代谢示意图

由图 5-3 可知，微生物代谢消耗的营养物一部分分解成简单的物质排入环境，另一部分合成为细胞物质。不同的微生物代谢速度不同，营养物用于分解和合成的比例也不相同。厌氧微生物分解营养物不彻底，释放的能量少，代谢速度慢，将营养物用于分解的比例大，用于合成的比例小，细胞增殖慢。好氧微生物分解营养物彻底，最终产物（CO_2、H_2O、NO_3^-、PO_4^{3-} 等）稳定，含有的能量最少。所以好氧微生物代谢中释放的能量多，代谢速度快，将营养物用于分解的比例小，用于合成的比例大，细胞增殖快。

5.1.2.2　污水的生物处理

污水中的污染物可能是微生物的营养，代谢产物大多是无害的小分子物质，所以微生物的代谢可以使污染物无害化。这种利用微生物代谢作用使污染物转化为细胞物质和无害的代谢产物的过程叫做污水的生物处理或生物净化。在有分子氧的条件下，好氧和兼性微生物降解污水中污染物的过程叫做污水的好氧生物处理。在无分子氧存在的条件下，厌氧和兼性微生物降解污水中污染物的过程叫作污水的厌氧生物处理。

（1）**生物处理设施中微生物的存在状态**　污水处理设施中的微生物主要是细菌。如果细菌以一定的排列方式相互黏聚，形成不同形状和尺寸的细菌集合体而悬浮于水中，则称这种集合体为菌胶团。在菌胶团上共生着其他微生物（真菌、藻类、原生动物和后生动物等），并吸附和交织着固体杂质（有机和无机），这种由微生物和固体杂质构成的混合体叫做活性污泥。如果细菌等微生物黏聚和固着生长在固体表面，形成膜状，则称这种膜状物质为生物膜。在生物膜上同样共生着其他微生物，也吸附交织着固体物质。污水处理设施中的微生物主要以活性污泥和生物膜的形式存在，只有在稳定塘中才存在大量游离态的微生物（藻类、细菌等）。活性污泥、生物膜和游离微生物有时共生于同一处理设施中，它们的共同作用使污染物得以去除。

（2）**生物处理中污染物的分解转化机制** 生物处理主要用于去除污水中的有机物。在好氧生物处理和厌氧生物处理中，有机物按照不同的机制进行转化。有机物的种类不同，转化的产物也不同。有机物的转化机制如图5-4所示。

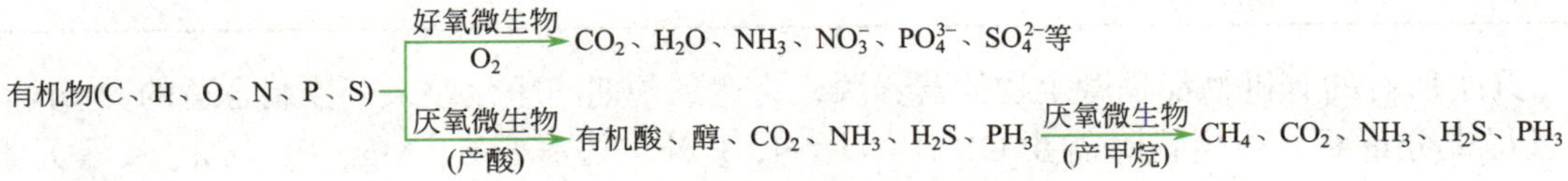

$$\text{有机物(C、H、O、N、P、S)} \begin{cases} \xrightarrow[O_2]{\text{好氧微生物}} CO_2、H_2O、NH_3、NO_3^-、PO_4^{3-}、SO_4^{2-}\text{等} \\ \xrightarrow[\text{(产酸)}]{\text{厌氧微生物}} \text{有机酸、醇、}CO_2、NH_3、H_2S、PH_3 \xrightarrow[\text{(产甲烷)}]{\text{厌氧微生物}} CH_4、CO_2、NH_3、H_2S、PH_3 \end{cases}$$

图5-4 生物处理中的有机物转化机制

污染物被微生物分解转化（降解）的难易程度叫污染物的可生化性。污染物越易被微生物分解，其可生化性越强，反之就弱。污水中的有机物种类繁多，常见的有碳水化合物（淀粉、纤维素、半纤维素等）、脂肪、醇、含氮有机物（蛋白质等）、含硫有机物、含磷有机物、芳香族化合物、有机酸、醛、醚、烃类等。其可生化性由强到弱排列如下：

淀粉和糖→有机酸、醇→蛋白质→含磷有机物→脂肪→纤维素→烃类及芳香族化合物

烃类和芳香族化合物的可生化性最差，是难生物降解的有机物。

5.1.3 微生物的生长条件和生长规律

5.1.3.1 微生物的生长条件

污水生物处理的主体是微生物，只有创造良好的环境条件让微生物大量繁殖才能获得令人满意的处理效果。影响微生物生长的条件主要有营养、温度、pH值、溶解氧及有毒物质等。

（1）**营养** 营养是微生物生长的物质基础，生命活动所需要的能量和物质来自营养。微生物细胞的组成（不包括H_2O和无机物），可用化学式$C_5H_7O_2N$或$C_{60}H_{87}O_{23}N_{12}P$表示。在污水生物处理时，应按细胞化学式中各元素的比例调节污水水质，向微生物提供营养。不同微生物细胞的组成不尽相同，对碳氮磷比的要求也不完全相同。好氧微生物要求碳氮磷比为$BOD_5:N:P=100:5:1$[或$COD:N:P=(200\sim300):5:1$]。厌氧微生物要求碳氮磷比为$BOD_5:N:P=100:6:1$。其中N以NH_3-N计，P以PO_4^{3-}-P计。微生物种类繁多，所需C、N、P的化学形式也不相同。如异养菌需要有机物为碳源，而自养菌以CO_2和HCO_3^-为碳源。营养物的分类见表5-1。

表5-1 微生物营养物分类

作用	来源
能源	有机化合物、无机化合物、阳光
电子受体	O_2、有机化合物、无机物中化合氧（NO_3^-、NO_2^-、SO_4^{2-}）
碳源	无机碳源（CO_2、HCO_3^-）
	有机碳源（有机化合物）
氮源	氨态氮（NH_3及NH_4^+）
	有机氮（尿素、蛋白质、氨基酸等）
磷源	无机磷酸盐
微生物元素及生长因素，如维生素	

几乎所有的有机物都是微生物的营养源，为达到预期的净化效果，控制合适的C∶N∶P比显得十分重要。微生物除需要C、H、O、N、P外，还需要S、Mg、Fe、Ca、K等元素，以及Mn、Zn、Co、Ni、Cu、Mo、V、I、Br、B等微量元素。

（2）**温度** 微生物的种类不同生长温度不同，各种微生物的总体生长温度范围是0～80℃。微生物生长速度最快时的温度叫最适生长温度；微生物生长最慢时的温度叫最低生长温度；微生物能够存活的上限温度叫最高生长温度。根据适应的温度范围，微生物可分为低温性（好冷性）、中温性和高温性（好热性）三类。低温性微生物的生长温度为20℃以下，中温性微生物的生长温度为20～45℃，高温性微生物的生长温度为45℃以上。好氧生物处理以中温为主，微生物的最适生长温度为20～37℃。厌氧生物处理时，中温性微生物的最适生长温度为25～40℃，高温性微生物的最适生长温度为50～60℃。所以厌氧生物处理常利用33～38℃和52～57℃两个温度段，分别叫做中温发酵和高温发酵。随着技术的进步，厌氧反应已能在20～25℃的常温下进行，这就大大降低了运行费用。低温性、中温性和高温性微生物都有各自的最低生长温度、最适生长温度和最高生长温度，如表5-2所示。

表5-2 微生物生长温度

类别	生长温度/℃			备注
	最低	最适	最高	
低温微生物	-5～0	10～20	25～30	水中微生物
中温微生物	5～10	20～40	45～50	大多数腐生微生物及所有寄生微生物
高温微生物	25～45	50～60	70～80	土壤、堆肥、温泉微生物

在最低生长温度至最适生长温度之间，温度升高，微生物酶活性增强，代谢速度加快，微生物生长速度也随之加快，生物处理效率提高。在最适生长温度上限至最高生长温度之间，温度升高，酶的活性逐渐降低，微生物生长速度逐渐变慢，生物处理效率下降。当温度超过最高生长温度时，微生物因蛋白质凝固而死亡，酶系统丧失活性，这种改变不可逆转。低温不会使微生物死亡，但其代谢活力下降，处理效率降低。这种改变是可以逆转的，一旦升高温度，便迅速恢复活力。水温的改变不能太快，否则，微生物不能适应而丧失活力。一般情况下，一日内温度的波动不宜超过±5℃。所以，在生物处理时要控制适宜的水温并保持稳定。

在适宜的温度范围内，每升高10℃，生化反应速率就提高1～2倍。所以，在较高最适温度条件下生物处理效果较好。人为改变污水温度将增大处理成本，所以好氧生物处理一般在自然温度下进行，即在常温下进行。好氧生物处理效果受气候的影响较小。厌氧生物处理受温度影响较大，需要保持较高的温度，但考虑到运行成本，应尽量采用常温下运行（20～25℃）。如果原污水的温度较高，应当采用中温发酵（33～38℃）或高温发酵（52～57℃）。如果有足够的余热或发酵过程中产生足够的沼气（高浓度有机污水和污泥消化），则可以利用余热或沼气的热能实现中温和高温发酵。如果原污水的温度太高，则需降温。

（3）**pH 值**　酶是一种两性电解质，pH 值的变化影响酶的电离形式，进而影响酶的催化性能，所以 pH 值是影响酶的活性的重要因素之一。不同的微生物具有不同的酶系统，就有不同的 pH 值适应范围。细菌、放线菌、藻类和原生动物的 pH 值适应范围是 pH 值为 4～10。酵母菌和霉菌的最适 pH 值为 3.0～6.0。大多数细菌适宜 pH 值为 6.5～8.5 的中性和偏碱性环境。好氧生物处理的适宜 pH 值为 6.5～8.5，厌氧生物处理的适宜 pH 值为 6.7～7.4（最佳 pH 值为 6.7～7.2）。在生物处理过程中保持最适 pH 值范围非常重要。否则，微生物酶的活性降低或丧失，微生物生长缓慢甚至死亡，导致处理失败。

进水 pH 值的突然变化会对生物处理产生很大的影响，这种影响不可逆转。所以保持 pH 值的稳定非常重要。

（4）**溶解氧**　好氧微生物的代谢过程以分子氧为受氢体，并参与部分物质的合成。没有分子氧，好氧微生物就不能生长繁殖，所以，进行好氧生物处理时，要保持一定浓度的溶解氧（O_2）。供氧不足时，适合低溶解氧生长的微生物（微量好氧的发硫菌）和兼性微生物大量繁殖。它们分解有机物不彻底，处理效果下降。低溶解氧状态下丝状菌优势生长，引起污泥膨胀。溶解氧浓度过高，不仅浪费能量，而且会因营养相对缺乏而使细胞氧化和死亡。为取得良好的处理效果，好氧生物处理时应控制溶解氧 2～3mg/L（二沉池出水 0.5～1mg/L）为宜。

厌氧微生物在有氧条件下生成 H_2O_2，但没有能分解 H_2O_2 的酶而被 H_2O_2 杀死。所以，在厌氧生物处理反应器中绝对不能有分子氧存在。其他氧化态物质如 SO_4^{2-}、NO_3^-、PO_4^{3-} 和 Fe^{3+} 等也会对厌氧生物处理产生不良影响，也应控制它们的浓度。

（5）**有毒物质**　对微生物有抑制和毒害作用的化学物质叫有毒物质。它能破坏细胞的结构，使酶变性而失去活性。如重金属能与酶的—SH 基团结合，或与蛋白质结合使之变性或沉淀。有毒物质在低浓度时对微生物无害，超过某一数值则发生毒害。某些有毒物质在低浓度时可以成为微生物的营养。有毒物质的毒性受 pH 值、温度和有无其他有毒物质存在等因素的影响，在不同条件下毒性相差很大，不同的微生物对同一毒物的耐受能力也不同，具体情况应根据实验而定。

在污水生物处理过程中，应严格控制有毒物质浓度，但有毒物质浓度的允许范围尚无统一的标准，表 5-3 的数据可供参考。

表5-3 废水生物处理有毒物质允许浓度

毒物名称	允许浓度/（mg/L）	毒物名称	允许浓度/（mg/L）
亚砷酸盐	5	CN^-	5~20
砷酸盐	20	氰化钾	8~9
铅	1	硫酸根	5000
镉	1~5	硝酸根	5000
三价铬	10	苯	100
六价铬	2~5	酚	100
铜	5~10	氯苯	100
锌	5~20	甲醛	100~150
铁	100	甲醇	200
硫化物（以S计）	10~30	吡啶	400
氯化钠	10000	油脂	30~50
氨	100~1000	乙酸根	100~150
游离氯	0.1~1	丙酮	9000

5.1.3.2 微生物的生长规律

同一种微生物在不同的生长条件下细胞的增殖速度不同，说明细胞的增殖速度与环境条件之间存在着某种必然的联系，这种联系叫微生物的生长规律。一般指其他条件不变的情况下（温度、pH值等）微生物增殖速度与营养物浓度之间的关系。纯菌种分批培养（基质一次性投加）的生长规律如图5-5所示。按细菌生长速度不同，生长规律可划分为四个生长时期：停滞期（适应期）、对数期（指数期）、静止期（平衡期）和衰亡期（内源代谢期）。污水生物处理中微生物的生长规律与纯种细菌相仿，也存在停滞期、对数期、静止期和衰亡期，但一般仅处在某一两个生长期。

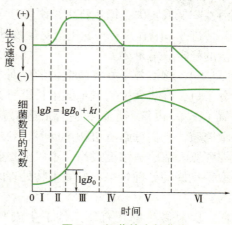

图5-5 细菌的生长曲线

（1）**停滞期** 将细菌接种到培养基中，经过一个适应期才开始生长繁殖，这个适应期叫做停滞期（图5-5，Ⅰ，Ⅱ）。停滞期初期（图5-5，Ⅰ）细菌适者生存，不适者死亡，存活的细胞繁殖速度缓慢上升，菌体数量增长缓慢。到后期（图5-5，Ⅱ）繁殖速度明显加快，代谢活力增强，细菌总数有所增加。

（2）**对数期** 继停滞期后，在基质丰富和其他条件适宜的情况下，细菌的生长速度增至最大（世代时间最短），而进入对数期（图5-5，Ⅲ）。对数期营养充足，有毒代谢产物少，所以细菌几乎不死亡，菌体总数以几何级数增加。如果以细菌分裂的世代时间为单位时间，则菌体个数与时间成指数关系，菌体数量的对数与时间成直线关系。因为营养充足，所以对数期细菌的生长速度取决于细菌的本性，而不受基质浓度的限制。

对数期微生物代谢旺盛，繁殖快，活性强，分解基质速度快。在工程实践中，为了使污泥处于对数生长期，必须保持较高的基质浓度，即保持较高的污染物浓度，所以出水水质较差。处于对数期的污泥呈分散状态，混合液中有较多的游离微生物，混合液沉淀性能差，上层液体浑浊，这也使出水水质变差。

（3）**静止期** 对数期细菌生长消耗了大量基质，使基质浓度明显降低，成为细菌生长的限制条件。与此同时，代谢产物大量积累，对菌体产生毒害作用。这些因素对细菌生长不利，细菌的生长速度开始降低，活菌体开始死亡，细菌的增长进入静止期（图5-5，Ⅳ，Ⅴ）。在静止期，菌体生长速度逐渐降低，死亡速度逐渐增大。某一时刻生长速度与死亡速度基本相等，建立生衰平衡，细菌总数达到最大值，并恒定一段时间，所以叫平衡期。导致细菌生长进入静止期的主要原因是基质浓度较低时，基质成了细菌生长的限制条件。

在工程实践中，污泥生长处于静止期时，污染物浓度低，污泥絮凝沉淀性能好，沉淀后上层液体清澈。将生物处理设施的运行状态控制在静止期可获得好的出水水质。运行良好的活性污泥处在静止期。

（4）**衰亡期** 继静止期之后，基质几乎耗尽，细菌因缺乏营养而利用贮存的物质和细胞质进行内源呼吸（自溶），菌体生长进入衰亡期（图5-5，Ⅵ）。在衰亡期，由于内源呼吸和代谢产物的毒害作用，细菌生长受到抑制，菌体少繁殖、不繁殖或自溶。细菌死亡速率超过生长速率，活菌数在一个阶段以几何级数减少（对数衰亡期）。

在工程实践中，处于衰亡期的污泥混合液中含有较多的死菌碎片，出现较多的原生动物和后生动物，细菌出现畸形或衰退型，污泥活性下降。衰亡期的污泥较松散，但沉淀性能好，沉淀后上层液体清澈，含有少量的细小泥花。由于衰亡期污染物几乎耗尽，所以处于衰亡期运行的处理设施出水水质最好。

在工程实践中，可通过改变进水有机负荷率将微生物控制在不同的生长期，为取得较好的处理效果，一般将污泥生长控制在静止期或衰亡初期。

5.1.4 生化反应动力学

污水生物处理过程是以酶为催化剂的生化反应过程，反应结果是微生物的增长和基质的降解。生化反应速率可用单位时间内营养物的减少量或微生物的增加量表示。这里所说的营养物指的是限制微生物生长的营养物，一般指有机物。

5.1.4.1 微生物增长速度

微生物的增长速度不仅与微生物浓度有关，而且与基质浓度（限制性营养物浓度）有关。法国学者莫诺特（Monod）在前人酶反应动力学研究和实验的基础上，提出了微生物生长速度与限制性营养物浓度之间的关系式，即莫诺特方程式：

$$\mu = \mu_{max} \frac{c_S}{K_S + c_S} \tag{5-13}$$

式中 c_S——限制性营养物浓度，mg/L；

K_S——饱和常数，即 $\mu = 1/2\mu_{max}$ 时的营养物浓度，又称半速度常数，mg/L；

μ_{max}——最大比增长速度，即营养物浓度很高时微生物量的增长速度，t^{-1}；

μ——微生物比增长速度，即单位微生物量的增长速度，$\mu = \dfrac{dc_X/dt}{c_X}$，$t^{-1}$；

c_X——微生物浓度，mg/L；

t——生化反应时间，t。

当基质浓度 c_S 较小时，$c_S \ll K_S$，$\mu = \dfrac{\mu_{max}}{K_S} \cdot c_S$，即微生物增长速度与基质浓度成正比，是一级反应，微生物增长处于静止期。

当基质浓度很大时，$c_S \gg K_S$，$\mu = \mu_{max}$，达到最大。此时，再增加基质浓度，对微生物增长速度无影响，是零级反应，微生物增长处于对数期。

当 K_S 与 c_S 差距不大时,增大基质浓度,微生物增长速度加快,但与基质浓度不成正比,反应级数介于 0~1 之间,为混合级反应。

莫诺特方程的图形如图 5-6 所示。

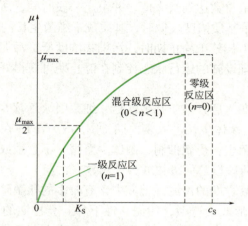

图 5-6 微生物比增长速度与基质浓度关系

5.1.4.2 基质降解速度

微生物的增长是基质降解的结果,不同的基质用于合成微生物细胞的比例不同。微生物的增长速度与基质的降解速度之间有一定的比例关系。

$$Y = \frac{\mu}{q} \tag{5-14}$$

式中　Y——产率系数;
　　　μ——微生物比增长速度,t^{-1};
　　　q——基质比降解速度,即单位基质量的降解速度,t^{-1}。

由式(5-14)知 $\mu = Yq$ 和 $\mu_{max} = Yq_{max}$,再代入式(5-13)得:

$$q = q_{max} \frac{c_S}{K_S + c_S} \tag{5-15}$$

式中　q_{max}——基质最大比降解速度;
　　　K_S——饱和常数,即 $q = \frac{1}{2} q_{max}$ 时的基质浓度,又称半速度常数。

式(5-15)是莫诺特方程的另一种形式,它表示了基质降解速度与基质浓度之间的关系,其图形与图 5-6 相似。

5.1.4.3 微生物净增长速度

在工程实践中,一般将微生物生长控制在静止期和衰亡期,以便取得较好的处理效果。静止期和衰亡初期微生物的内源代谢较为显著,在合成新细胞的同时,也消耗细胞物质。这使得微生物的净增长量小于细胞合成量。

霍克来金(Heukelekian)等通过大量试验和物料衡算提出微生物净增长速度表达式为:

$$\left(\frac{dc_X}{dt}\right)_g = Y\left(\frac{dc_S}{dt}\right)_u - K_d c_X \tag{5-16}$$

式中 $\left(\dfrac{dc_X}{dt}\right)_g$ ——微生物净增长速度;

$\left(\dfrac{dc_S}{dt}\right)_u$ ——微生物细胞合成速度;

Y ——产率系数,又称微生物增长系数;

c_X ——细胞因内源呼吸消耗的速度;

K_d ——内源呼吸(或衰减)系数,即单位时间内,单位微生物量内源呼吸消耗的量,t^{-1}。

式(5-16)两边同除以 c_X,得:

$$\mu' = Yq - K_d \qquad (5\text{-}17)$$

式中 μ' ——微生物比净增长速度。

在工程实践中,产率系数 Y 常以实测的观测产率系数(微生物净增长系数)Y_{obs} 代替。此时,式(5-16)和式(5-17)分别改写为:

$$\left(\dfrac{dc_X}{dt}\right)_g = Y_{obs}\left(\dfrac{dc_S}{dt}\right)_u \qquad (5\text{-}18)$$

$$\mu' = Y_{obs}q \qquad (5\text{-}19)$$

式中 Y_{obs} ——观测产率系数,又称微生物净增长系数。

式(5-16)~式(5-19)表达了微生物的净增长和基质降解之间的基本关系。

式(5-13)、式(5-15)、式(5-16)和式(5-18)等是污水处理工程实践中常用的基本动力学方程式。式中的 K_S、μ_{max}、q_{max}、Y、Y_{obs} 和 K_d 等动力学系数与微生物的种类和浓度、基质种类、pH值和温度等有关。不同的生物处理系统有着不同的动力学系数,可通过实验测得。方程中的 c_S 必须是限制微生物增长的营养物浓度,一般指污水中有机物浓度,用 BOD_5 或 COD 表示。

5.1.5 污水的可生化性

污水的可生化性指的是污水中污染物被微生物降解的难易程度,即污水生物处理的难易程度。污水的可生化性是污水中所有污染物对微生物发生作用的综合反应。污水的可生化性取决于污水的水质,即污水所含污染物的性质。如果污水的营养比例适宜,污染物易被生物降解,有毒物质含量低,则污水的可生化性强,反之亦然。适于微生物生长的污水,可生化性强,不适于微生物生长的污水可生化性差。

5.1.5.1 可生化性的评价

(1)评价方法 污水的可生化性常用 BOD_5 与 COD 的比值来评价。5日生化需氧量 BOD_5 粗略代表可生物降解的还原性物质的含量(主要是有机物),化学需氧量 COD 粗略代表还原性物质(主要为有机物)的总量。由 $\dfrac{BOD_5}{COD} = \dfrac{1}{m} \times \dfrac{COD_B}{COD}$($COD_B$ 为可生物降解的还原性物质含量)知,$\dfrac{BOD_5}{COD}$ 为还原性物质中可生物降解部分所占的比例(COD_B/COD)与生物降解速度($1/m$)的乘积,能粗略代表还原性物质可生物降解的程度和速度,即污水的可生化性。一般情况下,BOD_5/COD 值越大,污水的可生化性越强,具体评价标准参照表5-4。

表5-4 污水可生化性评价标准

BOD_5/COD	<0.3	0.3～0.45	>0.45
可生化性	难生化	可生化	易生化

（2）注意事项　BOD_5/COD只能近似代表污水的可生化性，使用BOD_5/COD评价污水的可生化性时应考虑以下几方面的影响。

① 固体有机物　有些固体有机物可在COD测定中被重铬酸钾氧化，以COD的形式表现出来，但在BOD_5测定时对BOD_5的贡献很小，不能以BOD_5的形式表现出来，致使BOD_5/COD偏低。实际上这些固体有机物可通过生物絮凝作用和生物降解作用予以去除。此时污水的BOD_5/COD虽小，但生物处理的效果却不差。

② 无机还原性物质　污水中的无机还原性物质在BOD_5和COD的测定中也消耗溶解氧。同一种无机还原性物质在两种测定中消耗的溶解氧量不同，致使BOD_5/COD降低，但此时污水的可生化性不一定差。

③ 特殊有机物　有些有机物比较特殊，能被微生物部分氧化，却不能被K_2CrO_7氧化。BOD_5/COD虽大，但实际上污水的可生化性较差。

④ BOD_5/TOD　TOD比COD更能准确代表污水中有机物的含量，用BOD_5/TOD评价污水的可生化性更加准确。

⑤ 接种微生物的驯化　在测定BOD_5时是否采用经过驯化的菌种，对测定结果影响很大。采用未经驯化的微生物接种，测得的结果偏低，采用经过驯化的微生物接种，测得的结果更加符合处理设施的实际运行情况。接种未经驯化的微生物测得的BOD_5/COD偏低，由此推断污水的可生化性较差是不符合实际情况的。因此，在测定BOD_5时，必须接入驯化菌种。

⑥ 水样稀释　测定BOD_5时，往往需要对原污水加以稀释。因为有毒物质在浓度不同时毒性不同，所以，不同的稀释比对测定结果影响很大。合成有机物、无机盐、重金属、硫化物和SO_4^{2-}等在浓度高时对微生物有毒害作用，而抑制微生物的生长，此时污水的可生化性较差。如果在测定这种污水的BOD_5时，将水样稀释，则由于有毒物质浓度降低，毒性减弱，所以污水可生化性增强，测得的BOD_5/COD增大。由此推断原污水的可生化性较强是错误的。

5.1.5.2　改善可生化性的途径

改善污水可生化性的基本原则是创造有利于微生物生长的水质条件。可通过下列途径改善污水的可生化性。

（1）调节营养比　好氧生物处理要求C、N、P比为$BOD_5:N:P=100:5:1$，厌氧生物处理要求$BOD_5:N:P=100:6:1$。某些工业废水营养不全（如石化废水、造纸废水和酒精废水缺少N和P，洗涤剂废水缺乏N），应人为调节废水的C、N、P比例（见5.1.3.1微生物的生长条件）。可以投加生活废水、食品废水或屠宰污水等营养全面的污水；也可投加米泔水和淀粉浆补充碳源；投加尿素、铵盐和硝酸盐补充氮源；投加磷酸盐补充磷源，还可投加粪便水、泡豆水等有机氮源和磷源。其中NH_3和磷酸盐最易被微生物利用。厌氧生物处理时，加入NH_3-N会降低CH_4产率，所以厌氧生物处理以加入NH_4^+或有机氮（尿素）为宜。如果污水不缺营养，不应添加上述物质，否则会导致反驯化，影响处理效果。

（2）**调节 pH 值**　好氧生物处理的适宜 pH=6.5～8.5，厌氧生物处理的适宜 pH=6.7～7.4。可采用下列措施控制反应混合物的 pH 值。

① 调节池调节进水 pH 值　用调节池对 pH 值波动较大的污水进行均质，使 pH 值稳定在适宜的范围内再进入反应器。

② 酸碱中和调节进水 pH 值　用酸性污水、碱性污水、酸性物质（H_2SO_4、HCl、H_3PO_4、CO_2、SO_2、NO_2 等）或碱性物质 [$CaCO_3$、CaO、$Ca(OH)_2$、NaOH、Na_2CO_3 等] 将进水 pH 值调整到适宜范围。

③ 用碱性物质控制反应混合物的 pH 值　好氧生物处理时，如果进水中含有较多的还原态 S、N、P，则会产生 H_2SO_4、HNO_3 和 H_3PO_4，使 pH 值下降。可加入 CaO、NaOH 和 Na_2CO_3 等碱性物质将进水 pH 值调至碱性（有时 pH 值调至 10）来抵消反应产生的酸性物质，将反应器内的 pH 值控制在适宜范围。厌氧生物处理时，进水固态和大分子有机物较多、负荷增大和温度降低等都可能引起挥发酸积累（200～2000mg/L 以下为宜），而使 pH 值下降。如果进水中含有大量有机氮，则可能产生大量 NH_3 而使 pH 值上升（总氨以 50～200mg/L 为宜，不宜超过 1000mg/L）。所以应使反应器保持稳定的进水、一定的碱度（1000～5000mg/L 为宜）和缓冲能力（进水中加入碱性物质），以维持适宜的 pH 值。

如果进水中含有较多的有机酸，只要稳定操作，就能使反应器保持适宜的 pH 值。

④ 改变有机负荷控制反应混合液 pH 值　对于厌氧反应，有机负荷过高使反应混合液的 pH 值下降，此时应降低进水负荷使 pH 值恢复正常。

（3）**预处理**　絮凝沉淀、萃取、吸附、吹脱、化学沉淀、离子交换、生物水解、稀释、湿式氧化、加压水解、臭氧氧化和膜分离等预处理过程可去除和稀释有毒物质与盐类，改善污水的可生化性。

5.1.6　生物处理方法的分类

可生化性不同的污水应采用不同的生物处理方法，可生化性相同而污染物浓度不同的污水所采用的处理方法也不相同。

生物处理靠的是微生物的代谢，按照作用机制和对氧的需求，可将生物处理分为好氧法和厌氧法两大类。按照微生物的附着方式，可将生物处理分为悬浮生长法和固着生长法，即活性污泥法和生物膜法（见图5-7）。

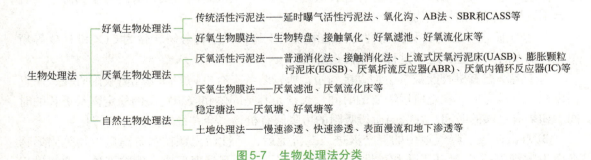

图 5-7　生物处理法分类

5.2 活性污泥法

5.2.1 活性污泥法的基本原理

(1) **活性污泥** 好氧微生物生长繁殖并凝聚在一起形成菌胶团，在菌胶团上共生着其他微生物（原生动物等）并吸附和交织着无生命的固体杂质而形成活性污泥。好氧活性污泥为褐色，稍有土腥味，具有良好的絮凝吸附性能。在活性污泥的微观生态系统中，细菌占主导地位。细菌等微生物的新陈代谢作用，以及菌胶团的吸附絮凝作用使污水中的污染物（有机物等）得以去除。

(2) **活性污泥法的基本流程** 活性污泥法已有100多年的发展历史，其基本流程如图5-8所示。

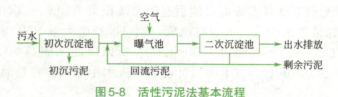

图5-8 活性污泥法基本流程

污水经初次沉淀池去除大部分固态杂质后进入曝气池。曝气池中充满活性污泥与污水的混合液。曝气设备搅拌混合液使活性污泥呈悬浮状态，与污水中的污染物充分接触。与此同时，曝气设备不断向混合液提供氧气，使污染物发生好氧代谢反应，分解转化为无毒无害物质。反应后的混合液流入二次沉淀池，活性污泥沉淀下来和净化水分离。沉淀污泥大部分返回曝气池，维持曝气池中的生物量，另一部分作为剩余污泥排出。活性污泥不断增殖，剩余污泥的排出量与增殖量相等。二沉池出水为净化水，排入环境。

(3) **活性污泥法的净化过程** 活性污泥去除有机物是分阶段进行的，依次为吸附阶段、稳定阶段和混凝阶段。

① 吸附阶段 活性污泥具有巨大的表面积，表面上含有多糖类黏性物质，使活性污泥具有很好的吸附性能。污水与活性污泥混合后，污水中的固体有机物等污染物首先被吸附转移到活性污泥表面，此为吸附阶段。

吸附阶段进行得很快，吸附量的大小取决于污染物的状态。如果污染物以固体或胶体态存在，吸附量就大；如果以溶解态存在，吸附量就小。被吸附的污染物有的可生物降解，有的是不可生物降解的惰性物质。

② 稳定阶段 吸附转移到活性污泥表面的污染物被微生物分解转化为 CO_2 和 H_2O 等简单化合物及自身细胞，这一过程叫作稳定阶段。

由于溶解态有机物能被微生物直接利用，所以溶解态有机物的降解无需吸附阶段，而直接由稳定阶段完成。稳定阶段需要的时间较长，尤其是固体和胶态物质的稳定需要更长的时间。如果有足够的时间，在吸附阶段吸附的可降解有机物就会在稳定阶段分解转化掉。

③ 混凝阶段 曝气池中的混合液进入二沉池后，活性污泥颗粒和游离微生物等固形物在微生物释出的 β-羟基丁酸和黏性物质等的作用下，相互凝聚形成大颗粒絮体，这一过程叫作混凝阶段。混凝阶段吸附和挟带污染物，共同沉淀，使污染物得以去除。如果混凝阶段固液分离不好，出水水质就会变差。

吸附阶段、稳定阶段和混凝阶段共同作用的结果，使污水得到净化。有机污水含有的污染物一般为溶解性有机物，所以稳定阶段的作用最为重要。

④ 处理工艺的选择　以固态和胶态有机物为主的污水，应利用吸附阶段和混凝阶段的共同作用使其净化。由于吸附作用和混凝作用能快速去除固态和胶态物质，所以不需要太长的曝气时间就可以达到较好的处理效果。

对于以溶解态有机物为主的污水，应利用稳定阶段和混凝阶段的共同作用使其净化。此时应适当延长曝气时间。对于含难降解有机物的污水可进行延时曝气。

（4）**活性污泥的性能指标及设计运行参数**　性能良好的活性污泥应具有良好的吸附氧化性能和絮凝沉淀性能。吸附氧化性能良好的污泥比较松散，表面积较大，活性和絮凝性能较好，但不一定具有良好的沉淀性能。例如处于膨胀状态的污泥结构松散，絮凝性能较好，但难以沉淀，随水流失，出水水质变差。沉淀性能好的污泥絮凝性能一般较好，也比较密实，但不一定有较强的活性。如处于老化状态的污泥，絮凝沉淀性能较好，但活性较差。为获得良好的净化效果，应使活性污泥既具有很强的活性又有很好的沉淀性能。评价活性污泥性能的指标及活性污泥系统的控制参数主要有污泥浓度、污泥沉降比、污泥体积指数、泥龄和污泥回流比等。

① **污泥浓度**　污泥浓度指单位体积混合液含有的悬浮固体量（MLSS）或挥发性悬浮固体量（MLVSS），单位为 mg/L 或 g/L。在活性污泥曝气池中，一般控制 MLSS=3～4 g/L。

MLSS 为混合液中无机物、非活性有机物和活性微生物的总浓度；MLVSS 为混合液中挥发性有机物浓度。虽然污泥浓度（MLSS 和 MLVSS）不等于活性微生物浓度，但在它们之间有着稳定的相关性，所以可用 MLSS（或 MLVSS）间接代表活性微生物的含量。在其他条件不变的情况下，污泥浓度越高，活性微生物浓度也越高，净化效果越好。

② **污泥沉降比（SV）**　污泥沉降比指活性污泥混合液静置沉淀 30min，所得污泥层体积与原混合液体积之比（%），即：

$$污泥沉降比 = \frac{混合液静置30min所得污泥层体积}{原混合液体积} \times 100\% \quad (5\text{-}20)$$

混合液沉淀 30min 所得污泥层的密度接近最大密度，所以 30min 的沉降比近似等于完全沉降时的沉降比。沉降比的大小同污泥的沉淀性能和污泥浓度有关，但相关性比较复杂。污泥浓度（MLSS）相同的混合液，污泥沉降比越大，说明絮体越松散，污泥的沉淀性能就越差；污泥沉淀性能相同的混合液，污泥沉降比越大，污泥浓度就越大。所以，对于特定的活性污泥处理系统，可以用沉降比表示混合液的污泥浓度，并以此控制污泥回流量和剩余污泥排放量。通常，污泥沉降比的正常范围为 15%～30%。

③ **污泥体积指数（SVI）**　污泥体积指数简称污泥指数（SI），是指曝气池混合液静置沉淀 30min 所得污泥层中，单位质量的干污泥所具有的体积，单位为 mL/g，常省略。如果知道 SV 和 MLSS，便可求出 SVI。

$$SVI = \frac{SV}{MLSS} \quad (5\text{-}21)$$

式中　SVI——污泥指数，mL/g；

　　　SV——污泥沉降比，%；

　　　MLSS——污泥浓度，g/mL。

污泥指数反映了活性污泥的密实性和沉降性能。如果 SVI 较高，说明污泥松散，沉淀性能较差；如果 SVI 过高，说明污泥已经膨胀，不易沉淀；如果 SVI 较低，说明污泥比较密实，沉淀性能较好；如果 SVI 过低，说明污泥细小密实，含无机物较多，已经老化，此时虽然有较好的沉淀性能，但活性和吸附性能都较差。

处理城市污水时，一般控制 SVI 50~150 为宜。不同性质污水的正常 SVI 范围差异较大。如果污水中溶解性有机物含量高，正常的 SVI 可能较高；如果污水中无机悬浮物含量高，正常的 SVI 值可能较低。特定污水的适宜 SVI 值应由实验和运行情况确定。污泥指数能较全面地反映污泥的活性和沉淀性能。

④ **泥龄** 活性污泥系统正常运行的重要条件之一是必须保持曝气池内稳定的污泥量（MLSS）。活性污泥反应的结果，使曝气池内的污泥量增加。此外，在污泥增长的同时，伴随着微生物的老化和死亡，若不及时排出就会导致活性下降。所以，每天必须从系统中排出与增长量相等的活性污泥量，即剩余污泥，以保持污泥量和活性的稳定。对于图 5-9 所示的活性污泥系统，剩余污泥排出量可用下式表示：

$$P = Q_w c_{xr} + (Q - Q_w) c_{xe} \quad (5-22)$$

式中　P——随剩余污泥排出的微生物量，kg/d；
　　　Q_w——剩余污泥量，m³/d；
　　　c_{xr}——剩余污泥浓度，kgMLSS/m³；
　　　Q——污水流量，m³/d；
　　　c_{xe}——出水浓度，kgMLSS/m³。

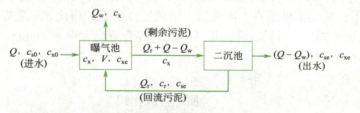

图 5-9　完全混合曝气池工作原理

活性污泥排放量越大，系统内污泥更新越快，污泥在系统内停留的时间越短。反应系统内微生物全部更新一遍所需的时间（即生物固体平均停留时间）叫泥龄，以 θ_c 表示，单位为 d。

泥龄等于系统内污泥量与每日排出量之比。若 c_{x0} 很小，且认为生化反应仅发生在曝气池内，则有：

$$\theta_c = \frac{Vc_x}{P} = \frac{Vc_x}{Q_w c_{xr} + (Q - Q_w) c_{xe}} \quad (5-23)$$

式中　V——曝气池反应区容积，m³；
　　　c_x——曝气池混合液污泥浓度，kgMLSS/m³。

由于 c_{xe} 很小，所以上式可简化为：

$$\theta_c = \frac{Vc_x}{Q_w c_{xr}} \quad (5-24)$$

由式（5-24）知，剩余污泥排放量越大，泥龄越短。通过控制剩余污泥排放量 Q_w，便可方便地控制泥龄。世代时间长于污泥龄的微生物在曝气池内不可能形成优势菌种属。如硫化菌在20℃时，其世代时间为3d，当 $\theta_c < 3d$ 时，硝化菌就不可能在曝气池内大量增殖，不能成为优势种属，就不能在曝气池内产生硝化反应。

污泥浓度与泥龄有关，而泥龄与剩余污泥排量有关，工程实践中常通过调节剩余污泥排量来控制污泥浓度。剩余污泥排量越大，泥龄 θ_c 越短，污泥浓度 c_x 就越低，反之亦然。

出水水质与泥龄有关。泥龄长，出水水质好。随着泥龄的延长，污染物去除率很快达到最大值，所以不需要太长的泥龄（0.5～1.0d）就可以取得较高的去除率。但是，泥龄短时微生物浓度低，营养相对丰富，细菌生长很快，絮凝沉淀性能差，易流失，出水水质较差。所以，常取 θ_c=3～10d。

设计时，既可用有机负荷，也可用泥龄作为设计参数。但控制污泥负荷比较困难，需测定有机物浓度和污泥量。而控制泥龄比较简单，调节剩余污泥排放量即可。所以，常采用泥龄作设计参数。如果需要较高的基质去除率，则应选用较小的 θ_c 值；如需要污泥有较好的絮凝沉淀性能，则应选用中等大小的 θ_c 值；如果要使微生物的净增量很小，则应选用较长的 θ_c 值。

⑤ **污泥回流比**　对图5-9所示的系统，假设出水所夹带的污泥量、剩余污泥排放量及污泥增长量都可以忽略不计，则在稳定状态下，进入二沉池的污泥量等于污泥回流量，即：

$$c_x(Q+Q_r)=Q_r c_r$$

$$r=\frac{Q_r}{Q}=\frac{c_x}{c_r-c_x} \tag{5-25}$$

式中　r——污泥回流比；
　　　Q_r——回流污泥流量，m^3/h；
　　　c_r——回流污泥浓度，mg/L。

由上式知，通过调节污泥回流比即可控制混合液污泥浓度，根据所要求的 c_x 和测得的 c_{xr}，就可算出污泥回流比 r 值。

5.2.2　曝气与曝气池

活性污泥法的许多运行方式都需要供给氧气，这种向活性污泥系统提供氧气的过程叫做**曝气**。

5.2.2.1　曝气原理

（1）**氧传递速度**　氧气溶于水的过程是氧分子从气相传递到液相的过程，可用双膜理论加以描述，如图5-10所示。双膜理论认为，在气液界面存在着气膜和液膜，对气液相的传质形成阻力。气膜中氧气的分压梯度和液膜中氧分子的浓度梯度是氧分子扩散的推动力。

氧气是难溶于水的气体，气液相传质阻力主要来自液膜。所以氧分子通过液膜的速度是氧传递过程的控制速度。传质速度与液膜中氧气的浓度梯度（饱和溶解度与液相主体浓度之差）成正比，与传质面积成正比。可用下式

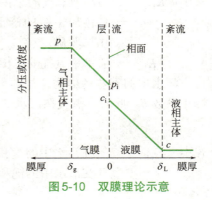

图5-10　双膜理论示意

表示：

$$\frac{dm}{dt} = K_L A(c_i - c) \tag{5-26}$$

式中 $\dfrac{dm}{dt}$ ——氧分子传质速度，即吸氧速度，mg/s；

K_L ——氧在液膜中的传质系数，m/s；

A ——气液界面面积，m²；

c_i ——界面处与氧分压 p_i 相应的溶解氧饱和浓度（$p_i \approx p_g$），mg/L；

c ——液相主体中溶解氧浓度，mg/L。

将 $dm = Vdc$ 代入式（5-26），得：

$$\frac{dc}{dt} = K_L \frac{A}{V}(c_i - c) = K_{La}(c_i - c) \tag{5-27}$$

式中 $\dfrac{dc}{dt}$ ——氧气的传质速度，即吸氧速度，mg/(L·s)；

K_{La} ——氧气的总传质系数，s⁻¹；

c_i ——氧气的溶解度，mg/L；

c ——实际溶解氧浓度，mg/L。

将式（5-27）积分，得：

$$\lg\left(\frac{c_i - c}{c_i - c_0}\right) = \frac{K_{La}}{2.3}t \tag{5-28}$$

式中 c_0 ——$t = 0$ 时的溶解氧浓度，mg/L。

用试验取得的数据作图，直线的斜率为 $\dfrac{K_{La}}{2.3}$，可求出 K_{La}。传质系数与水质、水温、气泡的尺寸及混合程度等因素有关。水温升高，气泡变小和混合剧烈使 K_{La} 值变大，有利于传质过程。

（2）氧传质速度的影响因素

① 水质　污水中的杂质对氧传质产生影响。某些表面活性物质在曝气时聚集在气液界面上，形成一层分子膜，阻碍氧分子的扩散转移，使 K_{La} 值下降。为此，引入一个小于 1 的系数 α。此时，不同水质的总传质系数可用下式表示：

$$K_{La,w} = \alpha K_{La} \tag{5-29}$$

式中 $K_{La,w}$ ——污水中氧气的总传质系数，s⁻¹；

α ——总传质系数的修正系数，由实验确定，一般 α 为 0.8～0.85，与水质有关，由试验确定；

K_{La} ——清水中氧气的总传质系数，s⁻¹。

污水中的某些污染物（盐类）使氧在水中的饱和浓度降低。于是，引入另一个小于 1 的修正系数 β。此时，氧气在污水中的饱和浓度可用下式表示：

$$c_{iw} = \beta c_i \tag{5-30}$$

式中 c_{iw} ——氧气在污水中的饱和浓度，mg/L；

c_i ——氧气在清水中的饱和浓度，mg/L；

β——饱和浓度修正系数，一般取 $\beta = 0.9 \sim 0.97$，与水质有关，由试验确定。

② **水温**　水温升高，黏性降低，液膜厚度降低，传质系数增大；反之，传质系数减小。温度的影响可用下式表示：

$$K_{La(T)} = K_{La(20)} \times 1.024^{(T-20)} \quad (5-31)$$

式中　$K_{La(T)}$，$K_{La(20)}$——水温分别为T和20℃时清水的总传质系数；

　　　1.024——温度系数（1.006～1.047，一般取1.024）；

　　　T——实际水温，℃。

水温对氧的饱和浓度c_i影响较大，水温升高，c_i下降。而K_{La}值因水温升高而增大。因此水温对氧的转移有两种相反的影响。总的来说，水温降低有利于氧的传递。不同温度下的饱和浓度可从手册查得。在正常运行的曝气池内，当水温为15～30℃时，混合液溶解氧浓度c能保持在1.5～2.0mg/L左右。最不利的情况出现在温度为30～35℃的盛夏。

③ **压力**　c_i值受到氧分压（或大气压力）的影响。大气压力不足1atm（101325Pa）的地区，氧气的溶解度c_i应乘以小于1的修正系数ρ。

$$\rho = \frac{\text{所在地区实际大气压力（Pa）}}{1.013 \times 10^5} \quad (5-32)$$

对于鼓风曝气，曝气器出口处氧分压最大，c_i值也最大；随着气泡上升至水面，气体压力逐渐降低至一个大气压，且气泡中一部分氧转移至液体中，氧的分压降低，c_i值下降。鼓风曝气池中的c_i值也应是曝气器出口和液面两处溶解氧饱和浓度的平均值，按下式计算：

$$c_{im} = c_i \left(\frac{O_t}{42} + \frac{p_b}{2.026 \times 10^5} \right) \quad (5-33)$$

式中　c_{im}——鼓风曝气池内混合液饱和溶解氧浓度的平均值，mg/L；

　　　c_i——1atm（101325Pa）下氧气的饱和溶解氧浓度，mg/L；

　　　p_b——曝气器出口处的绝对压力，Pa；

　　　O_t——曝气池液面逸出的空气中所含O_2的浓度

$$O_t = \frac{21(1-E_A)}{79+21(1-E_A)} \times 100\%, \%;$$

　　　E_A——曝气器的氧利用率，%。

（3）**氧转移量和供气量的计算**　需氧量指生化反应需要的氧量；氧转移量指曝气器向污水转移的氧量；供气量指曝气装置向污水提供的空气量。稳定状态下，供气量＞氧转移量＝需氧量。设计曝气系统时，需计算需氧量、氧转移量和风机的供气量。一般先计算出需氧量和实际氧转移量，再换算出标准氧转移量，最后算出供气量，选择风机。

① **实际氧转移量**　据式（5-27），考虑上述各因素对氧传递速度的影响，引入修正系数α、β、ρ，得实际氧转移量，即曝气装置向曝气池转移的总氧量计算式为：

$$R = K_{La,w(T)} [c_{iw(T)} - c]V = \alpha K_{La(20)} \times 1.024^{(T-20)} [\beta \rho c_{im(T)} - c]V \quad (5-34)$$

式中　R——氧总转移量，kgO_2/h；

　　　V——曝气池有效容积，m^3。

② **标准氧转移量**　标准氧转移量指的是用与测定R相同的曝气装置在标准条件下（水温20℃，气压101325Pa）用脱氧清水试验（其他条件不变）测得的氧转移量。因脱氧清

水 $c=0$，则：

$$R_0 = K_{La(20)}[c_{im(20)} - c]V = K_{La(20)}c_{im(20)}V \tag{5-35}$$

③ 供气量　因为曝气装置的氧转移参数如 E_A 是在标准条件下测得的，所以应将实际氧转移量换算成标准氧转移量，再求出供气量。由式（5-36）和式（5-35）可得：

$$\frac{R_0}{R} = \frac{c_{im(20)}}{1.024^{(T-20)}\alpha[\beta\rho c_{im(T)} - c]} \tag{5-36}$$

一般 $R_0/R = 1.33 \sim 1.61$。

$$R_0 = \frac{Rc_{im(20)}}{1.024^{(T-20)}\alpha[\beta\rho c_{im(T)} - c]} \tag{5-37}$$

式中　R_0——标准氧转移量，kgO_2/h。

如果曝气器的氧利用率为 E_A（%），氧气的密度为 $1.43kg/m^3$，空气中氧气的含量为 20.1%（体积分数），则所需供气量为：

$$G = \frac{R_0}{0.3E_A} \tag{5-38}$$

式中　G——风机供气量，m^3/h；
　　　R_0——标准氧转移量，m^3/h。

表曝机泵型叶轮的直径和轴功率可用下式计算：

$$Q_0 = R_0 = 0.379v^{0.28}D^{1.88}K_1 \tag{5-39}$$

式中　Q_0——表曝机标准条件下的充氧量，kg/h；
　　　R_0——需表曝机提供的标准氧转移量，kg/h；
　　　v——叶轮线速度，m/s，一般为 $3 \sim 5m/h$；
　　　D——叶轮直径，m；
　　　K_1——池型结构修正系数，合建式圆池，可取 $0.85 \sim 0.98$；分建式圆池，可取 1。

$$N = 0.0804v^3D^{2.05}K_2 \tag{5-40}$$

式中　N——叶轮的轴功率，kW；
　　　K_2——池型结构修正系数，合建式圆池可取 $0.85 \sim 0.87$，分建式圆池可取 1。

叶轮动力效率 $E_P[kgO_2/(kW \cdot h)]$ 按下式计算：

$$E_P = \frac{R_0}{N} \tag{5-41}$$

（4）**动力效率**　动力效率是曝气器或曝气机的性能参数之一，指单位输出功率使氧气转移到水中的量，单位为 $kgO_2/(kW \cdot h)$。动力效率越高，曝气器或曝气机的性能越好，提供一定量的氧气所消耗的动力越少。

5.2.2.2　曝气方法及设备

曝气方法主要有鼓风曝气和机械曝气两种。

（1）**鼓风曝气**　用风机和空气扩散装置向曝气池混合液鼓入空气的方法叫鼓风曝气。风机有离心风机和罗茨风机两种。

离心风机风量大，风压小，噪声小，效率高，适用于大中型污水处理厂。罗茨风机风压大，风量小，噪声大，适用于中小型污水厂。用日本零件组装的三叶罗茨风机噪声相对较小，效率较高。

目前采用较多的空气扩散装置即曝气器为隔膜曝气头、隔膜曝气管、螺旋曝气器和射流曝气器等。曝气器安装在水下近池底处，风机提供的空气通过布气管道分配到各个曝气器再扩散到水中。气泡在上升过程中搅拌混合液，使污泥呈悬浮状态，与污水和空气充分接触。空气中的氧气不断溶解于水中，供活性污泥代谢使用。

① 螺旋曝气器　螺旋曝气器，又名螺旋混合器，一般用玻璃钢材料制成。外形尺寸为直径 300～400mm，高 1500mm，如图 5-11 所示。螺旋曝气器由螺旋管和分配室组成。在螺旋管中有螺旋通道，上升的气体带动混合液螺旋式上升，使气液剧烈混合，发生气液相传质。

螺旋曝气器不发生堵塞，氧利用率较高，混合搅拌效果好，已得到广泛使用。

② 隔膜曝气头　隔膜曝气头，如图 5-12（a）所示。空气进入缓冲室，使弹性橡胶膜片向上拱起，膜片上的小孔张开，空气释出。停止供气后，气压降低，胶片自动复位，气孔闭合，阻止污泥和水进入缓冲室。

③ 隔膜曝气管　隔膜曝气管结构如图 5-12（b）所示。空气通过套在塑料管上的多孔弹性胶管扩散到混合液中。

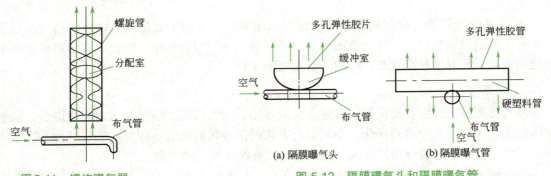

图 5-11　螺旋曝气器　　　　图 5-12　隔膜曝气头和隔膜曝气管

隔膜曝气头和曝气管上的出气孔很小，释出的微气泡比表面积大，传质效果好，氧利用率高。但膜片易老化和开裂，造成空气短流，有时也发生微孔堵塞。

④ 射流曝气器　射流曝气器实际上是文丘里管，如图 5-13 所示。污水高速射流形成负压，吸入空气并将空气切割成微气泡形成气水混合物射出。气水混合物形成和气泡上升过程中，氧气溶解于水中。射流曝气器传质效率高，氧利用率也高，但动力消耗较大。

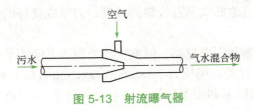

图 5-13　射流曝气器

伞形曝气器和多孔管等因氧利用率低，目前已被淘汰。曝气器的种类很多，可参考有关资料选用。

鼓风曝气配置灵活，效率高，适用于各种规模的污水处理设施。

（2）**机械曝气**　机械曝气又称表面曝气，其充气装置是安装于水面的曝气机。曝气机有立式和卧式两种。

① 立式曝气机　立式曝气机的传动轴与水面垂直，装有叶轮，如图 5-14 所示。叶轮旋转时吸入混合液和空气形成水跃，水滴和水膜与空气接触夹带空气，液面不断更新，使氧气不断溶入混合液中。叶轮的搅拌使污泥呈悬浮状态，与污水和空气充分混合。

立式表曝机适用于小型曝气池。由于动力消耗较大，在大型曝气池中少有采用。

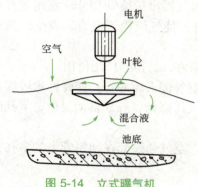

图 5-14　立式曝气机

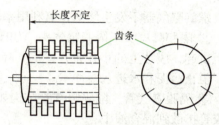

图 5-15　卧式曝气转刷

② 卧式曝气转刷　曝气转刷的传动轴与水面平行，常用于氧化沟。转刷转动时，板条和钢丝将液滴抛向空气中，并使液面剧烈波动，氧气溶于混合液中。混合液在转刷的推动下在池内流动，污泥呈悬浮状态。转刷的结构如图 5-15 所示。

5.2.2.3　曝气池型

曝气池实质上是生化反应器，在这个反应器中，活性污泥、空气和污水充分混合，发生生物化学反应，使水质得到净化。不同运行方式的活性污泥法有不同形式的曝气池。按水力特征不同，可将曝气池分为推流式、完全混合式和组合式三种类型。

（1）**推流式曝气池**　推流式曝气池呈长条形，长宽比为 5～10，宽深比（有效宽度与有效水深）为 1～2，有效水深 3～9m。长池可以折流，污水从一端进，另一端出。进水方式不限，出水多为溢流堰，一般采用鼓风曝气。

根据横断面的水流情况，推流式曝气池又可分为平移推流式和旋转推流式两种，如图 5-16 所示。平移推流式曝气池底密布曝气器，池中污水主要沿池长方向流动，横断面方向的混合不太剧烈，这种池型的宽深比可以大些。旋转推流曝气池的曝气器装在池长边的一侧，气泡上升带动混合液形成旋流，污水除了沿池长方向流动外，还有横断面上的旋转运动，形成旋转推流。旋转推流曝气池的横向混合较为显著，为形成良好的旋流运动，应将池底角做成 45°坡角。

曝气器安装得越深，氧利用率越高，但空气压力增大，动力消耗增加。曝气器的安装深度与风机所能提供的风压有关。风压为 5000mmH$_2$O（1mmH$_2$O = 9.8Pa）的罗茨风机性能较好，安装深度为 4.5m 左右时氧利用率较高。如果水深超过 5m，则可采用中层曝气或导流装置，同样可以达到较好的处理效果。

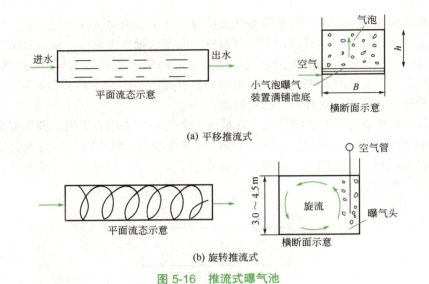

图 5-16　推流式曝气池

（2）**完全混合式曝气池**　完全混合式曝气池可以是圆形、方形或矩形，水深一般 3～5m。圆形池污水从底部中心进入，周边出水；正方形池可从中心进水，周边出水，也可从一边进水，对边出水；长方形池，从一长边进水，另一长边出水。完全混合式曝气池可用表曝机曝气，也可用鼓风曝气。鼓风曝气比较灵活，对水深和池型要求不严，而表曝机一般只用于小型池子。污水一进入曝气池，立即与池中混合液混合，所以混合液各质点性质相同。完全混合式曝气池可以与二沉池合建，也可以分开设置，所以有合建式和分建式两种。

① 分建式　曝气池与二沉池分开设置，有专门的污泥回流系统，便于控制，应用较多。当采用泵型叶轮，线速度 4～5m/s 时，曝气池直径与叶轮的直径之比为 4.5～7.5，水深与叶轮直径之比为 2.5～4.5。当采用倒伞形和平板形叶轮时，曝气池直径与叶轮直径之比为 3～5。

② 合建式　合建式将曝气池和二沉池合在一起建成一个池子，使该池同时具有曝气和沉淀的双重功能。国内将这种池子叫作曝气沉淀池，国外称为加速曝气池。圆形曝气沉淀池如图 5-17 所示。方形曝气沉淀池的沉降区既可设在池的两个长边，又可设在池的一个长边，结构与圆形池相似。

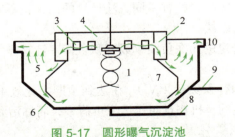

5.1　圆形曝气沉淀池

图 5-17　圆形曝气沉淀池

1—曝气区；2—导流区；3—回溢窗；4—曝气叶轮；5—沉降区；6—顺流圈；
7—回流缝；8—进水管；9—排泥管；10—出水槽

曝气沉淀池由曝气区、导流区、沉降区和回流缝组成。曝气机或曝气器提升混合液形成上下环流。一部分环流从导流窗进入导流区和沉降区。沉淀污泥在环流的作用下从回流缝回到曝气区，清水从溢流堰排出。为消除曝气机引起的水平旋流对沉降区的干扰，应在导流区设置径向整流板。回流窗大小可以调节，以调整回流量和曝气区水位。窗口总堰长与曝气区周长之比为 1/2.5～1/3.5。圆形池的曝气区水面直径一般为池径的 1/2～1/3。曝气沉淀池的污泥回流比很大，且无法控制。名义停留时间虽有 3～4h，但实际停留时间往往不到 1h。所以出水水质较分建式差，这种池型已趋淘汰。

（3）**推流-完全混合组合式曝气池** 在推流式曝气池中采用表曝机，即形成组合式曝气池，如图 5-18 所示。每个表曝机的影响范围内为完全混合，整个曝气池为近似推流。相邻表曝机的旋转方向相反，否则水流抵消，混合效果下降。也可用隔板将各个曝气机隔开，避免干扰。这种池型一般容积较大。

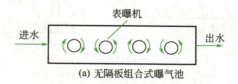

(a) 无隔板组合式曝气池

(b) 有隔板组合式曝气池

图 5-18 推流-完全混合组合式曝气池

5.2.3 活性污泥系统的工艺设计

活性污泥系统由曝气池、二沉池、污泥回流系统和曝气系统构成。其工艺设计主要包括：曝气池容积、供气量、曝气器布置、二沉池水面积、污泥回流量、剩余污泥量、污泥回流系统和空气管路系统等。

5.2.3.1 曝气池设计

曝气池设计主要是计算曝气池的有效容积、供气量、污泥回流比和剩余污泥量。推流式和完全混合式的运行效果相近，究竟采用哪种类型要视具体情况而定。

曝气池系统有各种计算方法，根据不同方法计算的结果也不完全相同，都是近似值。下面介绍使用较多的有机负荷率法。

有机负荷率法根据所选定的污泥负荷率或容积负荷率计算曝气池的容积、污泥产量和需氧量等。

（1）**污泥负荷（N_s）和容积负荷（N_v）** 在达到预期净化效果的前提下，单位质量活性污泥在单位时间内所能承受的有机物量叫作污泥负荷率，简称污泥负荷。

$$N_s = \frac{Qc_{s0}}{Vc_x} = \frac{c_{s0}}{tc_x} \tag{5-42}$$

式中　N_s——污泥负荷，kgBOD$_5$/(kgMLSS·d) 或 kgCOD/(kgMLSS·d)；
　　　Q——曝气池进水流量，m³/d；
　　　c_{s0}——曝气池进水有机物浓度，kgBOD$_5$/m³ 或 kgCOD/m³；

c_x——曝气池混合液污泥浓度，kgMLSS/m³；
V——曝气池有效容积，m³；
t——曝气池有效水力停留时间，即反应时间，d。

在保证预期净化效果的前提下，单位容积曝气池在单位时间内所能承受的有机物量叫作容积负荷率，简称容积负荷。

$$N_v = \frac{Qc_{s0}}{V} = N_s c_x = \frac{c_{s0}}{t} \tag{5-43}$$

式中 N_v——容积负荷，kgBOD₅/（m³·d）或kgCOD/（m³·d）。

（2）**曝气池容积** 由式（5-42）和式（5-43）得曝气池容积计算式为：

$$V = \frac{Qc_{s0}}{N_s c_x} = \frac{Qc_{s0}}{N_v} \tag{5-44}$$

（3）**剩余污泥排放量** 剩余污泥排放量等于污泥净增长量，为污泥合成量与内源代谢消耗量之差。

$$P = aVc_x N_s \eta - bVc_x = aQc_{s0}\eta - bVc_x \tag{5-45}$$

式中 P——污泥净增量（剩余污泥量），kgMLSS/d；
η——有机物去除率；
a——污泥合成系数，即去除1kgBOD₅合成的污泥量，kgMLSS/kgBOD₅；
b——污泥自身氧化系数，d⁻¹。

一般地，生活污水 $a = 0.30 \sim 0.72$，$b = 0.02 \sim 0.18\text{d}^{-1}$。工业废水的 a、b 值需通过试验确定。

（4）**需氧量** 活性污泥的生长过程需要氧气。总需氧量包括有机物去除的需氧量与内源代谢需氧量之和，即：

$$Q_{O_2} = a'Vc_x N_s \eta + b'Vc_x = a'Qc_{s0}\eta + b'Vc_x \tag{5-46}$$

式中 Q_{O_2}——系统的需氧量，kgO₂/d；
a'——去除有机物的需氧系数，即每去除1kgBOD₅所需要的氧量，kgO₂/kgBOD₅（合成不消耗氧气，分解需要氧气）；
b'——污泥自身氧化需氧系数，kgO₂/（kgMLSS·d）。

一般地，生活污水的 $a' = 0.25 \sim 0.76$，平均0.47；$b' = 0.10 \sim 0.37$，平均0.17。其他污水的 a' 和 b' 值由实验确定。

（5）**有机负荷的选取** 有机负荷应通过试验确定，但在工程实践中，受实验条件的限制，一般根据经验选取。在选取有机负荷时，应考虑相关影响因素。

① 去除率的影响 去除率为去除的有机物量占进水有机物量的百分比。

$$\eta = \frac{c_{s0} - c_{se}}{c_{s0}} \times 100\%$$

有机负荷率增大，有机物增多，降解速度加快，去除率下降，出水水质变差。可生化性较强的污水，负荷率增大时，去除率下降较缓慢。可生化性差的污水，负荷率增大时，去除率下降较快。设计时，应根据去除率和出水水质的要求选取负荷率。若要获得较好的出水水质和较高的去除率，则选取较小的有机负荷率；若要取得较快的降解速度，而不需要获得较好的出水水质，则选择较大的有机负荷率。生活污水的有机负荷率为 0.2～0.4kgBOD$_5$/(kgMLSS·d) 时，BOD$_5$ 去除率可达 90% 以上。

有机负荷率的选择非常重要，应根据实践经验和同类污水的数据选择合适的有机负荷率。生活污水及水质相似污水的 N 和 c_x 值可参见表 5-5，工业废水的 N 和 c_x 值通过试验确定。

表 5-5　几种活性污泥法的基本参数

运行方式	泥龄/d	$\dfrac{F}{M}$/[kgBOD$_5$/(kgMLSS·d)]	体积负荷/[kgBOD$_5$/(m^3·d)]	MLSS/(mg/L)	停留时间/h	回流比(Q_r/Q)
传统法	3～5	0.2～0.4	0.3～0.6	1500～3000	4～8	0.25～0.5
渐减曝气	3～5	0.2～0.4	0.3～0.6	1500～3000	4～8	0.25～0.5
安全混合	3～5	0.2～0.6	0.8～2.0	3000～6000	3～5	0.25～1.0
阶段曝气	3～5	0.2～0.4	0.6～1.0	2000～3500	3～5	0.25～0.75
高负荷曝气	0.2～0.5	1.5～5.0	1.2～1.4	200～500	1.5～3	0.05～0.15
吸附再生	3～5	0.2～0.6	1.0～1.2	1000～3000 / 4000～10000	0.5～1.0 / 3～6	0.25～1.0
延时曝气	20～30	0.05～0.15	0.1～0.4	3000～6000	18～36	0.75～1.5
Ktaus 法	3～5	0.3～0.8	0.6～1.6	2000～5000	4～8	0.5～1.0
纯氧曝气	8～20	0.25～1.0	1.6～3.3	6000～8000	1～3	0.25～0.5
AB 法	$\frac{1}{3}$～1（A 级） 15～20（B 级）	>2 0.1～0.3		2000～3000 2000～5000	0.5 1.2～4	0.5～0.8 0.5～0.8
SBR 法	5～15			2000～5000		

② 活性污泥特性的影响　采用不同的有机负荷，微生物的营养状况不同，污泥的特性也就不同。随着污泥负荷的变化，代表污泥特性的 SVI 值也发生变化。

城市污水的 SVI 值随污泥负荷的变化规律如图 5-19 所示。SVI 曲线有三个低谷，选择低谷对应的污泥负荷值，污泥的沉淀性能较好。如果在高 SVI 对应的污泥负荷下运行，污泥的沉淀性能较差，易发生污泥膨胀。

活性污泥系统一般在常温下运行（28℃左右），根据图 5-19，应选择的适宜负荷为 1.5～2.0kgBOD$_5$/(kgMLSS·d)、0.2～0.4kgBOD$_5$/(kgMLSS·d) 和 0.03～0.05kgBOD$_5$/(kgMLSS·d)。污泥负荷对污泥特性的影响比较复杂，图 5-19 所示的现象可解释如下。

污泥负荷太低时 [0.03～0.05kgBOD$_5$/(kgMLSS·d)]，微生物因缺乏营养而进行内源呼吸，菌胶团解体，上清液浑浊，SVI 最小。

污泥负荷很低时 [0.1kgBOD$_5$/(kgMLSS·d)]，营养相对不足，丝状菌摄食能力强，在营养竞争中占优势，污泥的沉淀性能变差，SVI 值升高。

污泥负荷增至中等水平时 [0.4kgBOD$_5$/(kgMLSS·d)]，微生物的生长与营养供应达到平衡，菌胶团的絮凝沉淀性能良好，SVI 值较小。

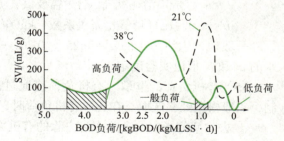

图 5-19　BOD 负荷及水温对污泥 SVI 值的影响

污泥负荷较高时 [1.0kgBOD$_5$/(kgMLSS·d)]，营养充足，细菌的生长速度加快。细胞的营养储存增多，黏性物质大量生成。菌胶团松软，含水率高，絮凝性能较好，但沉淀性能变差，SVI值很高，甚至发生污泥膨胀。

污泥负荷很高时 [2.0kgBOD$_5$/(kgMLSS·d)]，细菌进入对数生长期，出现大量游离细菌。微生物处于密实的颗粒分散状态，含水率降低，SVI值减小。

污泥负荷太高时 [大于3.0kgBOD$_5$/(kgMLSS·d)]，耗氧速度骤增，引起供氧不足。丝状菌在溶解氧竞争中占优势，SVI值增大，甚至发生污泥膨胀。

为使活性污泥具有良好的絮凝沉淀性能，并获得良好的出水水质，常选择中等污泥负荷[0.2~0.4kgBOD$_5$/(kgMLSS·d)]。

③ 水温的影响　在适宜温度范围内，升高温度，微生物生长速度加快，代谢能力增强，对有机物的去除速度加快。此时选用较高的污泥负荷仍能取得很好的处理效果，污泥的沉降性能也较好。由图5-19可知，水温升高，发生污泥膨胀的有机负荷也随之提高，此时即使采用较高的有机负荷也不会发生污泥膨胀。

夏季水温较高，微生物耗氧速度加快，氧气溶解度降低，造成缺氧，导致污泥膨胀。此时应减小污泥回流比，降低污泥浓度（相对提高污泥负荷），控制好氧速度。冬季水温低，微生物代谢慢，净化效果差，应增大回流比，提高污泥浓度（相对减小污泥负荷），改善净化效果。

④ 水质的影响　不同水质的污水，可生化性不同。污水的可生化性越强，允许的有机负荷率越高，净化效果越好。所以，对可生化性强的污水，可选择较高的污泥负荷，对可生化性较差的污水，应选择较低的污泥负荷。城市污水的适宜负荷为0.2~0.4kgBOD$_5$/(kgMLSS·d)。工业废水应通过试验确定合适的负荷率。

在低负荷时，微生物的合成率低，对N、P的需求少，所以对氮磷不足的污水，应选低负荷。换言之，在低负荷时，可允许较低的碳、氮、磷比。如延时曝气时，BOD$_5$:N:P=100:1:0.2也能正常运行。

稳定状态下，曝气池的需氧量与污水的氧转移量相等。设计时，先计算出生化需氧量，再换算成标准氧转移量，最终求得供气量。也可先算出需氧量，再算出供气量，最终乘以安全系数1.5~2.0。当采用空气提升回流污泥时，还应该加上提升污泥的空气用量。

上述供气量未考虑混合的需要，设计时应根据各种曝气器的混合能力加以校核，使空气量既满足生化反应的需要，又满足污泥混合的需要。

5.2.3.2 曝气系统的设计

曝气系统的设计包括曝气设备的选择、布置及空气管网的计算等。对于机械曝气，前面已提及泵型叶轮曝气机的充氧能力和功率的计算，这里不再重复。下文只介绍鼓风曝气系统的设计原则。

（1）**曝气器**　曝气器有多种类型，选择曝气器要考虑的因素有氧利用率、阻力损失、混合效果和是否堵塞等。性能良好的曝气器应具有较高的氧利用率，较小的阻力损失，较好的混合效果和不易发生堵塞。螺旋曝气器和隔膜曝气头是目前应用较多的曝气器，其中隔膜曝气头应用最多。

隔膜曝气头直径约250mm，服务面积为0.4m^2/个左右，即每平方米水面需要2.5个曝气头才能达到较好的混合效果。根据曝气池水面面积和曝气头的服务面积，可以计算出曝气头的用量。

$$n = \frac{A}{A_0} \tag{5-47}$$

式中　n——曝气头用量，个；
　　　A——曝气池水面积，m^2；
　　　A_0——曝气头服务面积，$m^2/$个。

隔膜曝气头的工作风量为 2～3m^3/（个·h），据此可计算出曝气池的工作风量 G'。曝气池的工作风量应与按需氧量算出的供风量 G 相匹配，否则应进行调整。隔膜曝气头一般均布于池底，隔膜离池底约 250mm。

（2）**管网设计**　曝气头定位后，池外用无缝钢管，池内用镀锌钢管或 ABS 管连成回环式管网。回环式管网可使各曝气头的进气压力相等，以达到沿池面均匀曝气的效果。

管网布置见图 5-20 所示，确定后根据风量和选取的流速计算管道直径和阻力损失。一般取总管流速 10m/s，支管流速取 5m/s。再根据所需的供风量和管路的阻力损失，选择风机。风机的升压（H）≥隔膜曝气头的隔膜离液面的距离（H_0）+ 阻力损失（$\sum h_f$）。在缺少数据的情况下，也可按 $H \geq H_0 + 1$（m）估算。风机选好后，再按风机的实际风量校核管网系统的流速和阻力，并进行适当的调整。

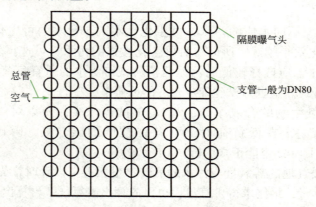

图 5-20　隔膜曝气头管网布置

（3）**风机的选择**　小型污水处理站一般选用罗茨风机，风压为 5000mmH_2O。此时，曝气池的有效水深为 4.0m 左右。大型污水处理站还可选用离心风机。为保证运行的灵活性，风机一般选 3 台以上，其中 2 台并联运行，1 台备用。

5.2.3.3　污泥回流设备的设计

污泥从二沉池回流到曝气池需要提升设备。污泥提升设备常采用污泥泵或空气提升器。污泥泵的选用参见有关手册，空气提升器需要设计制作。空气提升器的效率不如污泥泵，但结构简单，管理方便，还可以向回流污泥补充氧气，所以常在鼓风曝气时采用。

空气提升器常附设在二沉池的排泥井中或曝气池的进泥口处，其结构如图 5-21 所示。污泥提升管内气水混合物的密度小于管外液体而上升。提升管的淹没深度 h_1 可按下式计算：

$$h_1 = \frac{h_2}{n-1} \tag{5-48}$$

式中　n——密度系数，一般取2～2.5；
　　　h_1——释气口水深，m；
　　　h_2——提升液位差，m。

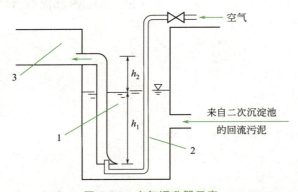

图 5-21　空气提升器示意
1—污泥提升管；2—空气管；3—回流污泥渠道

提升 1m³ 污泥所需空气量为：

$$W=\frac{kh_2}{23e\lg[(h_1+10)/10]} \qquad (5-49)$$

式中　W——提升每m³污泥所需空气量，m³；
　　　k——安全系数，一般为 1.2～1.3；
　　　e——提升器效率，一般为 0.35～0.50。

一般空气管最小直径 25mm，管内流速 8～10m/s。提升管最小直径 75mm，按气水混合液计流速为 2m/s。空气压力应大于 h_1 至少 0.3m。空气用量也可按最大污泥回流量的 3～5 倍估算。

5.2.3.4　二次沉淀池的设计

活性污泥法的二次沉淀池在功能上既要满足澄清又要满足污泥浓缩的需要。二沉池可以采用平流式、辐流式、竖流式和异向流斜管沉淀池等形式。竖流式和异向流斜管式沉淀池的共同特性是沉淀污泥颗粒的运动方向与水流方向相反。随水流上升的小颗粒污泥与下沉的大颗粒污泥相互接触而絮凝，使粒径增大，沉降速度加快。根据浅层沉淀的原理，斜管沉淀池的水力负荷理论上大大减小，沉淀效果得到改善。另外，斜管沉淀池填料表面形成的生物膜能进一步净化水质。所以斜管沉淀池常用作二沉池。

二沉池的设计方法与一般的沉淀池区别不大，但要注意以下几点。

① 布水均匀，流速适当，创造良好的絮凝条件。

② 出水堰负荷要小，一般控制在 10m³/(m·h) 以下，以防污泥流失。

③ 泥斗的浓缩时间一般控制在 2h。太短浓缩效果不好；太长影响微生物活力，并发生反硝化反应使污泥上浮。

④ 沉淀池水面积可用式（5-50）计算：

$$A=\frac{Q}{u} \qquad (5-50)$$

式中　A——池水面积，m^3；
　　　Q——污水流量（不含回流污泥量），m^3/h；
　　　u——表面负荷率，$m^3/(m^2·h)$与污泥成层沉降速度相等。一般取 $1.1\sim1.8m^3/(m^2·h)$，斜管沉淀池可取 $2.0\sim3.0m^3/(m^2·h)$，MLSS 高时取低值。

⑤ 泥斗容积可用式（5-51）计算。

$$V = rQt \tag{5-51}$$

式中　V——泥斗容积，m^3；
　　　r——污泥回流比；
　　　t——浓缩时间，h。

⑥ 沉降区的沉降时间一般为 $1.5\sim2.5h$。

5.2.3.5　设计举例

【例 5-1】某污水 $21600m^3/d$，经一次沉淀后 BOD_5 为 $250mg/L$，要求出水 BOD_5 在 $20mg/L$ 以下，试设计完全混合活性污泥系统。其他设计参数如下：

① 污水温度 20℃；
② 混合液溶解氧含量为 $2.0mg/L$；
③ 回流污泥浓度为 $10000mgMLSS/L$；
④ 曝气池中的污泥浓度为 $3500mgMLSS/L$；
⑤ 出水含有 $22mg/L$ 生物固体，其中 65% 是可生化的；
⑥ 污水中含有足够的氮、磷等营养元素，剩余污泥直接从曝气池排出；
⑦ 可生物降解有机物五日生化需氧量与完全生化需氧量之比为 $BOD_5:BOD_L=0.68$；
⑧ 氧转移量校正系数值 $\alpha=0.8$，$\beta=0.9$，$\rho=1.0$。

解　取污泥负荷率 $N_s=0.3kgBOD_5/(kgMLSS·d)$，活性污泥氧当量 $1.42kgO_2/kgMLVSS$，污泥合成系数 $a=0.58kgMLSS/kgBOD_5$，污泥自身氧化系数 $b=0.07d$，去除有机物需氧系数 $a'=0.45kgO_2/kgBOD_5$，污泥自身氧化需氧系数 $b'=0.15kgO_2/(kgMLSS·d)$。

① 出水溶解性 BOD_5 浓度（c_{se}）
出水 BOD_5 = 溶解性 BOD_5 + 固体 BOD_5
a. 出水悬浮固体 BOD_5 = 悬浮固体可生化部分完全生化需氧量（BOD_L）×0.68
　　　　　　　　　　= （22×65%×1.42）×0.68
　　　　　　　　　　= 13.8（mg/L）
b. 出水溶解性 BOD_5（c_{se}）= 20-13.8 = 6.2（mg/L）

② 处理效果 η

$$\eta_1 = \frac{c_{s0}-c_s'}{c_{s0}} = \frac{250-20}{250}\times100\% = 92.0\%$$

若出水悬浮固体被完全去除，则：

$$\eta_2 = \frac{c_{s0}-c_{se}}{c_{s0}} = \frac{250-6.2}{250}\times100\% = 97.5\%$$

③ 曝气池有效容积

$$V = \frac{Qc_{s0}}{N_s c_x} = \frac{21600 \times 250}{0.3 \times 3500} = 5143 \,(\text{m}^3)$$

④ 剩余污泥排放量

$$\begin{aligned}P &= aQc_{s0}\eta_2 - bVc_x \\ &= 0.58 \times 21600 \times 0.25 \times 0.975 - 0.07 \times 5143 \times 3.5 \\ &= 1794 \,(\text{kgMLSS/d})\end{aligned}$$

⑤ 污泥回流比

$$r = \frac{c_x}{c_{xr} - c_x} = \frac{3500}{10000 - 3500} = 0.54$$

⑥ 需氧量

$$\begin{aligned}Q_{O_2} &= a'Qc_{s0}\eta_2 + b'Vc_x \\ &= 0.45 \times 21600 \times 0.25 \times 0.975 + 0.15 \times 5143 \times 3.5 \\ &= 5069 \,(\text{kgO}_2/\text{d})\end{aligned}$$

⑦ 供气量

a. 标准氧转移量法 曝气池混合液的实际氧转移量(R)等于活性污泥的需氧量(Q_{O_2}),再由R值算出标准氧转移量R_0,最终可求出供气量G。

采用隔膜曝气头,安装于水下4.0m处,氧转移率$E_A=10\%$。20℃时氧气的溶解度为9.2mg/L。

$$p_b = (1 + 4.0/10.33) \times 1.013 \times 10^5 = 1.405 \times 10^5 \,(\text{Pa})$$

$$O_t = \frac{21(1-E_A)}{79 + 21(1-E_A)} = \frac{21 \times (1-0.1)}{79 + 21 \times (1-0.1)} \times 100\% = 19.3\%$$

$$c_{im} = c_i \left(\frac{Q_t}{42} + \frac{p_b}{2.026 \times 10^5} \right) = 9.2 \times \left(\frac{19.3}{42} + \frac{1.405 \times 10^5}{2.026 \times 10^5} \right) = 10.6 \,(\text{mg/L})$$

$$R_0 = \frac{Rc_{im(20)}}{1.024^{(T-20)}\alpha(\beta\rho c_{im(T)} - c)} = \frac{5069 \times 10.6}{1.024^{(20-20)} \times 0.8(0.9 \times 1 \times 10.6 - 2.0)} = 8908 \,(\text{kg/d})$$

$$G = \frac{R_0}{0.3 E_A} = \frac{8908}{0.3 \times 0.1} = 296933 \,(\text{m}^3/\text{d}) = 206.2 \,(\text{m}^3/\text{min})$$

若采用空气提升器回流污泥,空气用量为回流污泥量的4倍,则污泥回流用气量为:

$$21600 \times 0.54 \times 4 = 46656 \,(\text{m}^3/\text{d}) = 32.4 \,(\text{m}^3/\text{min})$$

总供气量为:206.2+32.4=238.6(m³/min)

b. 安全系数法 取安全系数$R=1.65$,则:

$$G = k\frac{R}{0.3 E_A} = 1.65 \times \frac{5069}{0.3 \times 0.1} = 278795 \,(\text{m}^3/\text{d}) = 194 \,(\text{m}^3/\text{min})$$

若采用空气提升器回流污泥,则总供气量为:

$$194+32.4 = 226.4 \text{ (m}^3\text{/min)}$$

⑧ 曝气系统 设曝气池有效水深 4.3m,曝气头安装深度 4.0m,每个曝气头的工作风量 $g_0 = 2.5 \text{m}^3/(\text{个}\cdot\text{h})[2 \sim 3 \text{m}^3/(\text{个}\cdot\text{h})]$,服务面积 $A_0 = 0.4 (\text{m}^2/\text{个})$。

曝气池水面积　　　　$A = \dfrac{V}{h} = \dfrac{5143}{4.3} = 1196 \text{ (m}^2)$

曝气头数量　　　　$n = \dfrac{G}{g_0} = \dfrac{206.2}{2.5/60} = 4949 \text{ (个)}$

曝气头实际服务面积 $A_0' = \dfrac{A}{n} = \dfrac{1196}{4949} = 0.24 (\text{m}^2/\text{个}) < A_0 = 0.4 (\text{m}^2/\text{个})$,符合要求。

空气管的直径根据管网布置情况计算。

5.2.4 传统活性污泥法工艺系统

5.2.4.1 普通活性污泥法工艺系统

普通活性污泥法工艺系统是由活性污泥反应器——曝气池及二沉池组成的污水处理活性污泥工艺系统,是早期开始使用并一直沿用至今的活性污泥处理工艺系统。图 5-22 为普通活性污泥工艺系统流程图。

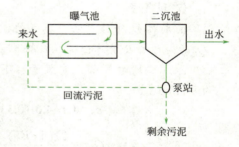

图 5-22　普通活性污泥法工艺流程图

由图 5-22 可见,来水与回流污泥同步进入曝气池的首端,由此形成的混合液在池内呈推流式流态流至曝气池的末端,流出池外进入二沉池。二沉池混合液,通过重力分离后,处理水排放,分离后的污泥进入污泥泵站进行分流,一定量的污泥作为回流污泥(接种)通过污泥回流系统回流至曝气池首端,多余的剩余污泥则排出系统。

污水在曝气池中的停留时间 4～8h,BOD 污泥负荷 0.2～0.4kg BOD/(kgMLSS·d),混合液悬浮固体平均浓度 1500～2500mg MLSS/L,污泥回流比 25%～75%,BOD 去除率 90% 以上。该工艺适合处理要求高,而水质比较稳定的污水。

污水中有机污染物净化过程的吸附和稳定阶段在同一池中完成。进口有机物浓度高,沿池长逐渐降低,需氧量也沿池长逐渐降低。进口处微生物处于对数生长期,出口处微生物处于静止期或衰亡期,污泥从进口至出口几乎经历了生物增长的全过程,从起端到末端污泥负荷逐渐降低。

推流式活性污泥法的**优点**是处理效率高,出水水质好。但也存在如下**缺点**:①因为是推流式,进入的污水和回流污泥不与池中原有液体混合,所以曝气池的稀释缓冲作用不明显,进水水质的波动对污泥的影响大,曝气池的耐冲击负荷能力差;②能耗大,曝气池的需氧量沿池长逐渐减少,但空气的供应量沿池长是均匀分布的。这就造成前段氧气供应不足,后段氧气过剩的状况,导致供氧的浪费,使能耗增大。

5.2.4.2 渐减曝气法活性污泥工艺系统

在传统曝气池中，进水端有机物浓度高，沿池长逐渐降低，需氧量逐渐下降，但供氧量沿池长均匀分布（曝气装置均匀布置）。结果是前段供氧不足，后段供氧过剩，只有中段（1/3池长）供氧与需氧基本匹配，最终导致动力消耗加大，处理效率下降。渐减曝气就是在池前端增大曝气量（布置较多的曝气器），沿池长逐渐减少，使沿长度方向的供氧量和需氧量保持平衡。氧的利用率得到提高，在供气量不变的情况下，大大提高处理效率，其工艺流程如图 5-23 所示。

图 5-23 渐减曝气活性污泥法工艺流程图

5.2.4.3 阶段曝气活性污泥工艺系统

20 世纪 30 年代在美国出现了阶段曝气工艺。与渐减曝气不同，阶段曝气是通过改变进水方式来解决供氧与需氧之间的矛盾。如图 5-24 所示，污水沿池的前半部分多点进入。与一端进水相比，前段有机负荷降低，后段有机负荷升高，前段氧不足，后段氧过剩的矛盾得到解决。

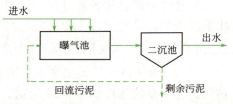

图 5-24 阶段曝气活性污泥法工艺流程图

5.2.4.4 克劳斯（Kraus）法

污水的糖类化合物含量高又缺乏氮磷时，易发生污泥膨胀。美国的克劳斯把污泥消化上清液投加到回流污泥中一起曝气，再引入曝气池，克服了糖类化合物高和缺乏氮磷引起的污泥膨胀，这种工艺叫克劳斯法。消化上清液富含氨氮和磷酸盐，补充了氮磷的不足，此外，上清液中的污泥密度较大，有改善混合液沉淀性能的功效。图 5-25 为克劳斯（Kraus）法污水处理工艺流程图，该工艺是阶段曝气活性污泥工艺系统的变形工艺。

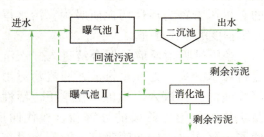

图 5-25 克劳斯（Kraus）法污水处理工艺流程图

5.2.4.5 完全混合活性污泥工艺系统

为从根本上解决传统曝气池供氧与需氧之间的矛盾，美国在阶段曝气的基础上沿整个池长增加进水点、出水点和污泥回流量，并使进水与污泥在曝气池内迅速混合，于 1950 年开发出完全混合活性污泥系统。

完全混合式活性污泥法曝气池呈圆形、正方形或矩形。圆形和正方形池从中间进水，周边出水。矩形池从一个长边进水，另一个长边出水，图 5-26 为矩形完全混合活性污泥法工艺流程图。污水进入曝气池后在曝气设备的搅拌下，立即与原混合液充分混合，继而完成吸附和稳定的净化过程。

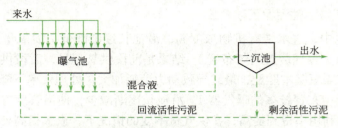

图5-26 矩形完全混合活性污泥法工艺流程图

完全混合式曝气池内各点水质均匀,污泥浓度相同,并处于同一个生长阶段。为取得好的出水水质,一般将污泥生长控制在静止期或衰亡期。

污水进入曝气池后立即被原混合液稀释,使进水水质的波动得到均化,从而将进水水质的变化对污泥的影响降低到最低程度,所以,完全混合法的耐冲击负荷能力较强。

完全混合式曝气池内各部分易控制在同一良好的运行状态,所以微生物的活性强,污泥负荷率高,池容积小,基建投资省;完全混合法混合液各部分需氧均匀,与氧的供应相一致,所以不会造成浪费,供氧动力消耗相应降低。

但是完全混合法各质点性质相同,生化反应传质推动力小,易发生短流,所以出水水质比推流式差,易发生污泥膨胀。

5.2.4.6 吸附-再生活性污泥工艺系统

吸附-再生活性污泥工艺(或接触稳定活性污泥工艺)系统流程如图5-27所示。

污水与经再生后的回流污泥同步进入吸附池,在吸附池污水与回流污泥接触30~60min,使污水中部分含有的呈悬浮、胶体和溶解状态的有机污染物为活性污泥所吸附,污水得到了一定程度的净化处理。

经历过吸附反应的混合液进入二次沉淀池进行泥水分离,处理水排放,回流污泥由二次沉淀池的底部进入再生池。在这里,活性污泥微生物进行第二阶段的分解和合成代谢反应,使本身再次进入内源呼吸期,污泥经过充分的

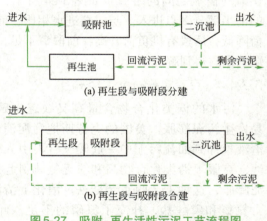

图5-27 吸附-再生活性污泥工艺流程图

再生反应后,活性得到充分的恢复与增强。在其进入吸附池与污水相接触后,能够再次充分发挥其吸附功能。

吸附-再生活性污泥工艺系统的主要特点是将活性污泥对污水中的有机污染物降解的两个过程——吸附与代谢稳定,分别在各自的反应器内进行。

与普通活性污泥工艺系统对比,吸附-再生活性污泥工艺系统的**优点**是:①污水与回流污泥在吸附池内的接触反应时间较短,一般为30~60min,因此,吸附池的容积一般较小,而再生池接纳的是排除剩余污泥后的回流污泥,因此,再生池的容积也是较小的。吸附池与再生池容积之和,仍低于普通活性污泥工艺系统的曝气池的容积。②本工艺系统对原污水水质、水量的冲击负荷有一定的承受能力。当在吸附池的活性污泥遭到"伤害"时,可由再生池的活性污泥予以补救。

本工艺系统存在的主要问题是：其对污水的处理效果低于普通活性污泥工艺系统。此外，本工艺系统不适宜于处理溶解性有机污染物含量高的污水。

5.2.4.7 延时曝气活性污泥工艺系统

延时曝气活性污泥工艺系统又称完全氧化（或完全处理）活性污泥工艺系统。是20世纪50年代在美国开始应用于生产的。

本工艺系统的主要特征是：BOD负荷非常低，曝气反应时间长，一般多在24h以上。曝气池内的活性污泥，长期处于内源呼吸期，因而剩余污泥量少而且稳定，不需再考虑对污泥的处理问题。此外，本工艺系统还具有处理水水质稳定性高，对原污水水质、水量的冲击负荷有较强的适应性和无须设初次沉淀池等优点。

本工艺系统的主要缺点是：曝气反应时间长，曝气池容积大，占用较大的土地面积，从而使基建费用和维护运行费用都较高。

本工艺系统只适用于处理对排放的处理水水质要求高，又不宜对污泥进行处理的小城镇的污水或工业废水，水量一般不宜超过 1000m³/d。

延时曝气活性污泥法工艺，一般都采用流态为完全混合式的曝气反应器。

应当说明的是，从理论上来讲，本工艺系统是不产生污泥的，但在实际上仍有剩余污泥产生。污泥主要是一些难于生物降解的微生物内源代谢残留物，如细胞膜和细胞壁等物质。

5.2.5 污水的生物脱氮除磷处理工艺

随着对污水处理厂出水水质标准的不断提高，对污水的脱氮除磷要求也越来越严格。以去除有机污染物为目的的传统活性污泥法已不能满足目前的环境质量标准。目前，在污水处理工程领域中常用的脱氮除磷技术主要是生物技术。

5.2.5.1 污水的生物脱氮处理工艺

（1）污水的生物脱氮原理 以传统活性污泥工艺为代表的污水好氧生物处理工艺，其处理功能是降解、去除污水中呈胶体和溶解性的有机污染物。至于污水中的氮、磷只能是通过活性污泥微生物的摄取，去除微生物细胞由于生命活动的需求而吸收的数量，因此氮的去除率仅仅能够达到20%～40%，而磷的去除率更低，约为5%～20%（每去除100mgBOD可去除5mg氮和1mg磷）。

在自然界普遍存在着氮循环的自然现象。在采取适当的措施后，能够在活性污泥反应系统中实现脱氮的功能。

① 氨化反应与硝化反应 未经处理的生活污水中，含氮化合物存在的主要形式是有机氮，如蛋白质、氨基酸、尿素、胺类化合物、硝基化合物等以及氨态氮（NH_3 或 NH_4^+）。一般以前者为主。

含氮化合物在相应的微生物作用下，会相继发生下列各项反应。

a. 氨化反应 有机氮化合物在氨化细菌的作用下被分解、转化为氨态氮，这一过程称之为"氨化反应"，氨化作用无论在好氧还是厌氧，中性、酸性还是碱性环境中都能进行，只是作用的微生物种类不同、作用的强弱不一。以氨基酸为例，其化学反应式为：

$$RCHNH_2COOH + O_2 \xrightarrow{\text{氨化菌}} RCOOH + CO_2 + NH_3 \tag{5-52}$$

b. 硝化反应 氨态氮在硝化菌的作用下，进行硝化反应，进一步被分解、氧化。这一反

应,分为两步进行,首先在亚硝化菌的作用下,使氨(NH_3 或 NH_4^+)转化为亚硝酸氮,其反应式为:

$$2NH_4^+ + 3O_2 \xrightarrow{\text{亚硝酸菌}} 2NO_2^- + 2H_2O + 4H^+ \quad (5-53)$$

继之,亚硝酸氮在硝酸菌的作用下,进一步转化为硝酸氮,其反应式为:

$$2NH_2^- + O_2 \xrightarrow{\text{硝酸菌}} 2NO_3^- \quad (5-54)$$

硝化反应的总反应式为:

$$NH_4^+ + 2O_2 \longrightarrow NO_3^- + H_2O + 2H^+ \quad (5-55)$$

随着能量的获得,一部分铵离子被同化为细胞组织,生命体合成反应可表示如下:

$$4CO_2 + HCO_3^- + NH_4^+ + H_2O \longrightarrow C_5H_7O_2N + 5O_2 \quad (5-56)$$

(注:化学分子式 $C_5H_7O_2N$ 代表合成的生物细胞。)

为了维持硝化液的 pH 值,需要中和掉式(5-55)中的 $2H^+$,需要的碱度可由以下化学反应式估算:

$$NH_4^+ + 2HCO_3^- + 2O_2 \longrightarrow 2CO_2 + NO_3^- + 3H_2O \quad (5-57)$$

1g 氨态氮(以 N 计)完全硝化,需碱度(以 $CaCO_3$ 计)7.14g。

亚硝酸菌和硝酸菌统称为硝化菌,硝化菌属好氧型自养菌。硝化过程是通过自养菌以无机物为营养物质,以光合作用或化学合成过程来获得能量所发生的生物转化过程。自养菌将氨氮氧化,将二氧化碳还原,并生成新的细胞物质。该过程所需 SRT 一般为 6~9d,每去除 1.0mg 氨氮产生 VSS 为 0.2mg。

c. 硝化反应的影响因素

(a)足够的溶解氧,并保持一定的碱度。由式(5-54)可以看到,在硝化反应过程中,每产生 1mg 硝酸氮,需氧 4.57mg,这个需氧量称之为"硝化需氧量(NOD)",为了满足硝化需氧量,一般建议硝化反应器内混合液中溶解氧含量应大于 2.0mg/L。

为了使混合液保持适宜的 pH 值,应当在混合液中保持足够的碱度,以保证在硝化反应过程中,对 pH 值的变化起到缓冲的作用。对于废水碱度较低的情况可考虑投加碱度以保持可接受的 pH 值,所加入的碱度取决于初始碱度和要求氧化的 NH_4^+-N 的量。可以用石灰、碳酸氢钠等药品增加碱度。

(b)混合液中有机污染物含量不应过高,BOD 值应在 15~20mg/L 以下。一般混合液中的 BOD 值应控制在 20mg/L 以下,若 BOD 值过高,异养型细菌迅速增殖,并成为优势菌种,会使自养菌的硝化菌不能成为优势菌种,硝化反应将异常迟缓。有机物对于硝化菌的影响不是具有毒害作用,而是有机物的存在会刺激异养菌迅速生长,从而与硝化菌争夺 DO、氨氮和微量营养物质,使得硝化菌群生长受到限制。

(c)温度。在 5~30℃的温度范围内,随着温度的提高,硝化反应速率也随之增高,在大于 30℃时,硝化反应速率即行下降。15℃以下时,硝化反应速率下降;4℃以下,硝化反应完全停止。低温运行时,可以通过延长泥龄,并维持好氧池的 DO 在 4.0mg/L 等措施,使系统达到较好的硝化效果。

(d)pH 值。当 pH 值在 7.2~8.1 时硝化菌活性最强,硝化反应速率、硝化菌最大的比增殖速度均可达最高值。超出这个范围，活性就要降低，当 pH 值降到 5.0～5.5 时硝化反应即将停止。硝化阶段通常是将 pH 值控制在 7.0～8.3 之间。

（e）**生物固体平均停留时间**（污泥龄 SRT）。为了使硝化菌的种群能够在连续反应器系统内存活，硝化菌在反应器内的停留时间 $(\theta_c)_N$ 必须大于硝化菌最小的世代时间 $(\theta_c)_N^{min}$，否则硝化菌的流失率大于净增殖率，将使硝化菌从系统中流失殆尽。

对 $(\theta_c)_N$ 的取值，至少应为硝化菌最小世代时间的 2 倍以上，即安全系数应大于 2。此外，$(\theta_c)_N$ 值与温度密切相关，温度低，$(\theta_c)_N$ 应提高取值。

理论上，污泥龄大于 3d 就可获得满意的硝化效果，但实际脱氮系统所需的污泥龄通常要有 10～25d，脱氮率才不受污泥龄的影响。

（f）**对硝化反应产生抑制作用的物质**。对硝化菌有抑制作用的重金属有 Zn、Cu、Hg、Cr、Ni、Ag、Co、Cd、Pd 等。对硝化菌有抑制作用的无机物质有 CN^-、ClO_4^-、硫氰酸盐、HCN、叠氮化钠、K_2CrO_4、三价砷及氟化钠等。

对硝化菌有抑制作用的还有：高浓度的 NH_4^+-N、高浓度的 NO_X^--N、有机物质以及络合阳离子等物质。

通过实验室测定硝化速率可以判断是否毒性物质抑制了微生物菌群的生长。

② 反硝化反应

a. 反硝化反应过程　反硝化反应是硝酸氮（NO_3^--N）和亚硝酸氮（NO_2^--N）在缺氧的环境条件下，在反硝化菌参与作用下，被还原成气态氮（N_2）的生物化学过程（还包括少量的 N_2O、NO）。氮气不溶于水，可以释放到大气环境中。反应式如下：

$$NO_3^- + 2H^+ + 2e^- \longrightarrow NO_2^- + H_2O \tag{5-58}$$

$$NO_2^- + 3H^+ + 3e^- \longrightarrow \frac{1}{2}N_2 + H_2O + OH^- \tag{5-59}$$

总反应式：

$$NO_3^- + 5H^+ + 5e^- \longrightarrow \frac{1}{2}N_2 + 2H_2O + OH^- \tag{5-60}$$

也可以表示为：

$$NO_3^- + BOD \longrightarrow N_2 + 2CO_2 + H_2O + OH^- + 新细胞 \tag{5-61}$$

（注：式中的 BOD 为有机物供氢体）

反硝化过程是通过异养菌（以有机物为营养物质，以生物代谢过程释放的能量为能源的微生物）的生化作用实现的。异养菌用于生物合成所需的能量较自养菌少，故较自养菌生长速率更快，细胞物质产量也更多。异养菌每去除 1mg 的 BOD，需 SRT 一般为 2～4d，产生 VSS 量为 0.5mg。

很多异养菌都可以进行反硝化过程。反硝化菌——还原硝酸盐的细菌——属于兼性菌，意为这些细菌既可以在有游离氧的环境中生存，也可在缺氧环境中生存。反硝化菌更倾向于利用分子氧，无分子氧时这些反硝化菌可从硝酸盐氮的分子中索取氧，用于合成碳化合物（新细胞）。

理论上来讲，每还原 1.0mg 硝酸盐氮为氮气可释放氧 2.86mg，这部分释放的氧超过硝化过程需氧量的 60%，故有反硝化过程的处理系统中，曝气设施的供氧量较其他处理系统要大大减少。

反硝化过程也会产生新的微生物细胞,细胞的产量取决于碳源。例如,如果以甲醇为碳源,则每去除 1.0mg 硝酸盐氮可产生 VSS 量为 0.5mg;如果以 BOD 为碳源,则每去除 1.0mg 硝酸盐氮可产生 VSS 量约为 1.5mg。

另外,每去除 1.0mg 硝酸盐氮可产生碱度约 3.57mg(以碳酸钙计)。因此,反硝化过程释放的碱度可弥补硝化过程消耗碱度的 50%。

b. 反硝化反应的影响因素

(a) 温度。反硝化反应的适应温度是 20～40℃,低于 15℃时,反硝化菌的增殖速率降低,代谢速率也降低,从而反硝化反应速率也会降低。

在冬季低温季节,为了保持一定的反硝化反应速率,应考虑提高反硝化反应系统的污泥龄 θ_c(生物固体平均停留时间),降低负荷率,提高污水的停留时间。

(b) 溶解氧(DO)。如前所述,反硝化菌更倾向于利用分子氧,如反应器内溶解氧含量较高,将使反硝化菌利用氧进行呼吸,抑制反硝化菌体内硝酸盐还原酶的合成,或者氧成为电子受体,阻碍硝酸氮的还原。但另一方面,在反硝化菌体内某些酶系统组分只有在有氧条件下才能合成,这样,反硝化菌宜在厌氧、好氧交替的环境中生存,溶解氧则以控制在 0.5mg/L 以下为宜。

(c) pH 值。反硝化反应过程的最适宜 pH 值为 7.0～7.5,不适宜的 pH 值能够影响反硝化菌的增殖速率和酶的活性。当 pH 值低于 6.0 或高于 8.0,反硝化反应过程将受到严重的抑制。

(d) 碳源有机物。在实施反硝化反应过程中,经常采用的碳源有机物有生活污水、甲醇和糖蜜等。

一般认为,当污水中 BOD/KN＞5 时,即可认为碳源充足,无须外加碳源;而当原污水中碳、氮比值过低,如 BOD/KN＜3～5,即需另投加有机碳源(常用甲醇)。

(2) 生物脱氮处理工艺　生物脱氮处理工艺主要包括以下三个工艺过程:污水中部分氮通过微生物的合成代谢转化为微生物量,通过泥水分离从污水中得以去除;污水中的氨氮及有机氮通过微生物的硝化反应而转变为硝酸盐;在缺氧或厌氧条件下,硝化反应所产生的硝酸盐由反硝化细菌把它们转化为氮气最终从污水中去除。

① 硝化反应工艺的基本流程　常用的硝化工艺分为一段硝化和两段硝化过程。所谓一段硝化是指硝化反应与 BOD 降解均在同一曝气池内进行,其基本工艺流程如图 5-28 所示。在一段硝化法中,由于硝化细菌的世代时间比好氧异养菌长得多,因此为了保证硝化反应的顺利进行,污泥停留时间一般须控制在 3d 以上。另一方面,硝化细菌在与好氧异养菌竞争溶解氧的过程中处于劣势,只有当曝气池内有机负荷降低到一定水平以下时,硝化反应才能进行。基于上述理由,目前在工程中倾向于应用复合式一段硝化法,即在曝气池内添加某种载体,以此固定硝化细菌,从而缩短系统的运行周期。

图 5-28　一段硝化法工艺流程图

所谓两段硝化是指硝化反应和有机物降解分别在两个反应池内进行，其基本工艺流程如图 5-29 所示。在该系统中，首先在曝气池中去除污水中的 BOD，然后在硝化池中进行硝化反应。一部分废水可超越一段，为二段提供 BOD 和悬浮固体，以促进絮凝和二次沉淀池中的固体去除率。把 BOD 去除和硝化分开的主要原因是在第一段处理有毒物质，从而保护了较敏感的硝化细菌。

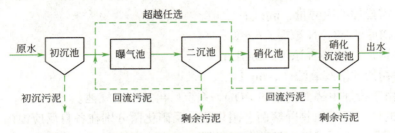

图 5-29　两段硝化法工艺流程图

两段硝化法克服了一段硝化法的不足，BOD 去除与硝化反应分别在两个不同的曝气池内进行，是目前应用较为广泛的硝化反应工艺流程之一。

② 三级活性污泥法脱氮工艺　硝化工艺的出水有 BOD 低，NH_4^+ 低，NO_3^- 高的特点。即经过硝化反应后，氮污染物只是形式上发生了变化，但并没有从处理水中去除。当硝化反应与反硝化反应相结合时，最终可将硝化反应产生的硝酸盐及亚硝酸盐（量极少）通过反硝化反应转化为氮气，并从处理水中去除。

一般来讲，所有的生物脱氮工艺都包括一个好氧硝化池（区）及具有一定容积或时间段的缺氧池（区），后者用以发生生物反硝化作用来达到脱氮的目的。在生物脱氮过程中，包括了 NH_4^+-N 氧化成 NO_x^--N 和 NO_x^--N 还原成 N_2 这两个过程。硝酸盐还原所需的电子供体可以是进水的 BOD，也可以外加碳源（通常为甲醇）。

活性污泥法脱氮的传统工艺是由巴思（Barth）开创的所谓三级活性污泥法流程，它是以氨化、硝化和反硝化三阶段反应过程为基础建立的。其工艺流程见图 5-30 所示。

第一级曝气池主要功能是去除 BOD、COD，使有机氮转化为 NH_3（NH_4^+），即完成氨化过程。经过沉淀后，污水进入硝化池，进入硝化池的污水，BOD 值已降至 15～20mg/L 较低的程度。

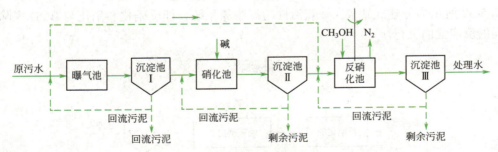

图 5-30　传统活性污泥脱氮工艺流程图（三级活性污泥法）

第二级硝化池主要功能是进行硝化反应，使 NH_3（NH_4^+）氧化为 NO_3^--N，硝化反应要消耗碱度，因此需要投加碱，以防 pH 值下降。

第三级为反硝化反应池,在缺氧条件下,NO_3^--N 还原为气态 N_2 并逸出,在这一级应采取厌氧-缺氧交替的运行方式。碳源,既可投加 CH_3OH(甲醇)作为外投碳源,亦可引入原污水作碳源。

当以甲醇作为外投碳源时,其投入量按下式计算。

$$C_m = 2.47N_0 + 1.53N + 0.87D \qquad (5-62)$$

式中　C_m——需投加的甲醇量,mg/L;
　　　N_0——初始的 NO_3^--N 浓度,mg/L;
　　　N——初始的 NO_2^--N 浓度,mg/L;
　　　D——初始的溶解氧浓度,mg/L。

为了去除由于投加甲醇而带来的 BOD,系统后再加一曝气池。

这种系统的**优点**是有机物降解菌、硝化菌、反硝化菌分别在各自反应池内生长增殖,环境条件适宜,而且各自回流至沉淀池分离污泥,反应速率快而且比较彻底。**缺点**是该流程构筑物和设备多,造价高,运行管理复杂,且需要外加碳源,运行费较高,一般应用不多。

除上述三级生物脱氮系统外,在实践中还使用两级生物脱氮系统,即将 BOD 去除和硝化反应均放在一个反应池内进行,该流程仍然较复杂,出水有机物浓度也不能保证十分理想。两级生物脱氮系统如图 5-31 所示。

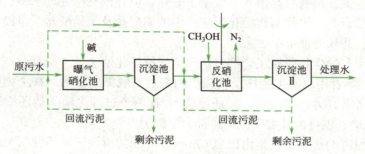

图 5-31　两级生物脱氮工艺流程图

③ **缺氧-好氧活性污泥法脱氮工艺(A/O 法脱氮工艺)**　A/O 法脱氮工艺,是在 20 世纪 80 年代初开创的工艺,其主要特点是将反硝化反应池放置在系统之首,故又称为前置缺氧反硝化生物脱氮系统,这是目前采用比较广泛的一种脱氮工艺。

图 5-32 所示为分建式缺氧-好氧活性污泥脱氮系统,即反硝化、硝化与 BOD 去除分别在不同的反应池内进行。

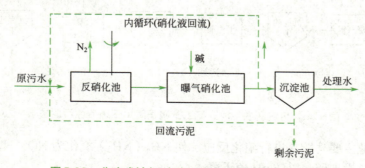

图 5-32　分建式缺氧-好氧活性污泥脱氮工艺流程图

反硝化反应池前置，氨化和硝化在后，设内循环系统，向反硝化池回流硝化液，反硝化的碳源从污水中得到。亚硝化阶段需要的碱度可以得到部分补偿，通常不需要加碱，反硝化液残留的有机物可以进一步处理。

由于流程比较简单，装置少，不需外加碳源，因此，本工艺建设费用和运行费用均较低。本工艺可以采用合建式，即反硝化反应及硝化反应、BOD 去除都在一座反应池内实施，中间设隔板。如图 5-33 合建式缺氧-好氧活性污泥法脱氮工艺系统。

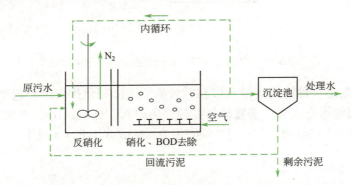

图 5-33　合建式缺氧-好氧活性污泥脱氮工艺流程图

按合建式，便于对现有推流式曝气池进行改造。

本工艺主要不足之处是出水中含有一定浓度的硝酸盐，如果沉淀池运行不当，在沉淀池内也会发生反硝化反应，使污泥上浮，造成出水水质恶化。

此外，如欲提高脱氮率，必须加大内循环比，这样做势必使运行费用增高。此外，内循环液来自曝气池（硝化池）含有一定的溶解氧，使反硝化段难于保持理想的缺氧状态，影响反硝化进程，一般脱氮率很难达到 90%。

与用于去除 BOD 和进行硝化反应的分段式活性污泥工艺类似，为了实现脱氮，污水可从不同进水位置引入称为分段进水 A/O 工艺。图 5-34 为分段进水的生物脱氮工艺示意图。

对于大多数采用分段进水去除 BOD 和硝化的工艺，很容易将其改建为分段进水缺氧/好氧生物脱氮工艺。此时，进水点和反应池内每个区段的容积都是固定的，池体布局一般也是对称的，且每一个池体的容积都相等。例如对于一个 4 段的系统来说，为保证各段的 F/M 都相同，则 4 段式进水流量比为 15%：35%：30%：20%。由于硝酸盐在最后一段产生后，不再被还原，则对最后一个缺氧/好氧区内的流量控制十分关键，因而也确定了最终出水 NO_3^--N 浓度。该工艺出水 NO_3^--N 浓度可以低于 8mg/L。

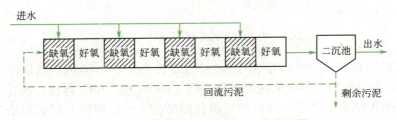

图 5-34　分段进水的生物脱氮工艺流程图

④ **后置缺氧反硝化脱氮工艺**　图 5-35 单级后置缺氧反硝化脱氮工艺，在后置缺氧反硝化脱氮工艺中缺氧段位于好氧区的后面，可以在有或无外部碳源存在的条件下运行，氮的去

除是通过在好氧硝化作用后增加一个混合缺氧池来完成的。在无外碳源加入的条件下运行时，后置缺氧工艺依赖于活性污泥的内源呼吸作用，为硝酸盐还原提供电子供体。与前置缺氧工艺采用原水 BOD 作为电子供体相比，后置缺氧工艺的反硝化速率非常低，要实现较高的脱氮效率往往需要较长的停留时间。

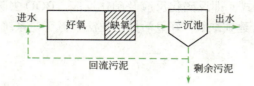

图5-35　单级后置缺氧反硝化脱氮工艺流程图

Bardenpho 工艺是一种将前置缺氧段和后置缺氧段反硝化作用结合起来的一套工艺，后置缺氧段停留时间约等于或大于前置缺氧区的停留时间，好氧区出水的 $NO_3^- \text{-} N$ 浓度一般可以从 5～7mg/L 减少到 3mg/L 以下。图 5-36 为 Bardenpho 工艺（4 段）。

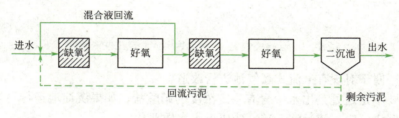

图5-36　Bardenpho 工艺流程图（4段）

⑤ **外加碳源的硝化 - 反硝化工艺**　外加碳源的硝化 - 反硝化工艺如图 5-37 所示。硝化后的出水与外加碳源（通常为甲醇）进入反硝化池进行反硝化。为了使作为电子受体的 $NO_3^-\text{-}N$ 来消耗甲醇并保证絮体具有良好的沉降和浓缩性能，需要提供足够的水力停留时间和污泥停留时间（通常至少 5d）。缺氧池后还设置一个约为 10～20min 的短时曝气时间使混合液中的氮气释放出去，以保证终沉池在最大程度上去除悬浮固体。

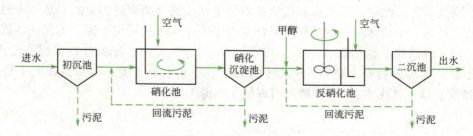

图5-37　外加碳源的硝化-反硝化工艺流程图

甲醇是常用的底物，一般甲醇与硝酸盐去除量之比为 3.0～4.0g/g，这取决于原水中的 DO 量以及缺氧系统的污泥停留时间（SRT）值。SRT 越长，通过内源呼吸氧化的生物量就越多，该过程要消耗硝酸盐，因此甲醇与硝酸盐消耗之比也就越低。

外加碳源的后置缺氧反硝化工艺的优点在于能使出水氮含量低于 3mg/L；其局限性是由于添加了甲醇，则运行费用较高；需要安装投加甲醇的控制器。

5.2　新型生物脱氮工艺简介

选择后置缺氧工艺的原因主要考虑现场布局、已有反应池结构和设备等方面因素。

5.2.5.2 污水的生物除磷处理工艺

(1) **污水的生物除磷原理** 根据霍尔默斯（Holmers）提出的化学式，活性污泥的组成是：$C_{18}H_{170}O_{51}N_{17}P$ 或 C∶N∶P=46∶8∶1。如原污水中 N、P 的含量低于此值，则需要另行从外部投加，如恰等于此值，则在理论上应当是能够将其全部摄取而加以去除的。

所谓生物除磷是利用聚磷菌一类的微生物，能够过量地、在数量上超过其生理需要，从外部环境摄取磷，并将磷以聚合的形态贮藏在菌体内，形成高磷污泥，排出系统外，达到从污水中除磷的目的。

① 生物除磷的过程 生物除磷机理比较复杂，还有待于进一步去研究、探讨，其基本过程是：

a. 好氧条件下的无机磷的过剩摄取 好氧条件下，聚磷菌氧化分解体内贮存的聚 β- 羟基丁酸（PHB）并释放大量能量，用于细胞增殖和摄取废水中的磷，一部分磷被用来合成 ATP，另外绝大部分的磷则被合成为聚磷酸盐而贮存在细胞体内（摄磷）。

b. 厌氧条件下的无机磷的释放 在厌氧条件下，聚磷菌能分解体内的聚磷酸盐而产生能量，将废水中的易降解有机物摄入细胞内，以聚 β- 羟基丁酸（PHB）等有机颗粒的形式贮存于细胞内，同时还将分解聚磷酸盐所产生的磷酸盐排出体外（释磷）。

好氧条件下摄磷量大于厌氧条件下释磷量，因此将富磷剩余污泥排出系统就达到了除磷的目的。生物除磷技术就是利用聚磷菌的这一功能二开发的。

② 影响生物除磷的主要因素

a. 溶解氧 在生物除磷工艺中，聚磷菌的吸磷、放磷主要是由水中溶解氧浓度决定的，溶解氧是影响除磷效果最重要的因素。一般好氧吸磷池溶解氧最好控制在 3～4mg/L，厌氧放磷池溶解氧应小于 0.2mg/L。

b. NO_3^--N 浓度 生物除磷系统中 NO_3^--N 的存在，会抑制聚磷菌的放磷作用。处理水中 NO_3^--N 浓度高，除磷效果差。在常规的脱氮除磷工艺中，除磷在先，脱氮在后。一般控制 KN∶BOD ＜ 0.08∶1。

c. BOD/TP 值 污水中的 BOD/TP 值是影响生物除磷系统去磷效果的重要因素之一。每去除 1mgBOD 约去除磷 0.04～0.08mg，为使出水总磷小于 1mg/L，应满足污水中的 BOD/TP 值大于 20，或溶解性 BOD/ 溶解性 P 大于 12～15。

d. pH 值 生物除磷系统的适宜 pH 范围为中性至弱碱性。

e. 污泥龄 污泥龄的长短对聚磷菌的摄磷作用和剩余污泥排放量有直接的影响，从而对除磷效果产生影响。污泥龄越长，污泥中的磷含量越低，加之排泥量的减少，会导致除磷效果降低。相反，污泥龄越短，污泥中的磷含量越高，加之产泥率和剩余污泥排放量的增加，除磷效果越好。因此，在生物除磷系统中，一般采用较短的污泥龄（3.5～7d），但污泥龄太短又达不到 BOD 和 COD 去除的要求。

(2) **污水的生物除磷处理工艺** 生物法除磷工艺设计和运行必须综合考虑生物法除磷原理，任何一种生物除磷工艺流程都应满足微生物对周期性好氧及厌氧环境的需要。

① **厌氧 - 好氧除磷工艺（A/O 法）** 是典型的生物除磷工艺，工艺流程如图 5-38 所示，在厌氧段可选择、富集聚磷菌，进而通过厌氧释磷、好氧吸磷的过程实现生物除磷。生物除磷过程中，要求抑制硝化过程的发生，因为回流污泥中的硝酸盐进入厌氧区后，会对厌氧区

选择、富集聚磷菌造成干扰（聚磷菌的选择需要厌氧条件）。

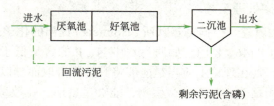

图5-38　厌氧-好氧除磷工艺流程图（A/O法）

该系统要求控制SRT在适宜的时间内，在20℃时为2～3d，在10℃时为4～5d；水力停留时间HRT短，为3～6h；且污水的BOD∶P比值高（一般高于20∶1）。

溶解氧也是关键条件，一般厌氧反应器要控制在0.2mg/L以下，曝气池溶解氧控制在2mg/L。

该工艺BOD的去除率与一般的活性污泥系统相同。磷的去除率较好，处理水中磷含量一般都低于1.0mg/L，去除率大致在76%左右；沉淀污泥含磷率约为4%，污泥的肥效好。运行实践发现该工艺存在的问题有：除磷率难于进一步提高，因为微生物对磷的吸收，即便是过量吸收，也是有一定限度的，特别是当进水BOD值不高或污水中含磷量高时，即P/BOD值高时，由于污泥的产量低，除磷率较低；在沉淀池内容易产生磷的释放的现象，特别是当污泥在沉淀池内停留时间较长时更是如此，应注意及时排泥和回流。

② 弗斯特利普（Phostrip）除磷工艺　该工艺是在1972年开创的，是生物除磷与化学除磷相结合的一种工艺。该工艺流程如图5-39所示。

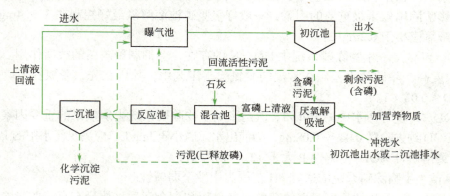

图5-39　弗斯特利普（Phostrip）除磷工艺流程图

本工艺流程和各设备单元的功能如下：

a. 污水和由除磷池回流的已释放磷但含有聚磷菌的污泥一同进入曝气池，在这里聚磷菌过量地摄取磷，去除有机物（BOD或COD），还可能出现硝化作用；

b. 从曝气池流出的混合液进入初沉池，在这里进行泥水分离，污泥（含磷）沉淀，出水（已除磷）排放；

c. 含磷污泥进入除磷池（厌氧解吸池），除磷池应保持厌氧状态，即DO≈0，NOx≈0，含磷污泥在这里释放磷，加水（初沉池出水或原废水）冲洗，使磷充分释放，已释放磷的污泥沉于池底，并回流至曝气池，再次用于吸收污水中的磷，含磷上清液进入混合池；

d. 向混合池投加石灰乳，经混合后进入搅拌反应池，使磷与石灰反应，形成磷酸钙 [$Ca_3(PO_4)_2$] 固体物质，即用化学法除磷；

e. 二沉池为混凝沉淀池，经过混凝反应形成的磷酸钙固体物质在这里与上清液分离。

该工艺中影响生物除磷的重要因素是：在厌氧解吸池（除磷池）中，须提供足够的低分子挥发性脂肪酸（VFAs）为聚磷菌所需。聚磷菌消耗 VFAs 并将之合成为高能聚合物储存在体内。因此，如果污水中 VFAs 不足，为确保生物除磷效能，须对厌氧除磷池补充外加碳源。一种补充 VFAs 的方式是向系统内投加醋酸或丙酸；另一种方式是通过厌氧旁流系统对初沉污泥发酵处理，进而产生 VFAs 后补充厌氧池所需。

实践证明：本工艺除磷效果良好，处理水中含磷量一般都低于 1mg/L；污泥含磷量（率）比较高（2.1%～7.1%）；石灰用量一般介于 21～31.8mgCa(OH)$_2$/m^3 污水。

本工艺流程复杂，运行管理比较麻烦，投加石灰乳，运行费用有所提高，建设费用也高。

5.2.5.3　污水的同步生物脱氮除磷处理工艺

（1）Bbardenpho 脱氮除磷工艺　本工艺是以高效率同步脱氮、除磷为目的而开发的一项技术，其工艺流程如图 5-40 所示，本工艺流程和各组成单元的功能如下：

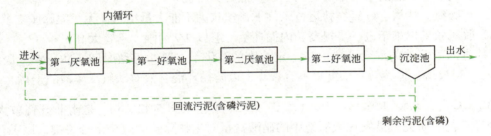

图 5-40　Bbardenpho 脱氮除磷工艺流程图

① 原污水、回流污泥（含磷）和来自第一好氧池的硝化液（内循环）一同进入第一厌氧池，该单元的主要功能是反硝化脱氮，同时污泥释放磷。

② 经第一厌氧池处理后的混合液进入第一好氧池，该单元主要功能是降解原污水带入的有机污染物，其次是硝化，但由于 BOD 浓度还较高，因此，硝化程度较低，产生的 NO_3^--N 也较少。第三项功能则是聚磷菌对磷的吸收，按除磷机理，只有在 NO_x^- 得到有效脱除后，才能取得良好的除磷效果，因此，在本单元内，磷吸收的效果不会太好。

③ 混合液进入第二厌氧池，本单元功能与第一厌氧池相同，一是脱氮，二是释放磷，以前者为主。

④ 第二好氧池，其首要功能是吸收磷，其次是进一步硝化，再次则是进一步去除 BOD。

⑤ 沉淀池，泥水分离，处理水排放，含磷污泥的一部分回流到第一厌氧池，另一部分作为剩余污泥排出系统。

从前述可以看到，无论哪一种反应，在系统中都反复进行二次或二次以上。各反应单元都有其首要功能，并兼行其他功能。因此本工艺脱氮、除磷效果很好，脱氮率达 90%～95%，除磷率 97%。

工艺复杂，反应器单元多，运行烦琐，成本高是本工艺主要缺点。

（2）A-A-O 同步脱氮除磷工艺　也称为厌氧-缺氧-好氧法同步脱氮除磷工艺，在 20 世纪 70 年代，由美国开发。其工艺流程如图 5-41 所示。

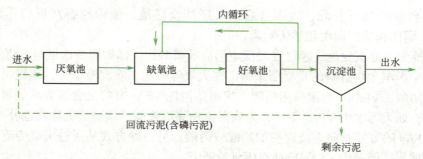

图5-41　A-A-O同步脱氮除磷工艺流程图

厌氧池的主要功能是释放磷，同时对部分有机物进行氨化；缺氧池的首要功能是脱氮；好氧池——曝气池，其功能是去除BOD，硝化和吸收磷；沉淀池的功能是泥水分离，污泥的一部分回流至厌氧反应池，处理水排放。

本工艺具有以下各项特点：

① 工艺简单，总的水力停留时间小于其他同类工艺；
② 在厌氧、缺氧、好氧交替运行条件下，丝状菌不能大量增殖，无污泥膨胀之虞；
③ 脱氮效果也难于进一步提高，内循环量一般以$2Q$为限，不宜太高；
④ 进入沉淀池的混合液要保持一定浓度的溶解氧，减少停留时间，防止产生厌氧状态和污泥释放磷。但溶解氧浓度也不宜过高，以防循环混合液对缺氧反应池的干扰。

（3）UCT工艺和Johannesburg工艺　UCT工艺［图5-42（a）］是南非开普敦大学开发的处理工艺。研究人员发现厌氧池中的硝酸盐量对生物除磷的效率十分关键，该工艺的开发是为了减少较低浓度（BOD）废水中的硝酸盐进入厌氧池时的影响。该工艺中，回流活性污泥被循环至缺氧池而不是厌氧池，而且增加了从缺氧池至厌氧池的内循环。通过将活性污泥回流至缺氧池，进入厌氧池的硝酸盐含量减少，因而改善了厌氧池有机物的吸收条件。内循环为增加厌氧池对有机物的利用提供了保证，缺氧池的混合液含有大量溶解性BOD但没有硝酸盐，缺氧池的混合液的循环为厌氧池的发酵提供了最佳条件。由于厌氧池混合液的浓度很低，厌氧池停留时间一般为1～2h，内循环量一般为进水流量2倍。

在改良型UCT工艺中［图5-42（b）］，它是在UCT工艺基础上增设一个缺氧池，回流活性污泥直接进入新增缺氧池，不接纳内部循环硝酸盐，在这个反应池中被回流污泥带入的硝酸盐浓度得到降低，其混合液被循环至厌氧池。曝气池混合液的硝酸盐回流至第二个缺氧池，在此发生反硝化脱除大量硝酸盐。该工艺可通过提高好氧池至第二缺氧池混合液回流比来提高系统脱氮率，由第一缺氧池至厌氧池的回流则强化了除磷效果。

此外，UCT工艺或改良型UCT工艺的另外一种变形工艺是源于南非约翰内斯堡的Johannesburg工艺（图5-43），在Johannesburg工艺中，回流活性污泥直接进入缺氧段，在这里依靠活性污泥的内源呼吸作用减少其中的硝酸盐浓度，从而减少流入厌氧区的硝酸盐含量，使低浓度污水的生物除磷效率达到最大。在缺氧区内的停留时间取决于混合液浓度、温度以及回流污泥中的硝酸盐浓度。与UTC工艺相比，在厌氧区内可以维持较高的MLSS浓度，停留时间约为1h。

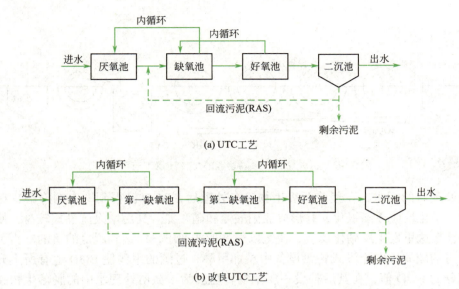

图 5-42 UCT 及改良 UCT 除磷工艺流程图

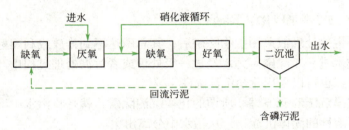

图 5-43 Johannesburg 工艺流程图

（4）**VIP 工艺** 除回流方式不同外，其余比较类似于 A²O 和 UTC 工艺。在 VIP 工艺中所有区（池）都为分段式，各段由至少两个完全混合单元串联形成。回流污泥与来自好氧段的硝化循环液一起进入缺氧区的首端，而缺氧区中的混合污泥被回流至厌氧区的首端。工艺流程如图 5-44 所示。

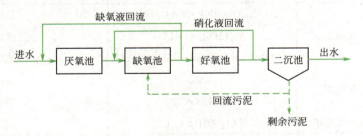

图 5-44 VIP 除磷工艺流程图

在 VIP 工艺中，厌氧段的硝酸盐负荷被降低，因而增加了除磷能力；污泥沉降性好；需要比 UTC 更低的 BOD/P 比。然而，它的运行复杂，需要额外的循环系统，分段运行需要更多的设备。

（5）**生物转盘同步脱氮除磷工艺** 图 5-45 所示为具有脱氮、除磷功能的生物转盘工艺流程。

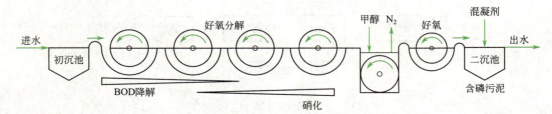

图 5-45　具有脱氮、除磷功能的生物转盘工艺流程图

经预处理后的污水，在经前两级生物转盘处理后，BOD 已得到一定的降解，在后两级的转盘中，硝化反应逐渐强化，并形成亚硝酸氮和硝酸氮。其后增设淹没式转盘，使其形成厌氧状态，在这里发生反硝化反应，使氮以气态形式逸出，以达到脱氮的目的。为了补充厌氧反应所需的碳源，向淹没式转盘设备中投加甲醇，过剩的甲醇使 BOD 值有所上升，为了去除这部分的 BOD 值，在其后补设一座生物转盘。为了截留处理水中的脱落生物膜，其后设二次沉淀池。在二次沉淀池的中央部位设混合反应室，投加混凝剂，强化除磷效果，二次沉淀池排放含磷污泥。

5.2.5.4　污水的生物除磷辅以化学沉淀除磷技术

污水经过二级生化处理或采用生物除磷后，其总磷达不到排放或利用标准要求时，可增加化学沉淀除磷技术进一步除磷。污水经过一级处理或者污泥处理过程中产生的消化液或脱水液有除磷要求时，也可以采用化学沉淀除磷。

（1）**污水的化学沉淀除磷原理**　所谓的化学沉淀除磷，就是将污水中溶解性的磷通过化学反应转化成为不溶性的固体沉淀物，从污水中分离出去。

将污水中的溶解性磷通过化学沉淀络合途径从水体中去除，目前经常应用的沉淀络合剂是高价金属化合物，如铝盐、铁盐及熟石灰等（表 5-6），在实际应用时需要根据具体情况作出适当的选择。

表 5-6　化学沉淀除磷的沉淀络合剂

类型	名称	分子式	状态
铝盐	硫酸铝	$Al_2(SO_4)_3 \cdot 18H_2O$	固体
		$Al_2(SO_4)_3 \cdot 14H_2O$	液体
		$nAl_2(SO_4)_3 \cdot xH_2O + mFe_2(SO_4)_3 \cdot yH_2O$	固体
	氯化铝	$AlCl_3$	液体
		$AlCl_3 + FeCl_3$	液体
	聚合氯化铝	$[Al_2(OH)_nCl_{6-n}]_m$	液体
铁盐	硫酸亚铁	$FeSO_4 \cdot 7H_2O$	固体
		$FeSO_4$	液体
	氯化硫酸铁	$FeClSO_4$	液体（约40%）
	氯化铁	$FeCl_3$	液体（约40%）
熟石灰	氢氧化钙	$Ca(OH)_2$	约40%的乳液

（2）污水的化学沉淀除磷方法

① 铝盐除磷　铝离子与正磷酸根离子化合，生成难溶盐磷酸铝，通过沉淀去除。

$$Al^{3+} + PO_4^{3-} \rightarrow AlPO_4 \qquad (5\text{-}63)$$

当使用硫酸铝作为混凝剂时，发生的反应是：

$$Al_2(SO_4)_3 + 2PO_4^{3-} \rightarrow 2AlPO_4 + 3SO_4^{2-} \qquad (5\text{-}64)$$

此外，硫酸铝还和污水中的碱度产生如下的反应。

$$Al_2(SO_4)_3 + 6HCO_3^- \rightarrow 2Al(OH)_3 + 6CO_2 + 3SO_4^{2-} \qquad (5\text{-}65)$$

由于硫酸铝对碱度的中和，pH 值下降，游离出 CO_2，形成氢氧化铝絮凝体。胶体粒子被絮凝体吸附而去除，在这一过程中磷化合物也得到去除。

硫酸铝的投加量，按反应式（5-64），根据污水中磷的浓度及对处理水中磷含量的要求以及污水的特性确定。

除硫酸铝外，除磷使用的铝盐还有聚合氯化铝（PAC）和铝酸钠。聚合氯化铝（PAC）与磷发生的反应与硫酸铝相同，但 pH 值不下降。

铝酸钠是硬水的优良混凝剂，它与正磷酸离子的反应如下式所示：

$$NaAlO_2 + PO_4^{3-} + 2H_2O \longrightarrow AlPO_4 + NaOH + 3OH^- \qquad (5\text{-}66)$$

由式（5-66）可知，在反应过程中生成 OH^-，因此 pH 值是上升的。

磷酸铝（$AlPO_4$）的溶解度与 pH 值有关，当 pH 值为 6 时，溶解度最小为 0.01mg/L；pH 值为 5 时，为 0.03mg/L；pH 值为 7 时，为 0.3mg/L。

在化学法除磷技术中，以使用铝盐者居多，使用铝盐除磷，应注意下列各项：

a. 混合液的 pH 值对除磷效果产生影响，但 pH 值如介于 5～7 之间，则不会产生影响，不需调整；

b. 投加铝盐，按式（5-65）进行反应，混合液碱度降低，pH 值也降低，降低幅度不足以影响反应的进程，但应注意排放水体对 pH 值的要求；

c. 沉淀污泥回流，因污泥中含有氢氧化铝，能够与 PO_4^{3-} 产生下列反应：

$$Al(OH)_3 + PO_4^{3-} \rightarrow AlPO_4 + 3OH^- \qquad (5\text{-}67)$$

【例 5-2】**确定除磷所需的硫酸铝投加量**　试求废水流量为 12000 m^3/d，含磷的浓度为 8mg/L，用化学沉淀法除磷所需的液体硫酸铝量。如果需要在处理装置贮存 30d 的供应量，确定硫酸铝所需的贮存容积。根据试验，每去除 1mol 的磷需要 1.5mol 的铝。所供应的硫酸铝的有关数据如下：

液体硫酸铝的分子式为 $Al_2(SO_4)_3 \cdot 18H_2O$，硫酸铝浓度为 48%，液体硫酸铝的密度为 1.2 kg/L。

解

① 求出每天需要去除的 P 的量：

12000 × 8 × 10^{-3} /31 = 3.1(mol/d)

② 求出每天需要的 $Al_2(SO_4)_3 \cdot 18H_2O$ 的质量（硫酸铝的分子量 666.5）：

$3.1 \times 1.5 \times 666.5 \times 1/2 = 1548(kg/d)$

③ 求每天所需的硫酸铝溶液量：

$1548/(0.48 \times 1.2) = 2688(L/d)$

④ 根据平均流量求出硫酸铝溶液所需的贮存容积

贮存容积 = (2688) × 30 = 80640(L) = 80.6(m^3)

② **铁盐除磷** 铁离子有二价与三价之分，三价铁离子与磷的反应和铝离子与磷的反应相似，生成物主要是 $FePO_4$、$Fe(OH)_3$。此外生成的产物还可能有 $Fe_3(PO_4)_2$、$Fe_x(OH)_y(PO_4)_3$、$Fe(OH)_2$、$Fe(OH)_3$ 和 $Fe_x(OH)_y(PO_4)_z$ 等。

二价铁离子与磷的反应较三价铁离子的反应要复杂些。

为了比较彻底地从污水中去除铁和磷，就必须对二价铁离子加以氧化，因此需要充足的氧。

二价铁混凝剂的有氯化亚铁、硫酸亚铁；三价铁混凝剂的有氯化铁和硫酸铁。在铁的酸洗废水中含有氯化亚铁（铁含量为9%）和硫酸亚铁（铁含量6%~9%）。这种废水可以作为混凝剂用于除磷。

当 pH 值为 5 时，$FePO_4$ 的最小溶解度为 0.1mg/L。

③ **石灰除磷** 石灰加入水中后将与水中原有的碳酸氢盐碱度反应生成 $CaCO_3$ 沉淀。当废水的 pH 值大致增加到 10 以上时，过量的钙离子将与磷酸盐反应形成羟基磷灰石 [$Ca_5(OH)(PO_4)_3$]，其反应式如下：

$$5Ca^{2+} + 4OH^- + 3HPO_4^{2-} \rightarrow Ca_5(OH)(PO_4)_3 + 3H_2O \qquad (5-68)$$

因为石灰与废水中的碱度发生反应，所以一般来说，石灰需要量主要是与废水的碱度有关，而与废水中存在的磷酸盐量无关。磷在废水中沉淀所需的石灰量一般约为以 $CaCO_3$ 计的总碱度的 1.4~1.5 倍。将石灰加入原废水或二次出水中时，则在进行后续处理或处置之前通常需要调节 pH 值。可用二氧化碳进行再碳酸化的方法降低处理水的 pH 值。

实践证明，处理水中的磷含量，随 pH 值上升而呈对数降低之势。

在与钙的沉淀反应中，磷可能形成的多元磷的络合沉淀物的形式还有 $Ca_3(PO_4)_2$、$Ca_{10}(OH)_2(PO_4)_6$、$CaHPO_4$ 以及副产物 $CaCO_3$ 等。

（3）**污水的化学沉淀除磷的影响因素** 研究表明，影响化学沉淀法除磷效率的最直接因素是水的 pH 值，不同的沉淀剂所要求的 pH 值范围不同。例如，在用石灰作沉淀剂的除磷的工艺中，水的 pH 值须达到 10~11，而当选用三价铁盐或铝盐作沉淀剂时，pH 值一般控制在 6.5~8.0 之间。

其次磷的形态、原污水中钙的浓度等对除磷也有一定的影响。

磷的形态以正磷酸盐与聚磷酸盐两种形式为主。聚磷酸盐的去除率低于正磷酸盐。在聚磷酸盐中，去除易难程度的顺序是：焦磷酸盐＞三聚磷酸盐＞偏磷酸盐。如聚磷酸盐与正磷酸盐共存，则聚磷酸盐的去除效果将同正磷酸盐。

原污水中钙的浓度对磷的去除效果有影响。当 pH 值为 10.5，待处理水中的钙含量在 40mg/L 以上时，处理后水中磷的含量将在 0.25mg/L 以下。

（4）**化学沉淀除磷的工艺流程** 以石灰混凝沉淀除磷为例，其处理工艺流程如图 5-46 所示。

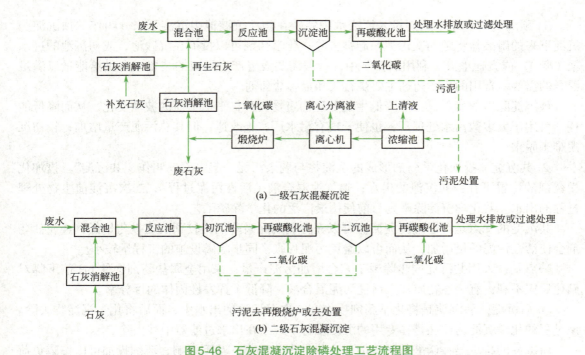

图5-46 石灰混凝沉淀除磷处理工艺流程图

石灰混凝沉淀除磷的处理工艺过程分为三个阶段,即石灰混凝沉淀、再碳酸化和石灰污泥的处理与石灰再生。当需要除氨时,再混凝沉淀与再碳酸化之间,还应设脱氨气的装置。

石灰混凝沉淀处理流程由快速搅拌混合池、缓速搅拌反应池和沉淀池等3个单元组成,污水中的磷、悬浮物及有机物被由钙所形成的絮凝体所吸附,并通过絮凝体的沉淀而得以去除。

再碳酸化是向pH值高的混凝沉淀上清液吹入CO_2(来自石灰再生过程或可以采用含10%～15%的二氧化碳的烟道气)气体,再碳酸化有一级处理和二级处理两种方式。一级处理是使石灰混凝沉淀水的pH值直接达到中性附近,而二级处理是首先使pH值降到9.5～10,为了减少处理水的结垢倾向,再次通入CO_2使pH值降到中性附近,进一步回收碳酸钙。

对石灰沉淀池和碳酸钙沉淀池产生的沉渣,进行浓缩脱水,用离心机作为脱水装置,回收纯度较高的$CaCO_3$沉渣,对其用800℃的高温加热,产生下列反应:

$$CaCO_3 \longrightarrow CaO + CO_2 \tag{5-69}$$

石灰混凝沉淀除磷处理工艺,以熟石灰$[Ca(OH)_2]$作为混凝剂效果优于生石灰(CaO),因此,由上式所得的生石灰应加水使其形成熟石灰。

$$CaO + H_2O \longrightarrow Ca(OH)_2 \tag{5-70}$$

石灰混凝沉淀除磷工艺比较复杂,产生的石灰污泥需要进一步处理,回收再生石灰,否则可能造成二次污染。

(5) **化学沉淀除磷的药剂投加方案**　废水中的磷可在污水处理工艺流程中的若干个部位进行沉淀。根据药剂投加的位置,投加方案主要包括以下三种:预沉淀除磷、共沉淀除磷、后沉淀除磷。

① 预沉淀 将化学药剂投入原废水中使磷在初次沉淀池中沉淀下来，叫作"预沉淀"。沉淀下来的磷酸盐将随初次污泥一起被去除；化学药剂可以投加在沉砂池，或初沉池的进水渠（管），或文丘里渠（利用涡流）中，一般需要设置产生涡流的装置或者供给能量以满足混合的需要。常用的化学药剂主要是石灰和金属盐药剂。

预沉淀除磷的特点是：能降低生物处理构筑物负荷，平衡负荷的波动变化，从而降低能耗；可用于大多数污水处理厂，也便于现有污水厂实施改造；但其总污泥产量增加，较初沉泥难于脱水。

② 共沉淀 投加化学药剂形成的沉淀物与剩余污泥一起去除，叫作"共沉淀"。投加化学药剂的位置可在：初沉池的出水；曝气池混合液（活性污泥过程）；二次沉淀前生物处理过程的出水。共化学沉淀除磷是目前使用最广泛的化学除磷工艺。

共沉淀的**优点**是：通过污泥回流可以充分利用除磷药剂；较预沉淀投药量低；金属盐药剂会使活性污泥的量增加，从而可以避免污泥膨胀；同步除磷设施的工程量较小。

缺点是：采用共沉淀同步除磷工艺会增加污泥产量；采用金属盐药剂会使 pH 值下降对硝化反应不利；有惰性物质加入活性污泥混合液，降低了挥发性固体的百分率。

③ 后沉淀 后沉淀是将化学药剂投加在二次沉淀池的出水中，而后将化学沉淀物去除。该过程的化学沉淀物往往是在专用的沉淀设备中或是在出水过滤器中被去除。

后沉淀的特点是：磷酸盐的沉淀与生物处理相分离，互不影响；药剂投加可以按磷负荷的变化进行控制；产生的磷酸盐污泥可以单独排放，并可以加以利用；后沉淀除磷工艺所需投资大、运行费用高。

在化学法除磷过程中，磷是以金属沉淀物的形式从水体中去除的，因此化学法除磷的同时势必增加了系统内污泥的总产量。据估计，在加入铁或铝盐后，若将设有二沉池的活性污泥法的出水中的总磷降到 1mg/L，这时所产生的污泥总质量和体积分别增加了 26% 和 35%。再者，污泥的产量将随出水总磷浓度的降低而显著增加，例如在用铝盐作为沉淀剂时，出水总磷浓度为 0.2mg/L 时的污泥产率为出水总磷浓度为 1.9mg/L 时污泥产率的 3 倍。

5.2.6 活性污泥法新工艺

5.2.6.1 序批式活性污泥工艺及各种衍生工艺系统

序批式活性污泥工艺系统英文名称为：Sequencing Batch Reactor Activated Sludge Process（SBRASP），简称为 SBR。

（1）SBR 工艺系统

① SBR 工艺的基本原理及运行操作　SBR 工艺系统最主要的技术特征，是将原污水入流、有机底物降解反应、活性污泥沉淀、泥水分离、处理水排放等各项污水处理过程在一个完全式混合反应池即 SBR 反应池内实施并完成。运行时，污水分批进入池中，依次经过进水、反应、沉淀、排水和闲置完成一个操作周期，每个周期的 5 个过程都在同一反应池内进行，自动化控制。

SBR 工艺系统在运行工况上的主要特征是序列间歇式操作，设单一完全混合反应池，在其中进行活性污泥法的所有步骤。对于连续流的城市污水处理，处理系统至少要用两座池子，一池在充水，另一池进行反应、固体沉降和排水，污水按序排列的方式进入每座反应池。SBR 池每天要通过几个运行周期，典型的运行周期包括 3h 充水、2h 曝气、0.5h 沉降、0.5h 排掉上清液。可能还有闲置期，以备高峰流量时有灵活性。

SBR 工艺系统各个阶段的操作运行要点及其功能如下所述：

a. 进水阶段　5 个阶段周期模式是从进水阶段开始的。在原污水注入之前，反应池处于 5 个阶段中最后的闲置阶段（亦称待机阶段）。经处理后的污水已经在前一周期的排水阶段排放，反应池内，是保留下来的高浓度的活性污泥混合液。

原污水注入，达到设定值后，再进入下一阶段的反应（曝气）阶段。从这个意义来说，反应池起到了调节池的作用。说明 SBR 工艺反应池对污水的水质及水量的变动具有一定的调节功能。在注水这个过程中，可以根据其后续反应工艺的要求，相应配合进行其他的操作，如进行曝气操作，对此，可分为非限制性曝气和限制性曝气两种方式，采纳哪一种方式，主要取决于下一阶段的反应要求。一般的非限制曝气，是边注入污水边对污水进行适量曝气。可取得污水预曝气的效果，或可取得使污泥再生，恢复或增强其活性的效果；如在下阶段进行的是去除 BOD、硝化等反应，则采纳非限制性曝气措施，进行较大的曝气操作，以满足活性污泥微生物的活性要求；如在下一步反应阶段进行的是脱氮或释放磷等反应，则应采取限制性曝气的措施，不进行曝气，只进行缓速搅拌；进水持续的时间由设计人员确定，主要取决于原污水的水质特征、处理应达到的水质目标、排水情况、设备特征与条件等因素。从工艺效果方面要求，注入时间以短促为宜。图 5-47 为 SBR 工艺运行方式——非限制曝气进水模式，图 5-48 为 SBR 工艺运行方式——限制曝气进水模式。

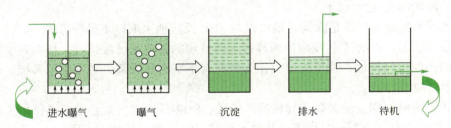

图 5-47　SBR 工艺运行方式——非限制曝气进水

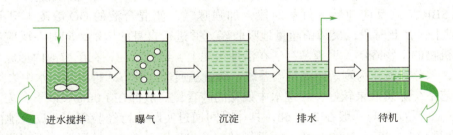

图 5-48　SBR 工艺运行方式——限制曝气进水

b. 反应阶段　反应阶段是 SBR 工艺最主要的一个阶段，是活性污泥微生物净化有机物和微生物本身进行增殖的过程。实际上这一阶段应当是从进水阶段就已经开始，进水阶段结束后，反应阶段仍应继续进行，一直进行到混合液的水达到处理目标要求时为止。

在反应阶段，根据污水处理目的和要求，SBR 工艺能够通过调整设计和模拟多种的运行方式，采取相应的反应操作措施，以取得处理水达到目标要求的效果。

（a）当污水处理的目标是去除 BOD（或称碳氧化），则对反应阶段采取的技术措施是曝气，并且可以考虑从进水阶段，就采取边注水边曝气的非限制性曝气方式。至于反应阶段的延续时间，则由执行人员根据计算确定，但进水阶段的曝气作用应予以适当考虑。

SBR 工艺系统的 COD 去除率一般可达 85%～90%，BOD 值的降解率则可达 90%～95%。

（b）当污水处理目标不仅是碳氧化，还有硝化、反硝化脱氮的要求，则对反应阶段采取的技术操作要复杂一些，对此，可以考虑对 SBR 反应池采用以下运行方式：

在本阶段开始前，上周期已脱氮的处理水已经排放，留在 SBR 反应池内的是留作种泥的活性污泥，在污泥中还夹杂着某些量的 $NO_3^- $-N，应考虑予以去除，对此，首先采用短时段的缺氧，只搅拌不曝气，使反硝化脱氮反应继续实施一段时间，进水阶段也应采取限制性曝气方式。进入污水中的含碳有机物作为电子供体，有利于反硝化菌的脱氮需求，无须另行投加碳源。

继之，进入氧化的好氧时段，开始加强曝气，使反应池内混合液的 DO 浓度维持在 2.0～3.0mg/L 之间，水力停留时间（HRT）一般应＞4.0h。

继之停止曝气，实施搅拌，进入反硝化脱氮反应时段，混合液的溶解氧浓度应保持在 0.5mg/L 以下。在缺氧的条件下，使 NO_3^--N 还原为 N_2。在反硝化反应的进程中，反硝化菌能够利用在其细胞内存储的碳源作为电子供体进行反硝化反应，也可以考虑引入部分原污水作为碳源，也可以考虑投加甲醇（CH_3OH）。投加甲醇，有可能使 BOD 值再行升高，而需要考虑再进行一次后曝气处理，以期去除增加的 BOD 值。采用这种运行方式的 SBR 工艺系统，其脱氮率一般能够在 92% 以上。

（c）当污水处理的目的是除磷，则可以对 SBR 反应池采取以下操作方式。

本阶段开始前，SBR 工艺反应池内经过除磷处理的处理水已经排放，作为剩余污泥的部分富含磷的污泥也已排放，在反应池内作为种泥有丰富的聚磷菌。对本工艺系统，进水阶段应采取限制性曝气方式。

本工艺系统的初期是使聚磷菌释放磷的阶段，SBR 反应池内混合液应维持厌（缺）氧条件，DO 浓度应保持在 0.2mg/L 以下。从进水阶段开始就进行搅拌（不曝气），使流入污水与反应池内种泥充分混合、接触。该厌（缺）氧时段的延续时间由设计人员确定。

继之 SBR 工艺反应池转入好氧时段，加强曝气，使混合液的 DO 浓度上升并保持在 2.0mg/L 以上。在此时段，聚磷菌超量地吸收磷，并进行自身的增殖，同时在反应池内也进行含碳有机物的生物降解。聚磷菌存活在活性污泥上，经过沉淀，在反应池内形成大量富含磷的污泥，部分污泥作为剩余污泥排出系统，磷就是通过这种方式得以从污水中去除。

本工艺系统除磷效果较好，处理水中残存的磷含量一般都在 1.0mg/L 以下，去除率一般能达到 76%。反应时间一般在 3～6h，具体时间通过实际运行经验确定。反应池内污泥浓度一般可保持在 2700～3000mg/L，污泥肥效好，SVI 值≤100，易沉淀、不膨胀。沉淀污泥不宜停留时间过长，以免产生聚磷菌释放磷的作用。

本工艺除磷效果不易提高，聚磷菌吸收磷即或是过量吸收，也是有限度的。特别是对污泥产量低的污水，如 P/BOD 值高的污水。

（d）当污水处理的目的是碳氧化并同时脱氮除磷，则对反应阶段采取的技术操作就更复杂了，此工艺参照 A²O 同步脱氮除磷工艺系统的运行方式。

如果需要从 SBR 工艺系统排除剩余污泥，一般也在本工序后期进行。

c. 沉淀阶段　本阶段相当于传统活性污泥法工艺系统的二次沉淀。停止曝气和搅拌，使混合液处于静止状态，活性污泥与水分离。由于本阶段是静止沉淀，沉淀效果良好。

d. 排放阶段　经沉淀后产生的上清液，作为处理水排放，一直排到最低水位。在反应池沉淀下来的部分活性污泥，成为种泥。

e. 闲置阶段　闲置阶段又称待机阶段，是 5 阶段周期运行模式最后的一个阶段。设闲置阶段，能够提高运行周期的灵活性，对设有多座反应池的 SBR 工艺系统尤为重要。在闲置阶段还可以为下一个运行周期的工艺要求进行某些准备性的工作，如对保留在反应池内的活性污泥进行搅拌或曝气等操作。闲置阶段时间的长短根据系统的实际要求确定。

② SBR 工艺系统的特点

a.SBR 工艺系统的优点

（a）SBR 工艺系统流程简化，基建投资低，占地面积小。SBR 工艺系统的主体工艺设备，只是一座间歇运行的 SBR 反应池，勿需设二沉池、污泥回流系统及相应的各种设备，在一般情况下，勿需设调节池，甚至初次沉淀池也可以考虑不设。SBR 工艺系统流程简单，能够节省建设投资，同时由于工艺流程紧凑，还能够取得节省占地面积的效益。

（b）SBR 工艺系统运行方式灵活、脱氮除磷的效果好。SBR 工艺系统，能够通过不同的操作控制，灵活地采取不同的运行方式，以取得对污水不同处理目标的效能。SBR 工艺系统具有的这种在时间上灵活掌控环境条件改变的功能为其有效地实施脱氮、除磷工艺过程创造了非常有利的条件。

如 A-A-O 同步生物脱氮除磷工艺过程在一座 SBR 反应池通过一个周期的运行就可以实现。其操作如下：

进水阶段，搅拌操作（厌氧环境条件，活性污泥微生物释放磷）；反应阶段，曝气操作（好氧环境条件，有机污染物降解、硝化、摄取磷）、排泥操作（除磷）、搅拌操作和投加有机碳源（缺氧环境条件，反硝化脱氮）、再曝气操作（好氧环境条件，去除残余有机污染物）；沉淀阶段；排水阶段；闲置阶段。

（c）SBR 工艺系统本身能够抑制污泥膨胀。SBR 反应池的基质浓度高，浓度梯度大，交替出现缺氧、好氧状态，泥龄短，有利于高基质细菌的生长，不利于耐低基质专性好氧丝状菌的生长繁殖，能有效抑制污泥膨胀。

b.SBR 工艺系统的缺点

（a）单一的 SBR 反应池需要较大的调节池。

（b）处理水量大时，来水与间歇进水不匹配的问题难以解决。此时需多套 SBR 反应池并联运行，阀门切换频繁，操作程序复杂。

（c）大水量时，优势不明显。无论水量大小，SBR 法的基建投资和运行费用都与氧化沟相当，但基建投资比传统活性污泥法降低 20% 左右。水量小时，SBR 的运行费用比传统活性污泥法省 20% 左右，但水量大时，SBR 运行费用与传统法相近，可见 SBR 对大水量失去了优势。

（d）设备闲置率高。

（e）污水提升的阻力损失较大。

为克服 SBR 法的缺点，人们对 SBR 工艺不断改进。如今出现了多种改进型 SBR 工艺，主要有连续进水周期循环延时曝气活性污泥法（ICEAS）、连续进水分离式周期循环活性污泥法（IDEA）和不完全连续进水周期循环活性污泥法（CASS、CAST 或 CASP）和 UNITANK 工艺等。

（2）SBR 工艺的各种衍生工艺系统

① 间歇循环延时曝气活性污泥工艺系统（ICEAS 工艺系统）　ICEAS 工艺过程是 SBR

的另一种型式。ICEAS 工艺系统是在沿 SBR 反应池的长度方向设一道隔墙，隔墙的底部设小孔，从而将 SBR 反应池区分为预反应区及主反应区两部分，预反应区占反应池总容积的 10%～15%，主反应区占总容积的 85%～90%。图 5-49 所示为 ICEAS 工艺反应池运行模式图。

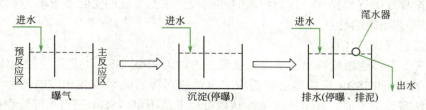

图 5-49　ICEAS 工艺反应池运行模式图

经预处理的污水连续不断地进入反应池前部的预反应区，在该区内污水中的大部分可溶性 BOD 被活性污泥微生物所吸附，并从主、预反应区隔墙下部的孔眼以低速（0.03～0.05m/min）进入主反应区，在主反应区内按照曝气、沉淀、排水、排泥的程序周期性地运行，各过程的历时可由计算机自动控制。

预反应区一般处于厌氧或缺氧状态，主反应区是反应池的主体。污水依次进入预反应区和主反应区，有机物在预反应区内被活性污泥吸附，在主反应区内被活性污泥氧化分解。预反应区除起到生物吸附作用外，还起到生物选择作用，抑制丝状菌生长，防止污泥膨胀。活性污泥则经历高负荷到低负荷的吸附、再生和基质降解过程。使活性污泥的生长经历停滞期、对数期、静止期和衰亡期的全过程。ICEAS 与典型的 SBR 相比具有以下特点：

a. 连续进水　ICEAS 采用连续进水，不需进水阀的反复切换，操作简单。而且解决了来水与间歇进水不匹配的矛盾，可以应用于大水量处理。

b. 沉淀效果下降　由于沉淀阶段连续进水，造成水力扰动，使沉淀效果下降，出水水质变差。

c. 净化效果变差　由于连续进水，ICEAS 部分丧失了 SBR 在时间上理想推流和大基质浓度梯度的特点。同时有机物去除率和难降解有机物的去除效果随之下降，出水水质变差。

d. 易发生污泥膨胀　由于反应区的基质浓度低，即使预反应区有一定的生物选择作用，主反应区仍易发生污泥膨胀。

e. 污泥负荷低　主反应区污泥负荷很低 [0.04～0.05kgBOD$_5$/(kgMLSS·d)]，反应时间较长，设备容积增大，使 SBR 投资低的优点不能充分体现。

② **循环式活性污泥工艺系统（CASS 工艺系统）**　又可称为 CAST 工艺和 CASP 工艺。是传统 SBR 工艺的变型。在我国，CASS 工艺系统主要应用于生活污水以及啤酒、制药、洗毛等工业废水的处理。

CASS 工艺系统反应池是由 3 个分区所组成。第 1 分区为生物选择区，第 2 区具有对生物选择区的各项作用起辅助性作用的功能，还对进入污水的水质、水量变化起到缓冲作用。此区基本上也是在缺氧或厌氧状态下运行，但根据实际情况的要求，也可按好氧状态运行。第 3 分区为主反应区。生物选择区位于反应池的最前端，入流的原污水和从第 3 分区（主反应区）回流的污泥在这里混合。第 1 区是处于缺氧或厌氧状态下运行，水力停留时间一般为 0.5～1.0h，主反应区是活性污泥微生物实施生物氧化反应，使有机底物降解的区域。本区是在好氧状态下运行。3 个区容积比的参考值为 1：2：17。

CASS 工艺系统的一个循环过程包括 3 个阶段：进水曝气阶段、沉淀阶段、滗水阶段，如加上闲置阶段，则为 4 个阶段。如一个运行周期为 4.0h，其中，进水曝气为 2.0h，沉淀阶段及滗水排放阶段各为 1.0h。图 5-50 所示为 CASS 工艺系统的一个典型的循环操作周期。

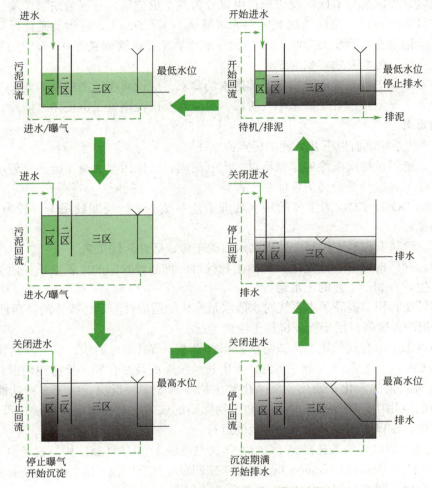

图 5-50　CASS 工艺系统的循环操作流程

进水曝气阶段，曝气与进水同时启动，反应池内的水位，随着进水由最低设计水位逐渐上升到最高设计水位，属变容积运行。曝气阶段结束，曝气停止，混合液中的活性污泥在静置的条件下进行絮凝沉淀，沉淀阶段结束，启动装设在表面的滗水装置，排出反应池内的上清液，并使水位重新降至最低设计水位的位置。新的周期开始运行。为了保证本工艺系统的正常运行，应考虑定时排泥。

CASS 工艺系统的主反应区内混合液中的活性污泥浓度（MLSS）为 3500～5000mg/L 时，经沉淀后可达 15000mg/L，剩余污泥量少于传统的活性污泥工艺。BOD 总去除率 85%～95%；TP 总去除率 50%～75%；TN 总去除率 55%～80%。

《序批式活性污泥法污水处理工程技术规范》（HJ 577-2010）对 CASS 或 CAST 工艺的设计要求是：当 CASS 或 CAST 仅要求脱氮时，反应池一般分为两个反应区，一区为缺氧生物选择区、二区为好氧区；反应池缺氧区内的溶解氧小于 0.5mg/L，进行反硝化反应；反应池缺氧区的有效容积宜占反应池总有效容积的 20%；反应池内好氧区混合液回流至缺氧区，回流比应根据试验确定，不宜小于 20%。

CASS 或 CAST 要求除磷脱氮时，反应池一般分为三个反应区，一区为厌氧生物选择区、二区为缺氧区、三区为好氧区。反应池也可以分为两个反应区，一区为缺氧（或厌氧）生物选择区、二区为好氧区；反应池缺氧区内的溶解氧小于 0.5mg/L，进行反硝化反应，其有效容积宜占反应池总有效容积的 20%；反应池厌氧生物选择区溶解氧为 0，聚磷菌释放磷，其有效容积宜占反应池总有效容积的 5%～10%。

为了使 CASS 工艺系统能够实现连续进水的要求，应设两座以上的反应池。当设置两座反应池时，第 1 座反应池处于进水曝气阶段，另一座反应池则处于沉淀滗水阶段，可以达到连续进水的要求。

CASS 工艺系统具有以下几方面的优点：

a. 工艺系统不设初次沉淀池，也不设二次沉淀池，活性污泥回流系统规模较小，工艺流程简单，基建工程造价低，维护管理费用省。

b. 以去除 BOD、COD 为主体的污水处理工艺系统，运行周期较短（一般为 4.0h），而且处理效果良好。

c. 脱氮、除磷操作易于控制，处理水水质优于传统活性污泥工艺。

d. 生物选择区的设置，选定适宜的微生物种群，抑制丝状菌的生长繁殖，使工艺避免污泥膨胀的产生，有利于工艺的正常运行。

e. 采用可变容积，提高了本系统对水质水量变化的适应性与运行操作的灵活性。

f. 自动控制程度高，便于管理也易于维护运行。

g. 结构可采用组合式模块，构造简单，布置紧凑、节省占地面积，易于分期分批建设。

现行的 CASS 工艺系统为单一污泥悬浮生长系统，而且是在同一反应池内混合，微生物种群进行有机底物的氧化、硝化、反硝化和生物除磷等多种反应。由于多种功能的相互影响，在实际的应用中，限制了生物脱氮和生物除磷的效果，对控制手段也提出严格的要求，在工程实践中，难以实现工艺稳定、高效的运行。

③ **连续进水间歇曝气工艺系统（DAT-IAT 工艺系统）**　其主体反应构筑物是由 1 座连续曝气反应池（DAT）(Demand Aeration Tank) 和 1 座间歇曝气反应池（IAT）(Intermittent Aeration Tank) 串联组成。图 5-51 为 IAT-DAT 工艺系统流程图。

DAT 连续进水、连续曝气、连续出水，出水经配水导流墙流入 IAT，DAT 的溶解氧控制在 1.5～2.5 mg/L。IAT 连续进水、曝气、沉淀、滗水、闲置（本阶段可以根据污水的水质及处理要求，确定其时间的长短或取消）四个阶段循环，在曝气、沉淀阶段进行混合液回流，回流比 1∶(200～400)，滗水和排出剩余污泥。

DAT-IAT 工艺系统的优点：

a. 增加了工艺处理的稳定性　DAT 起到了水力均衡和防止连续进水对出水水质的影响，特别是在处理高浓度工业废水时，DAT 连续曝气加强了系统对难降解有机物的降解，也使整个系统更接近于完全混合式。

b. 提高了池容的利用率　由于 DAT

图 5-51　IAT-DAT 工艺系统流程图

- IAT 中 DAT 池连续曝气和 IAT 的间歇曝气，使该工艺方法的曝气容积比是最高的，达66.7%。

c. 提高了设备的利用率　由于 DAT 池连续进水，因此不需要增设进水的闸阀及自控装置；DAT 池连续曝气，减少了整个系统的曝气强度，提高了曝气装置的利用率，所需鼓风机的功率也减小了。增加了整个系统的灵活性。

d.DAT-IAT 系统可以根据进出水量，水质变化来调整 DAT 池与 IAT 池的工作状态和 IAT 池的运转周期；同时也可根据脱氮除磷要求，调整曝气时间，调整缺氧、厌氧状态。

DAT-IAT 工艺系统的缺点：

a. 回流污泥量大，能耗高。为了保持 DAT 池内较长的污泥龄和较高的微生物浓度，需要在 IAT 池内安装污泥泵，将 IAT 池内的部分污泥用污泥泵连续抽回 DAT 池。

b. 脱氮除磷需要延长运行周期，增加搅拌。脱氮除磷要求好氧、缺氧、厌氧交替的环境，由于该工艺的缺氧、厌氧环境是从好氧环境转变过去，且只发生在滗水阶段末期，反硝化和磷的释放不充分，脱氮除磷的效果是有限的。因此，可根据要求增设搅拌装置延长缺氧、厌氧的时间，但这也相应地延长了运行周期。

c. 除磷效果差。由于 DAT-IAT 工艺的厌氧只发生在滗水阶段末期，持续时间很短，磷的释放不充分，并且 IAT 池中残留的溶解氧和 NO_x^--N 浓度对其也会产生影响；同时，滗水阶段末期可生物降解的有机物浓度很低，使聚磷菌没有合适的基质可利用；此外，泥龄愈短，除磷效果愈好，而 DAT-IAT 工艺属于长泥龄工艺，故而除磷效果差。

④ **一体化活性污泥工艺系统（UNITANK 工艺系统）**　该工艺集合了传统活性污泥法和 SBR 运行模式的优点，把连续系统的空间推流与 SBR 法的时间推流过程合二为一，整个系统连续进水和连续出水，而单个池子相对为间歇进水和间歇排水，通过灵活的时间和空间控制，适当改变曝气搅拌方式和增大水力停留时间，可达到脱氮除磷效果。

典型的单段式 UNITANK 工艺结构如图 5-52 所示，是一个矩形反应池被分为三格方池的结构。三池之间通过隔墙孔口实现水力连接，每个单元池中设有曝气系统和搅拌器，在两侧单元池设固定溢流出水堰和剩余污泥排放口，该二池交替作为曝气池和沉淀池，但中间单元池只作曝气池。单段好氧运行过程：每个运行周期包括两个主体运行阶段，这两个阶段的运行过程完全相同，是相互对称的。第一个主体运行阶段包括以下过程：

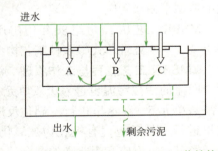

图5-52　典型的单段式UNITANK工艺结构图

自污水首先进入左侧池内，因该池在上个主体运行阶段作为沉淀池运行时积累了大量经过再生、具有较高吸附性及活性的污泥，污泥浓度较高，因而可以高效降解污水中的有机物；混合液同时自左向右通过始终作曝气池使用的中间池，继续曝气，有机物得到进一步降解；混合液进入作为沉淀池的右侧池，处理后出水通过溢流堰排放，也可在此排放剩余污泥。

第一个主体运行阶段结束后，通过一个短暂的过渡段，即进入第二个主体运行阶段。第二个主体运行阶段过程改为污水从右侧池进入系统，混合液通过中间池再进入作为沉淀池的左侧池，水流方向相反，操作过程相同。

UNITANK 工艺的优点：

a. 高效性　系统中反应池有效容积能得到连续使用，不需设置闲置阶段，出水堰是固定的，不需设置浮式滗水器。

b. 经济性　三个矩形池之间水力相通，中间池壁不受单向水压，所以土建省，占地也很省；各池之间采用渠道配水，并在恒水位下交替运行，减少管道、阀门、水泵等设备的数量，水头损失小，降低了运行成本。

UNITANK 工艺存在的问题：无专门的厌氧区，磷去除效果不理想；系统管道布置复杂，需要大量的电动进水与空气阀门以及剩余污泥阀门，切换过于频繁，故需要较高的自动监测和自动控制水平；边池总有一段时间兼作沉淀池，而中间池总作为曝气池，污水从池子第一池朝第三池流动时，把大量污泥带入第三池中，从而造成边池污泥浓度远远高于中池，导致池容利用率和处理能力降低；缺乏准确的数学模型来实现 UNITANK 系统更高层次的自动控制。

⑤ **MSBR 工艺系统**　MSBR 工艺为改良的序批式活性污泥法，可看作是 A^2/O 工艺与 SBR 工艺的联合，并且结合了传统活性污泥工艺系统和 SBR 工艺系统的优点，连续进水和出水，还省却了多单元工艺所需要的连接管、阀门和泵等设备。

在污水处理的工程实践中，一般是将 MSBR 工艺整体设计成为一体化的矩形反应，采用单池多格方式，增加污泥回流系统，无需设置初沉池、二沉池，且在恒水位下连续运行。两个 SBR 池功能相同，均起着好氧氧化、缺氧反硝化、预沉淀和沉淀的作用。图 5-53 所示为 MSBR 工艺一体化反应池的典型平面布置图。

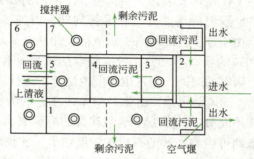

图 5-53　MSBR 工艺一体化反应器的典型平面布置图
1—SBR 池；2—污泥浓缩池；3—缺氧池；4—厌氧池；
5—缺氧池；6—好氧池；7—SBR 池

MSBR 工艺从 20 世纪 80 年代初开发至今，经过不断地改进与完善，已经发展到第三代，并出现 4～9 处理单元等多种工艺构型。图 5-54 是最新的第三代 MSBR 工艺的工艺流程图。

a.**MSBR 工艺流程与工作原理**　污水首先进入厌氧单元 4，从污泥浓缩单元 2 及缺氧单元 3 回流的活性污泥也进入厌氧单元 4，污泥中的聚磷菌在此充分释放磷。继之，混合液进入缺氧单元 5，在这里进行反硝化反应。经过反硝化反应的混合液进入好氧反应单元 6，在这里进行好氧反应，有机底物被氧化分解、硝化，活性污泥中的聚磷菌则进行吸收磷。继之，经过好氧反应和吸收磷的混合液分别地进入两座传统的 SBR 反应池 1 及 7。这两座 SBR 反应池交替地进入沉淀阶段和继续反应阶段。进入沉淀阶段的 SBR 反应池（1 或 7），完成沉淀、滗水和排出上清液的工作；继续反应的 SBR 反应池（7 或 1），则使混合液在反应池内继续进行反硝化反应、硝化反应和静置沉淀，进行初步预沉。经过预沉的混合液进入污泥浓缩单元 2，静沉上清液返流好氧反应单元 6。经浓缩的污泥则先进入缺氧单元 3，在这里充分完成反硝化脱氮反应和比较彻底地消耗回流污泥中的溶解氧、硝酸盐，为随后进入厌氧单元 4 进行释放磷的反应创造条件。

b.**MSBR 工艺的运行方式**　MSBR 工艺的运行的周期与时段是以 SBR 反应池的工作体制为准划分的。即将 SBR 反应池的一个工作周期分为 6 个时段，由 3 个时段组成一个半周期。在两个相邻的半周期内，除 SBR 工艺反应池的运行方式不同外，其余各处理单元的运行方式完全相同。

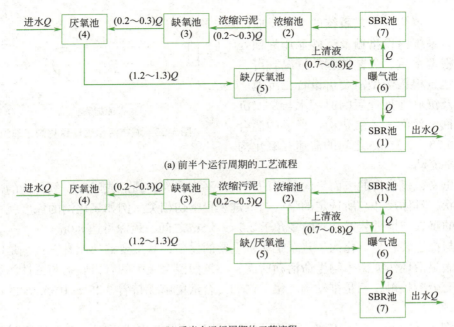

图 5-54 MSBR工艺流程及工作原理图

在前半个运行周期，原污水从厌氧单元 4 进入反应器，经缺/厌氧单元 5 及好氧单元 6 的反应处理，从单元 1（SBR 反应池）出水，在后半个周期从单元 7 出水。单元 1 和单元 7 分别是前半个周期和后半个周期起沉淀作用的单元。

c. MSBR 工艺系统具有如下各项的特征

（a）在脱氮除磷工艺方面，MSBR 工艺系统综合了 A-A-O、SBR 等工艺的优点，是一种高效率的反应池，结构简单紧凑，占地面积小，土建造价低廉，自动化控制程度高。

（b）因为生物化学反应都与反应物的浓度有关，从连续运行的厌氧反应池进水，就加速了厌氧反应速率。经过厌氧反应处理后的污水进入缺氧反应池，其后，再进入好氧反应池，这样，提高了在缺氧反应池内的反应速率及在好氧反应池内进行的 BOD 降解速率和硝化反应速率。从而使系统整体的污水处理效应得到改善，处理水的水质得到提高。

（c）MSBR 工艺系统是从连续运行的厌氧单元进水，而不是从 SBR 工艺进水，这样就将大部分的好氧反应转移到连续运行的主曝气反应池中，改善了设备的利用率。

（d）从连续运行单元进水，极大地改善和提高了系统承受水力及有机物冲击负荷的能力，进水冲击负荷在经过多级处理后，对处理水水质的影响也将会大为降低。

MSBR 系统主要在北美和南美应用，韩国首尔建造了亚洲第一座采用该工艺的污水处理厂，国内深圳市盐田污水处理厂首次采用 MSBR 工艺，近期污水处理规模 12 万 m^3/d，远期规模 20 万 m^3/d。

5.2.6.2 氧化沟活性污泥工艺系统（OD 工艺系统）

氧化沟（oxidation ditch）又名连续循环曝气池，是一种首尾相连的呈封闭状的循环流曝气沟（渠）。它在水力流态上不同于传统的活性污泥法，是活性污泥法的一种变型。

（1）氧化沟工艺系统的工作原理及特征

① 氧化沟工艺的基本流程、构造及运行方式　图 5-55 所示为城市污水处理氧化沟工艺

系统流程图。氧化沟工艺系统的主体反应池是氧化沟，系统内设格栅及沉砂池作为预处理设施，根据水质、工艺流程等情况，可不设置初沉池，根据沟型需要可设置二沉池。经过格栅及沉砂池处理后的原污水与从二沉池回流的回流污泥进入氧化沟，形成的混合液以介于0.25～0.35m/s之间的流速在氧化沟内向前水平流动。

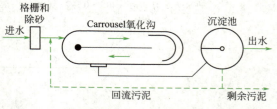

图5-55 城市污水处理氧化沟工艺流程图

顾名思义，氧化沟的表面呈沟渠形的环状，平面多为椭圆形或圆形。氧化沟的通水断面的几何形状、具体尺寸与所选定的曝气与推进装置密切相关。例如氧化沟的深度就主要取决于所采用的曝气与推进装置，一般多介于2.5～5.5m之间，最深可达8.0m。

曝气与推进装置是氧化沟工艺系统非常重要的设备，其主要的功能有三：一是向混合液充氧，以满足活性污泥微生物生命活动所需；二是使混合液中的有机底物与活性污泥微生物能够得到充分的接触；三是推动沟（渠）内的混合液能够保持着0.25～0.35m/s的流速向前流动。

氧化沟工艺系统一般按传统活性污泥工艺的延时曝气方式运行，水力停留时间与污水处理目标相适应，可取几个小时至二十几个小时，生物固体平均停留时间（污泥龄）一般取20～30d。

曝气与推进装置安设的台数及各自的位置以及原污水进水装置的位置、处理水排放装置的位置、回流污泥进入装置的位置等，都需要根据该氧化沟对污水处理目的的不同要求全面考虑。如氧化沟的进水和回流污泥进入点一般宜设在曝气器的下游，有脱氮要求时，进水和回流污泥宜设在氧化沟的缺氧区（池），与曝气设备保持一定的距离。氧化沟的出水点应设在进水点的另一侧，并与进水点和回流污泥进入点足够远，以避免短流。有除磷要求时，从二沉池引出的回流污泥可通至厌氧区（池）或缺氧区（池），并可根据运行情况调整污泥回流量。

② 氧化沟工艺系统的特征

a. 在构造方面的特征　氧化沟一般呈环形渠状，平面多为椭圆形或圆形，总长可达几十米甚至上百米，沟深取决于曝气装置，一般为3～7m；单一氧化沟的进水装置比较简单，只需伸入一根进水管即可，多沟平行工作时，则应设配水井，采用交替工作系统时，配水井内还应设自动控制装置，以变换水流投配方向；氧化沟的出水口宜设置溢流堰，双沟式、三槽氧化沟应设可调溢流堰，并设自动控制，与进水阀门的自动启闭相互呼应。微孔曝气氧化沟可设固定溢流堰，其他氧化沟反应池出水宜采用可调溢流堰。

b. 水流混合方面的特征　污水在氧化沟内做几十次甚至上百次的循环流动，即可以认为在氧化沟内混合液的水质几乎一致，流态是完全混合。但又具有某些推流式的特征，如在曝气装置下游，溶解氧浓度从高向低变动，甚至出现缺氧段。

c. 工艺方面的特征　操作单元少；耐冲击负荷；处理效果好，运行稳定，平均出水BOD＜20mg/L；产泥率低，剩余污泥较稳定；适用范围广；氧化沟具有脱氮能力。

（2）帕斯韦尔（Pasveer）氧化沟工艺系统　是最早的氧化沟，1954年在荷兰的沃绍本建成，由Pasveer博士设计，采用间歇式运行，白天曝气，夜间沉淀。将有机污染物降解、泥水分离、污泥稳定等各项反应进程全部集中在氧化沟内实施，处理效果良好。以后几经改革，通过延长氧化沟的长度，采用分建的二沉池，将间歇式的运行改进为连续式运行，如图

5-56 所示。沟上装设一个或数个曝气器推动混合液在沟内循环流动,平均流速保持在 0.3m/s 以上,使活性污泥呈悬浮状态并充氧。混合液进入二沉池,部分污泥回流到氧化沟中,剩余污泥比较稳定,经浓缩后可以直接脱水,或贮存在污泥池中以待进一步处理。

近年来又开发了带侧渠的氧化沟工艺系统(图 5-57),集有机物降解与污泥沉淀于一体,保持连续进水与连续出水的运行方式,两座侧渠交替充作沉淀池使用。充作沉淀池的侧渠,关闭转刷曝气器,开启排水溢流堰。当启动另一座侧渠作为沉淀池运行时,则关闭出水溢堰,启动转刷曝气器,搅起已沉淀污泥,使污泥回流氧化沟工艺系统,勿需另设污泥回流系统。

Pasveer 氧化沟的缺点:由于采用转刷曝气,沟深有限,占地相对较大。

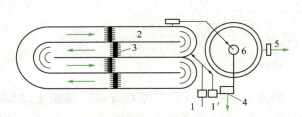

图 5-56 连续运行的帕斯韦尔氧化沟工艺系统

1—污水泵站;1'—回流污泥泵站;2—氧化沟;3—转刷曝气器;
4—剩余污泥排放;5—处理水排放;6—二次沉淀池

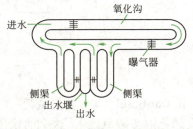

图 5-57 带侧渠的帕斯韦尔氧化沟工艺

(3) 卡鲁塞尔(Carrousel)氧化沟工艺系统

① 卡鲁塞尔(Carrousel)氧化沟工艺系统的原型及特点　Carrousel 氧化沟是由荷兰 DHV 公司在 1967 发明的,其构造特征如图 5-58 所示。这是一个多沟串联的系统,进水与活性污泥混合后沿箭头方向在沟内作不停地循环流动。卡鲁塞尔氧化沟采用垂直安装的低速表面曝气机,每组沟渠安装一个,均安设在氧化沟的首端,兼有供氧、推流和搅拌作用。污水在沟道内循环流动,处于完全混合状态,有机物不断氧化去除。

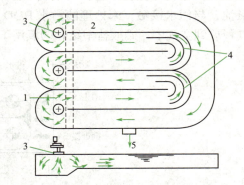

图 5-58 Carrousel 氧化沟工艺系统

1—原污水进入;2—氧化沟;3—表面机械曝气器;
4—导向隔墙;5—流向二次沉淀池

Carrousel 氧化沟独特池型与相应的曝气设备布局使之形成了靠近曝气机下游的富氧区和曝气机上游及外环的缺氧区,这不仅可以生物脱氮,还有利于生物凝聚,还使活性污泥易于沉淀。

卡鲁塞尔氧化沟除具备一般氧化沟的共同优点外,还具有其独特的**优点**:a. 单台曝气设备功率大,数量较少,投资较省;b. 氧化沟沟深加大,可达 5m 以上,使氧化沟占地面积减少,土建费用降低;c. 曝气设备维护点较少,更易于管理维护。

缺点:a. 有时难以避免供氧和搅拌的矛盾。表曝机数量少,沟内混合液自由流程很长,由紊流导致的流速不均有可能引起污泥沉淀,影响运行效果。尤其在进水水质浓度较低的工况下,为节能须降低表曝机的转速,但会急剧减弱搅拌能力,导致严重沉淀,淤积污泥。b. 局部供氧强度过大,能耗较高。

② 卡鲁塞尔氧化沟的工艺演变及发展　为了进一步提高卡鲁塞尔氧化沟工艺系统净化功能的稳定性和脱氮、除磷效果,DHV 公司及其美国的 EIMCO 公司在卡鲁塞尔氧化沟工艺

系统的基础上,几经改进,使卡鲁塞尔氧化沟工艺系统发生了多层次的演变,提高了其处理功能,降低了运行能耗。

a. Carrousel AC 工艺系统　Carrousel AC 工艺如图 5-59 所示,该工艺系统在氧化沟上游加设前置厌氧池,这一改进可有效抑制活性污泥膨胀,改善活性污泥的沉降性能。同时为生物除磷提供了条件,在厌氧池内进行磷的释放,在氧化沟内继之进行聚磷菌对磷的过量摄取,除磷效果较好,可使处理水的含磷量降至 2mg/L 以下。

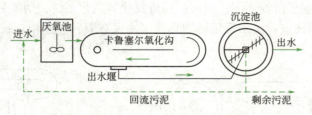

图 5-59　Carrousel AC 工艺流程图

b. Carrousel 2000 工艺系统　Carrousel 2000 型工艺系统是在原 Carrousel 系统上增加了预反硝化池(缺氧池)。这个前置预反硝化区,其容积占本系统总容积的 15%。由图 5-60 可见,前置预反硝化区的外壁(亦即氧化沟外壁)与表曝机旁设的导流板之间的一侧留设一定宽度的缝隙,在系统的两侧各形成一导流通道,前置预反硝化区就是通过这一导流通道与原 Carrousel 系统连接在一起。当缺氧区富含硝酸盐的混合液流向曝气机时,部分液体被导入缺氧池,与污水接触,未处理的污水 BOD 浓度高,可作为碳源满足反硝化过程。分解出的氮气释放到空气中,硝酸盐中结合的氧用于 BOD 氧化。

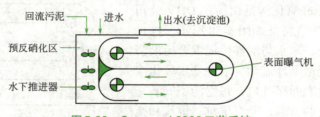

图 5-60　Carrousel 2000 工艺系统

卡鲁塞尔氧化沟 2000 型工艺系统,解决了碳源的补充问题,硝酸盐中氧的再利用问题和无需任何回流提升动力实现硝化液的回流。

c. A²C/Carrousel 2000 工艺系统　A²C/Carrousel 2000 型氧化沟是在完全保持 Carrousel 2000 型工艺系统的基础上,再增设一前置厌氧反应区(池),原污水及回流污泥都首先进入增设的前置厌氧反应区,取得脱氮除磷的处理效果。图 5-61 为 A²C/Carrousel 2000 工艺系统流程图。

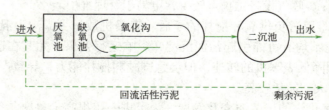

图 5-61　A²C/Carrousel 2000 工艺流程图

A^2C 氧化沟与 A^2/O 很相似。但由于氧化沟独特的水力构造，可以取消由好氧池至缺氧池的混合液回流设备，节约了用于混合液回流的能耗。

因为增加了独立的厌氧池和缺氧池，使 A^2C 氧化沟出水指标可以达到 BOD＜10mg/L，SS＜15mg/L，TN＜7mg/L，TP＜1mg/L 的较高水平。

d. 4/5 段 Carrousel-Bardenpho 工艺系统　4 段 Carrousel-Bardenpho 系统是在 Carrousel 2000 下游增设了第二缺氧池及再曝气池，达到更高程度的脱氮。

图 5-62 为 5 段 Carrousel-Bardenpho 氧化沟工艺系统流程图，5 段 Carrousel-Bardenpho 系统是在 A^2C/Carrousel 2000 系统的下游增加了第二缺氧池及再曝气池，从而提高了脱氮除磷的效果。

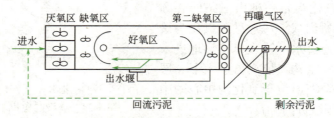

图 5-62　5 段 Carrousel-Bardenpho 氧化沟工艺流程图

e. Carrousel 3000 工艺系统　该系统也称为 Deep Carrousel，其在 Carrousel 2000 系统前增加了一个生物选择区，生物选择区利用高有机负荷筛选菌种，抑制丝状菌增长，提高各污染物的去除率，其后工艺同 Carrousel 2000 系统。

Carrousel 3000 采用同心圆式设计，圆心处设原污水进水井及回流污泥井，原污水及回流污泥均由此进入反应池形成混合液，混合液由此相继进入均由 4 部分组成的生物选择区及厌氧区，继之进入设有前置预反硝化区的 Carrousel 2000 工艺系统。图 5-63 为 Carrousel 3000 工艺系统流程图。

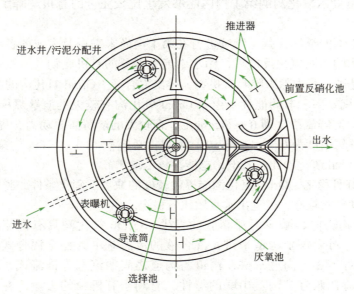

图 5-63　Carrousel 3000 工艺流程图

池深可达 7.5～8m，表曝机下设导流筒提高充氧深度，沟道底部设水下推进器，能够保证氧化沟中混合液的流速，其次还能对沟道中混合液的混合起到辅助作用。

报据在线的溶解氧、硝酸盐测量仪表的测定值控制表曝机的转速，能够灵活控制充氧量。一体化设计，将进水井、回流污泥分配装置、选择池、厌氧池、反硝化池、环形 Carrousel 氧化沟、出水井全部设计建造为一个单元，系统紧凑，节省管线，节省占地。

（4）**奥贝尔（Orbal）氧化沟工艺系统** 是在 20 世纪 60 年代于南非开发的。70 年代开始在美国应用，并得到推广。图 5-64 所示为典型的奥贝尔氧化沟工艺系统。

典型的 Orbal 氧化沟是一种由三条同心圆或椭圆的沟（渠）所组成，污水进入氧化沟最外层的第 1 沟后，通过水下输入口连续地进入下一层沟（渠）的第 2 沟，依次再进入下一层的第 3 沟。最后混合液由位于氧化沟中心的中心岛进入二沉池，固液分离。

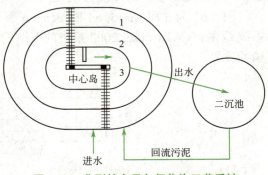

图5-64 典型的奥贝尔氧化沟工艺系统

奥贝尔型氧化沟的曝气设备均采用曝气转盘。曝气转盘上有大量的楔形突出物，增加了推进混合和充氧效率，水深可达 3.5～4.5m。Orbal 氧化沟的设计是将外沟道供氧量设计为需氧量的 50%～60%，处于低溶解氧状态，目的是硝化、反硝化反应同时在外沟道发生；中沟道为过渡区，内沟道为富氧区。理想状态时三个沟道的溶解氧应分别控制在 0、1mg/L、2mg/L。

在奥贝尔氧化沟工艺的第 1 沟内，靠近转碟的区段，为富氧区段，混合液中溶解氧的含量高，在这一区段进行的是有机物（BOD）降解和硝化反应。离转碟距离较远的沟渠区段，混合液中溶解氧的含量低，甚至接近于零，为缺氧区段，在这一区段进行的是反硝化反应，这样，在奥贝尔氧化沟的第 1 沟内能够发生比较完全的有机物降解、硝化及反硝化等各项反应。

第 2 沟是第 1 沟的继续，就是继续进行在第 1 沟尚未来得及完成的各项生物氧化反应。经第 1 沟和第 2 沟的生物氧化反应后，污水中绝大部分的有机底物及氨氮都能够得到去除。第 3 沟的任务就是进一步去除未降解有机物，排出混合液。Orbal 氧化沟的特点如下：

① 较强的充氧效率、节约能耗 由于 Orbal 氧化沟有较大的溶解氧梯度，使占总容积 50% 以上的第 1 沟溶解氧浓度为 0～0.5mg/L，有较大的溶解氧驱动力，提高了充氧的动力效率；第 2 沟溶解氧浓度为 0.5～1.5mg/L，而仅占总容积 10%～20% 的第 3 沟溶解氧浓度为 2mg/L，所以 Orbal 氧化沟比较省电，总能耗较低。

② 出水水质好且稳定 Orbal 氧化沟能提供较好的缺氧反硝化条件，脱氮效果好。此外，其硝化脱氮的碱度平衡较好，处理出水水质比较稳定。

③ 利于有机物去除，减少污泥膨胀的发生 Orbal 氧化沟具有推流式和完全混合式两种流态的优点。对于每个沟道来讲，混合液的流态基本为完全混合式，具有较强的抗冲击负荷能力；对于 3 个沟道来讲，沟道与沟道之间的流态为推流式，有着不同的溶解氧浓度和污泥负荷，兼有多沟道串联的特性，有利于有机物的去除，并可减少污泥膨胀现象的发生。

④ Orbal 氧化沟的缺点 转盘曝气的动力效率低，不超过 2.0kgO$_2$/（kW·h）。

（5）交替式氧化沟工艺系统

① **DE 型氧化沟工艺系统** 是专为生物脱氮开发的一种双沟式氧化沟系统，设有独立的二沉池，并有独立的污泥回流系统。图 5-65 为 DE 型双沟式氧化沟工艺系统示意图。

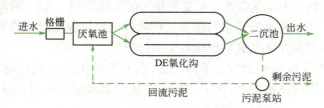

图 5-65　DE 型双沟式氧化沟工艺流程图

DE 型氧化沟的两个氧化沟相互连通，串联运行，交替进水。沟内设卧式双速转刷曝气器，高速工作时曝气充氧，低速工作时只推动水流，基本不充氧，使两沟交替处于好氧和缺氧状态，从而达到脱氮的目的。

若在 DE 氧化沟前增设一个厌氧段，可实现生物除磷，达到脱氮除磷的效果。

DE 型氧化沟的**优点**：由于两沟交替硝化与反硝化，缺氧区和好氧区完全分开，污水从缺氧区进入，因此可保持较好的脱氮效果，且不需要混合液内回流系统；设厌氧反应池，可以取得除磷效果；单独设置二沉池，提高了设备的利用率和池体容积的利用率；两沟和转刷设备的交替运转均可通过自控程序进行控制运行。

DE 型氧化沟的**缺点**：DE 氧化沟沟深较浅，因此占地面积较大；为了满足两沟交替硝化与反硝化的功能需要，曝气设备按照双电机配置，投资和运行费用较高，并增加了运行检修的复杂性。

② **T 型（三沟式）氧化沟工艺系统** 由三个相同的氧化沟组建在一起作为一个单元运行，三个氧化沟之间通过管道或沟壁之间的孔道相互连通。图 5-66 所示为 T 型三沟式交替运行的氧化沟工艺系统平面示意图。

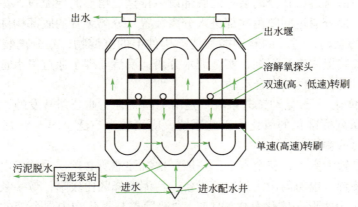

图 5-66　T 型三沟式交替运行的氧化沟工艺系统组成平面示意图

T 型氧化沟工艺系统的 3 座氧化沟分别承担曝气反应（有机底物降解、硝化）、反硝化、沉淀等各项功能。在 3 座氧化沟中，位于中间的氧化沟始终按曝气反应氧化沟运行，而其两侧的氧化沟则交替地按曝气反应和沉淀过程运行，由于沉淀过程直接在氧化沟内实施，所以 T 型氧化沟工艺系统勿需设置二沉池和污泥回流系统。

T型氧化沟工艺系统使用卧式转刷曝气器，在工艺上要求考虑脱氮的氧化沟则应安设双速转刷曝气器，低速转刷仅用于混合和推动混合液向前流动。

T型氧化沟工艺系统的原污水进入进水配水井，进水配水井内设3个自动控制进水堰，根据工艺要求交替地向各氧化沟配水。T型氧化沟的水深取值3.5m。两侧氧化沟设置可调节出水堰（旋转堰门）用于排出处理水和调节转刷叶片的浸没深度。调节转刷叶片的浸没深度能够取得调整氧化沟内混合液充氧量和输入功率的效果。

T型氧化沟工艺系统容积较大，在曝气状态下，氧化沟内循环流速较高，一般可达0.3～0.5m/s，氧化沟内泥水混合均匀，属完全混合流态型氧化沟，具有较强的耐冲击负荷功能。

T型氧化沟工艺系统在我国河北省邯郸市、四川省成都市及苏州均有应用。

（6）一体化氧化沟工艺系统　一体化氧化沟又称合建式氧化沟，集曝气、沉淀、泥水分离和污泥回流功能为一体，无需建造单独的二沉池。是由美国在20世纪70年代开发，至今仍在发展中的处理工艺。

实践证明，该系统处理效果稳定可靠，其BOD和SS去除率均在90%～95%或更高，COD的去除率也在85%以上，并且硝化、脱氮作用明显；泥水分离效果好，剩余污泥量少，性质稳定，易脱水，勿需进行消化处理，不会带来二次污染；污泥回流及时，不易产生污泥膨胀；一体化氧化沟工艺流程短，不设初沉池、二沉池，污泥自动回流，占地少、投资少，能耗低，运行管理方便。

其有代表性的一体化氧化沟工艺系统有：美国Burns and McDonnell咨询公司研究开发的命名为"BMTS"型一体化氧化沟和由美国联合工业公司早期研究开发的安装船式泥水分离器的合建式氧化沟工艺。

① **BMTS型一体化氧化沟工艺系统**　如图5-67所示即为BMTS一体化氧化沟构造示意图。该氧化沟的隔墙不在氧化沟的正中心，而是偏向一侧，使设置泥、水分离装置一侧的沟宽大于另一侧，泥、水分离装置横跨整个沟的宽度，在其两侧设隔墙，循环流动的混合液只能从分离装置的底部流过，在分离装置的底部设一排呈三角形的导流板，在导流板之间留有间隙，混合液的一部分通过间隙由底部进入分离装置。分离装置的底部构件，能够减轻沉淀区中、下层水流的紊动，适度的紊动能够清除构件上的沉淀物，在分离装置的水面设集水管。混合液在分离装置内进行沉淀，实施泥水分离，澄清处理水通过集水管流出系统，沉淀污泥则返回底部与混合液继续混合流动。

② **船形（一体化）氧化沟工艺系统**　是由美国联合工业公司开发的，已在美国获得专利，并形成尺寸系列标准化的氧化沟工艺系统，应用较为广泛。图5-68所示即为船式一体化氧化沟工艺平面示意图。

本装置的优点较为突出，完全省去了一般二次沉淀池所必须安设的机电设备，既勿需设置除泡沫及刮泥装置，也勿需设污泥回流设备。污泥沉降区比较窄，像一条悬架在氧化沟内的一条船，故称之为船形一体化氧化沟工艺。"船"首与氧化沟内混合液的流向相迎，"船"尾部敞开，内设浮渣挡板，两侧周边以排除浮渣。混合液从敞开船尾部进入"船"体，起到一定的消能作用，在"船"首部设溢流堰，排出处理水。"船"的底部由系列敞口小型泥斗组成，泥斗下接排泥短管。

混合液在船形分离器内进行泥水分离，沉淀污泥通过分离器下部泥斗及排泥短管迅速地回流到运行中的氧化沟中。船形泥水分离器所占容积较小，一般仅占氧化沟容积的8%～10%。

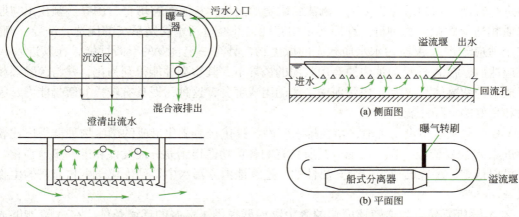

图5-67　BMTS一体化氧化沟构造示意图　　　图5-68　船形氧化沟平面示意图

在氧化沟内进行环流的混合液在流经泥水分离区时，必须从分离区的底部流过，在流过时，将有部分混合液通过分离区底部三角形构件的空隙进入分离区，分离区的混合液呈静止状态，有利于污泥的沉淀，沉淀污泥通过底部三角形构件的空隙流出，并直接回流到混合液中。混合液在船形泥水分离设备内的流向与在氧化沟内的流向相反。

该一体化氧化沟活性污泥工艺系统集有机污染物去除及泥水分离两种功能于一体，能够减少占地面积，勿需建设污泥回流系统，但是，其结构形式尚待进一步完善，运行经验也有待总结研究归纳提高。

5.2.6.3　吸附－生物降解的活性污泥工艺系统（A-B 工艺系统）

吸附-生物降解的活性污泥工艺系统简称 A-B 工艺系统，它是 20 世纪 70 年代发展起来的活性污泥新工艺，其工艺流程如图 5-69 所示。

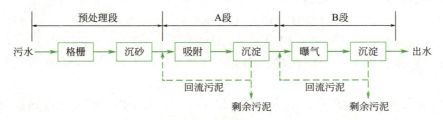

图5-69　A-B 吸附-生物降解的活性污泥法工艺流程图

（1）A-B 工艺系统的基本流程及特征　与普通活性污泥法相比，A-B 活性污泥工艺系统的主要特征是：

① 整个工艺系统分预处理、A 段、B 段等三段。预处理段只设格栅、沉砂池等简单物理处理设备，不设初次沉淀池。

② A 段由吸附池和中间沉淀池组成，B 段则由曝气池和二次沉淀池组成。

③ A 段与 B 段各自拥有独立的污泥回流系统，两段完全分开，每段能够培育出各自独特的、适于本段水质特征的微生物种群。

（2）A 段的功能与设计运行参数

① 城市污水中除含有有机性和无机性的污染物质外，还存活着具有生命力的微生物，污水流经的管道和沟（渠）中也存活着大量的微生物。因此在城市污水官网中将连续地、长

期地进行着微生物的适应、优选、淘汰、增殖的过程，从而能够培育、诱寻、驯化出与原污水水质相适应的微生物种群。在原污水中存活，并经过污水管网系统的优选、诱导、驯化，已完全适应于进入 A 段污水水质状态的微生物，具有一定自发的絮凝性能，在其进入 A 段的反应池后，在 A 段反应池内原有菌胶团的诱导下，其絮凝性能得到强化，并与菌胶团相结合形成新的絮凝体，成为 A 段污泥中主要的组成部分，这种污泥具有较强的絮凝能力、吸附能力和良好的沉降性能。

A-B 工艺系统不设初沉池，使在排水管网经过优选、驯化形成的微生物种群得以比较完整地进入 A 段反应池，在反应池内其所具有的各项功能得到充分地发挥和进一步地强化。这样，可以认定，A 段已成为一个开放性的、连续地由原污水中得到优化微生物充实的生物动态系统。

② A 段负荷高，为增殖速度快的微生物种群提供了良好的环境条件。在 A 段能够成活的微生物种群，是抗冲击负荷能力强的原核细菌，而原生动物和后生动物难于存活。

③ A 段对污染物的去除，主要依靠生物污泥的吸附作用。这样，某些重金属和微生物难于降解的有机物质以及氮、磷等物质，都能够通过 A 段得到一定的去除，因而大大地减轻了 B 段的负荷。A 段对 BOD 去除率大致介于 40%～70%，但经 A 段处理后的污水，其可生化性将有所改善，有利于后续 B 段的生物降解。

④ 由于 A 段对污染物质的去除，主要是以物理化学作用为主导的吸附功能，因此，其对负荷、温度、pH 值以及毒性等作用具有一定的适应能力。

⑤ 对处理城市污水，A 段主要设计与运行采用的参数值为：

a.BOD-污泥负荷（N_S）：3～6kgBOD/（kgMLSS·d），为普通活性污泥处理系统的 10～20 倍；

b.污泥龄（θ_C）：0.3～0.5d；

c.水力停留时间（T）：30min；

d.吸附池内溶解氧（DO）浓度：0.2～0.7mg/L；

e.A 段沉淀池水力停留时间（T）：1.5～2.0h。

（3）B 段的功能与设计、运行参数　B 段的各项功能的发挥，都是以 A 段正常运行为条件的。

① B 段接受 A 段的处理水，水质、水量比较稳定，也不再受冲击负荷的影响，其净化功能得以充分发挥。

② 有机污染物的生物降解是 B 段的主要净化功能。

③ B 段的污泥龄较长，氮在 A 段也得到了部分地去除，BOD/N 的比值有所降低，因此，B 段具有产生硝化反应的条件。

④ B 段承受的负荷为总负荷的 30%～60%，与普通活性污泥处理系统比，曝气生物反应池的容积可减少 40% 左右。

⑤ 对处理城市污水 B 段的设计、运行参数为：

a.BOD-污泥负荷（N_S）0.15～0.3kgBOD/（kgMLSS·d）；

b.污泥龄（θ_C）15～20d；

c.水力停留时间（T）2～3h；

d.曝气池内混合液溶解氧含量（DO）：1～2mg/L；

e.混合液污泥浓度（MLSS）：3500mg/L；

f. B 段沉淀池水力停留时间（T）：3～6h。

典型的 A-B 工艺虽然对 N、P 有较好的去除效果，但不能满足深度处理的要求。为满足 P、N 深度处理的需要，A-B 工艺正不断得到改进和优化，如 A-B（BAF）、A-B（A/O）、A-B（氧化沟）、A-B（SBR）等。由于 A-B 工艺需要进水中含有足够数量的微生物，所以适用于生活污水处理，对含微生物很少的污水不宜采用 A-B 工艺。另外，未有效预处理或水质变化大的污水也不宜采用 A-B 工艺。

5.2.6.4　BIOLAC 活性污泥工艺系统

BIOLAC 技术是由德国冯·诺顿西公司于 20 世纪 70 年代研究成功的一种新型污水处理技术，并在 1983 年实际投入运行了第一个 BIOLAK 式氧化系统。

（1）BIOLAK 工艺系统组成　BIOLAK 工艺的系统由曝气池（可选设除磷区）、沉淀池、稳定池等单元组成。预处理单元和常规的活性污泥法基本一致，但通常情况下系统内不设置初沉池。生化单元是为了去除 BOD、氮和磷而设计的，为强化除磷效果，污水先进入除磷池兼水解酸化池，再自流至多级曝气池。曝气池内总体流态呈推流，活性污泥在交替出现的好氧区、缺氧区、厌氧区内进行一系列硝化、反硝化反应，出水单元通常有稳定池和消毒池。具体工艺流程见图 5-70。

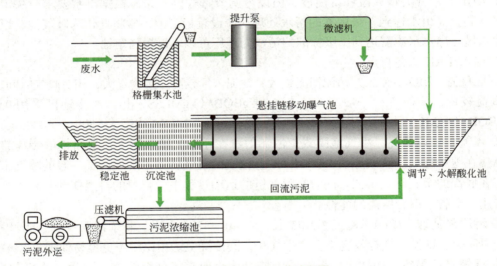

图 5-70　BIOLAK 工艺流程图

① **除磷池兼水解酸化池**　污水与回流污泥一起进除磷池兼水解酸化池，在搅拌器作用下充分混合，再进曝气区。污水在该区发生部分水解酸化反应，提高污水的可生化性，减轻后续曝气区的负担，从而减小动力消耗和曝气区的体积。混合区和好氧处理区的延时曝气相配合，对污水的脱氮除磷可起到很好的作用。

② **曝气池**　污水经过厌氧段处理后均匀分配进入曝气池，曝气采用悬挂链曝气装置（图 5-71）和池面漂浮可移动的通气链。悬挂链端固定在曝气池两侧，悬挂链在水中可以蛇形运动，自然地摆动可有效混合污水。通气时，曝气器产生的气泡直径约 50μm，大幅地提高了氧气接触面积，增

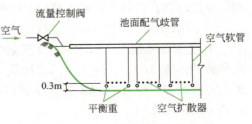

图 5-71　悬挂链曝气装置示意图

大了氧传质效率。悬浮式曝气链系统在运行操作时，进行左右摇摆，当向左摆动时，则左侧为曝气增氧区，即好氧区，而右侧则为缺氧区，或厌氧区，由 DO 控制而定。曝气器系统左右摇摆，使两侧水区分别交替进行生物好氧反应与缺氧反应，进行生物脱氮除磷。此外，由于水流波动和链条的混合搅拌作用，使悬浮在池底的曝气头在一定范围内运动，气泡斜向上升，使得气泡在水中的停留时间延长到 10s 以上，达到固定式曝气头的 3 倍。此外，通过控制局部曝气头的供气方式在池内可形成多级曝气反应段，进行一系列硝化、反硝化的循环反应，不需要硝化液回流，就可以实现反硝化脱氮。

通常情况下，一池内可安装几根悬浮式曝气链系统，曝气链的多少取决于负荷和处理后水质要求。每条曝气链只在池内一定范围运动。

BIOLAK 曝气器置于浮筒中，由空气管将空气导入 FRIOX 空气扩散器。FRIOX 空气扩散器为专利装置，由 0.03mm 的纤维和聚合物制成，其表面的 20% 为纤维表面，其余均为出气表面。由于出气表面所占比例大，故空气扩散器出气流畅。

③ **沉淀池** 沉淀池除了进行泥水分离外，还具有污泥浓缩、贮存污泥的功能。BIOLAK 合建的沉淀池配水在池体长边方向，水流以较低的流速经过絮凝层，大部分污泥被截留并在池底沉积浓缩，由吸泥车的潜水泵提升至生化池进水处，小部分剩余污泥排入污泥处理单元。

④ **稳定池** 分为曝气段和沉淀段，内设可调节曝气链一条，根据出水要求，决定是否开启曝气装置。出水达到一级标准的污水处理厂应设置稳定池，常将此作为曝气池，以进一步强化水质。出水水质需达到二级标准的污水处理厂可以不设置稳定池。

（2）BIOLAK 工艺特点

① **低负荷** BIOLAK 工艺污泥回流量大，污泥浓度较高，生物量大，相对曝气时间较长，污泥负荷较低，污泥负荷一般为 0.05～0.30kgBOD/（kgMLSS·d），寒冷地区采用 0.02～0.10kgBOD/（kgMLSS·d），水力停留时间为 12～48h，MLSS 浓度为 2000～5000mg/L。

② **曝气系统效率高** 小气泡膜式扩散器附着在浮动的曝气链上，链由扩散器释放出的空气驱使在池中移动。实践证明，BIOLAK 悬挂链的氧气传递率远远高于一般的曝气工艺以及固定在底部的微孔曝气工艺。同时在曝气链的运动过程中，自身的自然摆动起到了很好的搅拌作用，节省了混合所需的能耗。

③ **污泥易处理** BIOLAK 工艺 SRT 长，在 40～70d 之间，剩余污泥量少，而且稳定，它不会再腐烂，即使长期存放也不会产生气味，同传统工艺相比污泥更容易处理。

④ **维修简单易行** BIOLAK 系统的维修可将小船直接划至维修点将曝气头提起即可，且不影响整个系统的运行。

⑤ **对地形适应性强** BIOLAK 池体的设计和布置自由度大，首先是使用 HDPE 防渗膜隔绝污水和地下水，其次是悬挂在浮管上的微孔曝气头避免了在池底池壁穿孔安装。这种敷设 HDPE 防渗膜的土池不仅易于开挖，可以利用坑、塘、淀、洼以及其他一些劣地，对地形的适应性较强，且易于布置。敷设 HDPE 防渗膜的土池使用寿命远远超过钢筋混凝土池。

（3）BIOLAK 工艺系统处理效果

① **生物脱氮效果** BIOLAK 工艺悬浮曝气链在浮动过程中，池体各个部位出现缺氧、好氧交替的多级 A/O，在理论上满足硝化-反硝化功能的实现。但是实际处理过程中，由于反硝化需要碳源，但 BIOLAK 工艺属延时曝气运行，使得曝气池后段碳源不足，在一定程度上限制了反硝化作用。

② **生物除磷效果** BIOLAK 工艺厌氧/缺氧/好氧的交替的过程会强化除磷菌对磷的吸

收,尤其是污水在除磷池兼水解酸化池发生部分水解酸化反应生成的有机酸,是生物除磷的重要条件。因此 BIOLAK 工艺生物除磷可以取得很好的结果。

对于市政污水,只要在生物除磷区域保持约 2h 的水力停留时间就可保证有效除磷。满足除磷效率除需要合理的工艺设计之外,还取决于实际运行时污水中 BOD_5/TP 的比例。进水必须满足 BOD/TP > 25,否则需投加铝盐或铁盐进行化学辅助除磷。

5.2.6.5 生物-膜法

膜生物反应器(Membrane Bio-reactor,MBR)是膜分离技术与污水生物处理技术有机结合的废水处理新工艺,与传统污水生物处理比,该工艺出水水质好、设备占地面积小、活性污泥浓度高、剩余污泥产量低、便于自动控制等优点,在城市污水和工业废水处理与回用等方面已得到了应用。但在 MBR 工艺中,存在膜组件的费用高、膜通量小,膜易污染和能耗较高的缺点,限制了生物-膜法的推广和应用。相信随着膜技术的发展,膜的制造成本的下降和新型膜组件及膜生物反应器的不断开发,膜生物反应器技术在废水处理中会得到越来越多的应用。

(1)**MBR 的工艺机理**　　MBR 工艺主要由膜组件和生物反应器两部分构成。活性污泥在生物反应器内与废水中可生物降解的有机物充分接触,通过氧化分解作用进行新陈代谢以维持自身生长、繁殖,同时使有机物降解。膜组件通过机械筛分、截留等作用对混合液进行固液分离,未被降解的大分子物质和活性污泥等被浓缩后返回生物反应器,避免了活性污泥的流失,延长了难降解大分子有机物在反应器中的停留时间,加强了系统对难降解物质的去除效果。

(2)**MBR 的类型**

① 膜组件和膜材料　　膜组件的构型有板框式、卷式、管式、中空纤维式和毛细管式,用于 MBR 系统的膜组件有板框式、管式和中空纤维式,膜组件置于生物反应池内,多用中空纤维式,膜组件置于生物反应池外,多用管式和板框式。膜材料主要分为有机膜、无机膜两大类。有机膜价格较便宜,但易污损;无机膜能在恶劣的环境下工作,使用寿命长,但价格较贵。

② 膜组件的作用类型　　根据膜组件在 MBR 中所起作用的不同,可将 MBR 分为分离-膜生物反应器(Solid/Liquid Separation Membrane Bioreactor,SLSMBR),分离 MBR 中的膜组件相当于传统生物处理系统中的二沉池;曝气-膜生物反应器(Aeration Membrane Bioreactor,AMBR),膜组件实现向生物反应器的无泡曝气;萃取膜-生物反应器(Extractive Membrane Bioreactor,EMBR)膜组件用于从工业废水中萃取优先污染物。图 5-72 和图 5-73 分别为已投运和已建成的膜生物反应器示意。

图 5-72　已投运的膜生物反应器

图 5-73　已建成的膜生物反应器

③ 膜组件与生物反应器的组合类型　根据生物反应器和膜组件结合的方式不同，膜生物反应器可分为分置式［图5-74（a）］和一体式［图5-74（b）］两种类型。

分置式 MBR 是把生物反应器与膜组件分开放置，其工艺如图 5-74（a）～（c）所示。污水进入含有活性污泥的生物反应器中，生物反应器的混合液经泵增压后进入膜组件，透过液即出水被排走，活性污泥、大分子物质等被膜截留，随浓缩液回流到生物反应器内。最早使用的分置式膜生物反应器是双泵循环系统，如 Cycle-Let 工艺，而 Zenon 和 General Motors 共同开发的 ZenoGem 工艺则是单泵循环体系。

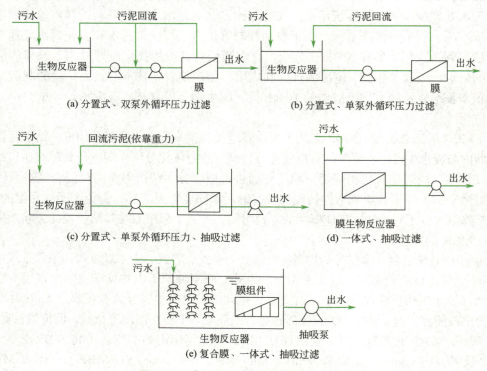

图 5-74　膜组件与生物反应器的组合类型

分置式 MBR 通过料液自身的再循环错流运行，其特点是：运行稳定可靠，操作管理容易，易于膜的清洗、更换及增设。但为了减少污染物在膜面的沉积，由循环泵提供的料液流速很高，为此动力消耗高。

一体式是将膜组件置于生物反应器中，通过真空泵抽吸，得到过滤液。一体式的最大特点是运行费用低，但在运行稳定性、操作管理方面和膜的清洗更换上不如分置式。

一体式 MBR 是把膜组件置于生物反应器中。进水进入膜-生物反应器，其中的大部分污染物被混合液中的活性污泥去除，再在外压作用下由膜过滤出水。这种形式的膜-生物反应器由于省去了混合液循环系统，并且靠抽吸出水，能耗相对较低；占地较分置式更为紧凑。其工艺见图 5-74（d）。

复合式膜-生物反应器在形式上也属于一体式膜-生物反应器，所不同的是在生物反应器内安装填料，从而形成复合式膜-生物反应器，其工艺见图 5-74（e）。

（3）MBR 的特点　膜生物反应器是将膜组件的高效固液分离作用和生物反应器的生物降解作用有机结合而成的一种污水处理与回用技术，它用膜组件取代了传统二沉池和后处理系统，利用膜组件的分离作用，将活性污泥和已净化的水分开，完成生物反应器内混合液的泥水分离，简化了工艺流程（见图5-75），因此该技术具有以下特点。

① 对污染物的去除效率高　由于膜组件的膜孔径非常小（0.01～1μm），能将生物反应器内全部的悬浮物和污泥都截留下来，固液分离效果远好于传统沉淀池，大量实验研究表明，MBR对悬浮固体的去除率接近100%，浊度去除率达90%以上，出水浊度接近于零。

由于膜组件的高效分离作用，使混合液活性污泥完全被截流在生物反应器内，使得系统内能够维持较高的微生物浓度（最高可达40～50g/L），降低了污泥负荷，提高了MBR对污染物的去除效率，还可以耐冲击负荷，能够获得稳定的出水水质。研究表明，MBR在处理生活污水时，COD的平均去除率在94%以上，BOD的平均去除率在96%以上。

由于微生物被完全截流在生物反应器内，使得MBR中的HRT和SRT是完全分开的，从而使得增殖缓慢的微生物（如硝化细菌）能够生存下来，系统硝化效率得以提高。研究表明，MBR在处理生活污水时，氨氮的平均去除率在98%以上，出水氨氮浓度低于1mg/L。

此外，如选择合适孔径的膜组件后，细菌和病毒能被大幅去除，可以省去传统处理工艺中的消毒工艺，简化了工艺流程。

还有研究表明，控制MBR的操作条件，如其他条件适宜，控制DO在1mg/L左右，MBR工艺对TN的去除率可达90%以上。仅采用好氧MBR，对P的去除率不高，但如果将其与厌氧工艺组合，对总P的去除率可达70%以上。

② 剩余污泥产量少　MBR工艺由于在低污泥负荷下运行，反应器内营养物相对缺乏，微生物处于内源呼吸期，污泥产率低，剩余污泥产量很小（理论上可以实现零污泥排放），而且剩余污泥浓度高，可不进行浓缩，直接脱水，降低了污泥处理费用。

③ 操作管理方便，易于实现自动控制　该工艺实现了水力停留时间（HRT）与污泥停留时间（SRT）的完全分离，运行控制更加灵活，是污水处理中容易实现自动化的新技术，可实现微机自动控制，从而使操作管理更为方便。

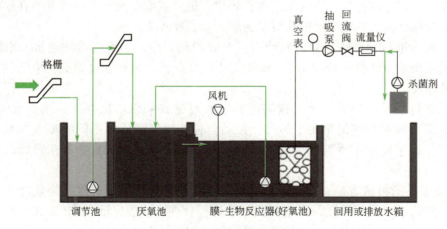

图5-75　MBR工艺流程

（4）MBR工艺中膜污染及防治　MBR运行中最容易出现的问题是膜污染，给操作管理带来不便，由于膜易被污染，使得膜的更换次数增加，膜的使用寿命变短，运行成本增加。

① 膜污染的定义　膜污染是指由于混合液中悬浮颗粒、胶体粒子或溶解性的大分子物质沉积在膜的表面、孔隙内壁，而造成膜孔径减小或堵塞，使膜的渗透速率减小的现象。膜

污染影响膜的稳定运行，并决定膜的更换频率。

② 膜污染原因分析

a. 膜的性质　膜的性质主要是指膜材料的物化性能，包括膜孔径大小、膜表面电荷性质、疏水性、粗糙度等，不同材质的膜由黏附和孔堵塞引起的污染程度不同；膜表面张力的色散相越大，则膜越容易发生黏附使膜孔窄化；亲水性的聚砜膜等易受蛋白质的污染，而憎水性的聚丙烯腈和聚烯烃膜等受到的污染较轻，膜表面粗糙度的增加使膜表面吸附污染物的可能性增加，但也使扰动程度加大，降低了浓差极化，因此，粗糙度对膜通量有双重影响。

b. 料液影响　料液性质包括料液固形物及性质、溶解性有机物及组成成分、pH 值等均影响膜的污染。料液中污泥浓度过高对膜的运行不利，膜通量随污泥浓度增加而下降；pH 值在等电点处膜吸附量最高，膜通量最低；料液中溶解性有机物（SMP）浓度增大会导致膜过滤阻力增大，从而使膜通量降低；反应液中微生物的性质组成，如丝状菌膨胀也会使膜通量下降；料液中如含有菌体代谢物和多糖、蛋白质等大分子物质，也会对膜产生吸附而造成膜污染。

c. 操作条件　操作条件指操作压力、膜面流速和运行温度。不同的膜分离操作对压力都存在一临界压力值，当操作压力低于临界压力时，膜通量会随压力增加而增加；而高于此值时，膜通量会随压力增加而减小，会引起膜污染加剧。

膜面流速的增加可以增大膜表面水流的搅动程度，改变膜表面的积累，可以降低浓差极化而提高水通量。

升高温度会有利于膜的过滤分离过程。Maga-ra 和 Itoh 研究得出，温度升高 1℃可引起膜通量增大 2%。升高温度会降低料液黏度，有利于膜分离的进行。

③ 膜污染的预防

a. 选择合适的膜材料　膜的亲疏水性、荷电性会影响到膜与溶质间相互作用的大小，通常认为亲水性膜及膜材料电荷与溶质相同的膜较耐污染。另外膜结构的选择也较重要，对微滤膜，对称结构其弯曲孔开口有时比内部孔径大，进入表面孔的粒子易被截留在膜内，不易去除。而不对称结构，其粒子都被截留在表面，容易被清洗去除。

b. 对处理液进行预处理　对进料液进行有效地预处理，达到膜组件进水的水质指标要求，通常采用预絮凝、预过滤或调节 pH 值等措施来改善，也有通过添加粉末活性炭来提高料液的可过滤性。

c. 工艺运行条件的控制　通过提高进料液的流速或采用错流办法，减少浓度差极化，使被截留的溶质及时被水流带走。另外，控制合理的曝气强度和不同的曝气方式，如适当地增加曝气量，采用间歇曝气或空曝的方式，可以有效地减少颗粒物质在膜面的沉积，减缓膜污染。

④ 膜污染后的清洗方法　即便采取各种措施维护和预防，但是膜污染还是不同程度地客观存在。因此，必须不断地及时地对膜污染进行处理，才能保证 MBR 正常运行，并取得预期效果。对于已经污染的膜，一般常采用物理和化学的方法来清洗。

a. 物理法

（a）水力清洗。采用减压后的高流速的水力冲洗以去除膜面污染物。

（b）水汽混合冲洗。借助气液混合流体与膜面发生的剪切作用去除膜面污染物，该法对初期受有机污染的膜的清洗较有效。

（c）海绵球清洗。在内压管状膜组件内放入一些海绵球，要求海绵球的直径比膜管的直径大一些，依靠水力冲击使海绵球流经膜面，以去除膜表面的污染物。

（d）逆流清洗。在中空纤维式组件中，将反向压力施加于支撑层，引起膜透过液的反向流动，以松动和去除进料侧活化层表面污染物。

b. 化学法　通常采用清洗溶液对膜面进行清洗。常用的清洗液有稀碱、稀酸、加酶洗剂、表面活性剂、络合剂和氧化剂等。选择清洗液时要慎重，防止化学药剂对膜面的损害。如选用酸类清洗液，可以溶解去除矿物质及 DNA，而采用 NaOH 水溶液可有效地脱除蛋白质污染；对蛋白质污染严重的膜，用含 0.5% 蛋白酶的 0.01%NaOH 溶液清洗 30min 可有效地恢复透水量。

5.2.7　活性污泥培养驯化与活性污泥法的故障分析与处理

5.2.7.1　活性污泥处理系统的投产与活性污泥的培养驯化

活性污泥处理系统在工程完工之后和投产之前，需进行验收工作。在验收工作中，首先用清水进行试运行，这样可以提高验收质量，对发现的问题可作最后修整；同时，还可以做一次脱氧清水的曝气设备性能测定，为运行提供资料。

在处理系统准备投产运行时，运行管理人员不仅要熟悉处理设备的构造和功能，还要深入掌握设计内容与设计意图。对于城市污水和性质与其相类似的工业废水，投产前首先需要进行的是培养活性污泥，对于其他工业废水，除培养活性污泥外还需要使活性污泥适应所处理废水的特点，对其进行驯化。

当活性污泥的培养和驯化结束后，还应进行以确定最佳运行条件为目的的试运行工作。

（1）**活性污泥的培养与驯化**　活性污泥系统投产前必须培养驯化出足够数量的活性污泥。培养是指不改变微生物的种群特性，使其数量不断增长，以达到一定的污泥浓度。驯化则是对微生物种群进行淘汰和诱导，不适应水质和环境条件的微生物被淘汰，适应的微生物得以存活，并诱导出相应的酶系。所以驯化过程是改变微生物的种群，使其适应新的水质和环境条件的过程。用来培养和驯化的微生物种源叫作菌种。培养和驯化是不可分割的，培养过程中投加的污水对微生物有驯化作用，驯化过程中微生物的数量也会增长，培养与驯化是一个相互促进的过程。

对于小型活性污泥系统，可以一次投加足够数量的菌种，直接进入运行状态，或经短时间驯化后进入运行状态，这样可以大大缩短启动时间。对于较大规模的活性污泥系统，必须依靠培养与驯化获得足够数量的活性污泥。

① **菌种来源**　活性污泥菌种一般为相同水质或不同水质污水处理系统的活性污泥、厌氧消化污泥、城市污水、可生化性强的工业废水和粪便水等。

② **培养与驯化方法**　根据培养和驯化的顺序，可将培养与驯化分为异步法和同步法。根据培养液的进入方式，又可分为连续式和间歇式。培养与驯化没有统一的方法，视具体情况而定。

a. 间歇式培养驯化　当菌种来自不同水质的处理系统时，应先驯化后培养（异步法）。

（a）驯化。活性污泥的接种量按曝气池有效容积的 5%～10% 计算。接种后加少量低浓度污水闷曝几日（约 3 天），使溶解氧升至 1.0mg/L 左右，污泥恢复活性。

污泥复活后投加低浓度污水（应加入适量粪便水或生活污水调整营养比），进水量和浓度（COD ≤ 500mg/L）视具体情况而定。对可生化性强的污水，可加满曝气池，浓度也可较高。对可生化性较差的污水，进水量和浓度都应减小。进水后曝气 20h 左右，静置沉淀

1~1.5h，排去上清液。用同浓度污水每天换水重复操作一次，运行3~7天。通过镜检和检测，发现微生物量增加，污泥浓度增大，可增加一级浓度（级差COD≤100mg/L），再按前一级的方法运行。以后每3~7天增加一级浓度，直到加入原污水为止。

驯化初期，污泥结构松散，游离细菌较多，出现鞭毛虫和游动性纤毛虫，污泥有一定的沉淀性能。随着驯化的进行，原生动物由低级向高级演变。驯化后期以游动性纤毛虫为主，出现少量耐污型纤毛虫如累枝虫等，活性污泥沉降性能较好，泥水界限分明，上层较清，驯化结束。

（b）培养。污泥驯化后连续进入原污水曝气培养。开始时流量较小，通过镜检和出水水质来控制培养进度，逐步增大进水流量。培养过程中，菌胶团结构紧密，原生动物以钟虫为主，也有轮虫出现。直到全面形成大颗粒活性污泥絮团，结构紧密，沉降性能良好，沉降比达到30%以上，污泥指数达到100mg/L左右，钟虫等大量出现，轮虫增多，MLSS达2000~3000mg/L，各项指标达到设计要求时，结束培养，进入正式运行阶段。在培养过程中，溶解氧一般控制在2~3mg/L。

采用粪便水或城市污水等可生化性强的污水作菌种，而待处理的污水水质又与菌种污水不同时，也需培养驯化出合格的污泥。此时培养在先，驯化在后。用COD为400~600mg/L的菌种污水作培养液，粗滤后注入曝气池。曝气数日，待池内出现模糊不清的絮状污泥后停止曝气。静置沉淀1~1.5h，排掉全池容积50%~70%的上清液，再换上新鲜培养液，继续曝气。如此循环，每天换水一次，后期每天换水两次。镜检微生物相，检测处理结果，直到COD去除率≥80%，污泥沉降比≥30%，污泥指数达到100左右，MLSS达到2000~3000mg/L，形成性能良好的污泥为止，即转入驯化阶段。驯化的方法同上。

间歇式培养驯化时，为防止污泥出现厌氧状态，两次曝气的时间间隔应小于2.0h。

b.连续式培养驯化　当采用相同（或相近）水质的污泥或相同（或相近）水质的粪便水等污水作菌种时，可省去驯化过程，直接用连续进水曝气培养法培养活性污泥。连续培养驯化时，必须进行污泥回流。

（a）采用水质相同的污泥作菌种　污泥接种量为曝气池有效容积的5%~10%，注满污水闷曝数日，使溶解氧保持在1.0mg/L左右，让污泥恢复活性。然后以小流量进入污水，约每3~7天增加一个流量等级，直至达到设计流量。开始时的停留时间为1d，直至达到设计停留时间。究竟何时提高流量，要视生物相的变化和处理效果而定。若微生物种类增多，生物量增大，出水水质变好，则增大流量，否则，减少流量或停止进水。

随着进水流量的增大，溶解氧浓度要逐渐提高。当进水流量达到设计流量，污泥浓度和性能及净化效果符合要求时，溶解氧浓度应维持在2~3mg/L。此时已完成培养，可转入正常运行。

（b）采用水质相同的污水作菌种（粪便水等）　将菌种污水注满曝气池，闷曝几日。待出现模糊不清的污泥絮体时，开始小流量进入待处理污水，停留时间为1d。再根据生物相和污泥浓度的变化及出水水质，控制培养进度，直至正常运行。

采用水质不同的污泥作菌种时，为缩短培养驯化时间，也可采用连续同步操作。开始时以浓度为COD为400~600mg/L的粪便水等可生化性强的污水为主体，加入少量待处理工业废水作为培养液，以小流量连续进入，培养驯化同时进行。通过镜检和检测，控制进度。开始时停留时间为1d，以后逐步缩短至设计值。在正常情况下，逐步增大工业废水的比例和进水流量，直至达到设计流量及要求的污泥性能和浓度，完成培养驯化，开始正常运行。

在污泥的培养驯化过程中，无论采用哪一种方法，都应为微生物的生长创造良好的条件。

（2）**试运行**　活性污泥培养成熟后，就开始试运行。试运行的目的是确定最佳的运行条件，在活性污泥系统的运行中，作为变数考虑的因素有混合液污泥浓度（MLSS）、空气量、污水注入的方式等；如采用生物吸附法，则还有污泥再生时间和吸附时间之比值；采用再生-曝气系统，则需要初步确定回流污泥再生池所占的比例，这一数值在曝气池正式运行过程中还可以进一步调整。如采用曝气沉淀池还要确定回流窗孔开启高度；如工业废水养料不足，还应确定氮、磷的投量等。将这些变数组合成几种运行条件分阶段进行试验，观察各种条件的处理效果，并确定最佳的运行条件，这就是试运行的任务。

活性污泥法要求在曝气池内保持适宜的营养物与微生物的比值，供给所需要的氧，使微生物很好地和有机污染物相接触，并保持适当的接触时间等。如前所述，营养物与微生物的比值一般用污泥负荷率加以控制，其中营养物数量由流入污水量和浓度所定，因此应通过控制活性污泥的数量来维持适宜的污泥负荷率。不同的运行方式有不同的污泥负荷率，运行时混合液污泥浓度就是以其运行方式的适宜污泥负荷率作为基础确定的，并在试运行过程中确定最佳条件下的 N_S 值和 MLSS 值。

MLSS 值最好每天都能够测定，如 SVI 值较稳定时，也可用污泥沉降比暂时代替 MLSS 值的测定。根据测定的 MLSS 值或污泥沉降比，便可控制污泥回流量和剩余污泥量，并获得这方面的运行规律。此外，剩余污泥量也可以通过相应的污泥龄加以控制。

关于空气量，应满足供氧和搅拌这两者的要求。在供氧上应使最高负荷时混合液溶解氧含量保持在 1～2mg/L 左右。搅拌的作用是使污水与污泥充分混合，因此搅拌程度应通过测定曝气池表面、中间和池底各点的污泥浓度是否均匀而定。

前已述及，活性污泥处理系统有多种运行方式，在设计中应予以充分考虑，各种运行方式的处理效果，应通过试运行阶段加以比较观察，并从中确定出最佳的运行方式及其各项参数。但应当说明的是，在正式运行过程中，还可以对各种运行方式的效果进行验证。

（3）活性污泥处理系统运行效果的检测　试运行确定最佳条件后，即可转入正常运行。为了经常保持良好的处理效果，积累经验，需要对处理情况定期进行检测。检测项目如下。

① **反映处理效果**的项目：进、出水总的和溶解性的 BOD、COD，进、出水总的和挥发性的 SS，进、出水的有毒物质（对应工业废水）。

② **反映污泥情况**的项目：污泥沉降比（SV）、MLSS、MLVSS、SVI、微生物观察等。

③ **反映污泥营养和环境条件**的项目：氮、磷、pH 值、水温、溶解氧等。

一般 SV 和溶解氧最好 2～4h 测定一次，至少每班一次，以便及时调节回流污泥量和空气量。微生物观察最好每班一次，以预示污泥异常现象。除氮、磷、MLSS、MLVSS、SVI 可定期测定外，其他各项应每天测一次。水样除测溶解氧外，均取混合水样。

此外，每天要记录进水量、回流污泥量和剩余污泥量，还要记录剩余污泥的排放规律、曝气设备的工作情况以及空气量和电耗等。剩余污泥（或回流污泥）浓度也要定期测定。上述检测项目如有条件，应尽可能进行自动检测和自动控制。

5.2.7.2　活性污泥处理系统运行中的异常与控制

（1）概述　活性污泥处理系统在运行过程中，有时会出现种种异常情况，造成污泥流失，处理效果变差。污水处理厂的运行操作和管理人员要会判断事故可能的原因，在对出水水质影响最小和成本最低的前提下,选择一种或多种解决措施使处理系统恢复正常运行。

当污水处理系统出现故障或状况时,首先要对故障进行评估,判断故障的所属类型,归纳起来,污水处理系统出现的故障有三种类型:水力故障、机械故障和处理过程故障。

水力故障,受暴雨影响的合流制管网或因构筑物检修停工的小型污水处理系统造成水力故障的可能性较大,一般来讲,二沉池中的污泥固体流失是容易观察到的,故水力故障能及早发现。

机械故障,二沉池集泥装置、污泥回流泵、低压鼓风机或机械曝气机的相关机械故障都会导致处理水水质变差。例如,如果污泥回流泵出现故障导致污泥停止回流,且未引起注意,将导致二沉池污泥面上升,直至污泥流入出水堰随处理水一起排出。

处理过程故障,是最难判断也是最难解决的。比如进水水质的改变、溶解氧浓度的波动、其他参数和污水处理条件的改变都会引起污水处理过程出现问题。因此运行管理人员要会看运行记录、会做镜检、会看并且懂得各项化验指标的含义及应用,还要积累经验,通过巡视发现异常现象,这些可以帮助运行操作和管理人员尽早地发现、判断和解决处理过程出现的问题。

排除故障要求有一定的技巧,需要把探究性的思维和逻辑性的判断,有效利用可行性的措施来解决问题。活性污泥处理系统是生物处理过程,对其进行修复后,并不能立刻显现效果,处理过程效能出现好转至少需几天或几星期的时间。本节仅对部分处理过程故障出现的问题进行说明。

(2)曝气池运行过程中易出现的故障及解决办法

曝气池是活性污泥反应器,是活性污泥工艺的核心构筑物,活性污泥工艺系统的净化效果,在很大程度上取决于曝气池的功能是否能够正常发挥。

① **供氧和搅拌问题** 供氧和搅拌是曝气池正常运行的关键条件之一,这两项任务都是通过曝气来实现的。采用的方式主要是鼓风扩散曝气或机械曝气或二者的联合。当扩散器发生堵塞、曝气管或扩散器出现了断裂或破损情况以及机械曝气叶轮的淹没深度不当时均会使曝气池搅拌和供氧受到影响,从而会影响曝气池的正常运行。此类故障可以通过观察曝气池液面的扰动情况做出判断。

② **曝气池内出现的泡沫问题** 对于活性污泥处理过程而言,曝气池内存在一些泡沫是正常现象。一般来讲,运行良好的曝气池中,液面10%~25%的面积是被厚度为50~80mm的浅棕色泡沫覆盖的。但如果黏稠的白色泡沫、棕色泡沫(油状深棕色泡沫和厚浮渣状深棕色泡沫)或黑色泡沫大量出现甚至剧增,说明运行中出现了问题。

如果曝气池上黏稠的白色泡沫大量增多,泡沫很容易被风吹到人行道和污水处理厂厂区内,恶化厂区环境。黏稠的白色泡沫还会引发肉眼看不到的问题,散发臭味和携带病原微生物。如果油状或厚浮渣状泡沫急剧增多,且随水流进入二次沉淀池中,将会造成出水管堵塞,也会堵塞泡沫或浮渣清除系统。

a. 黏稠的白色泡沫 经验表明,MLSS值过低和F/M值过高常引起黏稠的、巨浪般的白色泡沫,这些泡沫中可能含有的是在高F/M条件下,不易被细菌快速转化为食物的洗涤剂或蛋白质。

引发MLSS值过低和F/M值过高的工况条件可能有:活性污泥系统启动时,曝气池活性污泥固体量少,MLSS较低;当前负荷条件下,活性污泥回流量小或剩余污泥排放量过大导致MLSS过低;二沉池由于受到水力负荷冲击或二沉池内污泥层过厚导致的污泥固体流失；多座曝气池间污水或回流污泥流量分配不均。活性污泥系统在不利的条件下运行，如毒性物质或微生物抑制类物质存在、pH 值过高（高于 9.0）或过低（低于 6.5）、DO 不足、微生物的营养物质匮乏、污水温度的季节性波动等都会引起活性污泥中微生物活性降低，进而引发白色黏稠泡沫问题。

针对黏稠白色泡沫问题产生的原因，采取相应的处理措施，包括：核实曝气池的污泥回流量；为保持沉淀池底部的污泥层高度低于其有效深度的 1/4（污泥层厚度最好在池底以上 0.3～0.9m），要保持回流污泥量充足；停止剩余污泥排放，直到反应池内 MLSS 和 SRT 增长到目标值；控制鼓风曝气的空气流量或机械曝气机的淹没深度，以维持曝气池内 DO 浓度为 1.5～3.0mg/L；避免计划外污/废水排入管网，冲击活性污泥处理过程，造成生物处理效能变差和处理水水质恶化；保证多座曝气池或二沉池间流量分配均匀。

在某些正常的环境条件下，也可能出现这种黏稠白色泡沫，如使用微孔曝气比大孔曝气更容易出现这种泡沫。

一般曝气池上都安装了喷水控制泡沫的设施，当泡沫即将被风吹至人行道或其他构筑物上时，可采用高压喷水消除部分泡沫。如果曝气池上未安装喷水控制泡沫的设施，也可采用消泡剂或临时用水泵汲取活性污泥系统处理水进行喷洒消泡。

b. 棕色泡沫问题　与白色黏稠泡沫相反，在低负荷状态下容易有棕色泡沫大量出现的问题，如在硝化处理的模式下运行时，通常会出现低到中等程度的巧克力棕色泡沫富集情况。有丝状菌——诺卡氏菌属的运行系统，会产生稳定的油状深棕色泡沫，并且泡沫极易覆盖沉淀池液面。

厚浮渣状深棕色泡沫出现，说明活性污泥已经老化（SRT 长）。此类泡沫易在沉淀池的进水挡板后积累并产生浮渣堆积问题。

引起这种泡沫问题的原因为：曝气池在低 F/M 工况下运行，比如硝化性能良好的活性污泥处理过程在低 F/M 条件下运行的情况；剩余污泥排放量过少，曝气池内 MLSS 值过高，如季节性污水温度的波动（冬季到夏季温度升高），造成微生物活性增强，进而引起污泥产量增加。

解决上述泡沫问题可采取的措施有：**如果污水处理过程无硝化效能的要求，可逐步增加剩余污泥排放流量，进而增加系统的 F/M，并减少 SRT；如果泡沫中含有丝状菌，从液面去除泡沫并送到固体废物处理系统进行处理，确保泡沫不会回流到处理过程中，并且分析丝状菌产生的原因。**

在污泥曝气再生段产生厚浮渣状棕色泡沫，属正常现象，尤其是处理过程在低 F/M 工况下运行的情况。

c. 深色或黑色泡沫　颜色很深或黑色泡沫出现，表明系统曝气不足，导致处理系统内出现厌氧区域，也有可能是工业污染物如染料进入处理系统。可采取的措施有：增加曝气量；分析工业废水的来源，判断深色或黑色泡沫是否为染料排入系统所致；减少 MLSS 浓度等。

③ 污泥膨胀　当发现活性污泥不易沉淀，SVI 值增高，污泥的结构松散和体积膨胀，含水率上升（正常的污泥含水率在 99% 左右），颜色发生异变，在沉降性能差的污泥上存在清澈的上清液的现象时，表明污泥中存在丝状微生物，并抑制了污泥沉降过程，这就是发生了"污泥膨胀"。这种污泥膨胀主要是丝状菌大量繁殖所引起，称之为丝状菌污泥膨胀。如果污泥膨胀时，镜检找不到大量丝状菌，这种膨胀叫非丝状菌膨胀。当污泥发生膨胀后，解决的办法要针对引起膨胀的原因采取相应的措施。

> a. 丝状菌污泥膨胀的原因　曝气池内 DO 浓度低；碳、氮、磷比例不均衡（BOD∶KN∶P）；pH 值范围不当，过高或过低；污水温度较高；有机负荷波动范围大；污水处理厂进水硫化物含量较高，引起发硫菌属丝状菌快速生长；F/M 低，造成诺卡氏菌属占据优势；溶解性 BOD_5 浓度梯度小（如完全混合反应器中，易出现此现象）等工况都可能引起丝状菌污泥膨胀。

b. 丝状菌污泥膨胀的解决办法　这里对以下几种常见的丝状菌污泥膨胀状况进行分析并介绍解决办法。

（a）曝气池内 DO 浓度低。

ⅰ. 在曝气池的不同位置测量 DO 浓度值。如果曝气池内 DO 浓度基本上都低于 0.5mg/L，说明池内 DO 不足，需要调高曝气量，直到池内 DO 浓度达到 1.5～3.0mg/L。

ⅱ. 如果曝气池内某些位置 DO 浓度接近 0，而其他位置 DO 浓度较高，说明空气扩散系统配气不均，或者低 DO 区的扩散器堵塞了，则需要平衡空气管路的气流分配，并清洁扩散器。

ⅲ. 如果采用机械曝气系统，可增加曝气机转速或调高曝气池溢流堰高度来提高 DO 浓度。

ⅳ. 如果曝气池为推流模式，且只是池首端 DO 浓度较低，可考虑改变进水模式为阶段进水、渐减曝气或改变运行模式为完全混合式。

ⅴ. 如果只是池首端 DO 浓度较低，在池内其余区域内都较充足，这种现象并不会显著干扰曝气池的处理效果。

（b）营养不平衡或营养物含量不足。计算 BOD 与氮［以凯氏氮（KN）代表氮］之比、BOD 与磷之比、BOD 与铁之比。一般情况下，活性污泥处理过程中营养物质的平衡比例为 100∶5∶1（BOD∶N∶P）。如果处理系统的营养物质不平衡，按照 BOD∶N∶P 比例为 100∶5∶1 计算需添加营养物的量。通常，通过投加无水氨来增加氮含量，投加磷酸三钠来增加磷含量，投加氯化铁来增加铁含量。生活污水很少有营养物质缺乏的情况，可当污水处理厂进水中混有大量工业废水时，如罐头厂或糖厂的废水，很可能会出现营养物质不平衡的情况。

污水中营养物质不足的后果：一是丝状菌将成为优势菌，并成为 MLSS 主体；二是有机物只能部分转化为终端产物，处理系统对 BOD 或 COD 的去除率将显著降低。

一般在曝气池的首端投加营养物质，投加营养物质后，要密切观察混合液的沉降性能是否得到了改善。如果混合液的沉降性能增强了，则可每周以 5% 的幅度减少营养物质的投加量，直到混合液沉降性能又变差为止。然后，再次以 5% 的幅度增加营养物质投加量，直到混合液沉降性能改善。

（c）pH 范围不当，过高或过低。曝气池内的 pH＜6.5 或变化范围很宽，将导致 pH 抑制易沉降微生物菌群的增殖，从而造成混合液沉降性能变差。

如果原水 pH＜6.5，往往是工业废水的混入导致的结果，需要通过监控和执法程序对工业废水排放进行限制，可有效地避免此类问题。

硝化过程也会消耗碱度，并引起曝气池内 pH 值降低。当 pH＜7.0 时，硝化过程会受到抑制；而当 pH＜6.5 时，硝化过程会停止。如果是因为硝化过程引起了 pH 值的降低，可通过向曝气池首端投加碳酸氢钠、氢氧化钠或石灰，来提高曝气池内混合液的 pH 值。如果处理过程中有硝化效能的要求，则曝气池内混合液 pH 值应保持在 7.0 以上，以保证较高的硝化速率。但要尽量避免过量的投加碱性药剂，如 pH＞9 就会造成对处理系统的冲击。

当须调节 pH 值时，在确定所需 NaHCO₃、NaOH、Ca(OH)₂ 投加量的过程中，可通过烧杯实验，计算出调节 pH 值所需的药剂量。

通过投加 NaHCO₃、NaOH、Ca(OH)₂ 来调节 pH 值的操作耗费较大。在投加此类化学药剂的过程中，要密切关注混合液沉降性能是否发生改善，以评价该操作的有效性。如果投加药剂 2～4 周后，仍不见混合液沉降性能发生好转，并且处理过程中也未出现其他变化，须立即停止投加化学药剂，寻求其他解决措施。

c. 非丝状菌污泥膨胀——系统中不存在丝状菌　如果系统中没有或只有很少的丝状菌，需要检查处理系统是否在过高或过低的 F/M 条件下运行。处理系统的 F/M 增加时，污泥絮体变小且呈分散状。如果 F/M 超过正常值的 10% 或更多，就要减少剩余污泥排放量。这种调节一般在 2～3 个 SRT 时段后，才会逐渐恢复絮状污泥的正常形态。

曝气池如果曝气过量，也可能会抑制活性污泥絮体形成，并导致小污泥絮体进入二次沉淀池的出水中，需要控制 DO 浓度在 1.5～3.0mg/L 范围内。

某些工业废水中的毒性物质如也会引起活性污泥分散生长，难以形成大的污泥絮体。

（3）二次沉淀池运行过程中常出现的问题及解决办法

虽然活性污泥处理过程的核心是生物处理反应器，但二沉池将活性污泥固体与处理水进行分离也是必不可少的步骤。如果二沉池运行效果差，活性污泥系统就无法有效地去除 SS 和 BOD。二沉池的故障问题主要有以下几个方面。

① 固体流失　在混合液沉降性能实验中，污泥沉降性很好，而在二沉池中，即使污泥层只是在下半区域中，却出现大量均质污泥固体上升到出水堰的现象，就说明二沉池内出现了固体流失问题。引起二沉池固体流失的主要原因有设备故障、水力负荷过高、固体负荷过高和池内温度分布不均（在寒冷天气，最常见的是春季和秋季，在池容和深度都较大的二沉池中，常会发生温度差引起的流体流动导致的污泥流失问题）等几个方面。

a. 设备故障　检查二沉池内所有设备，包括流量计、活性污泥回流泵和管线、集泥设备、堰板的水平程度等几个方面，确保其正常运行。设备故障可能会引起短流或集泥效果差的问题。

b. 水力负荷过高　二沉池的水力负荷过高，主要是由进水流量过高或各池配水流量不均造成的。可通过以下措施解决水力负荷过高的问题：

（a）判断二沉池的流量是否分配均匀。调整污泥回流系统阀门，合理分配回流污泥流量；调整二沉池进水阀，均匀分配二沉池的进水流量。

（b）通过检查和调整各堰口高度，并对照计算实际的表面负荷与设计表面负荷的差距。如果实际的表面水力负荷超过设计值，需要增加开启二沉池来平衡各池水力负荷。如果在所有二沉池都正常运行的情况下，污泥沉降性能较差，需要对污水处理厂进行扩建或对其进水进行均流调节。

c. 固体负荷过高　当生物固体进入二沉池的速率高于生物固体在池内的沉降速率时，将导致二沉池固体负荷过高。固体负荷过高与污水处理厂进水流量、回流流量和 MLSS 浓度有关。

通过实际固体负荷率计算值与设定值进行对照，来判断二沉池是否固体负荷超高；或者如果当 SV 接近正常值，增加污泥回流比，而污泥层界面出现升高，则极可能是二沉池固体超负荷。

可以采取以下措施。

（a）增加剩余污泥排放流量，降低MLSS浓度，减少污泥固体量，降低固体负荷率，但这会导致F/M增加和SRT降低。为确保此调节措施不致影响系统运行效果，建议操作方式是：第1天以MLSS浓度降低20%为准，第2天以降低MLSS浓度15%为准来调节剩余污泥排放量，然后保持剩余污泥排放量不变。

（b）通过暂时投加絮凝剂改善污泥沉淀性能，同时降低MLSS。

（c）如果可能的话，将现有运行方式改为接触稳定或再生处理。

（d）以上措施都效果不好的话，可能需要增加二沉池数量。

② **污泥解体（二级处理出水浑浊）** 处理水质浑浊，污泥絮凝体微细化，出水SS浓度较高等则是污泥解体现象。导致这种异常现象的原因有运行中的问题，也有可能是由于污水中混入了有毒物质。必须立即测定混合液沉降性能，并在修复处理系统的过程中，每天多次测量混合液沉降性能，以跟踪修复效果。当混合液沉降性能变差时，沉降后的上清液就会浑浊，此时要对混合液和回流污泥进行显微镜镜检。显微镜镜检的目的是观察原生动物是否存在，以及其数量和活性。

a. 原生动物活性低　当混合液或回流污泥中存在原生动物，但活性较低时，通常表明毒性物质（如重金属）进入了处理系统，对活性污泥中的原生动物造成毒害。原生动物类型和每种原生动物的数量对于混合液沉降性能都有重要的指示作用。

测定活性污泥呼吸速率，如果呼吸速率低，说明活性污泥中可能存在毒性物质。这时，可减少剩余污泥排放量，而维持其他运行参数在正常状态。然后，进一步通过分析活性污泥中是否存在毒性物质来判断活性污泥是否存在毒性。只要发现活性污泥中存在毒性物质，就要彻底地分析其来源，并从根本上杜绝毒性物质进入处理系统。在表5-7中，列出了废水生物处理有毒物质的允许浓度。

表5-7　无机污染物质对活性污泥性能产生影响的浓度值　　　　　　　单位：mg/L

污染物质	无影响（低于）	对活性污泥产生抑制	致活性污泥效能紊乱
氨	100.0	—	480.0
砷	0.1	0.1	0.1
硼酸盐	0.1	1.0	0.1
镉	—	1.0~100	50.0
六价铬	—	1.0~10	—
三价铬	—	50.0	—
铜	0.2	0.5[①]	1.0
氰化物	0.1	0.3~100	200.0
铁	—	1.0~1000	1000.0
铅	0.1	0.1	—
锰	10.0	20.0	60.0
汞	—	0.1	200.0
镍	—	1.0	20.0
银	—	9.0	30.0
硫化物	—	20.0	—
锌	0.3	0.5	5.0

① 硝化过程在0.05mg/L时被抑制。

b. 原生动物活性高　如果混合液或回流污泥中的原生动物活性很高（即比较健康），但处理系统的出水却比较浑浊，则说明曝气池内有过度扰动（过量曝气）或二沉池进水处对污泥絮体剪切力过大，造成污泥絮体解体。而且，如果混合液或回流污泥中鞭毛虫或变形虫过量繁殖，说明活性污泥尚未适应污水特性或处理系统的环境条件，此时的活性污泥沉降性较差，处理水浑浊。

c. 极少或无原生动物　如果混合液或回流污泥中原生动物极少或没有，有两种可能：

（a）处理系统的 F/M 过高，即处理系统处于超负荷运行状态。这种情况需要计算处理系统的 F/M 值，并与系统运行效能良好时的 F/M 比较，如果当前 F/M 超出对照值，则减小剩余污泥排放量，以增加处理系统内的污泥固体量；或者采取保持污泥层继续积累、厚度增加，有时可产生层状过滤的效果，出水水质得到优化，但通过增厚污泥层，产生层状过滤的控制过程难度较大。

（b）处理系统的 F/M 可能较低，或超出正常负荷范围。此时，混合液或回流污泥中原生动物很少或没有，主要原因可能有：曝气池中 DO 浓度较低，如果曝气池 DO 浓度低于 0.5mg/L 的区域有多处，则需增加曝气量，直到池内 DO 浓度达到 1.5～3mg/L；或者处理系统内进入毒性污染物质，毒性污染物质对活性污泥冲击性很大。如果混合液中有金属存在，可考虑增加剩余污泥排放量，并持续 1 周，以清除处理系统内的金属。短期的调整措施是，从其他污水处理厂引进大量性状良好的活性污泥种泥，并投加到现有的系统中，以增加处理系统中的有机污泥量，同时调查污水处理厂周边的工业废水排放情况，确定毒性物质来源，责成其按国家排放标准进行局部处理。

③ **污泥结块上浮**　二沉池液面漂浮有块状污泥并伴随有细小的上升气泡，可这时污泥沉降性能良好，即使在处理过程中投加絮凝剂（如聚合药剂或明矾）强化污泥沉降，也会出现这种污泥上浮现象。引起这种现象的原因是二沉池内发生了反硝化过程。

当混合液温度较高且/或 SRT 较长时，硝化过程显著。则在二沉池底部厌氧区域内，在硝酸盐存在的情况下，沉降污泥内就会发生反硝化过程。反硝化释放氮气，氮气气泡与污泥相结合，尤其当反硝化产生氮气量很多时，包裹了大量氮气气泡的污泥块就会上升并浮至液面。上浮污泥一般颜色较深，呈块状，最终会进入二沉池的出水堰中。

在二沉池的污泥区中如果同时满足 DO < 0.5mg/L、NO_3^--N > 5mg/L 和 BOD > 10mg/L 三个条件就可以发生反硝化反应。

引起污泥结块上浮的工况条件有：曝气池中的 F/M 低，在有机底物大量去除后，硝化过程比较容易发生，故可能在处理系统中部分区域或全部区域都存在硝化过程；如果水温较高，导致微生物活性较高，进而引起在较高 F/M 的情况，也可能发生硝化过程。微生物活性高，也会导致沉降的污泥中 DO 被快速消耗，故污泥区发生反硝化的可能性增大；二沉池内污泥停留时间过长，使池内 DO 几乎都被污泥中的微生物消耗殆尽。

可采用以下措施来解决污泥结块问题：通过增加污泥回流比以减少二沉池内污泥的停留时间，定期检查二沉池内污泥层深度，判断污泥回流比是否适合，并及时做出调整。如通过吸泥机收集污泥的系统，要经常检查所有吸泥管是否畅通，如果有些吸泥管运行不正常或发生堵塞，就会形成锥形污泥堆积或造成某些区域内污泥层越积越高；如果处理过程中不要求硝化效能，可缓慢增加剩余污泥排放量，来缩短 SRT 和增加 F/M 来阻断硝化过程。如果处理系统发生了明显的硝化现象，在调低污泥回流比的同时，可对回流污泥加氯氧化来终止硝化进程；如果处理系统要求有硝化效能，可缓慢降低剩余污泥排放量，来增加 SRT 和降低

F/M，以确保硝化进程较彻底，且溶解性 BOD 浓度较低。

④ **污泥灰化** 当二沉池液面漂浮有细小、灰状的污泥颗粒时，说明沉淀池内污泥出现了灰化现象。这些漂浮的灰状污泥可能是死亡的微生物细胞、正常污泥颗粒和油脂。引起污泥灰化的原因是沉淀池内出现了反硝化现象，F/M 降到正常延时曝气的值（低于 0.05）以下，或者混合液中油脂含量很高。

可以通过混合液沉降性能试验来判断引起污泥灰化的原因，取混合液置于量筒中，搅拌活性污泥固体。如果发现漂浮的污泥固体释放气泡，然后下沉，说明沉淀池内发生了反硝化过程。可参见之前的"污泥结块/上浮"内容，寻找解决办法；如果悬浮的污泥固体经搅拌后不沉降，则混合液可能出现了过度氧化现象，混合液中高级微生物含量很多，低级微生物极少，而且死亡的微生物细胞很多。这种过度氧化的混合液沉降很快，但絮凝性很差，有很多污泥颗粒不能絮凝聚集并沉降下来。不能沉降的死亡微生物细胞就会聚集在液面，形成灰化污泥。可以通过每天以不超过 10% 的幅度增加剩余污泥排放量，来增加处理系统的 F/M 同时降低 SRT 到优化值的方法解决这种污泥灰化问题。

上述实验如果漂浮的污泥经搅拌后仍不能够沉降，也可能是污泥中存在大量的油脂。经过分析油脂含量，如果污泥中油脂含量超过 MLSS 质量的 15%，可能是初沉池的浮渣挡板不能有效截留浮渣所致，或是由于工业废水或商业系统污水肆意排入污水管网，大量油脂进入污水管网，并进入污水处理厂，造成污泥中油脂含量超高。出现这种情况，就要密切关注浮渣挡板和浮渣收集系统的运行状况，如果不是浮渣的问题，就去调查油脂废水的来源，并采取措施彻底解决污水处理厂进水油脂含量过高的问题。

⑤ **针状絮体污泥** 在二沉池中悬浮细小、稠密的针状絮体污泥颗粒时，说明污水处理系统的负荷范围已经接近延时曝气过程的负荷值。当活性污泥沉降速率快，但絮凝性能差时，常出现这种现象。

这种现象往往是由于处理过程的 F/M 值与延时曝气过程的接近，导致污泥老化，絮凝能力差，或者曝气池内扰动过于剧烈（过量曝气），造成絮体表面剪切力增加，絮体分散或变小造成的。

可通过混合液沉降性能试验来判断针状污泥絮体发生的原因，并提出解决办法。

试验中，如果观察到污泥沉降速率过快，且絮体形成能力较差，可通过增加剩余污泥排放量逐步减少 SRT 来提高沉淀池出水水质。如果处理过程有硝化效能的要求，要防止剩余污泥排放过量，导致处理系统硝化效能变差的情况；如果观察到污泥沉降性能好，且上清液清澈，可能曝气池内平均 DO 浓度高于 4mg/L，而处理过程中并不要求有硝化效能，可考虑降低曝气量，直到 DO 浓度介于 1.5～3mg/L。

通过投加明矾、氯化铁或聚合混凝剂作为暂时缓解污泥沉降性能的手段，待污泥沉降性能恢复后，就要停止投加药剂。

5.3 生物膜法

生物膜法和活性污泥法一样，大都属于好氧生物法。生物膜法利用固着生长的微生物——生物膜的代谢作用去除有机物，有厌氧和好氧两种。本节只讨论好氧生物膜法，简称生物膜法。

5.3 生物脱氮除磷系统运行故障分析

5.3.1 生物膜法的基本原理

生物膜法主要适于处理溶解性有机物。污水同生物膜接触后，溶解性有机物和少量悬浮物被生物膜吸附降解为稳定的无机物（CO_2、H_2O 等）。这就是生物膜法去除有机物的基本原理。

5.3.1.1 生物膜的形成和结构

让含有营养物的污水与载体（固体惰性物质）接触，并提供充足的氧气（空气），污水中的微生物和悬浮物就吸附在载体表面，微生物利用营养物生长繁殖，在载体表面形成黏液状微生物群落。这层微生物群落进一步吸附分解污水中的悬浮物、胶体和溶解态营养物，不断增殖而形成一定厚度的生物膜。

构成生物膜的物质是无生命的固体杂质和有生命的微生物。状态良好的生物膜是细菌、真菌、藻类、原生动物和后生动物及固体杂质等构成的生态系统。在这个生态系统中细菌占主导地位，正是由于细菌等微生物的代谢作用使水质得以净化。在生物滤池中，污水从上而下流动，水质沿高度逐渐变化，形成不同的生物相。越往下水质越好，原生动物越多。此外滤池内还生长灰蝇，它以生物膜为食，起疏松生物膜的作用。

5.3.1.2 生物膜法基本流程

生物膜法的基本流程如图 5-76 所示。污水经沉淀池去除悬浮物后进入生物膜反应池，去除有机物。生物膜反应池出水入二沉池去除脱落的生物体，澄清液排放。污泥浓缩后运走或进一步处置。

图 5-76　生物膜法基本流程

5.3.1.3 生物膜的净化过程

生物膜达到一定厚度，在膜深处供氧不足，出现厌氧层。所以，一般情况下生物膜由厌氧层和好氧层组成，如图 5-77 所示。

在好氧层表面是很薄的附着水层。污水流过生物膜时，有机物等经附着水层向膜内扩散。膜内的微生物将有机物转化为细胞物质和代谢产物。代谢产物（CO_2、H_2O、NO_3^-、SO_4^{2-}、有机酸等）从膜内向外扩散进入水相和大气。

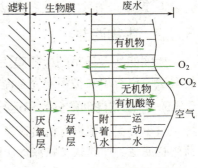

图 5-77　生物膜的净化过程

随着有机物的降解，细胞不断合成，生物膜不断增厚。达到一定厚度时，营养物和氧气向深处扩散受阻，在深处的好氧微生物死亡，生物膜出现厌氧层而老化，老化的生物膜附着力减小，在水力冲刷下脱落，完成一个生长周期。"吸附—生长—脱落"的生长周期不断交替循环，系统内活性生物膜量保持稳定。

生物膜厚一般为 2～3mm，其中好氧层 0.5～2.0mm，去除有机物主要靠好氧层的作用。污水浓度升高，好氧层厚度减小，生物膜总厚度增大；污水流量增大，好氧层厚度和生物膜总厚度皆增大；改善供氧条件，好氧层厚度和生物膜总厚度皆增大。过厚的生物膜会堵塞载体间的空隙，造成短流，影响正常通风，处理效率下降。所以，要控制滤池的进水浓度和流量，防止载体堵塞。污水浓度较高时，可采用回流加大滤池的水力负荷和冲刷作用，防止滤料堵塞。

5.3.1.4 生物膜法的分类和特点

（1）分类　按生物膜与污水的接触方式不同，生物膜法可分为充填式和浸没式两类。充填式生物膜法的填料（载体）不被污水淹没，自然通风或强制通风供氧，污水流过填料表面或盘片旋转浸过污水，如生物滤池和生物转盘等。浸没式生物膜法的填料完全浸没于水中，一般采用鼓风曝气供氧，如接触氧化和生物流化床等。

（2）特点　与活性污泥法相比生物膜具有如下特点。

① 微生物相复杂，能去除难降解有机物。固着生长的生物膜受水力冲刷影响小，所以生物膜中存在各种微生物，包括细菌、原生动物等，形成复杂的生物相。这种复杂的生物相，能去除各种污染物，尤其是难降解有机物。世代时间长的硝化细菌在生物膜上生长良好，所以生物膜法的硝化效果较好。

② 微生物量大，净化效果好。生物膜含水率低，微生物浓度是活性污泥法的5～20倍。所以生物膜反应器的净化效果好，有机负荷高，容积小。

③ 剩余污泥少。生物膜上微生物的营养级高，食物链长，有机物氧化率高，剩余污泥少。

④ 污泥密实，沉降性能好　填料表面脱落的污泥比较密实，沉淀性能好，容易分离。

⑤ 耐冲击负荷，能处理低浓度污水　固着生长的微生物耐冲击负荷，适应性强。当受到冲击负荷时，恢复得快。有机物浓度低时活性污泥生长受到影响，所以活性污泥法对低浓度污水处理效果差。而生物膜法对低浓度污水的净化效果很好。

⑥ 操作简便，运行费用低　生物膜反应器生物量大，无需污泥回流，有的为自然通风，所以运行费用低，操作简便。

⑦ 不易发生污泥膨胀　微生物固着生长时，即使丝状菌占优势也不易脱落流失而引起污泥膨胀。

⑧ 投资费用较大　生物膜法需要填料和支撑结构，投资费用较大。

5.3.2　生物滤池

生物滤池是最早的生物膜法反应池。生物滤池的填料一般不被污水淹没，属于充填式生物膜法。也有填料被污水完全淹没的，称为浸没式生物滤池。这里只讨论充填式生物滤池。

5.3.2.1　生物滤池的分类和运行方式

（1）分类　根据有机负荷率，可将生物滤池分为普通生物滤池（低负荷生物滤池）、高负荷生物滤池（回流式生物滤池）和塔式生物滤池三种。城市污水生物滤池的负荷率见表5-8。

表5-8　城市污水生物滤池的负荷率

生物滤池类型	BOD_5 负荷率/[kg/(m³·d)]	水力负荷率/[m³/(m²·d)]	处理效率/%
低负荷	0.15～0.30	1～3	85～95
回流式	<1.2	<10～30	75～90
塔式	1.0～3.0	80～200	65～85

① 普通生物滤池　在较低负荷率下运行的生物滤池叫作低负荷生物滤池或普通生物滤池。普通生物滤池处理城市污水的有机负荷率为 0.15～0.30kgBOD$_5$/（m^3·d）。普通生物滤池的水力停留时间长，净化效果好（城市污水 BOD$_5$ 去除率 85%～95% 左右），出水稳定，污泥沉淀性能好，剩余污泥少。但滤速低，占地面积大，水力冲刷作用小，易堵塞和短流，生长灰蝇，散发臭气，卫生条件差，目前已趋于淘汰。

② 高负荷生物滤池　在高负荷率下运行的生物滤池叫作高负荷生物滤池或回流式生物滤池。高负荷生物滤池处理城市污水的有机负荷率为 1.1kgBOD$_5$/（m^3·d）左右。在高负荷生物滤池中，微生物营养充足，生物膜增长快。为防止滤料堵塞，需进行出水回流，又叫回流式生物滤池。回流使滤速提高，冲刷作用增强，能防止滤料堵塞。高负荷生物滤池的去除率较低，处理城市污水时 BOD$_5$ 去除率 75%～90% 左右。与普通生物滤池相比，高负荷生物滤池剩余量多，稳定度小。高负荷生物滤池占地面积小，投资费用低，卫生条件好，适于处理浓度较高、水质水量波动较大的污水。

③ 塔式生物滤池　塔式生物滤池的负荷很高，处理城市污水时为 1.0～3.0kgBOD$_5$/（m^3·d）。塔滤池生物膜生长快，没有回流，为防止滤料堵塞，采用的滤池面积较小，以获得较高的滤速。滤料体积是一定的，面积缩小使高度增大，而形成塔状结构，称为塔式生物滤池。

与普通生物滤池和高负荷生物滤池相比，塔式滤池的净化效果最差，对城市污水的 BOD$_5$ 去除率为 65%～85%。塔式生物滤池占地面积小，投资运行费用低，耐冲击负荷能力强，适于处理浓度较高的污水。

（2）运行方式　在普通生物滤池的基础上，又发展出交替式二级生物滤池、回流式一级生物滤池和回流式二级生物滤池等。

① 交替式二级生物滤池法　图 5-78 为交替式二级生物滤池法的工艺流程。滤池串联工作，污水经初沉淀后进入生物滤池（Ⅰ）（一级滤池），然后经中沉淀后泵入生物滤池（Ⅱ）（二级滤池），再经二次沉淀后排放。一级滤池（Ⅰ）生物膜逐渐增厚，即将被堵塞时改作二级滤池，而将原二级滤池（Ⅱ）改成一级滤池。如此交替循环，以保证系统的正常运行。

交替式二级生物滤池法中的滤池（Ⅰ）和（Ⅱ）为两个完全相同的普通生物滤池或高负荷生物滤池，交替式运行的总负荷率比并联运行提高 2～3 倍。二级生物滤池处理效果好，处理城市污水的 BOD$_5$ 去除率可达 90% 以上。

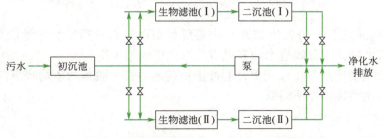

图 5-78　交替式二级生物滤池法工艺流程

② 回流式生物滤池法　回流式生物滤池法有一级和二级串联两种流程，其运行方式如图 5-79 所示。按图 5-79（a）、（b）、（c）、（d）的顺序，处理效率依次升高。回流式生物滤池为高负荷生物滤池。当污水浓度不太高时，应采用图 5-79（a）、（b）所示的一级流程；有

机物浓度高，或出水要求高时，宜采用图5-79（c）、（d）所示的二级流程。由于二级流程投资运行费用高，目前未得到广泛应用。

国外运行经验表明，回流式生物滤池法处理城市污水的效率如下。

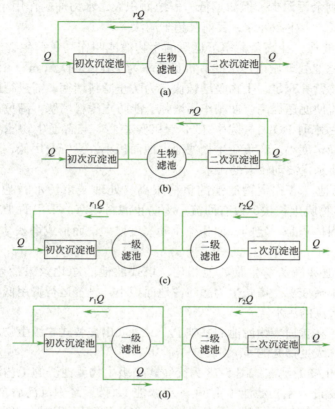

图5-79 回流式生物滤池法流程

Q—污水流量；r—回流比

a. 单级回流法　有机负荷率不大于 $1.71kgBOD_5/(m^3·d)$ 时，BOD_5 去除率（滤池进水，二沉池出水）65% 左右。

b. 二级回流法　每一级滤池的去除率约 50%，总去除率（一级滤池进水，二沉池出水）约 75%。

③ 塔式生物滤池法　塔式生物滤池法是负荷很高的高负荷生物滤池法，一般为单级，不设回流。塔式生物滤池分级进水的有机负荷率比单级进水高。

生物滤池的主要优点是操作简单，耐冲击负荷能力强，脱落的生物膜沉淀性能好。但生物滤池处理效率比活性污泥法略低。

5.3.2.2 生物滤池的构造

普通生物滤池的构造如图 5-80 所示，塔式生物滤池的构造如图 5-81 所示，都由滤床、池壁、布水设备和排水通风系统四部分组成。

（1）滤床　滤床是滤料（生物载体）堆积而成的一定厚度的床层。滤料作为生物载体应具有较大的表面积。但是滤料的比表面积越大，粒径就越小，阻力（通风阻力和水力阻力）也就越大，这不利于通风，易堵塞。

滤料的选择应综合考虑多方面因素：要有较大的孔隙率和比表面积；有一定的机械强度，能承受一定的压力；容重小，以减少支撑结构的载荷；不易被生物降解，也不应含对生物有毒物质，有较好的化学稳定性；价格低廉。有机负荷高时（浓度高、流量大），应采用大粒径填料；反之，采用小粒径填料。

早期的滤料主要是碎石、卵石、炉渣和焦炭等，粒径为3～8cm，孔隙率50%左右，比表面积65～100m²/m³。近年来多采用塑料滤料，主要有波纹填料、环状填料和蜂窝填料等。

① 波纹填料。波纹填料如图5-82（a）所示。滤料比表面积80～195m²/m³，孔隙率90%～95%。

② 环状填料。环状填料如图5-82（b）所示，是应用最多的一种。比表面积100～340m²/m³，孔隙率90%～95%。

③ 蜂窝填料。直径20mm的蜂窝填料孔隙率95%左右，比表面积200m²/m³左右。

滤床的高度与滤料（填料）关系密切。石质滤料孔隙率低，容重大，所以床层高度较低。塑料填料孔隙率大，不易堵塞，容重小，对支撑物的压力小，滤床高度可以提高，还可以采用多层结构，构成塔式生物滤池。

（2）池壁　池壁起围挡滤料的作用。池壁上可设孔洞，以利通风。池壁下部通风孔总面积应大于滤池表面积的1%。塔式生物滤池下部通风口面积应大于滤池面积的8%～10%。

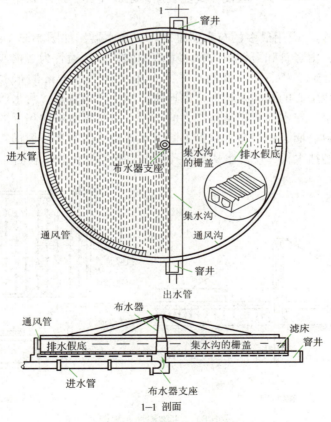

图5-80　普通生物滤池示意

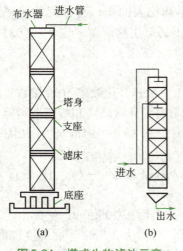

图5-81 塔式生物滤池示意　　　　图5-82 常用填料

（3）布水设备　布水设备的作用是让进入生物滤池的污水均匀分布在填料表面。普通生物滤池常采用固定式布水装置。高负荷生物滤池和塔式生物滤池常采用旋转式布水器，固定式布水装置应用较少。布水器一般设在滤池表面。塔式生物滤池可采用多段进水，均分负荷于全塔。

① 旋转式布水器。应用最多的布水器是旋转式布水器，如图5-83（a）所示。旋转式布水器适于圆形滤池，由竖管和可转动的布水横管构成。布水横管为2根或4根，管中心高出滤层表面0.15～0.25m。横管沿一侧的水平方向开设10～15mm的布水孔。为使每孔的服务面积相等，靠近池中心的孔间距较大，靠近池边的孔间距较小。污水通过中心竖管流入横管，布水孔向外喷水，布水横管在反作用力的作用下沿与喷水方向相反的方向旋转。为了使污水均匀喷洒在滤料表面，每根布水横管上的布水孔位置应与另一根横管错开，或者在布水孔外设可调节角度的挡水板，使污水从布水孔喷出后均匀洒在滤料表面。

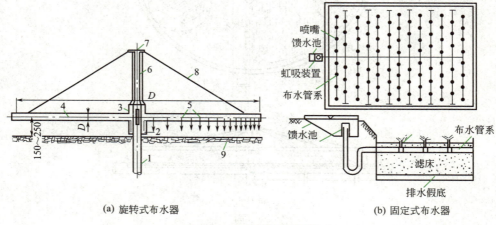

图5-83 生物滤池布水器

1—进水竖管；2—水银封；3—配水短管；4—布水横管；5—布水小孔；
6—中央旋转柱；7—上部轴承；8—钢丝绳；9—滤料

布水所需水头为 0.6～1.5m，旋转速度为 0.5～9r/min，如果水头不足，可用电动机带动。

② 固定式布水器。固定式布水器适用于各种形状的滤池，如图 5-83（b）所示。固定式布水器由虹吸装置、馈水池、布水管系和喷嘴组成，使用较少。馈水池中有虹吸装置，所以喷水是间歇的。这类布水系统需要较大的水头，一般为 2m 左右。

（4）排水通风系统　排水通风系统的作用是排放处理后水，支撑填料，通入空气。排水系统分为两层，即渗水假底和集水沟，滤料堆在假底上。常见的渗水假底如图 5-84 所示，为混凝土栅板［图 5-84（a）］、砖砌装置［图 5-84（b）］、滤砖［图 5-84（c）］和半圆形陶土管［图 5-84（d）］等。

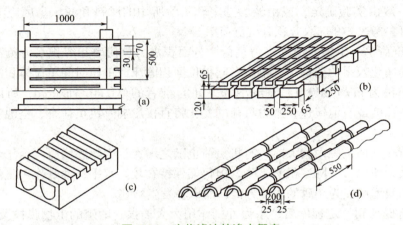

图 5-84　生物滤池的渗水假底

目前也有使用金属栅板作假底的。假底的排水面积应大于滤池表面积的 10%～20%，假底同池底间的距离为 0.4～0.6m。滤池底面坡向集水沟，坡度为 0.01。污水经集水沟汇入总排水沟，总水沟底的坡度应大于 0.005。

总排水沟和集水沟内设计流速（水）大于 0.6m/s，沟中过水断面小于排水沟断面积的 50%，以保证空气流通。

滤池面积不大时，池底可不设集水沟，而采用坡度 0.005～0.01 的池底将水汇入总排水沟（池内或池外）。

5.3.2.3　生物滤池性能的影响因素

滤床高度、负荷率、回流比和供氧情况对滤池的工作性能有显著的影响。

（1）滤床高度　在生物滤池内，填料层不同高度的微生物量和种类各不相同。滤层上部污水中有机物浓度高，微生物相单一，主要是繁殖速度快的细菌，生物膜厚，生物量大，有机物去除速度快。从上往下，随着滤床深度的增加，生物量逐渐减少，微生物的种类逐渐增多，生物相趋于复杂。由于微生物量和有机物浓度随深度的增加逐渐降低，所以污染物的去除速度逐渐降低。

滤床内微生物种类繁多，能去除各种污染物，适用处理成分复杂的有机工业废水。随着滤床高度的增加，污染物浓度逐渐降低，去除率不断提高。但是，当滤床高度达到一定数值后，处理效率的提高变得非常缓慢，再增加高度，就不经济了。通过试验可以确定不同水质、填料和负荷率条件下的床层经济高度。处理城市污水时，普通生物滤池的经济高度为

2.0～3.0m，塔滤池的经济高度在7～10m。

（2）负荷率　生物滤池的负荷率有两种表示方式，即有机负荷率和水力负荷率。

① 有机负荷率　生物滤池的有机负荷率又分容积有机负荷率和面积有机负荷率两种，即在保证预期净化效果的前提下，单位体积滤料或单位面积滤床在单位时间内承受的有机物量，单位分别为 $kgBOD_5/(m^3 \cdot d)$ 和 $kgBOD_5/(m^2 \cdot d)$。在其他条件不变的情况下，有机负荷率高，降解速度快，去除率低，出水水质变差，生物膜增殖快，易堵塞，但滤池容积变小，投资运行费用降低；有机负荷率低，降解速度慢，去除率高，出水水质变好，生物膜增殖慢，不易堵塞，但滤池容积增大，投资费用变大。

有机负荷率与水质、滤料性质（材料、形状、尺寸、表面粗糙度等）、预期处理效率等因素有关，一般由实验确定，或由经验选定。实验所用的滤料和滤床高度应与工程设计相同。设计时可参考表5-8选取容积有机负荷率。

② 水力负荷率　生物滤池的水力负荷率分面积水力负荷率和容积水力负荷率两种，分别为在预期的净化效果的前提下，单位时间单位面积滤床或单位时间单位体积滤床所能接纳的污水量，单位为 $m^3/(m^2 \cdot d)$ 或 $m^3/(m^3 \cdot d)$。前者的单位可写成 m/d，所以面积水力负荷率又称过滤速度或空池流速。水力负荷的变化将直接影响有机负荷率、空池流速和水力冲刷作用。

水力负荷在低值范围内增大时，有机负荷也随之增大，生物膜增厚。由于水力负荷在低值范围内增大，所以，去除率虽然下降，但仍能保持在较高水平；冲刷作用虽然增大，但仍然很小。生物膜增厚成为矛盾的主要方面，滤床易发生堵塞。

水力负荷提高到一定程度后，水力冲刷作用大大加强，增殖的生物膜被及时冲刷脱落，即使进水浓度较高也不易发生堵塞。但此时由于接触时间缩短，处理效率显著下降，出水水质变差。

总之，应将生物滤池的进水浓度和水力负荷率控制在适宜范围内。处理城市污水时，普通生物滤池的适宜面积水力负荷为 $1\sim 4m^3/(m^2 \cdot d)$，高负荷生物滤池为 $10\sim 30m^3/(m^2 \cdot d)$。

为使生物滤池在高负荷下运行时不发生堵塞，应采用回流工艺，这样既增大了水力冲刷作用，又不额外增加有机负荷，保证了良好的出水水质。

（3）回流比　回流比对生物滤池的影响如下。

① 促使生物膜脱落　回流使水力负荷加大，冲刷作用增强，生物膜被冲刷脱落，即使有机负荷率较高也不会发生堵塞。

② 改善卫生状况　提高水力负荷率，可防止灰蝇生长和恶臭。

③ 改善进水水质　回流水中含溶解氧和营养元素，能提高进水的溶解氧浓度，补充营养，稀释有毒物质，改善进水水质。

④ 稳定进水　回流可缓冲原污水水质水量的变化，稳定进水。

⑤ 增加滤床生物量　回流水含微生物，使滤池不断接种，生物量增加，去除效率得到提高。

⑥ 回流的缺点　回流使进水有机物浓度降低，传质速度和生物降解速度减小；缩短污水和滤料的接触时间；难降解物质积累；冬天使水温下降。

⑦ 回流的条件　在下列三种情况下应考虑回流：进水有机物浓度高时（$BOD_5>200mg/L$）；水量小无法维持最低水力负荷时；污水中存在高浓度有毒物质时。

回流比与原污水浓度有关，不同浓度下的回流比见表5-9。

表 5-9 回流滤池的回流比与污水浓度之间的关系

进水 BOD_5/（mg/L）	<150	150～300	300～450	450～600	600～750	750～900
一级	0.75	1.50	2.25	3.00	3.75	4.50
二级（各级）	0.5	1.0	1.5	2.0	2.5	3.0

（4）供氧 生物滤池一般靠自然通风供氧。影响自然通风效果的主要因素是滤池内外的气温差和滤层高度。温差越大，滤床的气流阻力越小（孔隙率大），通风量也就越大。滤床越高（塔滤）抽风效果越好。

滤床内气温与水温接近，因进水温度比较稳定，所以滤床内气温变化不大。滤池外气温随季节和一日内变化较大。因此，滤池内外温差、通风方向和通风量随时都在变化。污水温度低于大气温度时（夏季），滤床内气温就低于大气温度，池内气流向下流动；反之（冬季）池内气流向上流动。一般情况下，自然通风即能满足生化反应的需要。

自然通风能否满足生化反应的需要，还与进水有机物浓度有关。有机物浓度低时，需氧量小，自然通风能满足要求；有机物浓度高时，需氧量大，易出现供氧不足。为此，常控制 $BOD_5 \leq 200mg/L$。若 $BOD_5 > 200mg/L$，则用回流水稀释冲刷生物膜，补充溶解氧或采用强制通风。

5.3.2.4 生物滤池的设计

决定生物滤池性能的因素很多，各因素间关系复杂，至今还没有能精确反映生物滤池性能与各因素之间关系的数学模型。设计参数由试验确定。生物滤池的设计包括工艺选择、滤池类型、滤床设计和布水装置设计等。这里只介绍滤床和布水装置的设计。

（1）滤床设计 滤床设计方法有多种，这里仅介绍使用最多的负荷率法。常用的负荷率有容积有机负荷率，面积有机负荷率和面积水力负荷率，其计算模型如图 5-85 所示。

① 容积有机负荷率法。

a. 滤床体积。滤床体积可用下式算得。

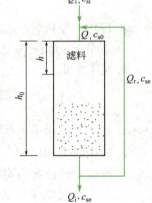

图 5-85 生物滤池计算模型

$$V = \frac{c_{s0}Q}{N_v} \quad (5-71)$$

式中 V——滤床体积，m^3；
  c_{s0}——进水有机物浓度，kg/m^3；
  Q——滤池进水流量，m^3/d；
  N_v——容积有机负荷率，$kgBOD_5/(m^3 \cdot d)$ 或 $kgCOD/(m^3 \cdot d)$。

b. 滤床高度。滤床高度一般由试验或经验确定。普通生物滤池 2.0m 左右；二级回流生物滤池的第一级 1.5～2.0m，第二级 1.0m 左右；塔式生物滤池直径为 1～3.5m，高 8m 以上，是直径的 6～8 倍，采用多层结构，每层 2.0m，上下层间空隙高度 200～400mm。

c. 滤床面积。可用下式计算滤床面积。

$$A = \frac{V}{h} \quad (5-72)$$

式中　A——滤床面积，m^2；
　　　V——滤床体积，m^3；
　　　h——滤床高度，m。

生物滤池的直径一般在 35m 以下，最大直径 60m。

d. 校核滤速。算出滤床面积后，应校核面积有机负荷率和面积水力负荷率是否合理。

② 面积有机负荷率法。

a. 滤床面积

$$A = \frac{Qc_{s0}}{N_A} \quad (5-73)$$

式中　N_A——面积有机负荷率，$kgBOD_5/(m^2 \cdot d)$ 或 $kgCOD/(m^2 \cdot d)$。
其他各项同前。

b. 滤床高度　滤床高度的确定同前（容积有机负荷率法）。

c. 滤床体积

$$V = \frac{A}{h}$$

d. 校核　校核容积有机负荷率和面积水力负荷率是否在适宜的范围内。

③ 面积水力负荷率法

a. 滤床面积。

$$A = \frac{Q}{N_q} \quad (5-74)$$

式中　N_q——面积水力负荷率，$m^3/(m^2 \cdot d)$ 或 m/d。

b. 滤床高度和体积　确定方法和计算方法同前（面积有机负荷率）。

c. 校核　校核容积有机负荷率和面积有机负荷率是否在适宜的范围内。

（2）布水装置设计　图 5-83（a）所示的旋转式布水器是常用的布水装置，适用于各种圆形滤池（含塔滤）。布水装置设计主要包括：横管根数（2 根或 4 根）与直径、横管孔口数及孔口位置、布水器转速。

① 横管根数与直径　布水横管根数取决于池面直径和水量大小。水量大时用 4 根，一般用 2 根。布水横管直径（D）可用下式计算：

$$D = 2\sqrt{\frac{Q'}{\pi u}} \quad (5-75)$$

式中　D——布水横管直径，m；
　　　Q'——每根横管进水端流量，m^3/s；
　　　u——横管进水端流速，m/s；一般取 $u \leqslant 1.0$ m/s。

② 出水孔口数和在横管上的位置　设每个出水孔的服务面积相同，则孔口数（n）为：

$$n = \frac{1}{1 - \left(1 - \frac{4l'}{D'}\right)^2} \quad (5-76)$$

式中　n——每根横管上的孔口数，个；
　　　l'——池中心算起第 n 个孔中心离横管自由端的距离，一般取 $l' \geqslant 40$ mm；

D'——布水器跨度，mm，比滤床直径小 200mm。

池中心算起第 i 个孔中心距滤池中心的距离（l_i）为：

$$l_i = \frac{D'}{4}\left(\sqrt{\frac{i}{n}} + \sqrt{\frac{i-1}{n}}\right) \tag{5-77}$$

式中 i——孔口在横管上的排列序号（从池中心算起）。

孔口流速一般取 2m/d 或更大些。可根据孔口流速、孔口数及流量确定孔径（一般为 10～15mm）。

③ 布水器转速 布水器的转速与滤速、横管根数有关，见表 5-10。也可用下式近似计算：

$$m = \frac{3.478 \times 10^7 Q}{nd^2 D'} \tag{5-78}$$

式中 m——布水器转速，r/min；
d——孔口直径。

布水横管底离滤床表面距离 150～250mm，布水器所需水头大约为 0.6～1.5m。

（3）设计举例 工程实践中，一般用有机负荷率法设计生物滤池，现举例说明。

表 5-10 旋转式布水器转速

滤速/（m/d）	转速（4根横管）/（r/min）	转速（2根横管）/（r/min）	滤速/（m/d）	转速（4根横管）/（r/min）	转速（2根横管）/（r/min）
15	1	2	25	2	4
20	2	3			

【例 5-3】 某城镇污水总排放量为 10000m³/d，BOD_5 浓度是 600mg/L。用回流式生物滤池处理，要求出水 BOD_5 达到 30mg/L 以下。试设计生物滤池。

解 ① 回流比 由于 BOD_5=600mg/L ＞ 200mg/L，所以需用出水回流。设回流稀释后 BOD_5=200mg/L，则

$$Q_i c_{si} + Q_r c_{se} = Q c_{s0}$$
$$10000 \times 600 + Q_r \times 30 = (10000 + Q_r) \times 200$$
$$Q_r = 23529 \text{（m}^3/\text{d）}$$
$$Q = Q_r + Q_i = 23529 + 10000 = 33529 \text{（m}^3/\text{d）}$$
$$r = \frac{Q_r}{Q_i} = \frac{23529}{10000} = 2.4$$

② 滤床体积 设滤床的有机负荷率为 1.0kgBOD_5/（m³·d），则

$$V = \frac{c_{s0} Q}{N_v} = \frac{200 \times 10^{-3} \times 33529}{1.0} = 6706 \text{（m}^3\text{）}$$

③ 滤床高度 取滤床高度 h = 2.0m。

④ 滤池面积

$$A = \frac{V}{h} = \frac{6706}{2.0} = 3353 \text{（m}^2\text{）}$$

⑤ 校核

a. 面积有机负荷率 $N_A = \dfrac{Qc_{s0}}{A} = \dfrac{200 \times 10^{-3} \times 33529}{3353} = 2.0 [\text{kg}/(\text{m}^2 \cdot \text{d})]$（在 1.1～2.0 范围，合理）

b. 滤速 $u = \dfrac{Q}{A} = \dfrac{33529}{3353} = 10 (\text{m/d})$（在 10～30 范围，合理）

⑥ 滤池个数及直径

采用 8 个池子

$$直径\ D_0 = \sqrt{\dfrac{4a}{\pi}} = \sqrt{\dfrac{4 \times \dfrac{1}{8} \times 3353}{3.14}} = 23(\text{m})$$

5.3.3 生物转盘

生物转盘又名转盘式生物滤池，属于充填式生物膜法处理设备。生物转盘去除污染物的原理与生物滤池相同，但构造形式与生物滤池不同。其工艺流程见图 5-86。

5.3.3.1 生物转盘的构造与工作原理

如图 5-86 所示，生物转盘反应器由垂直固定在水平轴上的一组盘片（圆形或多边形）及与之配套的氧化水槽组成。氧化水槽的断面为半圆形、矩形或梯形。盘片一般用塑料、玻璃钢等材料制成，要求轻质、耐腐蚀和不变形。盘片为平板、点波纹板等，或是平板和波纹板的复合。盘片直径一般 2～3m，最大 5m。片间净距离 10～35mm，片厚 1～15mm。固定盘片的轴长一般不超过 7.0m。许多盘片固定在一根轴上，形成一个大的生物转盘。转盘的轴与分级氧化水槽平行，轴的两端固定在轴承上，靠机械传动。转盘转速 0.8～3.0r/min，边缘线速度 10～20m/min 为宜。

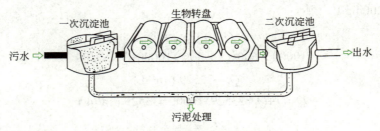

图 5-86 生物转盘工艺流程

生物转盘上生长着生物膜，靠生物膜的吸附稳定作用去除有机物。生物转盘常多级串联，以提高处理效率。级数一般不超过 4 级，级数过多，处理效率提高不大。多级转盘的布置方式有单轴多级和多轴多级两种，图 5-86 所示为多轴多级形式。氧化水槽底部设有排泥管和放空管，以控制槽内悬浮物浓度。

污水流动方向与轴垂直，与盘面平行。氧化水槽内保持一定的液位，盘片近一半浸没在水中，另一半暴露在空气中。转盘在电机带动下，缓慢转动，使盘片上的生物膜交替进行"吸附稳定—充氧"过程。生物膜浸没于水中时吸附有机物，暴露在空气中时吸收氧气使有机物氧化分解。转盘旋转时给氧化槽带入空气，并引起液滴飞溅和液面波动，使氧化水槽中的悬浮液曝气充氧。含有溶解氧和微生物的悬浮液对有机物有一定的净化作用，同时也向生物膜提供氧源。生物转盘和悬浮液的共同作用使污染物得以去除。

生物转盘转动形成的冲刷作用使生物膜不断更新。脱落的生物膜随水流入二沉池，二沉池出水即净化水。生物膜的脱落程度可通过调节转盘的转速加以控制。

5.3.3.2 生物转盘的运行特点

在国内，生物转盘主要用于处理工业废水，部分运行资料见表 5-11。

生物转盘法与活性污泥法相比有以下特点：
① 不需污泥回流，不发生污泥膨胀，操作简单，易于控制；
② 剩余污泥量小，密实而稳定，易于分离和脱水；
③ 构造简单，无需曝气和回流设备，动力消耗少，运行费用低；
④ 采用多层布置时，可节省用地，采用单层布置时占地面积大；
⑤ 耐冲击负荷，处理效率高，BOD_5 去除率 90% 以上，对难溶解有机物的净化效果好；
⑥ 散发臭气和其他挥发性物质；
⑦ 处理效果受气温影响大，寒冷地区需保温。

生物转盘法与生物滤池相比具有以下特点：
① 自然通风效果好，充氧能力强；
② 能处理高浓度污水，进水 BOD_5 可达 100mg/L；
③ 无堵塞现象；

表 5-11 国内生物转盘处理工业废水的部分运行资料

废水类型	进水 BOD /(mg/L)	出水 BOD /(mg/L)	水力负荷/[m³/(m³·d)]	BOD 负荷/[g/(m²·d)]	COD 负荷/[g/(m²·d)]	停留时间/h	水温/℃
含酚	酚 50~250（152）		0.05~0.113（0.070）		15.5~35.5（22.8）	1.5~2.7（2.6）	>15（10.5）
印染	100~280（180）	12.8~96（47）	0.04~0.24（0.12）	12~23.2（16.2）	10.3~43.9（28.1）	0.6~1.3	>10
煤气洗涤	130~765（365）	15~79	0.019~0.1（0.055）	7.8~16.6（12.2）	26.4	1.3~4.0（29.5）	>20
酚醛	442~700（600）	100	0.031	7.15~22.8（15.7）	11.7~24.5（17.8）	3.0	24
酚氰	422	100	0.1	7.15	11.7	2.0	
苯胺	苯胺 53	苯胺 15	0.03				
苎麻煮练黑液	367	81	0.066			2.3	21~28
丙烯腈	84	15	0.05~0.1（0.075）			1.8	
腈纶	300~315	60~19	0.1~0.2（0.15）			1.9	30
氯丁废水	230	25	0.16	32.6	38.1	2	15~20
制革	250~800	60	0.06~0.15（0.10）			1~2	22
造纸中段	100~480	113.6	0.05~0.08			3.0	20~30
铁路罐车	28.8	2.1	0.15			1.13	25

注：括号内数值为平均值。

④ 生物膜与污水接触均匀，盘面利用率高，无死角；
⑤ 污水与生物膜接触时间长，处理效率高，可通过调节转速来控制传质条件、充氧量

和生物膜更新程度；

⑥ 单层布置的占地面积比普通生物滤池小，比高负荷滤池大，多层布置的占地面积与塔式生物滤池相当；

⑦ 水头损失小，能耗低；

⑧ 盘片材料贵，投资大；

⑨ 需设雨棚，防止雨水淋掉生物膜。

5.3.3.3 生物转盘的工艺设计

生物转盘工艺设计主要包括盘片面积、盘片数、氧化槽长度、氧化槽容积及转盘转速等。设计参数主要有停留时间、水力负荷和面积负荷率等。

停留时间指污水充满氧化槽净有效容积（盛水量）所需时间，为氧化槽净有效容积与进水流量之比；水力负荷指单位时间单位氧化槽净有效容积处理的水量，单位为 $m^3/(m^3 \cdot d)$；面积负荷指单位面积转盘在单位时间内接纳的有机物量，单位为 $kgBOD_5/(m^2 \cdot d)$。

生物转盘的负荷率与污水性质、浓度、气候条件、反应器的构造和运行状况等因素有关，应通过试验确定。有人建议：用直径 0.5m 的转盘的试验数据进行设计时，转盘实际面积应比计算值增加 25%；用直径 2m 的转盘的试验数据进行设计时，应增加 20%。

生物转盘设计的程序是：①计算转盘总面积；②选定盘片直径，计算盘片数；③选定盘片净间距，计算转盘总长度；④选定每级转盘的轴长，计算级数；⑤根据转盘总长度，计算氧化槽有效容积；⑥核算停留时间；⑦计算转盘转速；⑧计算转盘轴功率。

（1）转盘总面积　转盘总面积是盘片表面积之和，即转盘上生物膜的总面积。计算方法有面积负荷率法、经验公式法、经验图表法和动力学方程法等。现只介绍面积负荷率法。

面积有机负荷率指的是在达到预期处理效果的前提下，单位盘片表面积单位时间内所能接受的有机物量。可先通过试验或经验确定面积负荷率，再用式（5-79）计算转盘总面积。

$$A = \frac{Qc_{s0}}{N_A} \tag{5-79}$$

式中　A——生物转盘总面积，m^2。

某些污水用生物转盘处理的面积负荷率见表 5-12。

表5-12　生物转盘处理某些污水的面积负荷率

污水性质	处理程度（出水 BOD_5）/(mg/L)	面积负荷/[g/(m²·d)]	备注
生活污水	≤60	20~40	国外资料
	≤30	10~20	
煮炼废水	≤60	12~16	益阳、株洲苎麻纺织厂
		30~40	上海苎麻实验厂
染色废水	≤30	20	南京织布厂
		128~255	上海第三印绸厂
生活污水	10	4	
		69	国营长空机械厂
	16	79	北京结核病医院
		164	

（2）转盘片数

$$n = \frac{2A}{\pi D^2} \tag{5-80}$$

式中 n——盘片数，片；
  D——转盘直径，m，取 2～3m，最大 5m。

（3）转盘长度

$$L_1 = (n-1)l + n\delta \quad (5\text{-}81)$$

式中 L_1——转盘总长度，即第一个与最后一个盘片外表面间的距离，m，每根轴长不超过 5～7m；
  n——盘片数，片；
  l——盘片间净距离，m，l=10～35mm，进水端取 25～35mm，出水端取 10～20mm，若需光照培养藻类则可取 65mm；
  δ——盘片厚度，m，一般为 1～15mm，视材料而定。

（4）氧化槽有效长度

$$L = kL_1 = k[(n-1)l + n\delta] \quad (5\text{-}82)$$

式中 k——长度放大系数，一般取 k=1.2。

（5）氧化槽有效容积　横断面为半圆形的氧化槽，可参见图 5-87 计算其有效容积。

① 氧化槽过水断面积

$$A \approx \frac{\pi}{8}(D+2h_2)^2 - (D+2h_2)h_1 \quad (5\text{-}83)$$

式中 A——氧化槽过水断面积，m²；
  D——生物转盘直径，m；
  h_1——转盘轴心离槽中水面的垂直距离，m，当 h_1/D = 0.06～0.1 时，$h_1 \geq 15$mm；
  h_2——转盘外缘离槽内壁的距离，m，一般取 h_2=20～40mm。

② 氧化槽有效容积

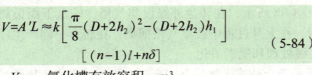

式中 V——氧化槽有效容积，m³。

图 5-87　氧化槽横断面

（6）氧化槽盛水量

$$V_w = A'(L - n\delta) \approx \left[\frac{\pi}{8}(D+2h_2)^2 - (D+2h_2)h_1\right][k(n-1)l + n(k-1)\delta] \quad (5\text{-}85)$$

式中 V_w——氧化槽盛水量，m³。

（7）校核停留时间

$$t = \frac{V_w}{Q} \quad (5\text{-}86)$$

式中 t——污水在氧化槽中的停留时间，h，适宜值为 t=0.5～2.5h。

(8) 转盘转速

$$m=\frac{6.73}{D}\left(0.9-\frac{V_w}{Q}\right) \quad (5-87)$$

式中　m——转盘转速，r/min；
　　　D——转盘直径，m；
　　　V_w——每个氧化槽盛水量，m^3；
　　　Q——每个氧化槽进水量，m^3/d。

(9) 转盘轴功率　每去除1kgBOD_5耗电约0.1～0.3kW，可据此估算转盘的轴功率。如果每台电机带动的转盘片数少于200，中心轴直径小于100mm，则可用式（5-91）计算轴功率。

$$P=\frac{2.41D^4m^2nbc}{10^{13}l} \quad (5-88)$$

式中　P——转盘总轴功率，kW；
　　　n——每根轴上的盘片数；
　　　b——轴数，根；
　　　c——系数，生物膜厚度为1mm、2mm、3mm时，c分别为2、3、4；若用水力驱动转盘，所需水头为0.5～0.7m；
　　　l——盘片间净距离，m。

实践证明，水力负荷、转盘转速和级数等对处理效果影响较大，设计时要特别注意。

水力负荷增大，停留时间缩短，去除率明显降低；转盘转速增大，供氧能力增强，传质速度加快，去除率升高。转盘的传动装置宜采用无级变速。转速增大时，动力消耗提高，转轴的扭矩增大，所以转速不宜太高。一般为0.8～3.0r/min，以控制边缘线速度10～20m/min。分级布置运行灵活，处理效率高，设计时应尽量考虑。

5.3.3.4　生物转盘的发展

近年来，生物转盘有了新的发展。

（1）空气驱动式生物转盘　如图5-88所示，在转盘外缘设集气槽，转盘下面偏离中心位置设曝气装置。空气离开曝气器后，在上升过程中被集气槽捕集，在转盘一侧产生浮力使之旋转。该工艺主要用于城市污水二级处理和氮素消化。

（2）合建式生物转盘　图5-89所示为合建式生物转盘。合建式生物转盘将生物转盘与二次沉淀池合建为一体。它将二沉池分成两层，中间用底板隔开，转盘在上层，沉降区在下层。

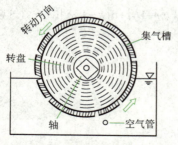

图5-88　空气驱动式生物转盘

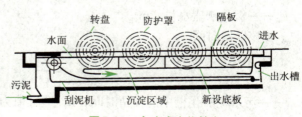

图5-89　合建式生物转盘

（3）活性污泥-生物转盘复合工艺　如图5-90所示，在活性污泥曝气池上设生物转盘，以提高原有设备的处理效率。

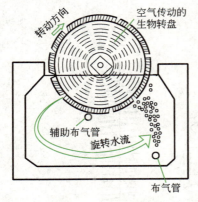

图 5-90　活性污泥-生物转盘复合工艺

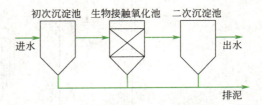

图 5-91　生物接触氧化法基本流程

5.3.4　生物接触氧化

生物接触氧化法简称接触氧化，又名浸没式生物滤池，属于浸没式生物膜法。接触氧化法的填料浸没于水中，填料上生长着生物膜。氧化池的污水中还存在着悬浮生长的微生物。接触氧化主要靠生物膜净化污染物，但悬浮态微生物也对污染物的净化有一定作用。生物接触氧化法的基本流程如图 5-91 所示。

5.3.4.1　生物接触氧化池的构造

按充氧和接触方式不同，可将生物接触氧化池分为直流式和分流式两种。直流式接触氧化池（又称全面曝气接触氧化池或填料内循环式接触氧化池）的基本构造如图 5-92 所示，主要由填料、填料支架和曝气装置组成。空气直接从填料底部进入，充氧和生物接触氧化在填料层内同时进行，气泡在填料层内上升，引起较强的紊流和水力冲刷作用。所以充氧效率高，生物膜更新快，动力消耗低，填料不易堵塞。国内生物接触氧化池大都采用直流式。

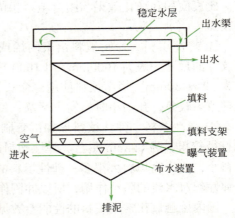

图 5-92　直流式接触氧化池基本构造示意

（1）填料　接触氧化池填料层的作用与滤床和生物转盘相同，填料作为生物膜的载体应具有较大的表面积、强度和孔隙率，以及较强的生物稳定性。接触氧化池中的填料受到的水力冲刷作用较强，应具有一定的粗糙度，才能牢固附着微生物。

目前，国内运用较多的接触氧化池填料为组合填料、软性填料、蜂窝填料和弹性填料等，如图 5-93 所示。

① 组合填料　组合填料使用最多，由直径 80mm 的塑料环片和维纶纤维组合而成。塑料环片中心有一小孔，用醛化维纶绳穿过此孔形成长串。片间绳上套一塑料短管，使片与片之间保持一定距离。串有效长度与填料层高度相等，一般为 2～5m。片间距 h 为 10mm、80mm、100mm、120mm 和 150mm 五种。片径（维纶纤维水平伸直后的最大直径）为 120mm 或 150mm。每片纤维丝质量约 1.0～1.5g，视所需挂膜面积而定。组合填料的纤维

丝在塑料环片的支撑下不结团,比表面积大,挂膜快,不堵塞,价格便宜,净化效果好。但纤维丝易脱落,使用寿命短,后期处理效果下降。

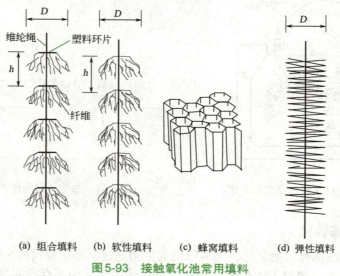

图5-93 接触氧化池常用填料

② 软性填料 软性填料由中心绳和维纶纤维束构成,没有塑料环片。软性填料价格便宜,比表面积和净化效果与组合填料相仿,但纤维丝易结团和脱落,使用寿命最短,目前使用较少。

③ 蜂窝填料 蜂窝填料由聚丙烯或聚氯乙烯波纹片黏结而成,截面为正六边形孔洞。波纹片的尺寸一般为 1000mm×(1000~1200)mm,厚度一般在 1.0mm 以下。六边形孔直径为 32~50mm。蜂窝填料使用寿命长,价格高,比表面积小,气泡易短流,充氧不均匀,处理效果较差,孔径小时易发生堵塞,目前使用最小。

④ 弹性填料 弹性填料形如试管刷,由中心绳和与之垂直交错的弹性塑料丝组成。丝的直径较粗,为 0.4mm 左右。弹性塑料的直径一般为 150mm,比表面积比组合填料和软性填料小,比蜂窝填料大很多。弹性填料的价格最便宜,净化效果也较好,使用寿命长。但由于弹性丝对水流的阻挡作用,所以冲刷作用减弱,污水浓度高时易发生堵塞。

国内接触氧化常用填料的性能参数见表 5-13。

表5-13 接触氧化常用填料

项目	玻璃钢蜂窝填料	塑料蜂窝填料	软性纤维填料	组合填料	半软性填料	立体波纹填料
布气布水	较差	较差	较差	较好	好	较差
挂膜	较易	较易	易	易	较易	较易
加工条件	半机械化	半机械化	手工	手工	机械化	半机械化
运输	易损耗	易损耗	方便	方便	方便	易损耗
安装	简单	简单	简单	简单	简单	简单
堵塞	较易	较易	纤维易结球	不易	不易	较不易
比表面积/(m²/m³)	100~200	100~200	1400~2400	1000~2500	87~93	110~200
空隙率/%	98~99	98~99	大于90	98~99	97	90~96

⑤ 填料的安装

a. 串状填料 组合填料、软性填料和弹性填料都属于串状填料,安装方法相同,都是将填料串的两头拴在上下两层栅条支架上。填料串垂直排列，均匀分布，形成填料层。从平面看，填料串呈井字形或梅花形排列，均布于曝气池平面（大多为井字形排列），如图5-94所示，串心水平距离b=120 mm或150mm。

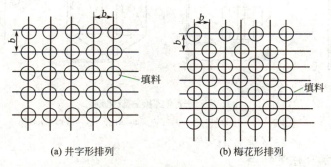

图5-94　串状填料的平面布置

b.蜂窝填料　将折纹塑料片黏合成1000mm×1000mm×1000mm的蜂窝单元，六边形口朝上，平放在填料支架上，再用塑料绳将各单元拴扣在支架的栅条上，以防止填料层上浮。蜂窝填料单层高度1.0m，而接触氧化填料层总高度一般为2～5m，所以需要多层安装。多层安装时，层与层之间不能重叠，以免上下层间挤压变形和堵塞。每一层都应有相应的承托支架，层与层间留有200～300mm的间隙，以便气液混合物再分配。

（2）填料支架　填料悬挂或承托在支架上才能发挥作用。填料的种类不同，所需的支架也不同。

① 串状填料支架　串状填料支架由上下两层栅条构成，栅条材料为直径10～14mm的圆钢。上层栅条与下层栅条垂直对应，同一层栅条间的轴线距离等于填料串中心之间轴线的距离，上下层间的距离等于填料层的有效高度即填料串的有效长度。填料的两端分别拴在上下层的栅条上，并保持垂直。

串状填料架有活动式和固定式两种。活动式填料架呈框架结构，可以吊装。每个框架单元都拴有填料，所有单元都摆放在强度较大的承托架上。承托架承受的压力很大，需要很高的强度。由于活动式填料架造价高，施工麻烦，目前已趋淘汰。固定式填料架上下两层均固定在池壁上，两层之间是自由空间。固定式填料架承受的重量集中在上层，所以上层应具有足够的强度。目前固定式填料架应用最广泛。

② 蜂窝填料支架　蜂窝填料支架是固定式填料支架。每一层蜂窝填料都需要一层承托支架，每层支架都是承重支架，需要足够的强度。支架上的栅条一般用直径14mm以上的圆钢制作，间距约300mm左右。

（3）曝气装置　接触氧化的曝气装置同活性污泥法，目前应用最多的是隔膜曝气头。

分流式（又称填料外循环式）接触氧化池普遍应用于国外，基本构造与直流式相同，但水流循环方式与直流式不同，如图5-95所示。

分流式接触氧化池将曝气充氧过程与生物接触稳定过程分开，在不同的间格内进行。污水充氧后，在池内单向或多向循环。这种形式能使污水反复充氧，污水同生物膜接触时间长，但耗气量大，能耗高。水流穿过填料层时流速小，又没有气体搅拌，所以冲刷力小，易堵塞，处理高浓度污水时，堵塞的可能性更大。分流式填料层中水是向下流动的，组合填料和软性填料的纤维丝不易张开而结团，不能正常发挥作用。分流式接触氧化池在国内很少采用。

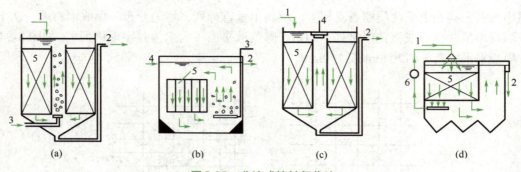

图 5-95 分流式接触氧化池

1—进水管；2—出水管；3—进气管；4—叶轮；5—填料；6—泵

5.3.4.2 生物接触氧化法的特点

生物接触氧化法既有生物膜工作稳定、耐冲击负荷和操作简单的特点，又有活性污泥法混合接触效果好的特点。

（1）净化效果好　接触氧化法填料的比表面积大，充氧效果好，氧利用率高。所以，单位容积的微生物量比活性污泥法和生物滤池大，容积负荷高，耐冲击负荷，净化效果好。

接触氧化法可设计成推流式，使之具有推流式活性污泥法和生物滤池的特点，有较大的传递推动力，能生长不同的生物相，可去除各种有机物和有毒物质，出水水质好，又能防止污泥膨胀，操作稳定。

（2）污泥产量低　由于单位体积的微生物量大，容积负荷大时，污泥负荷仍较小，所以污泥产量低。

（3）动力消耗比自然通风生物膜法大　由于采用强制通风供氧，所以动力消耗比一般的生物膜法大。

（4）污泥沉降性能差　与活性污泥法和生物滤池法相比，接触氧化出水中生物膜的老化程度高，受水力冲击变得很细碎，沉淀性能较差。在二沉池设计时要采用较小的上升流速，取 1.0m/h 比较适宜。

（5）污泥膨胀的可能性比生物滤池大　接触氧化法一般不发生污泥膨胀，但当污水的供氧、营养、水质（毒物、pH 值）和温度等条件不利时，生物膜的性能（生物相、附着能力、沉淀性能等）变差，在剧烈的水力冲刷作用下脱落，随水流失，发生污泥膨胀的可能性比生物滤池大。

（6）占地面积小、管理方便　生物接触氧化法容积负荷高，氧化池容积小，又可以取较大的水深，所以占地面积比活性污泥法、生物滤池和生物转盘都小。由于没有污泥回流、出水回流、污泥膨胀、防雨保温和机械故障等问题，所以运行管理方便。

5.3.4.3 生物接触氧化法的工艺设计

生物接触氧化法的工艺设计主要包括氧化池的有效容积、剩余污泥排放量、需氧量和曝气系统设计。设计方法与活性污泥法相似。

接触氧化池的有效容积一般用有机负荷率法计算，计算公式与活性污泥法相同，表示如下：

$$V = \frac{Qc_{s0}}{N_v}$$

接触氧化池的容积负荷（N_v）指的是单位体积填料层（有效容积）所接纳的有机物量，单位为 $kgBOD_5/(m^3·d)$ 或 $kgCOD/(m^3·d)$，由实验或经验确定。接触氧化法处理某些污水的容积负荷参见表 5-14。

表 5-14 接触氧化法处理某些污水的容积负荷

污水类型	BOD负荷/[kgBOD/(m³·d)]	污水类型	BOD负荷/[kgBOD/(m³·d)]
城市污水（二级处理）	3.0～4.0	酵母废水	6.0～8.0
印染废水	1.0～2.0	涤纶废水	1.5～2.0
农药废水	2.0～2.5		

【例 5-4】 某工业废水排放量 $1000m^3/d$，COD=650mg/L。拟采用生物接触氧化法处理，要求出水 COD≤100mg/L。模拟试验得 N_v=2.0kgCOD/($m^3·d$)，气水比为 15～20m^2/m^3。试设计推流式生物接触氧化池。

解 ① 氧化池有效容积（填料层体积）

$$V = \frac{Qc_{s0}}{N_v} = \frac{1000 \times 650 \times 10^{-3}}{2.0} = 325 \ (m^3)$$

② 氧化池水面积

取有效水深（填料层高度）h_3=3.0m。

$$A = \frac{V}{h_3} = \frac{325}{3.0} = 108(m^2)$$

③ 廊道总长

取廊道宽度 b=3.5m。

$$L = \frac{A}{b} = \frac{108}{3.5} = 30.9(m)$$

取 L=31.0m。

④ 氧化池长与宽

将廊道分成若干段，折流式并列。取每段长度（氧化池长度）l=10.3m。

$$m' = \frac{L}{l} = \frac{31.0}{10.3} = 3(段)$$

氧化池宽度 $B = m'b = 3 \times 3.5 = 10.5(m)$

⑤ 校核

$$长宽比 = \frac{L}{b} = \frac{31.0}{3.5} = 8.9（在 5～10 范围内,合理）$$

$$宽深比 = \frac{b}{h_3} = \frac{3.5}{3.0} = 1.2（在 1～2 范围内,合理）$$

⑥ 曝气系统

采用隔膜曝气头，用量 n'=2.5 个/m^2 水面，额定工作风量 g 为 2～3m^3/（个·h），则曝气头数量为：

$$n = n'A = 2.5 \times 10.5 \times 10.3 = 270 \ (个)$$

⑦ 理论供风量

按曝气器额定工作风量估算，有：

$$G = ng = 270 \times (2 \sim 3) = 540 \sim 810 (m^3/h) = 9 \sim 13.5 (m^3/min)$$

按气水比估算，有：

$$G = G_0 Q = (15 \sim 20) \times 1000 = 15000 \sim 20000 (m^3/d) = 10.4 \sim 13.9 (m^3/min)$$

⑧ 选择风机

选SSR100三叶罗茨风机3台，其中2台使用，1台备用。每台性能参数：风量$5.58 m^3/min$，升压$5000 mmH_2O$。电机功率7.5kW。

实际供风量 $G' = 5.58 \times 2 = 11.16 (m^3/min)$，符合理论要求。

曝气器实际工作风量 $g' = \dfrac{G'}{n} = \dfrac{11.16}{270} = 2.48 (m^3/h)$（在$2 \sim 3$范围内，符合要求）。

⑨ 填料　选择直径150×60的组合填料，串间距为120mm。

⑩ 示意图　按上述计算结果，绘出氧化池结构示意图（见图5-96）。

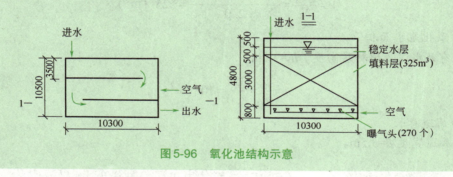

图5-96　氧化池结构示意

5.3.5　生物流化床

生物流化床的微生物量大，传质效果好，是生物膜法新技术之一。

5.3.5.1　生物流化床的构造

如果使附着生物膜的固体颗粒悬浮于水中做自由运动而不随出水流失，悬浮层上部保持明显的界面，这种悬浮态生物膜反应器叫生物流化床。生物流化床的基本构造如图5-97所示。由于载体颗粒一般很小，比表面积非常大（$2000 \sim 3000 m^2/m^3$载体），所以单位容积反应器的微生物量很大。由于载体呈流化状态，与污水充分接触，紊流剧烈，所以传质效果很好。因此，生物流化床的处理效率高。

生物膜载体的运动状态与水流上升速度——空塔流速有关。空塔流速低时，载体粒呈静止状态，床层高度不变，则为固定床[图5-97（a）]。固定床中载体呈静止状态，堆积密实，可利用的表面积和孔隙率很小，极易堵塞。空塔流速增大到一定程度，载体颗粒便被托起呈流化状态，但不随水流失，则为流化床[图5-97（b）]。流化床上部有明显的界面，床层高度h随空塔流速的增大而增大。空塔流速过大，床层不再保持流化状态，上部的界面消失，载体（和生物膜）随出水流失，则为液体输送或移动床[图5-97（c）]。所以，流化床的空塔流速不能太低或太高。流化床的适宜空塔流速取决于载体和污水的性质（颗粒形状、大小、污水的黏度、颗粒和污水的密度及水温等），由实验确定。

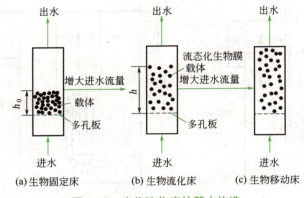

图 5-97　生物流化床的基本构造

5.3.5.2　生物流化床的类型

生物流化床有两相生物流化床和三相生物流化床两种。

（1）两相生物流化床　两相生物流化床靠上升水流使载体流化，床层内只存在液固两相，其工艺流程如图 5-98 所示。

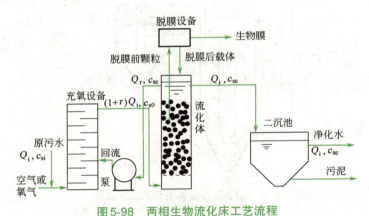

图 5-98　两相生物流化床工艺流程

两相生物流化床设有专门的充氧设备和脱膜装置。污水经充氧设备充氧后从底部进入流化床。载体上的生物膜吸收降解污水中的污染物，使水质得到净化。净化水从流化床上部流出，经二次沉淀后排放。

流化床的生物量大，需氧量也大。原污水流量一般较小，溶解的氧量不能满足生物膜的需要，应采用回流的办法加大充氧水量。此外，原污水流量较小，不能使载体流化，也应采用回流的办法加大进水流量。因此，两相生物流化床需要回流。

纯氧或压缩空气的饱和溶解氧浓度较高。以纯氧为氧源时，充氧设备出水溶解氧浓度可达 30～40mg/L；以压缩空气为氧源时，充氧设备出水溶解氧浓度约 9mg/L。

有机物的降解使生物膜增厚，悬浮颗粒（附着生物膜的载体）密度变小，随出水流失。需用脱膜装置脱掉生物膜，使载体恢复原有特性，重新附着生物膜。常用的脱落装置有叶轮式、转刷式和振动筛等，如图 5-99 所示。

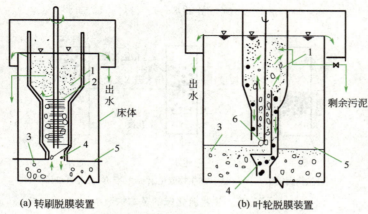

(a) 转刷脱膜装置　　(b) 叶轮脱膜装置

图 5-99　两相生物流化床脱膜装置

1—剩余生物污泥；2—脱膜转刷；3—生物膜颗粒；4—脱膜后颗粒；5—流化床表面；6—叶轮

（2）三相生物流化床　三相生物流化床靠上升气泡的提升力使载体流化，床层内存在着气、固、液三相。内循环式三相生物流化床工艺流程如图 5-100 所示。

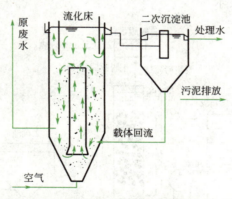

图 5-100　三相生物流化床工艺流程

三相生物流化床不设置专门的充氧和脱膜设备。空气通过射流曝气器或扩散装置直接进入流化床充氧。载体表面的生物膜依靠气体和液体的搅动、冲刷和相互摩擦而脱落。随出水流出的少量载体进入二沉池沉淀后再回流到流化床。

三相流化床操作简单，能耗、投资和运行费用比两相流化床低，但充氧能力比两相流化床差。

5.3.6　生物膜法的运行管理

生物膜法和活性污泥法有着不同的特点，其运行管理有所不同。同为生物膜法的生物滤池、生物转盘、生物接触氧化和生物流化床的运行管理也存在着差异。

5.3.6.1　生物膜的培养

生物膜的培养称挂膜，有自然挂膜法和接种挂膜法两种。

（1）自然挂膜法　可生化性较强的污水一般都含有已适应水质环境的微生物，可采用自然挂膜法培养生物膜。该法先用待处理污水小负荷进入生物膜反应器，进行闭路循环。1～2d 更换一次循环液，直到载体表面出现一层黏性生物膜后，改为小负荷连续进水（如果进水浓度高，应回流），这一过程一般需要 3～7d。

连续进水后，若生物膜逐渐增厚，则加大进水有机负荷率（减小回流比，加大原污水流量）。当进出水指标达到设计要求时，即完成生物膜培养，进入正常运行。

（2）接种挂膜法　可生化性较差的污水含微生物少，一般要采用接种挂膜法培养生物膜。接种挂膜法须在生物膜培养过程中引入污泥作菌种，让污泥中的微生物附着生长到载体上形成稳定的生物膜。该法将待处理污水与菌种污泥混合，进入生物膜反应器，闭路循环 3～7d，待载体上长出一层黏性生物膜，再改为小负荷连续进水。直到各项指标达到设计要求，即完成挂膜。

如果菌种污泥来自水质与待处理污水相同或相似的处理系统，则可直接挂膜培养；如果菌种污泥的水质与待处理污水相差较远，应先进行菌种污泥的驯化，再挂膜培养。

对难降解有机工业废水，可接种专性优势菌种培养生物膜。这样可缩短挂膜时间，提高净化效率。

5.3.6.2　生物膜法运行状态检测

生物膜法处理系统运行过程中也需进行全方位的检测。

（1）生物膜性状观察

① 生物相镜检　状态良好的生物膜的微生物群落即生物相比较复杂，菌胶团细菌占优势，辅以少量原生动物和后生动物。

生物滤池的生物相是分层次分布的。上层营养物浓度高，细菌占绝对优势，伴有少量鞭毛虫。中层微生物以污水中原有污染物和上层微生物的代谢产物为营养，种类比上层多，有菌胶团、浮游球衣菌、鞭毛虫、变形虫、豆形虫、肾形虫等。下层有机物浓度低，微生物种类更多，有菌胶团、浮游球衣菌、固着型纤毛虫（钟虫）、游泳型纤毛虫和轮虫等。

多级生物滤池、生物转盘和生物流化床的生物相随级数的变化而变化，由低级向高级发展。流程前部的微生物等级低，生物相简单；流程后段的微生物等级高，生物相复杂。

推流式接触氧化池的生物相也是由低级向高级分层次分布。同级完全混合式接触氧化池、生物转盘或生物流化床内的微生物特性比较单一，在空间上均匀分布，但微生物种类较多。

应经常镜检，观察微生物性状的变化。如果前部（上层）的微生物种群后（下）移，微生物相趋于单一，后部细菌比例增大，说明生物膜反应器的效率下降，状态变差，应及时查明原因，采取措施。此时应减小有机负荷，使生物膜性状得到恢复。如果后部（下层）微生物种群上移，微生物相趋于复杂，说明反应器的能力过剩，应加大有机负荷。

② 沉淀性能观察　性能良好的生物膜处于好氧状态，呈灰色或棕黄色，脱落的菌体密实、沉淀性能好。若生物膜呈黑色，有异臭，脱落菌体的沉淀性能差，上清液浑浊，说明反应器状态不佳，应及时采取措施加以控制。

（2）处理效果、营养状况和运行条件检测　生物膜反应器运行过程中，应定时检测和控制进出水 BOD_5、COD、pH 值、总磷、总氮、DO 和水温等，以评价反应器的运行状态。检测频率和控制指标同活性污泥法。

5.3.6.3　生物膜法处理系统的异常现象及控制措施

生物膜法不易发生污泥膨胀，无污泥回流，操作简单，运行稳定。但有时也会出现一些异常现象。

（1）滤料堵塞　生物滤池（或生物转盘）的滤料易堵塞。滤料堵塞的原因有两个：悬浮固体堵塞，生物膜堵塞。

① 悬浮固体堵塞　进水中的悬浮物会截留和沉积在滤料表面，使滤料堵塞。进行预处理，去除进水中的悬浮物能防止悬浮固体堵塞。如果发生堵塞，则设法松动滤床并清洗。

② 生物膜堵塞　进水有机负荷高、水力负荷低时，生物膜的增长量大于排出量，即发生生物膜堵塞。此时应停止进水，用高压水冲洗，加入少量氯（漂白粉等）杀死部分生物膜，或加大生物转盘的转速。再减少原污水量，加大回流比，以降低有机负荷率，增强水力冲刷作用，防止堵塞再次发生。

（2）处理效率下降　处理效率下降的原因很多，主要有供氧不足，含有毒物质，pH值和水温变化等。

有机物浓度高，耗氧速度快，或通风曝气效果差都会造成供养不足。此时应加大回流比，对生物滤池实行强制通风，增大生物转盘的转速，加大接触氧化和生物流化床的供风量。

有毒物质和pH值的冲击使生物膜脱落，生物量减少，处理效率下降，出水水质变差。此时应减少原污水量，加大回流比，调节pH值，降低有毒物质浓度。

生物滤池和生物转盘的处理效果受气温影响大，冬季应采取挡风、保温、减小回流比和降低进水负荷等措施。

（3）泡沫　生物膜法不易产生泡沫，但接触氧化和三相生物流化床有时也会发生大量泡沫。生物膜法产生泡沫的原因与活性污泥法相同。

5.4　污水的自然生物处理

利用环境的自净作用去除污染物的过程叫作污水的自然生物处理。利用水体的自净作用去除污染物的自然生物处理系统叫作稳定塘，利用土壤的自净作用去除污染物的自然生物处理系统叫作土地处理系统。

5.4.1　稳定塘

5.4.1.1　稳定塘的分类和工作原理

稳定塘又名氧化塘或生物塘，是天然或人工修整的水塘。按塘内微生物种类、溶解氧水平、供氧方式和功能的不同，可将稳定塘分为好氧塘、兼性塘、厌氧塘和曝气塘。

（1）好氧塘　全部塘水都处于好氧状态，溶解氧浓度较高，这样的稳定塘叫好氧塘。好氧塘中的溶解氧主要来自藻类光合作用产生的氧气，空气的复氧作用很小。为使全部塘水保持好氧状态，必须满足两个条件：①水深较浅（一般为0.3～1.5m），以获得充足的光照，为藻类生长创造条件；②进水有机负荷较低，以降低耗氧速度。

好氧塘有高负荷好氧塘、普通好氧塘和深度处理好氧塘三种。高负荷好氧塘的有机负荷高，水力停留时间短，水深较浅，一般设在稳定塘系统前部；普通好氧塘有机负荷一般，水深较高负荷好氧塘大，水力停留时间较长，起二级处理作用；深度处理好氧塘有机负荷较低，水深较高负荷好氧塘大，一般设在二级处理设施之后或稳定塘系统后部，对污水进行深度处理。

好氧塘的工作原理如图 5-101 所示。塘内存在着细菌、藻类、原生动物和后生动物等。好氧菌和藻类主要生活在水深 0.5m 以内的上层。

白天，藻类吸收水中 CO_2、NH_3、PO_4^{3-} 等进行光合作用合成细胞物质，释放出氧气。与此同时，空气中的氧气溶于水中（水面复氧）。塘水呈好氧状态，好氧微生物（主要是细菌）利用水中溶解氧分解有机物，合成自身细胞，释放出 CO_2、H_2O、NH_3、NO_3^- 和 PO_4^{3-} 等，供藻类利用。有机物浓度较高时，异养型藻类大量生成，能直接摄取小分子有机物。细菌和藻类的共同作用使水质得到净化。

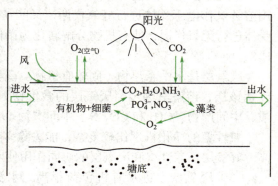

图 5-101 好氧塘工作原理示意

夜间，藻类进行内源代谢，消耗 O_2 释出 CO_2。与此同时，好氧微生物进行好氧代谢，去除污染物。

好氧塘对有机物的去除率高，有时高达 95%。好氧塘出水含有大量藻类，BOD_5 浓度有时高于进水，需经二次沉淀分离藻类等微生物。

白天，藻类光合作用释出的氧量超过细菌消耗的氧量，溶解氧可达过饱和状态。夜间藻类和好氧微生物消耗氧气使溶解氧浓度下降，凌晨达最低值。天亮后，溶解氧浓度逐渐上升。如此往复，溶解氧浓度呈周期性变化。

白天，好氧微生物释放的 CO_2 使 CO_2 浓度升高，藻类光合作用消耗 CO_2 使 CO_2 浓度下降，但总体效应是 CO_2 浓度下降，pH 值升高。夜间，藻类和好氧微生物都释放出 CO_2，使 pH 值下降。如此往复，pH 值也呈周期性变化。

pH 值升高使重金属离子发生沉淀，所以好氧塘对重金属有显著的去除效果。

（2）兼性塘　当进水有机负荷较高、塘水较深时，藻类光合供氧和大气复氧能力不能使全部塘水处于好氧状态，而在较深处出现兼性（缺氧）水层，这样的稳定塘叫兼性塘。兼性塘有效水深为 1.0～2.0m，由好氧层、兼性层和厌氧层组成，如图 5-102 所示。

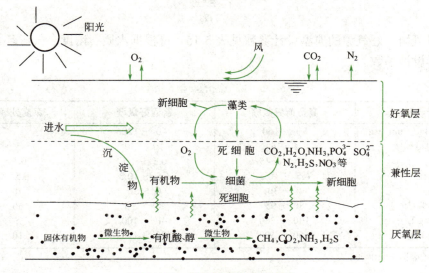

图 5-102 兼性塘工作原理示意

好氧层光照充足，藻类供氧能力强，溶解氧浓度高，净化机制与好氧塘相同。

兼性层阳光不能透入，溶解氧浓度低，有时为零。兼氧层的微生物是兼性菌，它既能利用溶解氧作电子受体进行好氧代谢，又能在无氧条件下利用NO_3^-、CO_3^{2-}和SO_4^{2-}等作为电子受体进行无氧代谢，使有机物分解转化为菌体细胞和无机物（CO_2、H_2O、NH_3、PO_4^{3-}、SO_4^{2-}、H_2S、NO_2^-等）。

厌氧层是水中悬浮物（固体有机物、藻类及菌类死细胞）沉积形成的底泥层。氧气不能到达该层，溶解氧为零。厌氧层的微生物为厌氧菌类，有机物被厌氧菌分解转化为细胞物质、中间产物、CH_4和CO_2等。中间产物（有机酸、醇等）进入兼性层和好氧层继续降解。

兼性塘的净化机理比较复杂，能去除多种污染物，对N、P和难降解有机物的去除率较高。好氧层、兼性层和厌氧层的协同作用使水质得到净化。

（3）厌氧塘　进水有机负荷很高，水深较大时，藻类不能繁殖，微生物的耗氧速度远大于供氧速度，整个塘水都处于厌氧状态，这种稳定塘叫厌氧塘。厌氧塘有效水深为2.0～4.5m，有时可达9m左右。

厌氧塘主要用于处理悬浮物含量大的高浓度有机污水。在厌氧微生物的作用下，有机物被分解转化为细胞物质、中间产物、CH_4和CO_2等。厌氧塘表面的浮渣有保温和阻隔O_2的作用，不应清除。

（4）曝气塘　用曝气设备给塘水充氧的稳定塘叫曝气塘。曝气塘有效水深2～6m，靠活性污泥的代谢作用去除污染物。有污泥回流的曝气塘实质上就是活性污泥反应池。如果曝气强度大，全部污泥呈悬浮状态，称为完全悬浮曝气塘。如果曝气强度不大，只有部分污泥呈悬浮状态，称为部分悬浮曝气塘。

曝气塘出水二次沉淀后才能排放，可单设沉淀池，也可在塘内设沉降区，或设兼性塘起沉淀作用。曝气塘单位容积能耗小，但塘总容积大，总能耗比活性污泥法大，所以曝气塘很少采用。

5.4.1.2 稳定塘的设计

目前，稳定塘设计，主要用经验数据法，即按表面有机负荷率进行计算。

$$A = \frac{Qc_{s0}}{N_A}$$

（1）好氧塘　好氧塘的典型设计参数见表5-15，可根据水质、浓度、气候环境条件和实践经验选择设计参数。

表5-15　好氧塘的典型设计参数

设计参数	高负荷好氧塘	普通好氧塘	深度处理好氧塘
BOD_5负荷/[kg/($hm^2 \cdot d$)]	80～160	40～120	<5
水力停留时间/d	4～6	10～40	5～20
有效水深/m	0.3～0.45	0.5～1.5	0.5～1.5
pH值	6.5～10.5	6.5～10.5	6.5～10.5
温度/℃	0～30	0～30	0～30
BOD_5去除率/%	80～95	80～95	60～80
藻类浓度/(mg/L)	100～260	40～100	5～10
出水SS/(mg/L)	150～300	80～140	10～30

注：$1hm^2$（公顷）=$10000m^2$。

5 污水的好氧生物处理

好氧塘一般为矩形，长宽比（3～4）：1，以塘深1/2处的水平截面作为计算塘面。塘超高0.6～1.0m，单塘面积不大于4ha。

（2）兼性塘 兼性塘主要设计参数见表5-16。有效水深一般为1.0～2.0m，但第一塘水深可达3～4m，以去除进水悬浮物。长宽比（3～4）：1，超高0.6～1.0m，储泥层高度大于0.3m。一般不少于3座，多为串联，BOD_5去除率60%～95%。

表5-16 兼性塘主要设计参数

冬季平均气温/℃	BOD_5表面负荷/[$kgBOD_5$/($hm^2 \cdot d$)]	水力停留时间/d	冬季平均气温/℃	BOD_5表面负荷/[$kgBOD_5$/($hm^2 \cdot d$)]	水力停留时间/d
15以上	70～100	不小于7	-10～0	20～30	120～40
10～15	50～70	20～7	-20～-10	10～20	150～120
0～10	30～50	40～20	-20以下	<10	180～150

（3）厌氧塘 厌氧塘处理城市污水的面积负荷为200～600$kgBOD_5$/($hm^2 \cdot d$)，停留时间20～50d，BOD_5去除率70%左右。塘面为矩形，长宽比（2～2.5）：1，单塘面积不大于$4hm^2$，有效水深2.0～4.5m，储泥层深度大于0.5m。超高0.6～1.0m。

（4）曝气塘 曝气塘水力停留时间3～10d，有机负荷10～300$kgBOD_5$/($hm^2 \cdot d$)，有效水深2～6m，BOD_5去除率60%～90%。完全悬浮曝气塘的动力消耗为15～50W/m^3，部分悬浮曝气塘的动力消耗为1.2～1.6W/m^3塘水。

5.4.1.3 稳定塘的特点

（1）投资费用低 利用旧河道和废洼地改建成稳定塘，工程量小，投资费用低。

（2）运行费用低 稳定塘管理简单，不消耗动力（曝气塘除外）和药剂，无设备维修，运行费用很低。

（3）功能全 稳定塘作用机制复杂，停留时间长，能去除各种污染物，对有机毒物和重金属净化效果好。

（4）实现污水资源化 稳定塘出水含丰富的氮、磷元素，可用于农田灌溉和放养水生植物；出水含有大量藻类、菌类和原生动物，可养殖水产，放养鹅、鸭，使污水资源化。

（5）占地面积大 稳定塘占地面积大，若没有废洼地、荒谷地，则不宜采用。

（6）卫生条件差 稳定塘散发臭气，滋生蚊蝇，影响环境卫生。

（7）污染地下水 稳定塘底一般不作防渗处理，污水渗透污染地下水。

（8）处理效果受环境影响大 季节、光照和天气的变化都会对稳定塘的处理效果产生影响，在气候寒冷的季节，处理效果明显下降。

稳定塘存在上述缺点，所以未能推广。

5.4.1.4 稳定塘的运行方式

一般需根据水质和自然条件，将各种类型的稳定塘单元优化组合成不同的运行方式以取得最佳运行效果。几种典型的运行方式如图5-103所示。

稳定塘应设在城镇下风向较远的地方，以防止臭气和蚊蝇影响居民生活。稳定塘应设在离机场2km以外，以防止鸟类危及飞行安全。此外，还应采取防渗措施，防止地下水污染，设计时还应避免

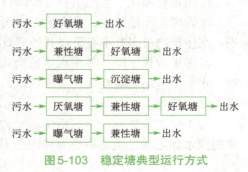

图5-103 稳定塘典型运行方式

短流和死区。

为防止塘内淤积,应设置格栅、沉砂池和沉淀池去除进水中的泥砂等悬浮物。若 SS≤100mg/L,可只设沉砂池,不设沉淀池;若 SS>100mg/L,应既设沉砂池,又设沉淀池。

5.4.1.5 几种新型稳定塘

(1) 水生植物塘 在水面放养水生植物的稳定塘叫水生植物塘。凤眼莲、水浮莲、水花生、水葫芦、浮萍、香蒲、芦苇和茭白等水生植物对水中污染物有显著的去除效果,其中凤眼莲、水浮莲和水花生效果最佳。在水面放养水生植物将显著改善稳定塘的净化效果。试验证明,若水生植物塘进水 COD=700mg/L,水力停留时间 7d,则 COD 去除率达 95%。

① 水生植物塘的工作原理 水生植物塘的进水一般为厌氧塘出水或原污水,有机物浓度较高。水生植物塘的工作原理如下。

a. 水生植物的净化作用 水生植物吸收污水中的氮、磷等元素,有些水生植物(如某些种类的浮萍)还能直接吸收利用小分子有机物。

b. 微生物的净化作用 水生植物塘的微生物类似兼性塘或好氧塘,由于水生植物对阳光的遮挡,藻类较少。藻类和细菌等微生物的代谢作用使污染物得到去除。

c. 水生植物的供氧作用 水生植物根系发达,有很大的传质面积。光合作用产生的 O_2 和空气中的 O_2 通过茎叶传输到根系,再扩散到周围水域或土壤中去,形成好氧环境,为好氧微生物的生长创造条件。

d. 水生植物根系附着微生物的作用 水生植物根系(凤眼莲、水浮莲等)表面积巨大,附着生长微生物,形成面积巨大的生物膜。生物膜的代谢作用不断吸收转化污染物。

e. 水生植物根系的吸附过滤作用 水生植物根系及其生物膜对污水中的悬浮物和有毒物质具有很强的吸附过滤作用。

水生植物塘中水生植物和微生物的共同作用使水质得到净化。

② 水生植物塘的设计要点 水生植物塘的设计主要包括塘体设计和水生植物品种选择。水生植物一般生长在水面,对污染物的净化作用主要发生在表层水域,所以水生植物塘不宜太深,一般按兼性塘水深 1.0~2.0m 设计。其他设计参数也同兼性塘。水生植物品种应适应当地气候、生长速度快、传氧和去污能力强、耐污染、抗病虫害和易于管理。凤眼莲、水浮莲、水葫芦和浮萍是可选择的水生植物品种,进行混合放养效果更佳。

③ 水生植物塘的特点 水生植物塘除具有稳定塘的共性外,还具有以下特点。

a. 净化效率高 水生植物塘使稳定塘的功能得到强化,去除污染物的能力增强,尤其对病菌、病毒和有毒有机物的净化效果显著。

b. 污水资源化 水生植物可作饲料,喂养生猪和养鱼等,创造经济效益。

c. 管理工作量增大,易发生二次污染 水生植物需及时采收,将其生长量控制在一定水平。水生植物过多并不显著提高处理效率,相反会死亡腐烂,造成二次污染。

d. 冬季效果下降 冬季水生植物大都死亡,使净化效率下降。死亡的水生植物待气候转暖、水温回升后腐烂变质,造成二次污染。可用温室让水生植物安全过冬,或在冬季来临前采收水生植物。

(2) 生态系统塘 生态系统塘又名人工湿地,是利用低洼地和沼泽地经人工修整建立起来的浅水稳定塘。生态系统塘底凹凸不平,各处深浅不一,许多地方露出水面,塘水最深处不超过 1.0m。塘中种植芦苇、香蒲、凤眼莲、水浮萍、水花生等水生植物，放养鱼、蚌、螺丝等水生动物，与前来栖息的野生动物一起形成复杂的生态系统。

生态系统塘中的微生物及水生植物将有机物和氮、磷等污染物转化为自身细胞和无机物。水生动物（鱼、蚌）等以悬浮微生物、固体有机物和水生植物等为食生长繁殖。野生或放养的大型动物以水生动植物为食。动植物排泄物及尸体被微生物分解转化。如此形成的生态系统自我调节达到平衡，污染物得到净化。与此同时，实现了污水资源化，获得显著的经济效益。

生态系统塘投资运行费用低，出水中有机物、藻类和无机盐含量比一般的稳定塘大大降低，净化效果明显改善。因此，生态系统塘值得推广，并可作为二级处理和深度处理（生态修复）设施。

（3）复合塘系统　将生态学特征各异的稳定塘组合而成的稳定塘系统叫复合塘系统。复合塘系统的工艺流程如图 5-104 所示。

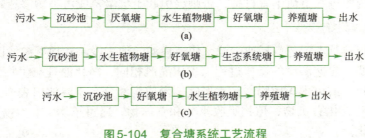

图 5-104　复合塘系统工艺流程

有机物浓度较高的污水（BOD_5 为 ≥ 150～200mg/L）用图 5-104（a）工艺处理；有机物浓度较低的污水（BOD_5 为 100～150mg/L）用图 5-104（b）工艺处理；有机物浓度低的污水（BOD_5 为 50～100mg/L）用图 5-104（a）或图 5-104（c）工艺处理，冬季出水 $BOD_5 \leq 10mg/L$，$COD \leq 40mg/L$。

在复合塘系统中，各具生态学特点的稳定塘协同作用，完成水质净化。各稳定塘单元有机结合形成复杂的生态系统，构成由低级到高级的食物链，靠人为调控达到生态平衡，使污水得到净化，并实现污水的资源化。

5.4.2　土地处理系统

土地处理系统是土壤、微生物和植物等构成的生态系统，源于农田的污水灌溉，主要用于污水的三级处理，也可用于某些污水的二级处理。

污水灌溉以利用水肥资源为目的，往往在灌溉的同时造成地下水污染和有毒物质在植物体内的富集。污水灌溉具有季节性，用水量小，大多数污水得不到利用而污染环境。

土地处理系统以净化污水为目的，兼顾水肥资源的综合利用。用土地处理系统进行三级处理去除 N、P 元素的投资运行费用低，净化效果好。污水进入土地处理系统前应进行预处理，并对整个系统采取防渗措施，以避免地下水污染和植物体内有毒物质的积累。土地处理系统能有效利用水肥资源，具有明显的经济效益。因此，土地处理系统是使污水无害化、资源化的新型处理系统。

土地处理系统由污水输送、预处理（稳定塘）、贮存（水库）、灌溉和排水等部分组成。

5.4.2.1　土地处理系统的工作原理

土地处理系统主要依靠土壤过滤、微生物代谢、植物吸收、物理或化学吸附及离子交换等过程去除污染物。

（1）悬浮物　污水流经土壤时，悬浮物和胶态物质被过滤、截留和吸附在土壤颗粒的孔隙中，与水分离。

（2）有机物　土壤的透气性良好，在上层存在大量好氧微生物，在下层有较多的兼氧或厌氧微生物。微生物的代谢作用使水质得到净化，处理二级出水的 BOD_5 去除率可达 85%～99%。

（3）N、P　氮主要通过植物吸收、微生物脱氮和 NH_3 逸出（碱性条件下铵盐生成 NH_3 逸出）等方式被去除；磷主要通过植物吸收、化学沉淀（与 Ca^{2+}、Al^{3+}、Fe^{3+} 等形成难溶物）、吸附等方式去除。

（4）病原体　土地处理系统可吸附杀死病原体，去除率达 95% 以上。

（5）重金属　重金属主要通过化学沉淀、吸附和植物吸收等方式被去除。

土地处理系统的进水负荷不宜过高，否则会引起土壤堵塞或污染物渗透，污染地下水。

5.4.2.2　土地处理系统的基本工艺

土地处理系统的基本工艺有慢速渗滤、快速渗滤、地表漫流和地下渗滤四种。

（1）慢速渗滤　慢速渗滤的操作过程与农田灌溉相同，净化原理与生物滤池类似。渗滤田种植农作物、牧草或树木等植物。污水经喷、漫或沟灌分布于渗滤田表面，垂直向下缓慢渗滤。微生物分解转化有机物，植物吸收水分和营养物，通过土壤-微生物-植物的综合作用使污水得到净化。

慢速渗滤适用于渗水性能良好的土壤。慢滤系统滤速慢，处理水量小，部分污水被植物吸收和蒸发，污染物去除率高，出水水质好。

（2）快速渗滤　快速渗滤适用于渗透性非常好的土壤，如砂土、砾石性砂土等。污水灌溉至快速渗滤田表面后，很快渗入地下，其中一部分蒸发，大部分进入地下水。灌溉和休灌（晒田）反复交替进行，以保持较高的渗透速度，并使表层土壤处于厌氧-好氧交替的运行状态。快速渗滤主要靠微生物的分解转化和土壤的过滤吸附作用去除污染物。快速渗透出水可通过地下集水管或井群收集利用。

（3）地表漫流　用喷灌或漫灌方式将污水投注到地面较高处，顺坡流下，形成很薄的水层。少量污水蒸发或渗入地下，大部分流入低处集水沟。漫流田种植牧草等植物，供微生物栖息和防止土壤冲蚀。地表漫流法适用于透水性能差的土壤（黏土和亚黏土），要求地面平整，最佳坡度 0.02～0.08。

（4）地下渗滤　标准地下土壤渗滤沟如图 5-105 所示。将污水投配到地面以下 0.5m，填满砾石的渗滤沟中，再向土壤中扩散。地下渗滤系统适于小水量场合，如居民小区污水处理。

5.4.2.3　土地处理系统的工艺设计

土地处理系统主要根据土壤性质、透水性、地形、植物种类、气候条件和出水要求选择工艺，往往需要采用复合工艺。负荷率是土地处理系统的主要设计参数，有水力负荷和有机负荷两种，有时需考虑氮、磷负荷。土地处理系统的典型设计参数和性能见表 5-17，可能的限制设计参数见表 5-18。

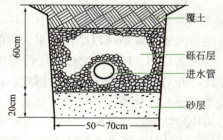

图 5-105　标准地下土壤渗滤沟

表5-17 土地处理系统典型设计参数和性能

项目	慢速渗滤	快速渗滤	地表漫流	湿地	地下渗滤
1.废水投配方式	人工降雨（喷灌）、地面投配（面灌、沟灌、畦灌、淹灌、滴灌等）	通常采用地面投配	人工降雨（喷灌）、地面投配	地面布水	地下布水
2.水力负荷/(m/a)	0.5～0.6	6.5～125.0	3～20	3～30	0.4～3
3.周负荷率（典型值）/(cm/周)	1.3～10.0	10.5～240.0	6.0～40.0		
4.最低处理要求	一般沉淀	一般沉淀	沉砂和拦杂物、粉碎	格栅过滤	化粪池一级处理
5.要求灌水面积/[$10^4 m^2$/(1000m^3)]	6.1～74.0	0.8～6.1	1.7～11.1		
6.投配废水去向	土壤水分蒸发；渗滤	主要经渗滤	地面径流；土壤水分蒸发；少量渗滤	径流、下渗、蒸发	下渗、蒸发
7.是否需要种植植物	谷物、牧草、林木	均可	牧草	芦苇等	草皮、花卉等
8.适用土壤	具有适当渗水性，灌水后对作物生长良好	亚砂土、沙质土	亚黏土等		
9.地下水位最小深度/m	-1.5	-4.5	未有规定		
10.对地下水水质的影响	可能有影响	一般有影响	可能有轻微影响		
11.BOD_5负荷率/[kg/($10^4 m^2$·a)] /[kg/($10^4 m^2$·d)]	2×10³～2×10⁴ 50～500	3.6×10⁴～4.7×10⁴ 150～1000	1.5×10⁴ 40～120	1.8×10⁴ 18～140	
12.场地条件坡度 土壤渗滤速率 地下水埋深/m 气候	种作物不超过20% 不种作物不超过40% 中等 0.6～3.0 寒冷季节需蓄水	不受限制 高 布水期：≥0.9 干化期：1.5～3.0 一般不受限制	2%～8% 低 不受限制 寒冷季节需蓄水		
13.系统特点 运行管理 系统寿命 对土壤影响 对地下水影响	种作物时管理严格 长 较小 小	简单 磷可能限制寿命 可改良沙荒地 有影响	比较严格 长 小 无		

表5-18 土地处理系统的可能限制设计参数

土地处理工艺	可能的限制组分或设计参数	土地处理工艺	可能的限制组分或设计参数
快速渗滤 慢速渗滤	一般为水力负荷 土壤的渗透性，或地下水硝酸盐	湿地 地下渗滤	BOD、SS 或 N 土壤的渗透性，或地下水的硝酸盐
地表漫流	BOD、SS 或 N		

5.4.2.2.4 采用土地处理工艺应注意的问题

（1）预处理　污水中的有毒物质等会危害农作物、污染地下水，并通过食物链危害人体健康；过多的盐分和酸碱使土质盐碱化或酸化；过多的悬浮固体使土壤堵塞，影响土壤的透水性。所以，污水进入土地处理系统前应进行预处理。一般情况下，污水经一级处理即可达到预处理要求。但在负荷较大、出水要求高时应采用二级处理方法（活性污泥、稳定塘等）进行预处理。对于含重金属和有机毒物的污水，必须进行点源预处理。

（2）完全处理　污水的土地处理存在着季节性。冬季农作物、牧草等大都收获，气候寒冷，土地处理系统的效率下降，处理负荷降低。应具有足够的调蓄容量（如水库），储存未处理的污水，待气候转暖后再处理，以达到完全处理的目的。

（3）地下水污染　应做好防渗，控制适宜的负荷率，避免地下水污染。

（4）土质恶化　污水中的有毒物质（重金属、有机毒物等）、盐类、酸性或碱性物质等都会破坏土壤的品质，使土质恶化。

❓ 习题及思考题

1. 填空题

（1）污水处理中的微生物主要有＿＿＿、＿＿＿、＿＿＿和＿＿＿等。

（2）污水的生物处理分＿＿＿和＿＿＿两种，存在的微生物有＿＿＿和＿＿＿两类。

（3）微生物分批培养的群体生长可分为＿＿＿、＿＿＿、＿＿＿和＿＿＿四个阶段。当污水中基质浓度很高时，微生物生长处于＿＿＿期，污泥沉淀性能＿＿＿，上清液＿＿＿，出水水质＿＿＿；当污水中基质浓度很低时，微生物生长处于＿＿＿期，污泥沉淀性能＿＿＿，上清液＿＿＿，出水水质＿＿＿。在工程实践中，为获得良好的出水水质，一般将微生物的生长控制在＿＿＿期或＿＿＿期。

（4）污水的可生化性取决于＿＿＿，可用＿＿＿评价。一般情况下，BOD_5/COD越大，污水可生化性越＿＿＿，反之亦然。$BOD_5/COD<0.3$，则称该污水＿＿＿，$BOD_5/COD=0.3\sim0.45$，则称该污水＿＿＿，$BOD_5/COD>0.4$，则称该污水＿＿＿。

（5）按照微生物对氧的需求，可将生物处理分为＿＿＿和＿＿＿两大类。按照微生物的附着方式，可将生物处理分为＿＿＿和＿＿＿两大类。活性污泥法、接触氧化、UASB和厌氧生物塘分别属于＿＿＿、＿＿＿、＿＿＿和＿＿＿。

（6）生物处理法适于处理有机污水，好氧生物处理时，微生物降解污染物的最终产物为＿＿＿、＿＿＿、＿＿＿、＿＿＿和＿＿＿等；厌氧生物处理时，微生物降解污染物的最终产物为＿＿＿、＿＿＿、＿＿＿和＿＿＿等；好氧生物处理法适于处理BOD_5＿＿＿，COD＿＿＿的污水。厌氧生物处理法适于处理BOD_5＿＿＿，COD＿＿＿的污水。

（7）曝气方法主要有＿＿＿和＿＿＿两种。鼓风曝气的空气扩散装置有＿＿＿和＿＿＿等，机械曝气的空气扩散设备有＿＿＿和＿＿＿等。

（8）生物滤池由＿＿＿、＿＿＿、＿＿＿和＿＿＿四部分组成，可分为＿＿＿、＿＿＿和＿＿＿三种。处理城市污水时的有机负荷率分别为＿＿＿、＿＿＿和＿＿＿，BOD_5去除率分别为＿＿＿和＿＿＿。一般情况下，生物滤池进水BOD_5不得高于＿＿＿mg/L，否则应采用出水回流稀释。

2. 判断题

（1）好氧生物处理适用于低浓度的工业废水和城市污水；活性污泥法是水体自净的人工强化方法。（　　）

（2）活性污泥法净化污水的主要承担者是原生动物。（　　）

（3）如二沉池中上清液浑浊，则说明负荷过高，分解不彻底。（　　）

（4）对活性污泥中微生物影响较大的环境因子有温度、酸碱度、营养物质、毒物浓度和无机盐类。（ ）

（5）曝气池有臭味说明曝气池供氧不足。（ ）

（6）生物膜处理法的主要运行形式有氧化塘、生物转盘、生物接触氧化池和生物流化床。（ ）

3.简答题

（1）活性污泥的组成是什么？

（2）简述活性污泥法去除污染物的过程。

（3）活性污泥的性能指标有哪些，其含义是什么？处理城市污水时正常的污泥沉降比(SV)和污泥指数(SI)分别为多少？

（4）活性污泥法有哪些主要的运行方式？各种运行方式中污泥的生长状态如何？

（5）试比较推流式和完全混合式活性污泥法的特点。

（6）简述吸附生物降解活性污泥法(AB法)和序批式活性污泥法(SBR)的操作过程和工艺特点。

（7）简述生物脱氮除磷原理、适宜条件，写出有关反应方程式。

（8）简述生物脱氮除磷工艺流程及工作原理。

（9）影响氧传质速度的因素有哪些，是怎样影响的？

（10）什么是污泥有机负荷率和容积有机负荷率，与水质净化效果有什么关系？如何确定适宜的有机负荷率？

（11）某污水10000 m^3/d，一次沉淀后，BOD_5为200mg/L，用完全混合活性污泥法处理，要求出水$BOD_5 \leq 15mg/L$，试设计活性污泥系统。

（12）活性污泥系统会出现哪些异常现象？如何控制？

（13）简述生物膜法的净化过程和特点(与活性污泥法相比)。

（14）影响生物滤池性能的因素有哪些？是怎样影响的？

（15）某生活污水500 m^3/d，BOD_5为400mg/L，用生物滤池处理，要求出水$BOD_5 \leq 30mg/L$。试设计高负荷生物滤池。

（16）什么是生物转盘的面积有机负荷率？如何确定？

（17）简述生物接触氧化的工作原理和基本构造。

（18）接触氧化常用填料的种类和规格有哪些？

（19）简述生物接触氧化法的特点。

（20）某污水流量1000 m^3/d，COD=500mg/L，用接触氧化法处理，要求出水COD$\leq$80mg/L。试验得容积有机负荷率N_v=1.8kgCOD/($m^3 \cdot d$)，适宜气水比为15～20 m^2/m^3。试设计推流式生物接触氧化池。

（21）简述生物流化床的分类和工作原理。

（22）简述污水自然生物处理系统的分类及好氧稳定塘的工作原理。

（23）简述水中微生物的营养关系。

（24）什么叫分解代谢？什么叫合成代谢？它们之间的关系如何？

（25）简述生物处理设施中微生物的存在状态。

（26）影响微生物生长的条件有哪些？每项条件的适宜值分别是多少？

（27）什么是污水的可生化性？

（28）简述改善污水可生化性的方法。

6 污泥、污水的厌氧生物处理

6.1 概述

好氧生物法是在有氧的条件下，由好氧微生物降解污水中的有机污染物，分解的最终产物主要是水和二氧化碳。**厌氧生物处理法**是利用兼性厌氧菌和专性厌氧菌来降解污水或污泥中的有机污染物，分解的最终产物是以甲烷为主的消化气（即沼气），沼气是可以作为能源利用的。农村推广的沼气池，也是利用厌氧消化的原理，以粪便、草茎秆等作为原料制取沼气，并提高肥效。

6.1.1 厌氧消化的机理

有机物在厌氧条件下的消化降解过程可分为三个阶段，即水解酸化阶段（酸性发酵）、产氢产乙酸阶段和产甲烷阶段（碱性发酵），如图 6-1 所示。

第一阶段为**水解酸化阶段**。复杂的大分子、不溶性有机物先在细胞外酶的作用下水解为小分子、溶解性有机物，然后渗入细胞体内分解产生挥发性有机酸、醇、醛类等，同时产生氢气和二氧化碳。

第二阶段为**产氢产乙酸阶段**。在产氢产乙酸细菌的作用下，第一阶段产生的各种有机酸被分解转化成乙酸和 H_2，在降解有机酸时还形成 CO_2。

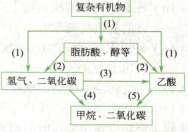

图 6-1 有机物厌氧分解产甲烷过程
（1）产酸细菌；（2）产氢产乙酸细菌；
（3）同型产乙酸细菌；（4）利用 H_2 和 CO_2 产甲烷菌；（5）分解乙酸的产甲烷菌

第三阶段为**产甲烷阶段**。产甲烷细菌将乙酸、乙酸盐、CO_2 和 H_2 等转化为甲烷。此过程中，产甲烷细菌可以分别通过下列两种途径之一生成甲烷。

其一是在二氧化碳存在时，利用氢气生成甲烷。

$$4H_2 + CO_2 \longrightarrow CH_4 + 2H_2O$$

其二是利用乙酸生成甲烷。

$$CH_3COOH \longrightarrow CH_4 + CO_2$$

据报道，在一般的厌氧发酵过程中，甲烷的产量约 70% 由乙酸分解而来，30% 由氢气和二氧化碳而得到。由于含氮有机物（如蛋白质）的厌氧分解，最后的沼气中会有少量的 H_2S 和 NH_3 存在。产酸菌有兼性的，也有厌氧的，而产甲烷菌则是严格的厌氧菌。产甲烷菌的世代期长，生长缓慢，对环境的变化如 pH 值、温度、重金属离子等较其他两种菌敏感得多。所以在厌氧发酵过程中，以上三个阶段要同时进行，并保持某种程度的动态平衡。由于甲烷的形成速度较慢，对环境的要求高，所以甲烷发酵控制了整个系统的反应速率，因此整个发酵过程必须维持有效的甲烷发酵条件。

6.1.2 影响厌氧消化效率的因素（厌氧发酵的工艺控制条件）

因甲烷发酵阶段控制整个厌氧消化过程，所以，厌氧发酵工艺的各项影响因素也以对甲烷菌的影响因素为准。

（1）温度 细菌的生长与温度有关，根据甲烷菌的生长对温度的要求可以将甲烷菌分为三类，即低温甲烷菌（5～20℃）、中温甲烷菌（20～42℃）、高温甲烷菌（42～75℃）。利用低温甲烷菌进行厌氧消化处理的系统称为低温消化，与之对应的有中温消化和高温消化。在这几类消化系统中，起作用的甲烷菌类型是不同的，例如高温消化系统运行的是高温甲烷菌。

在每一个温度区间，随温度的上升，细菌生长速率随之上升并达到最大值，相应的温度称为最适生长温度（例如中温消化的最适温度为34℃；高温消化的最适温度为54℃），超过此温度后，细菌的生长速度逐渐下降，微生物的温度-生长速率关系如图6-2所示。

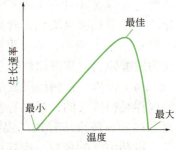

图6-2 微生物的温度-生长速率曲线

在5～75℃的整个范围内，一般讲，较高温度下的厌氧菌代谢速度较快（各温度范围上限例外），所以高温消化工艺较中温消化工艺、中温消化工艺较低温消化工艺反应速率要快很多，其相应的污泥活性和污泥负荷率及产气率也高得多。一般设计厌氧消化器时，都采取一定的控温措施，尽可能使消化器在恒温下运行，温度变化幅度不超过2～3℃（例如中温消化为34℃±1℃）。但如果温度下降幅度过大，则由于污泥活力的降低，反应器的负荷也应当降低以防止由于过负荷引起反应器酸积累等问题。

由于高温消化加热费用大，操作管理复杂，而低温消化效率太低，因此一般都选用中温消化处理。只有在卫生要求较高时，或处理某些高温废水，或有废弃余热的企业才考虑采用高温消化。

（2）pH值和酸碱度 水解产酸菌及产氢产乙酸菌对pH值的适应范围为5～8.5，而甲烷菌对pH值的适应范围为6.6～7.5之间，即只允许在中性附近波动。而且水解产酸菌及产氢产乙酸菌对环境的要求较甲烷菌低，世代时间也较短，因此在厌氧消化系统中，很有可能水解发酵阶段与产酸阶段的反应速率超过产甲烷阶段，使pH值降低，影响甲烷菌的生长。但是，在消化系统中，由于微生物的代谢产物如挥发性脂肪酸、二氧化碳和重碳酸盐（碳酸氢铵）等建立起的自然平衡关系具有缓冲作用，在一定范围内可以避免发生这种情况。

在实际运行中，如果系统中挥发酸的浓度居高不下，积累一段时间必然导致pH值下降，此时，酸和碱之间平衡已被破坏，碱度的缓冲能力已经丧失，所以不能光靠pH值的检测去指导生产，而是以挥发酸浓度及碱度作为重要管理指标。一般消化池中挥发酸（以乙酸计）浓度控制在200～800mg/L之间，如果超出2000mg/L，产气率将迅速下降，甚至停止产气。挥发酸本身并不毒害甲烷菌，而pH值的下降会抑制甲烷菌的生长。如pH值低，可投加石灰或碳酸钠，调节pH值，一般加石灰，但不应加得太多，以免产生$CaCO_3$沉淀。碱度控制在2000～3000mg/L之间。

（3）营养比 厌氧微生物的生长繁殖需按一定的比例摄取碳、氮、磷以及其他微量元素。工程上主要控制污泥或污水的碳、氮、磷比例，因为其他营养元素不足的情况较少见。不同的微生物在不同的环境条件下所需的碳、氮、磷比例不完全一致。一般认为，厌氧生物法中的碳、氮、磷比控制为（200～300）：5：1为宜。此比值大于好氧法中100：5：1，这与厌氧微生物对碳元素养分的利用率较好氧微生物低有关。在碳、氮、磷比例中，碳氮比例对厌氧消化的影响更为重要。

在厌氧处理时提供氮源，除满足微生物生长所需之外，还有利于提高反应器的缓冲能力。若氮源不足，即碳氮比太高，则厌氧菌不仅增殖缓慢，而且会使消化液的缓冲能力降低，pH值容易下降。相反，若氮源过剩，即碳氮比太低，氮不能被充分利用，将导致系统中氨的过分积累，pH值上升至8.0以上，抑制产甲烷菌的生长繁殖，使消化效率降低。

城市污水厂的初次沉淀池污泥的C/N约为10：1，活性污泥的C/N约为5：1，因此，活性污泥单独消化的效果较差。一般都是把活性污泥与初次沉淀池污泥混合在一起进行消化。粪便单独厌氧消化，含氮量过高，C/N太低，厌氧发酵效果受到一定影响，如能投加一些含C多的有机物，不仅可提高消化效果，还能提高沼气产量。农村沼气池一般采用人畜粪便为发酵原料，常投加植物茎秆或杂草等以提高C/N，增加产气量。

（4）**搅拌** 在污泥厌氧消化或高浓度有机污水的厌氧消化过程中，定期进行适当的有效的搅拌是很重要的，搅拌有利于新投入的新鲜污泥（或污水）与熟污泥（或称消化污泥）的充分接触，使反应器内的温度、有机酸、厌氧菌分布均匀，并能防止消化池表面结成污泥壳，以利沼气的释放。搅拌可提高沼气产量和缩短消化时间。20世纪60年代没有搅拌设备的消化池，消化时间长，约需30～60d，而有搅拌设备的消化池，消化时间约10～15d。产气量也增加30%左右。

（5）**有机负荷** 在厌氧生物处理法中，有机负荷通常指容积有机负荷，简称容积负荷，即厌氧反应器单位有效容积每天接受的有机物量[kgCOD/(m^3·d)]。对悬浮生长工艺，也有用污泥负荷表达的，即kgCOD/(kg污泥·d)；在污泥消化中，有机负荷习惯上用污泥投配率，即每天所投加的生污泥体积占污泥消化器有效容积的百分数。污泥投配率也是消化时间的倒数，例如，当投配率为5%时，新鲜污泥在消化池中的平均停留时间为20d。由于各种湿污泥的含水率、挥发性组分不尽一致，投配率不能反映实际的有机负荷，为此，又引入反应器单位有效容积每天接受的挥发性固体质量这一参数，即kgMLVSS/(m^3·d)。

有机负荷是影响厌氧消化效率的一个重要因素，直接影响产气量和处理效率。在一定范围内，随着有机负荷的提高，产气率即单位质量有机物的产气量趋向下降，而消化器的容积产气量则增多，反之亦然。对于具体应用场合，进入反应器的污泥或污水有机物浓度是一定的，有机负荷或投配率的提高意味着生污泥的平均停留时间缩短，使有机物降解不能达到所要求的程度，势必使单位质量的有机物的产气量减少。但因反应器相对的处理量增多了，单位容积的产气量将提高。

厌氧处理系统正常运转取决于产酸与产甲烷反应速率的相对平衡。一般产酸速率大于产甲烷速率，若有机负荷过高，则产酸速率将大于用酸（产甲烷）速率，挥发酸将累积而使pH值下降，破坏产甲烷阶段的正常进行，导致产气量减少甚至停止产气，系统遭到破坏，并难以调整复苏。此外，有机负荷过高，往往是水力负荷也较高，过高的水力负荷还会使消化系统中污泥的流失速率大于增长速率从而降低消化效率。这种影响在常规厌氧消化工艺中更加突出。相反，若有机负荷过低，有机物产气率或有机物去除率虽可提高，但容积产气率降低，反应器容积将增大，使消化设备的利用效率降低，投资和运行费用提高。因此，控制合适的有机负荷对厌氧生物反应器的设计和运行是十分重要的。

有机负荷值因工艺类型、运行条件以及污泥或污水中有机污染物的种类及其浓度而异。在通常的情况下，常规厌氧消化工艺中温处理高浓度有机工业废水的有机负荷为 $2\sim3kgCOD/(m^3\cdot d)$，在高温下为 $4\sim6kgCOD/(m^3\cdot d)$。上流式厌氧污泥床反应器、厌氧滤池、厌氧流化床等新型厌氧工艺的有机负荷在中温下为 $5\sim15kgCOD/(m^3\cdot d)$，甚至可高达 $30kgCOD/(m^3\cdot d)$。在处理具体污水时，最好通过试验来确定其最适宜的有机负荷。

（6）**厌氧活性污泥** 厌氧活性污泥主要由厌氧微生物及其代谢的产物和吸附的有机物、无机物组成。厌氧活性污泥的浓度和性能与厌氧消化的效率有密切的关系。性状良好的污泥是厌氧消化效率的基础保证。厌氧活性污泥的性质主要表现为它的作用效能与沉淀性能，前者主要取决于污泥中活微生物的比例及其对底物的适应性。活性污泥的沉淀性能是指污泥混合液在静止状态下的沉降速度，它与污泥的凝聚性有关，与好氧处理一样，厌氧活性污泥的沉淀性也以 SVI 衡量。G.Lettinga 认为在上流式厌氧污泥床反应器中，当活性污泥的 SVI 为 $15\sim20mL/g$ 时，污泥具有良好的沉淀性能。

厌氧处理时，污水中的有机物主要靠活性污泥中的微生物分解去除，故在一定的范围内，活性污泥浓度愈高，厌氧消化的效率也愈高。但至一定程度后，效率的提高不再明显。这主要因为：①厌氧污泥的生长率低、增长速度慢，积累时间过长后，污泥中无机成分比例增高，活性降低；②污泥浓度过高有时易于引起堵塞而影响正常运行。

（7）**有毒物质** 有许多物质会毒害或抑制厌氧菌的生长和繁殖、破坏消化过程。所谓"有毒"是相对的，事实上任何一种物质对甲烷消化都有两方面的作用，即有促进甲烷细菌生长的作用与抑制甲烷细菌生长的作用，至于到底起哪方面的作用取决于它的浓度。某些有害物质进行厌氧消化的最大容许浓度参考表 6-3。

6.2 污泥的厌氧消化

污泥的厌氧消化是污泥稳定化处理最通用的方法。其主要处理对象是初次沉淀污泥、腐殖污泥、剩余活性污泥。其中的有机物质在厌氧微生物作用下被分解成甲烷与二氧化碳等最终产物。

厌氧消化法的主要构筑物有消化池、化粪池、双层沉淀池及沼气池等。厌氧消化法可分为人工消化法与自然消化法（前面讲到的厌氧塘就是污水的自然消化法）。在人工消化法中，根据池盖构造的不同，又分为定容式（固定盖）消化池和动容式（浮动盖）消化池。按容量大小可分为小型消化池（$1500\sim2500m^3$）、中型消化池（$2500\sim5000m^3$）、大型消化池（$5000\sim10000m^3$）。按消化温度的不同又可分为低温消化（低于20℃）、中温消化（$30\sim37$℃）和高温消化（$45\sim55$℃）。按运行方式可分为一级消化、二级消化。

6.2.1 消化工艺

（1）**一级消化工艺** 最早使用的消化池叫传统消化池又称低速消化池，是一个单级过程，称为一级消化工艺，污泥的消化和浓缩均在单个池内同时完成。这种消化池内一般不设搅拌设备，因而池内污泥有分层现象，仅一部分池容积起有机物的分解作用，池底部容积主要用于贮存和浓缩熟污泥。由于微生物不能与有机物充分接触，消化速率很低，消化时间很长，一般为 $30\sim60d$，虽然池子的容积很大，但池子的有效利用率低。因此一级消化工艺仅适用于小型装置，目前已很少用，其构造原理如图 6-3 所示。

图 6-4 为一座典型的单级浮动盖式消化池的断面图。生污泥从池的中心或集气罩内投入

消化池，从集气罩内进入的污泥能打碎在消化池液面形成的浮渣层。已消化过的污泥在池底排出，通过从消化池抽出的污泥经热交换器加热后再送回消化池，进行消化池的加热。池内由于不设搅拌设备，消化池内出现了分层现象，顶部为浮渣层，消化了的熟污泥在池底浓缩，中间层包括一层清液（污泥水）和起厌氧分解的活性层。污泥水根据具体水层厚度从池子不同高度的抽出管排出。浮盖由液面承托，可以上下移动。单级浮动盖消化池的功能为：挥发性有机物的消化、熟污泥的浓缩和贮存。其特点是提供的贮存容积约等于池子体积的 1/3。

图6-3 传统消化池构造原理

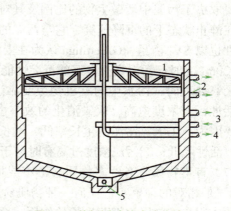

图6-4 单级浮动盖式消化池
1—浮盖；2—污泥水管；3—进泥管；4—出气管；5—排泥管

（2）**二级消化工艺** 二级消化池系统如图 6-5 所示，二级消化工艺为两个消化池串联运行，生污泥连续或分批投入一级消化池中并进行搅拌和加热，使池内的污泥保持完全混合状态。温度一般维持中温 34℃ 左右。由于搅拌使池内有机物浓度、微生物分布、温度、pH 值等都均匀一致，微生物得到了较稳定的生活环境，并与有机物均匀接触，因而提高了消化速率，缩短了消化时间。污泥中有机物的分解主要在一级消化池中进行，产气量占总产气量的 80%，因此该系统中的一级消化池也称之为高速消化池。一级消化池的污泥靠重力排入二级消化池中。二级消化池勿需搅拌和加热，而是利用一级消化池排出的污泥的余热继续消化，其消化温度可保持在 20～26℃。二级消化池上设有集气管和上清液排出管，产气量占总产气量的 20%。二级消化池起着污泥浓缩的作用。

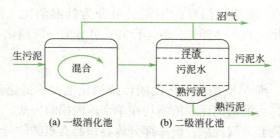

图6-5 二级消化池系统示意

二级消化工艺中第一级消化池容积通常按污泥投配率为 5% 来计算，而第一级与第二级消化池的容积比为 1∶1 或 2∶1 或 3∶2，但最常用的是 2∶1，即第二级消化池的容积按污泥投配率为 10% 来计算。

二级消化工艺比一级消化工艺总的耗热量少，并减少了搅拌的能耗，熟污泥含水率低，上清液固体含量少。

污泥消化过程中排出的上清液（污泥水）有机物含量较多（BOD_5 500～1000mg/L），不能任意排放，必须送回到污水生物处理构筑物内进一步处理。

6.2.2 消化池的构造

消化池的主体是由集气罩、池盖、池体及下锥体等四部分组成，并附设新鲜污泥投配系统、熟污泥的排出系统、溢流系统、沼气的排出收集及贮存系统和加温及搅拌设备。

（1）消化池的池形　消化池的基本池形有圆柱形和蛋形两种，图6-6（a）为圆柱形，池径一般为6～35m，柱体部分的高度约为直径的一半，总高度与池径之比为0.8～1.0，池底、池盖倾角一般取15°～20°，为检修方便，池盖上设置1个或2个ϕ0.7m的人孔，池顶集气罩直径取2～5m，高1～3m。图6-6（b）为蛋形，其侧壁为圆弧形，直径远小于池高。大型消化池可采用蛋形，容积可做到10000m^3以上，蛋形消化池在工艺与结构方面有如下优点：①搅拌充分、均匀，可以有效地防止池底积泥和泥面结壳；②因池体接近球形，在池容相等的条件下，池子总表面积比圆柱形小，散热面积小，故热量损失小，可节省能源。国内建造的大型消化池多为圆柱形。

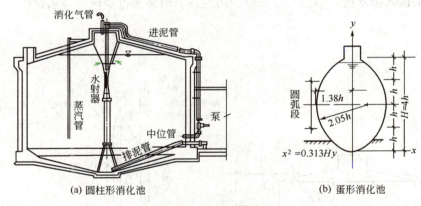

图6-6　消化池的池形

（2）投配、排泥与溢流系统

① **污泥投配**　生污泥（包括初沉污泥、腐殖污泥及经过浓缩的剩余活性污泥），需先排入消化池的污泥投配池，然后用污泥泵抽送至消化池。污泥投配池一般为矩形，至少设两个，池容根据生污泥量及投配方式确定，常用12h的贮泥量设计。投配池应加盖，设排气管、上清液排放管和溢流管。如果采用消化池外加热生污泥的方式，则投配池可兼作污泥加热池，一般消化池的进泥口布置在泥位上层，其进泥点及进泥口的形式应有利用搅拌均匀和破碎浮渣的需要。

② **排泥**　消化池的排泥管设在池底，出泥口布置在池底中央或在池底分散数处，排空管可与出泥管合并使用，也可单独设立。依靠消化池内的静水压力将熟污泥排至污泥的后续处理装置。

污泥的投配管和排泥管的直径一般为150～200mm。一般排泥管与放空管合并使用。污泥管的最小直径为150mm，为了能在最适当的高度除去上清液，可在池子的不同高度设置若干个排出口,最小管径为 75mm。

此外,还设取样管,一般取样管设置在池顶,最少为两个,一个在池子中部,一个在池边。取样管的长度最少应伸入最低泥位以下 0.5m,最小管径为 100mm。还备有清洗水或蒸汽的进口及清理污泥管道的设备。

③ **溢流装置** 消化池的污泥投配过量、排泥不及时或沼气产量与用气量不平衡等情况发生时,沼气室内的沼气压缩,气压增加甚至可能压破池顶盖。因此消化池必须设置溢流装置,及时溢流,以保持沼气室压力恒定。溢流管的溢流高度,必须考虑是在池内受压状态下工作。在非溢流工作状态时或泥位下降时,溢流管仍需保持泥封状态,溢流装置必须绝对避免集气罩与大气相通,也避免消化池气室与大气连通。溢流装置常用形式有倒虹管式、大气压式及水封式等 3 种。

倒虹管式见图 6-7(a),倒虹管的池内端必须插入污泥面,保持淹没状,池外端插入排水槽也需保持淹没状。当池内污泥面上升,沼气受压时,污泥或上清液可从倒虹管排出。

大气压式见图 6-7(b),当池内沼气受压,压力超过 Δh(Δh 为 U 形管内水层厚度)时,即产生溢流。

水封式见图 6-7(c),水封式溢流装置由溢流管、水封管与下流管组成。溢流管从消化池盖插入设计污泥面以下,水封管上端与大气相通,下流管的上端水平轴线标高,高于设计污泥面,下端接入排水槽。当沼气受压时,污泥或上清液通过溢流管经水封管、下流管排入水槽。

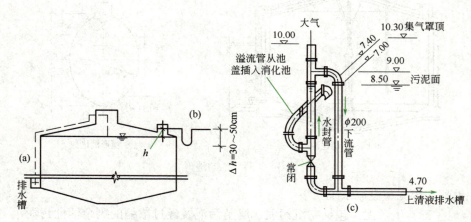

图 6-7 消化池的溢流装置
(a)倒虹管式;(b)大气压式;(c)水封式

溢流装置的管径一般不小于 200mm。

排出的上清液及溢流出泥,应重新导入初次沉淀池进行处理。设计沉淀池时,应计入此项污染物。

(3)**沼气的收集与贮存设备** 由于产气量与用气量常常不平衡,所以必须设贮气柜进行调节。沼气从集气罩通过沼气管输送到贮气柜。沼气管的管径按日平均产气量计算,管内流速按 7~15m/s 计,当消化池采用沼气循环搅拌时,则计算管径时应加入搅拌循环所需沼气量。管道坡度应与气流方向一致,其坡度为 0.005,在最低点应设置凝结水罐,并可及时排除积水。为了减少凝结水量,防止沼气管被冻裂,沼气管应该保温。应采取防腐措施,一般采用防腐蚀镀锌钢管或铸铁管。在沼气输送管道的适当地点设置必要的水封罐,以便调整和稳定压力,并在消化池、贮气柜、压缩机、锅炉房等设备之间起隔绝作用,确保安全。

消化池的气室及沼气管道均应在正压下工作。通常压力为 2~3kPa。消化池不允许出现负压。

沼气中由于硫化氢和饱和蒸汽的存在,对消化池顶集气罩有腐蚀作用,必须对气室进行防腐处理。

贮气柜有低压浮盖式与高压球形罐两种,见图 6-8。贮气柜的容积一般按平均日产气量的 25%~40%,即 6~10h 的平均产气量计算。

低压浮盖式的浮盖重量决定于柜内气压,柜内气压一般为 1177~1961Pa(120~200mmH$_2$O),最高可达 3432~4904Pa(350~500mmH$_2$O)。气压的大小可用盖顶加减铸铁块的数量进行调节。浮盖的直径与高度比一般采用 1.5:1,浮盖插入水封柜以免沼气外泄。

当需要长距离输送沼气时,可采用高压球形罐。贮气柜中的压力决定了消化池气室和输气管道的压力,此压力一般保持在 2~3kPa,不宜太高。

由于沼气中含有少量 H$_2$S,一般含量在 0.005%~0.01% 之间,在有水分条件下,当沼气中硫化氢含量超过百万分之一时,对沼气发动机有很强的腐蚀性。根据煤气燃烧规定,硫化氢的容许含

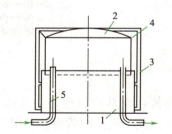

(a) 低压浮盖式
1—水封柜;2—浮盖;3—外轨;4—滑轮;5—导气管

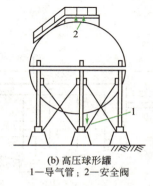

(b) 高压球形罐
1—导气管;2—安全阀

图 6-8 贮气柜

量应小于 20mg/m^3。如果沼气中含硫量太高,必须进行沼气脱硫。

(4)消化池的加热方法 为了使消化池的消化温度恒定(中温或高温消化),必须对新鲜污泥进行加热和补偿消化池池体及管道系统的热损失。加热的热源可用锅炉或其他生产设备的余热。

加热方法有池内蒸汽直接加热法与池外预热法两种。

池内蒸汽直接加热法就是利用插在消化池内的蒸汽竖管,直接向消化池送入蒸汽,加热污泥。蒸汽在竖管中的流速一般为 3~5m/s。这种加热方法比较简单,热效率高。但竖管周围的污泥易被过热,影响甲烷细菌的正常活动。由于增加了冷凝水,消化污泥的含水率稍有提高,消化池的容积需增加 5%~7%。

池外预热法是把新鲜污泥预先加热后,投配到消化池中。这种方法的优点是,预热的污泥只是新鲜污泥,数量较少,易于控制,预热达到的温度较高,有利于杀灭寄生虫卵,以提高消化污泥的卫生条件,不会使消化池中的甲烷细菌受到过热的影响,因此是一种较好的加温方法。缺点是加温的设备比较复杂。池外预热法可分为热交换器预热与投配池内预热两种。

① 热交换器预热法 在消化池外,用热交换器将新鲜污泥预热后,送入消化池。热交换器可采用套管式,以热水为热媒。热交换器预热法如图 6-9 所示。

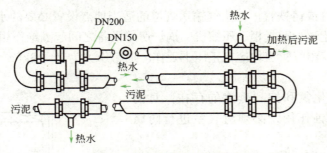

图6-9 热交换器预热法示意

新鲜污泥从内管通过,流速1.5～2.0m/s,热水从套管通过,流速1.0～1.5m/s。可用逆流或顺流交换。内管直径一般为100mm,套管直径为150mm。

② 投配池内预热法　即在投配池内,用蒸汽把新鲜污泥预热到所需温度后,一次投入消化池。图6-10为投配池内预热的示意图。

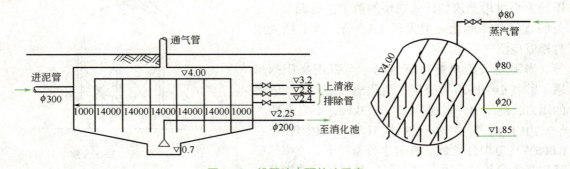

图6-10 投配池内预热法示意

此外,为减少热量损失,还必须对消化池采取保温措施,凡是热导率小、容量较小、具有一定的机械强度和耐热性能力、吸水性差的材料一般均可作为保温材料。常用的保温材料有:泡沫混凝土、膨胀珍珠岩、聚苯乙烯泡沫塑料和聚氨酯泡沫塑料等。

(5) 消化池的搅拌方法　新投入生污泥与原有成熟污泥的充分混合对消化池的正常运行有很大影响,因此搅拌设备也是消化池的重要组成部分。消化池的常用的搅拌方法有:泵加水射器搅拌、沼气搅拌及联合搅拌等。搅拌设备至少应在2～5h内将全池污泥搅拌一次。一般当池内各处污泥浓度变化范围不超过10%时,即可认为符合搅拌要求。

① 泵加水射器搅拌　生污泥用污泥泵加压后,射入水射器。水射器顶端浸没在污泥面以下0.2～0.3m,污泥泵压力应大于0.2MPa,生污泥量与吸入水射器的污泥量之比为(1:3)～(1:5)。消化池池径大于10m时,可设2个或2个以上水射器。

根据需要,加压后的污泥也可从中位管压入消化池进行补充搅拌。这种方法搅拌可靠,但效率较低。

② 联合搅拌法　联合搅拌法的特点是把生污泥加温、沼气搅拌联合在一个装置内完成,见图6-11。经空气压缩机加压后的沼气以及经污泥泵加压后的污泥分别从热交换器(兼作生、熟污泥与沼气的混合器)的下端射入,并把消化池内的熟污泥抽吸出来,共同在热交换器中加热混合,然后从消化池的上部污泥面下喷入,完成加温搅拌过程。

加热混合器污泥管直径用150mm,外套管用250mm,加热所需接触面积可以用热交换量计算。消化池直径 9m 以下，可用一个热交换器，直径在 15m 以下可用三个热交换器均匀分布在池外。

③ 沼气搅拌法　沼气搅拌法的优点是没有机械磨损，故障少，搅拌力大，不受液面变化的影响，并可促进厌氧分解，缩短消化时间。沼气搅拌装置见图 6-12，用空压机将贮气罐中的一部分消化气抽出，经稳压罐送入消化池进行搅拌。消化气通过消化池顶盖上面的配气环管，进入每根立管，立管数量根据搅拌气量及立管内的气流速度决定。搅拌气量按每 1000m³ 池容 5～7m³/min 计，气流速度按 7～15m/s 计。立管末端在同一平面上，距池底 1～2m，或在池壁与池底连接面上。

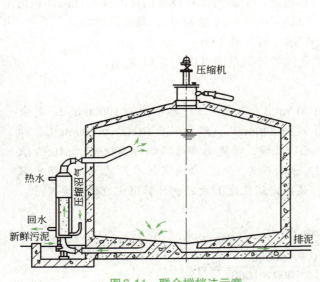

图 6-11　联合搅拌法示意

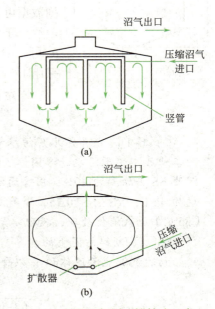

图 6-12　采用沼气循环搅拌法示意

其他搅拌方法如螺旋桨式搅拌，现已不常用。

6.2.3　消化池有效容积的计算

污泥消化池有效容积的确定，中国是按每天加入的新鲜污泥量及污泥投配率进行计算的。计算式如下：

$$V=\frac{V'}{p}\times 100 \tag{6-1}$$

式中　V——消化池有效容积，m³；
　　　V'——新鲜污泥量，m³/d；
　　　p——污泥投配率（每日投加的新鲜污泥量占消化池有效容积的百分数）。

消化污泥的投配率，最好通过试验或调研确定。当无资料时，对于生活污水污泥，中温高速消化池 p 可采用 5%～12%，传统消化池 p 可采用 2%～3%。

当采用高速消化池时，二级消化池容积可按池中停留 10～60d 计算，一般采用 20～30d 或与一级消化池相同的停留时间。

由污泥投配率的定义知道,污泥在消化池中的停留时间 t(d)为:

$$t = \frac{100}{p} \tag{6-2}$$

用投配率确定消化池的有效容积,方法虽简单,但是并不理想,因为在消化池中进行分解的只是有机物,而各种污泥中的有机物含量是不相同的,即使是同一种污泥由于含水率不同,有机物的浓度也不同,有机物多,消化时间就长,反之亦然。所以用有机物的投加量计算比较合理。美国长期以来是按污泥的挥发分计算,下列数据可供参考。

对于生活污水污泥,中温消化和传统消化的挥发性固体负荷率 p' 可采用 $0.5 \sim 1.6 \text{kgVSS}/[\text{m}^3(池) \cdot \text{d}]$,高速消化的负荷率 p' 可采用 $1.6 \sim 6.5 \text{kgVSS}/[\text{m}^3(池) \cdot \text{d}]$。

固定盖式消化池的计算草图可用图6-13表示。

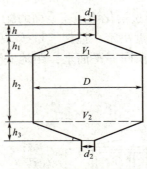

图6-13 消化池计算草图

【例6-1】 某市污水厂污水量为30000m³/d,其中生活污水水量为10000m³/d,其余为工业废水,原污水悬浮固体(SS)浓度为240mg/L,经初沉后BOD₅为200mg/L,初沉池SS去除率为40%,用普通活性污泥法处理,曝气池有效容积为5000m³,MLSS浓度为4g/L,VSS/SS=0.75,曝气池BOD₅去除率为95%。今决定污水厂的污泥采用中温(35℃)厌氧消化处理,投配率为7%,试确定消化池有效容积计算消化池的主要尺寸。

解 ① 新鲜污泥量的计算

初次沉淀池污泥体积(以含水率96.5%计)为:

$$V_1 = \frac{240 \times 0.4 \times 30000}{(1-0.965) \times 1000 \times 1000} = 82 (\text{m}^3/\text{d})$$

剩余污泥体积(取 a=0.5,b=0.1)为:

$$\Delta X = aQL_r - bXY$$
$$= 0.5 \times 200 \times 0.95 \times 30000/1000 - 0.1 \times 4 \times 0.75 \times 5000$$
$$= 1350 (\text{kgVSS/d})$$

每日剩余污泥量为:$1350 \div 0.75 = 1800$(kgVSS/d)
当浓缩至含水率为96.5%时,其体积为:

$$V_2 = \frac{1800}{(1-0.965) \times 1000} = 51 (\text{m}^3/\text{d})$$

污泥总体积为:

$$V' = V_1 + V_2 = 82 + 51 = 133 (\text{m}^3/\text{d})$$

② 消化池有效容积的计算

已知投配率为7%,根据式(6-1),消化池的有效容积为:

$$V = \frac{V'}{p} \times 100 = \frac{133}{7} \times 100 = 1900 (\text{m}^3)$$

为了考虑检修,采用2座消化池,则每个消化池的有效容积为950m³。

③消化池主要尺寸计算

采用消化池直径近似地等于柱体部分高度2倍计算。消化池的直径可近似地按下式计算：

$$D = \sqrt[3]{\frac{V}{0.485}} = \sqrt[3]{\frac{950}{0.485}} = 12.5(\text{m})$$

消化池集气罩直径 d_1 采用2m，高 h_1 采用1m，下锥底直径 d 采用1m。

池顶盖高 $h_2 = \left(\dfrac{D}{2} - \dfrac{d_1}{2}\right)\tan 20° = \left(\dfrac{12.5}{2} - \dfrac{2}{2}\right) \times 0.364 = 1.9(\text{m})$

柱体高 $h_3 = \dfrac{D}{2} = 6.25(\text{m})$

下锥体高 $h_4 = \left(\dfrac{D}{2} - \dfrac{d_2}{2}\right)\tan 30° = \left(\dfrac{12.5}{2} - \dfrac{1}{2}\right) \times 0.577 = 3.3(\text{m})$

消化池总高 $H = h_1 + h_2 + h_3 + h_4 = 1 + 1.9 + 6.25 + 3.3 = 12.45(\text{m})$

6.2.4 消化池的启动、运行与管理

6.2.4.1 消化池的启动

（1）**试漏、气密性检查、气体的置换**　向池内灌满清水，检查消化池和污泥管道有无漏水现象，接着对消化池和输气管路进行气密试验。把内压加到约3432.33Pa，稳定15min后，测后15min的压力变化。当气压降小于98Pa，可认为池体气密性符合要求；否则应采取补救措施，再按上述方法试验，直至合格为止。为防止发生爆炸事故，在投泥前应使用惰性气体（氮气）将输气管路系统中的空气置换出去，以后再投污泥，产生沼气后，再逐渐把氮气置换出去。

（2）**消化污泥的培养与驯化**　新建的消化池，需要培养消化污泥。培养方法有两种。

① 逐步培养法　将每天排放的初次沉淀污泥和浓缩后的活性污泥投入消化池，然后加热，使每小时温度升高1℃。当温度升到预定消化温度时，维持温度，然后逐日加入新鲜污泥，直至设计泥面，停止加泥，维持消化温度，使有机物水解、液化，约需30～40d。待污泥成熟、产生沼气后，方可投入正常运行。

② 一次培养法　在消化池中投入一定数量的接种污泥，数量应占消化池有效容积的1/10，再投入新鲜污泥至设计泥面，然后加热，升温速度为1℃/h，直至预定温度。并投加一定碱（或石灰），使pH值保持在6.8～7.2之间，稳定一段时间（3～5d），污泥成熟、产气后，便可投入试运行。如当地已有消化池，则可取消化污泥更为简便。

（3）消化池启动过程中的注意事项和遇到的问题

① 当取池塘中的陈腐污泥、人畜粪便或初沉池污泥作种泥时，首先要对其进行淘洗、过滤以除去无机杂物，再通过静止沉淀，去除部分上清液后，混合均匀，配制成含固体浓度为3%～5%的污泥，投入消化池，且最小投加量应占消化池有效容积的10%。

② 消化池加热至预定温度（比如中温消化的35℃）后，要维持消化池的恒温条件。

③ 消化池混合液pH值维持在6.8～7.2，一旦pH值下降，立即投加石灰，直到pH值稳定在6.8为止，投加量通过简单试验即可获得。

④ 投配污泥尽可能保持有规律性，而且高速消化池中一次投配量不要超过额定负荷的30%。

⑤ 污泥消化池启动过程中，经常会遇到泡沫问题。当消化过程开始时，随着CO_2气体的形成而出现大量的污泥泡沫，泡沫的出现有时很突然，当污泥中存在蛋白质或某些没有完全分解的表面活性剂时，这一现象会更加严重。严格地控制消化池温度条件以及严格监控生污泥的营养比，可以克服这一问题。成熟的污泥呈深灰或黑色并略带有焦油味。pH值为7.0～7.5，污泥易脱水和干化。

6.2.4.2 正常运行的化验指标

正常运行的化验指标有：投配污泥含水率94%～96%，有机物含量60%～70%，脂肪酸以乙酸计为2000mg/L左右，总碱度以重碳酸盐计大于2000mg/L，氨氮500～1000mg/L，有机物分解程度45%～55%，产气率正常，沼气成分（CO_2与CH_4所占百分数）正常。

6.2.4.3 正常运行的控制指标

（1）投配率　新鲜污泥投配率需严格控制。

（2）温度　消化温度需严格控制。

（3）搅拌　采用沼气循环搅拌可全日工作。采用水力提升器搅拌时，每日搅拌量应为消化池容积的两倍，间歇进行，如搅拌0.5h，间歇1.5～2h。

（4）排泥　有上清液排除装置时，应先排上清液再排泥。否则应采用中、低位管混合排泥或搅拌均匀后排泥，以保持消化池内污泥浓度不低于30g/L，而且进泥和排泥必须做到有规律，否则消化很难进行。

（5）沼气气压　消化池正常工作所产生的沼气气压在1177～1961Pa之间，最高可达3432～4904Pa，过高或过低都说明池组工作不正常或输气管网中有故障或操作失误。

6.2.4.4 消化池运转时的异常现象及解决办法

消化池异常表现在产气量下降，上清液水质恶化等。

（1）**产气量下降**　产气量下降的原因与解决办法主要有以下几点：

① 投加的污泥浓度过低，导致微生物的营养不足，应设法提高投配污泥浓度；

② 消化污泥排量过大，使消化池内微生物量减少，破坏微生物与营养的平衡，应减少排泥量；

③ 消化池温度降低，可能是由于投配的污泥过多或加热设备发生故障，解决办法是减少投配量与排泥量，检查加温设备，保持消化温度；

④ 采用蒸汽竖管直接加热，若搅拌配合不上，造成局部过热，使部分甲烷菌活性受到抑制，导致产气量下降，应及时检查搅拌设备，保证搅拌效果；

⑤ 消化池的容积减少，由于池内浮渣与沉砂量增多，使消化池容积减小，应检查池内搅拌效果及沉砂池的沉砂效果，并及时排除浮渣与沉砂；

⑥ 有机酸积累，碱度不足，解决办法是减少投配量，继续加热，观察池内碱度的变化，如不能改善，则应投加碱，如石灰、$CaCO_3$等。

（2）**上清液水质恶化**　上清液水质恶化表现在BOD_5和SS浓度增加，原因可能是排泥量不够，固体负荷过大，消化程度不够，搅拌过度等。解决办法是分析上列可能原因，分别加以解决。

（3）沼气的气泡异常　沼气的气泡异常有三种表现形式。

① 连续喷出像啤酒开盖后出现的气泡，这是消化状态严重恶化的征兆。原因可能是排泥量过大，池内污泥量不足，或有机物负荷过高，或搅拌不充分。解决办法是减少或停止排泥，加强搅拌，减少污泥投配。

② 大量气泡剧烈喷出，但产气量正常，池内由于浮渣层过厚，沼气在层下集聚，一旦沼气穿过浮渣层，就有大量沼气喷出，对策是破碎浮渣层充分搅拌。

③ 不起泡，可暂时减少或中止投配污泥，充分搅拌一级消化池；打碎浮渣并将其排除；排除池中堆积的泥沙。

6.2.4.5　消化池的维护与管理

消化池的维护与管理应注意以下几点。

① 消化池中的浮渣与沉砂应定期清除，最长 3～5 年清除 1 次。

② 由于沼气中往往带有水蒸气，在沼气输送过程中遇冷变成凝结水，为了保证沼气管道畅通，在沼气输送管道的最低点都设有凝结水罐，应及时或定期排除凝结水。

③ 沼气、污泥及蒸汽管道都采取保温措施，溢流管、防爆装置的水封在冬季应加入食盐以降低冰点，避免结冰而失灵。同时，要经常检查水封高度，保证其在要求的高度范围内。

④ 当采用蒸汽直接加热时，污泥会充满灼热的蒸汽竖管，容易结成污泥壳而使管道堵塞，可用大于 0.4MPa 的蒸汽冲刷。

⑤ 消化池的所有仪表（压力表、真空表、温度表、pH 计等）应定期检查，随时保证完好。

⑥ 在运行中必须充分注意安全问题，因为沼气为易燃易爆气体，甲烷在空气中的含量达到 5%～16% 时，遇明火即爆炸，故消化池、贮气罐、沼气管道等部必须绝对密闭，周围严禁明火或电气火花。检修消化池时，必须完全排除消化池内的消化气。

6.3　污水的厌氧消化

6.3.1　厌氧接触法

6.3.1.1　厌氧的工艺流程

为了克服普通消化池不能保留或补充厌氧活性污泥的缺点，在消化池后设沉淀池，将沉淀污泥回流至消化池，形成了**厌氧接触法**。其工艺流程如图 6-14 所示。该工艺类似于完全混合式好氧活性污泥法，该系统使污泥不流失、出水水质稳定，又可提高消化池内污泥浓度，从而提高设备的有机负荷和处理效率。

6.3.1.2　厌氧接触法的特点

① 通过污泥回流（回流量一般约为污水量的 2～3 倍），可以使消化池内保持较高的污泥浓度，一般可达 10～15g/L，因此该工艺耐冲击能力较强。

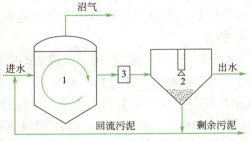

图 6-14　厌氧接触法工艺流程
1—消化池；2—沉淀池；3—真空脱气器

② 消化池的容积负荷较普通消化池高，中温消化时，一般为 2～10kgCOD/（m³·d），但不宜过高，在高的污泥负荷下，厌氧接触工艺也会产生类似好氧活性污泥法的污泥膨胀问题，一般认为接触反应器中的污泥体积指数（SVI）应为 70～150mL/g。

③ 水力停留时间比普通消化池大大缩短，如常温下，普通消化池为 15～30d，而接触法小于 10d。

④ 该工艺不仅可以处理溶解性有机污水，而且可以用于处理悬浮物较高的高浓度有机污水，但不宜过高，否则将使污泥的分离发生困难。

⑤ 混合液经沉淀后，出水水质好，但需增加沉淀池、污泥回流和脱气等设备，厌氧接触法还存在混合液难于在沉淀池中进行固液分离的缺点。

6.3.1.3 厌氧接触工艺存在的问题及解决办法

从消化池排出的混合液在沉淀池中进行固液分离有一定的困难造成污泥流失。其原因一方面由于混合液中污泥上附着大量的微小沼气泡，易于引起污泥上浮；另一方面，由于混合液中的污泥仍具有产甲烷活性，在沉淀过程中仍能继续产气，从而妨碍污泥颗粒的沉降和压缩。为了提高沉淀池中混合液的固液分离效果，目前采用以下几种方法脱气。

① 真空脱气，由消化池排出的混合液经真空脱气器（真空度为 0.005MPa），将污泥絮体上的气泡除去，改善污泥的沉淀性能。

② 热交换器急冷法，将从消化池排出的混合液进行急速冷却，如中温消化液 35℃ 冷到 15～25℃，可以控制污泥继续产气，使厌氧污泥有效地沉淀。

③ 絮凝沉淀，向混合液中投加絮凝剂，使污泥易凝聚成大颗粒，加速沉降。

④ 用超滤器代替沉淀池，以改善固液分离效果。

图 6-15 是设真空脱气器和热交换器的厌氧接触法工艺流程。

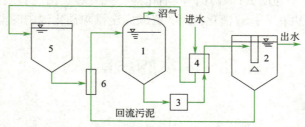

图 6-15　设真空脱气器和热交换器的厌氧接触法工艺流程
1—消化池；2—沉淀池；3—真空脱气器；4—热交换器；5—调节池；6—水射器

此外，为保证沉淀池分离效果，在设计时，沉淀池内表面负荷比一般污水沉淀池表面负荷应小，一般不大于 1m/h，混合液在沉淀池内停留时间比一般污水沉降时间要长，可采用 4h。

6.3.1.4 厌氧接触法在废水处理中的应用

（1）酒精厂废水处理　某酒精厂采用厌氧接触法处理酒精废水。2 座厌氧消化池的容积为 20m³，用水泵水射器回流消化液搅拌。原废水 COD 浓度为 5000～5400mg/L，BOD_5 浓度为 26000～34000mg/L。反应温度采用 53～55℃，反应器内污泥浓度为 20%～30%。COD 容积负荷为 9.11～11.7kgCOD/（m³·d），COD 去除率为 80%，BOD_5 去除率为 87%，水力停留时间为 4～4.5d。

（2）国外某屠宰厂废水处理　该厂废水处理工艺流程，如图6-16所示。

图6-16　某屠宰厂废水处理工艺流程

各处理单元运行参数如下：
① 调节池　水力停留时间24h；
② 厌氧反应器　容积负荷2.5kg BOD_5/($m^3 \cdot d$)，水力停留时间12~13h，反应温度27~31℃，污泥浓度7000~12000mg/L，生物固体平均停留时间3.6~6d；
③ 脱气器　真空度666×10²Pa；
④ 沉淀池　水力停留时间1~2h，表面负荷14.7m^3/($m^2 \cdot h$)，回流比3∶1；
⑤ 稳定塘　水深0.91~1.22m。

该处理系统对废水处理数据列举于表6-1中。

表6-1　某屠宰厂废水厌氧接触法处理数据

指标	原废水/(mg/L)	沉淀池出水/(mg/L)	稳定塘出水/(mg/L)	厌氧反应去除率/%	稳定塘去除率/%	总去除率/%
BOD_5	1381	129	26	90.6	79.8	98.1
SS	688	198	23	71.8	88.4	96.7

运行结果还表明，当BOD_5容积负荷从2.56kgBOD_5/($m^3 \cdot d$)上升到3.2kg BOD_5/($m^3 \cdot d$)时，BOD_5去除率由90.6%下降到83%，产气量由0.4m^3/kg BOD_5下降到0.29m^3/kg BOD_5。

6.3.2　厌氧滤池

6.3.2.1　厌氧生物滤池的构造

厌氧生物滤池又称厌氧固定膜反应器，是20世纪60年代末开发的新型高效厌氧处理装置，滤池呈圆柱形，池内装有填料，且整个填料浸没于水中，池顶密封。厌氧微生物附着于填料的表面生长，当污水通过填料层时，在填料表面的厌氧生物膜作用下，污水中的有机物被降解，并产生沼气，沼气从池顶部排出。滤池中的生物膜不断地进行新陈代谢，脱落的生物膜随出水流出池外，为分离被出水挟带的生物膜，一般在滤池后需设沉淀池。

填料是厌氧生物滤池的主体，其主要作用是提供微生物附着生长的表面及悬浮生长的空间。对填料的要求为：比表面积大，孔隙率高，表面粗糙生物膜易附着，对微生物细胞无抑制和毒害作用，有一定强度，且质轻、价廉、来源广。常用的滤料有碎石、卵石、焦炭和各种形式的塑料滤料。碎石、卵石填料的比表面积较小（40~50m^2/m^3），孔隙率较低（50%~60%），产生的生物膜较少，生物固体的浓度不高，有机负荷较低仅为3~6kgCOD/($m^3 \cdot d$)，此类滤池运行中容易发生堵塞现象与短流现象。塑料填料的比表面积和孔隙率都比较大，如波纹板滤料的比表面积达100~200m^2/m^3，孔隙率达80%~90%，因此，有机负荷大为提高，在中温条件下，可达 5～15kgCOD/(m³·d)，滤池在运行时不易堵塞。填料层高度，对于拳状滤料，高度以不超过 1.2m 为宜。对于塑料填料，高度以 1～6m 为宜。

厌氧生物滤池中除填料外，还有布水系统和沼气收集系统。

进水系统需考虑易于维修而又使布水均匀，且有一定的水力冲刷强度。对直径较小的厌氧滤池常用短管布水，对直径较大的厌氧滤池多用可拆卸的多孔管布水，见图 6-17。

沼气收集系统包括水封、气体流量计等。

6.3.2.2 厌氧生物滤池的类型和特点

厌氧生物滤池按其中水流方向，可分为升流式和降流式两种形式（参见图 6-18）。

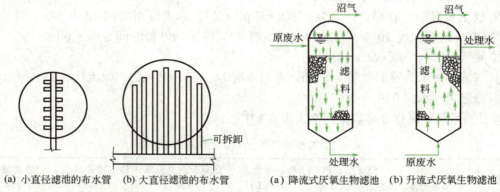

图 6-17 厌氧滤池的进水系统示意　　图 6-18 厌氧生物滤池

污水从池底进入，从池上部排出，称**升流式厌氧滤池**；污水从池上部进入，以降流的形式流过填料层，从池底部排出，称**降流式厌氧滤池**。在厌氧滤池中，厌氧微生物大部分存在生物膜中，少部分以厌氧活性污泥的形式存在于滤料的孔隙中，厌氧生物滤池内厌氧微生物的浓度随填料高度的不同，存在很大的差别。升流式厌氧生物滤池底部的微生物浓度有时是其顶部微生物浓度的几十倍，因此底部容易出现部分填料间水流通道堵塞、水流短路现象。而降流式厌氧生物滤池向下的水流有利于避免填料层的堵塞，其中微生物浓度的分布比较均匀。在处理含硫废水时，由于产生毒性的 H_2S 大部分可以从上层逸出，因此在整个反应器内，H_2S 的浓度较小，有利于克服毒性的影响。经验表明，在相同的水质条件和水力停留时间下，升流式厌氧生物滤池的污物去除率要比降流式厌氧生物滤池高，因此实际应用中的厌氧生物滤池多采用升流式。

厌氧生物滤池的特点如下：

① 由于填料为微生物附着生长提供了较大的表面积，滤池中的微生物量较高，又生物膜停留时间长，平均停留时间长达 100d 左右，因而可承受的有机容积负荷高，COD 容积负荷为 2～16kgCOD/(m³·d)；
② 耐水量和水质的冲击负荷能力强；
③ 微生物以固着生长为主，不易流失，因此不需污泥回流和搅拌设备；
④ 启动或停止运行后再启动比前述厌氧接触工艺时间短；
⑤ 适用于处理溶解性有机废水。

6.3.2.3 厌氧生物滤池运行中存在的问题及解决办法

该工艺存在的问题是：处理含悬浮物浓度高的有机污水，常发生堵塞和由此而引起的水流短路现象，影响处理效率，此类问题在升流式厌氧生物滤池中更突出。

解决的办法如下：

① 采用出水回流的措施，降低原废水悬浮固体与有机物质浓度，提高水力负荷，提高池内水流的上升速度，减少滤料空隙间的悬浮物，减轻堵塞的可能性，可使滤料层中的生物膜量趋于均匀分布，充分发挥滤池作用，提高净化功能；

② 采用适当的预处理措施，降低进水悬浮物的浓度，防止填料的堵塞；

③ 还可以将厌氧生物滤池的进水方式由升流式改为平流式，即滤池前段下部进水，后段上部溢流出水，顶部设气室，同时使用软性填料。

6.3.2.4 厌氧生物滤池的启动

启动厌氧生物滤池的步骤和注意事项如下所述。

① 选择合适的接种污泥，可用污水处理厂的消化污泥作为接种污泥，接种的体积至少为10%，如果接种污泥不含有毒抑制物，可将接种体积提高至30%～50%。

② 接种污泥在投加前与一定量的待处理废水混合后一同加入反应器停留3～5d后，系统内循环一段时间（几小时到几天），然后开始连续进液。

③ 启动初期，有机负荷应低于 $1.0 kgCOD/(m^3 \cdot d)$ [或小于 $0.1 kgCOD/(kgVSS \cdot d)$]。

④ 在启动期间，生物絮体浓度应保持在20gVSS/L以保证菌种的附着生长和防止污泥流失。

⑤ 负荷应当逐渐增加，一般当废水中可生物降解的COD去除率达到约80%时，即可适当提高负荷。如此重复进行直至达到反应器的设计能力。

⑥ 对于高浓度与有毒的废水要进行适当的稀释，并在启动过程中使稀释倍数逐渐减少。

厌氧滤池启动完成的标志是通过增殖与驯化，使生物膜和细胞聚集体达到预定的污泥浓度和活性，从而使反应器可在设计负荷下正常运行。

6.3.3 升流式厌氧污泥床反应器

6.3.3.1 升流式厌氧污泥床反应器的工作原理

升流式厌氧污泥床反应器简称UASB反应器，是由荷兰的G.Lettinga等在20世纪70年代初研制开发的。反应器内没有载体，是一种悬浮生长型的消化器。UASB主体部分由反应区、沉降区和气室三部分组成，见图6-19。在反应器的底部是浓度较高的污泥层，称污泥床，在污泥床上部是浓度较低的悬浮污泥层，通常把污泥层和悬浮层统称为反应区，在反应区上部设有气、液、固三相分离器。污水从污泥床底部进入，与污泥床中的污泥进行混合接触，微生物分解污水中的有机物产生沼气，微小沼气泡在上升过程中，不断合并逐渐形成较大的气泡。由于气泡上升产生较强烈的搅动，在污泥床上部形成悬浮污泥层。气、水、泥的混合液上升至三相分离器内，沼气气泡碰到分离器下部的反射板时，

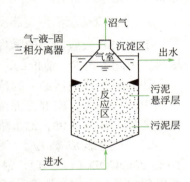

图6-19 UASB反应器示意

折向气室而被有效地分离排出；污泥和水则经孔道进入三相分离器的沉降区，在重力作用下，水和泥分离，上清液从沉降区上部排出，沉降区下部的污泥沿着斜壁返回到反应区内。在一定的水力负荷下，绝大部分污泥颗粒能保留在反应区内，使反应区具有足够的污泥量。

反应区中污泥层高度约为反应区总高度的1/3，但其污泥量约占全部污泥量的2/3以上。由于污泥层中的污泥量比悬浮层大，底物浓度高，酶的活性也高，有机物的代谢速度较快，因此，大部分有机物在污泥层被去除。据报道，UASB反应器内污泥的平均浓度可达50g/L以上，在池底污泥浓度可达100g/L。研究结果表明，污水通过污泥层已有80%以上的有机物被转化，余下的再通过污泥悬浮层处理，有机物总去除率达90%以上。虽然悬浮层去除的有机物量不大，但是其高度对混合程度、产气量和过程稳定性至关重要。因此，应保证适当悬浮层乃至反应区高度。

6.3.3.2 厌氧污泥床反应器的构造

升流式厌氧污泥床的池形有圆形、方形、矩形。小型装置常为圆柱形，底部呈锥形或圆弧形。大型装置为便于设置气、液、固三相分离器，则一般为矩形，高度一般为3～8m，其中污泥床1～2m，污泥悬浮层2～4m，多用钢结构或钢筋混凝土结构。三相分离器可由多个单元组合而成。当污水流量较小，浓度较高时，需要的沉淀面积小，沉降区的面积和池形可与反应区相同；当污水的流量较大，浓度较低时，需要的沉淀面积大，为使反应区的过流面积不致太大，可采用沉降区面积大于反应区，即反应器上部面积大于下部面积的池形。反应器主要由以下几部分组成。

（1）**三相分离器** 设置气、液、固三相分离器是升流式厌氧污泥床的重要结构特征，三相分离器由沉降区、回流缝和气室组成，它的功能是将气体（沼气）、固体（污泥）和液体（废水）等三相进行分离。三相分离器应满足以下条件：①沉降区斜壁角度约50°，使沉淀在斜底上的污泥不积聚，尽快滑回反应区内；②沉降区的表面负荷应在0.7m³/(m²·h)以下，混合液进入沉降区前，通过入流孔道（缝隙）的流速不大于2m/h；③应防止气泡进入沉降区影响沉淀；④应防止气室产生大量泡沫，并控制好气室的高度，防止浮渣堵塞出气管，保证气室出气管畅通无阻。从实践来看，气室水面上总是有一层浮渣，其厚度与水质有关。因此，在设计气室高度时，应考虑浮渣层的高度。此外还需考虑浮渣的排放。

（2）**进水配水系统** 升流式厌氧污泥床的混合是靠上升的水流和消化过程中产生的沼气泡来完成的。进水配水系统的主要功能有两个：①将进入反应器的原废水均匀地分配到反应器整个横断面，并均匀上升；②起到水力搅拌的作用。一般采用多点进水，使进水较均匀地分布在污泥床断面上。

6.3.3.3 升流式厌氧污泥床反应器的特点

① UASB反应器结构紧凑，集生物反应与沉淀于一体，勿需设置搅拌与回流设备，不装填料，因此占地少，造价低，运行管理方便。

② UASB反应器最大的特点是能在反应器内形成颗粒污泥，使反应器内的平均污泥浓度达到30～40g/L，底部污泥浓度可高达60～80g/L，颗粒污泥的粒径一般为1～2mm，相对密度为1.04～1.08，比水略重，具有较好的沉降性能和产甲烷活性。

③ 一旦形成颗粒污泥，UASB反应器即能够承受很高的容积负荷，一般为10～20kgCOD/(m³·d)，最高可达30kgCOD/(m³·d)。但如果不能形成颗粒污泥，而主要以絮状污泥为主，那么，UASB反应器的容积负荷一般不要超过5kgCOD/(m³·d)。如果

容积负荷过高，厌氧絮状污泥就会大量流失，而厌氧污泥增殖很慢，这样可能导致UASB反应器失效。

④ 处理高浓度有机废水或含硫酸盐较高的有机废水时，因沼气产量较大，一般采用封闭的UASB反应器，并考虑利用沼气的措施。处理中、低浓度有机污水时，可以采用敞开形式UASB反应器，其构造更简单，更易于施工、安装和维修。但UASB反应器也存在由于穿孔管被堵塞造成的短流现象，影响处理能力和启动时间较长的缺点。

升流式厌氧污泥床反应器不仅适于处理高、中浓度的有机污水，也适用于处理城市污水，是目前应用最多和最有发展前景的厌氧生物处理装置。同时，以UASB为基础的其他高效能反应器也在发展中，例如厌氧复合床、厌氧膨胀床和流化床等。

6.3.3.4　上流式厌氧污泥床（UASB）反应器的启动

UASB反应器的启动，同其他废水厌氧处理装置的启动一样，首先要投加一定数量的种泥，如无消化污泥，可采用二沉池排出的剩余污泥或生物膜，也可以采用人、畜粪便等，维持反应器所需的温度，可以通过投加Na_2S（投量按100mg/L来计算）来提高碱度和降低氧化还原电位，促进甲烷菌的生长。先进行间歇式运行，即每天（或几天）进水、出水一次，待正常产气，且对污水中的有机物有一定去除作用后，即可投入连续进水、出水运行，并逐步提高容积负荷率，一直达到设计负荷率为止，此后即可投入正常运行。

综上所述，污水厌氧处理装置的启动过程实质上是一个针对具体污水水质所进行的菌种的驯化、选择和增殖的过程，但UASB反应器启动的目标和成功的标志是污泥的颗粒化。因此UASB反应器的启动较其他几种形式的厌氧处理装置启动所需的时间较长，有时可长达4～6个月（但一旦启动成功，在停止运行后的再次启动可以很快完成）。下面就启动过程中的要点及注意事项介绍如下。

（1）**温度**　以中温或高温为宜。

（2）**接种污泥的质量和数量**　可以以絮状的消化池污泥或二沉池排出的剩余污泥或生物膜作为种泥。如有条件采用已培养成的颗粒污泥作为种泥，可大大地缩短培养时间，接种量至少为UASB有效容积的1/10。

（3）**废水性质**　进水浓度不宜过高，一般小于5000mg/L，当污水浓度较高时，可用低浓度污水稀释或采用出水循环的方式使反应器进水大约5000mg/L，有毒物质的浓度也不可超过生物处理所允许的最高值。

（4）**水力负荷和有机负荷**　启动时有机负荷不宜过高，一般以0.5～1.5kgCOD/（$m^3 \cdot d$）开始，并且在启动初期，一般不要求反应器的去除率、产气率等，而且该阶段要求时间较长，大约30～40d。

（5）**负荷增加的操作方法**　启动初期种泥微生物已对污水水质逐渐适应，开始增加负荷。从启动的最小负荷开始，当可生物降解的COD去除率达到80%，并稳定几天后，再逐步增大负荷，该阶段负荷的最大增加速度不能超过30%，而且当增加负荷时，出水COD浓度会有短暂的增加阶段。以上负荷增加的步骤可以重复进行直到负荷达到2.0kgCOD/（$m^3 \cdot d$），也就是说，负荷增大的步骤中可能重复8～10次。每次操作所需时间长短不一，有时可能长达两周，有时仅有几天。所以该过程较慢，当负荷达2.0kgCOD/（$m^3 \cdot d$）以上时，每次负荷可增加20%，负荷达5.0kgCOD/（$m^3 \cdot d$）后，除按前面的步骤操作外，应该开始检查反应器中污泥沿反应器高度的浓度变化。颗粒污泥可能在负荷达到5kgCOD/（$m^3 \cdot d$）前后很快形成，其后反应器的负荷可以以增加量小于 50% 的速度较快地增加,直至达到设计负荷。

(6) **挥发酸**　负荷在增加的过程中,必须监测出水中挥发酸,当出水挥发酸浓度达 1000kg/L 时,若污水中原有的或在发酵过程中产生的有机酸浓度高时,不应再提高有机容积负荷。

(7) **增加负荷的方法**　负荷的增加可以通过增大进水量或者通过降低进水稀释比的方法来进行,当水力停留时间达到大约 5d 时,开始降低稀释用水的量;当水力停留时间小于 20h 时,对于 COD 浓度小于 15g/L 的污水就不必稀释了;如果污水浓度大于 15g/L,则需要出水的循环。

(8) **污泥的流失**　在整个启动过程中,随出水带出的絮状污泥和启动完成之前随出水带出的细小颗粒污泥均不必回流。

(9) **碱度**　整个启动过程要求 pH 值在 6.5 以上,当 pH 值低于 6.5 时,可以加入 Na_2S 或碳酸钠提高其碱度。

6.3.3.5　UASB 在废水处理中的应用——某啤酒厂废水水质、水量(平均值)

① 高浓度有机废水　水量为 500m³/d,BOD=500mg/L,COD=2500mg/L,ρ(SS)=3000mg/L。
② 低浓度有机废水　水量为 3500m³/d,COD=500mg/L,BOD=250mg/L,ρ(SS)=500mg/L。

高浓度废水采用 UASB 工艺处理,出水再与低浓度有机废水混合,采用水解-好氧处理。UASB 反应器采用圆形钢结构,一座,尺寸 $\phi 8m \times 11.5m$。UASB 反应器采用中温发酵,内部具有热交换装置。运行过程中,温度、碱度、负荷等由微机进行监控,确保了反应器安全、稳定地运转。设计 COD 容积负荷 6.0kg/(m³·d),COD 去除率 85%,去除 1.0kgCOD 产生 VSS 0.082kg。UASB 内壁作防腐处理,外壁作保温层。UASB 反应器进出水质情况见表 6-2。

表 6-2　UASB 反应器进出水质情况

项目	进水水质		出水水质	
	平均	范围	平均	范围
COD/(mg/L)	2817	2320～3300	599	560～643
BOD_5/(mg/L)	1010	800～1640	389	365～407
ρ(SS)/(mg/L)	3334	634～10760	454	90～1236
pH 值	5.46	5.20～5.63	7.08	6.80～7.32

高浓度废水经厌氧处理后与低浓度废水混合。后续处理进、出水水质情况见表 6-3。由表 6-3 可以看出,混合水的水质为 ρ(SS)=457mg/L,COD=928mg/L,BOD=377mg/L。经水解、接触氧化和气浮处理以后,ρ(SS)、COD、BOD 分别降至 29.8mg/L、51.2mg/L、20.4 mg/L,各项指标全部达标。

表 6-3　后续处理进、出水水质情况

项目	进水水质		出水水质	
	平均	范围	平均	范围
COD/(mg/L)	928	540～1405	51.2	31.9～63.2
BOD_5/(mg/L)	377	179～547	20.4	11.6～28.9
ρ(SS)/(mg/L)	457	161～752	29.8	16～54
pH 值	7.63	6.94～9.39	8.03	7.89～8.13

6.3.4 厌氧复合床反应器

厌氧复合床反应器实际是将厌氧生物滤池与升流式厌氧污泥床反应器组合在一起，其示意图见图 6-20。

厌氧复合床反应器下部为污泥悬浮层，而上部则装有填料。可以看作是将升流式厌氧生物滤池的填料层厚度适当减小，在池底布水系统与填料层之间留出一定的空间，以便悬浮状态的颗粒污泥和絮状污泥能在其中生长积累，因此又构成一个 UASB 处理工艺。当污水依次通过悬浮泥层及填料层，有机物将与污泥层颗粒污泥及填料生物膜上的微生物接触并得到稳定。与厌氧生物滤池相比，减少了填料层的高度，也就减少了滤池被堵塞的可能性；与升流式厌氧污泥床相比，可不设三相分离器，使反应器构造与管理简单化。填料层既是厌氧微生物的载体，又可截留水流中的悬浮厌氧活性污泥碎片，从而能使厌氧反应器保持较高的微生物量，并使出水水质得到保证。厌氧复合床反应器中填料层高度一般为反应区总高度的 2/3，而污泥层的高度为反应区总高度的 1/3。

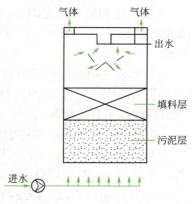

图 6-20 厌氧复合床反应器示意

厌氧复合床反应器综合了厌氧生物滤池与升流式厌氧污泥反应器的优点，克服了它们的缺点。实际应用中可以结合具体情况，将原厌氧生物滤池与升流式厌氧污泥反应器进行适当改造，即便不能提高处理效率，也可以起到便于操作管理的作用。比如在升流式厌氧污泥反应器的上部加设填料，可以不设三相分离器，使反应器构造简单化；将厌氧生物滤池下部的填料去掉一些，可以减少滤池被堵塞的可能性。

6.3.5 厌氧膨胀床和流化床

为了进一步提高污水厌氧处理的能力，现又在试验一种更新的厌氧处理工艺，称为**厌氧膨胀床**和**厌氧流化床**。其流程如图 6-21 所示。

6.3.5.1 厌氧膨胀床和厌氧流化床的工艺流程

厌氧膨胀床和流化床基本上是相同的。只是在运行过程中床内载体膨胀率不同。一般认为，当床内载体的膨胀率达到 40%～50% 以上，载体处于流化状态，称为厌氧流化床，膨胀床的膨胀率一般在 10%～30%。

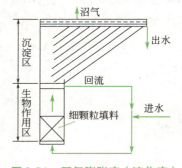

图 6-21 厌氧膨胀床（流化床）流程示意

厌氧膨胀床和流化床内装有一定量的细颗粒载体。污水以一定流速从池底部流入，使填料层处于流化状态，每个颗粒可在床层中自由运动，而床层上部保持一个清晰的泥水界面。为使填料层膨胀或流化，一般需用循环泵将部分出水回流，以提高床内水流的上升速度。为降低回流循环的动力能耗，宜取质轻、粒细的载体。常用的填充载体有石英砂、无烟煤、活性炭、聚氯乙烯颗粒、陶粒和沸石等，粒径一般为 0.2～1mm，大多在 300～500μm 之间。

6.3.5.2 厌氧流化床特点

① 载体颗粒细，比表面积大，且生物膜附着于载体表面，不会流失，使床内具有很高

的微生物浓度。一般为 30gVSS/L 左右，因此有机物容积负荷大，一般为 10～40kgCOD/(m³·d)。水力停留时间短，具有较强的耐冲击负荷能力，运行稳定。

② 载体处于膨胀和流化状态，无床层堵塞现象，对高、中、低浓度污水均有很好的处理效果。

③ 载体膨胀或流化时，污水与微生物之间接触面大，同时两者相对运动速度快，具有很好的传质条件，细菌易于与营养物接触，代谢物也较易排泄出去，从而使细菌保持较高的活性。

④ 床内生物膜停留时间较长，运行稳定，剩余污泥量少。

⑤ 结构紧凑，占地少，基建投资省。但载体的膨胀和流化过程动力消耗较大，且对系统的管理技术要求较高。

为了降低动力消耗和防止床层堵塞，可采取两种方法：

① 间歇性式运行，即以固定床与膨胀床或流化床间歇性交替操作。固定床操作时，不需回流，在一定时间间歇后，再启动回流泵，呈膨胀床或流化床运行。

② 尽可能取质轻、粒细的载体，如粒径 20～30μm，相对密度 1.05～1.2g/cm³ 的载体，保持低的回流量，甚至不用回流就可实现床层膨胀或流化。

6.3.6 厌氧生物转盘

（1）**厌氧生物转盘的构造** 厌氧生物转盘的构造与好氧生物转盘相似，不同之处在于上部加盖密封，为收集沼气和防止液面上的空间有氧存在。厌氧生物转盘由盘片、密封的反应槽、转轴及驱动装置等组成。盘片分为固定盘片（挡板）和转动盘片，相间排列，以防盘片间生物膜粘连堵塞，固定盘片一般设在起端。转动盘片串联，中心穿以转轴，轴安装在反应器两端的支架上，其构造如图 6-22 所示。废水处理靠盘片表面生物膜和悬浮在反应槽中的厌氧活性污泥共同完成。盘片转动时，作用在生物膜上的剪刀将老化的生物膜剥下，在水中呈悬浮状态，随水流出槽外。沼气则从槽顶排出。

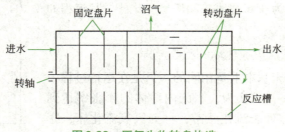

图 6-22 厌氧生物转盘构造

（2）**厌氧生物转盘的特点** 厌氧生物转盘主要有下列特点：

① 微生物浓度高，可承受高额的有机物负荷，一般在中温发酵条件下，有机物面积负荷可达 0.04kgCOD/[m³（盘片）·d] 左右，相应的 COD 去除率可达 90% 左右；

② 废水在反应器内按水平方向流动，勿需提升废水，从这个意义来说是节能的；

③ 勿需处理水回流，与厌氧膨胀床和流化床相较既节能又便于操作；

④ 可处理含悬浮固体较高的废水，不存在堵塞问题；

⑤ 由于转盘转动，不断使老化生物膜脱落，使生物膜经常保持较高的活性；

⑥ 具有承受冲击负荷的能力，处理过程稳定性较强；

⑦ 可采用多种串联，各级微生物处于最佳的条件下；
⑧ 便于运行管理。

厌氧生物转盘的主要缺点是盘片成本较高使整个装置造价很高。

6.3.7 膨胀颗粒污泥床反应器

膨胀颗粒污泥床（Expanded Granular Sludge Bed，简称 EGSB）是在 UASB 反应器的基础上发展起来的第三代厌氧反应器，与 UASB 反应器相比，增加了出水再循环部分，使反应器内的液体上升流速远远高于 UASB 反应器，反应器内颗粒污泥床处于"膨胀状态"，废水与颗粒泥的接触更充分，水力停留时间更短，大大提高了反应器的有机负荷和处理效率。

（1）EGSB 的结构和工作原理　EGSB 是对 UASB 反应器运行方式的改进，与 UASB 反应器最大的区别是反应器内的液体上升流速不同，EGSB 上流速度高达 5～10m/h，远远大于 UASB 反应器中采用的约 0.5～2.5m/h 的上流速度，使 EGSB 反应器内整个颗粒污泥床处于膨胀状态。

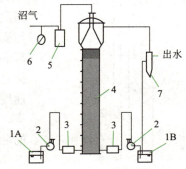

图 6-23　EGSB 反应器工艺
1(A,B)—调节池；2—水泵；3—换热器；
4—反应器；5—水封；6—气体流量计；
7—沉淀池

EGSB 的结构如图 6-23 所示分为进水配水系统、三相分离器和出水循环系统。与 UASB 反应器不同之处是 EGSB 反应器设有专门的出水循环系统。EGSB 反应器一般为圆柱状塔形，特点是具有很大的高径比，一般可高达 3～5，该反应器的有效高度可达 15～20m。三相分离器仍是 EGSB 反应器最关键的构造，其主要作用将出水、沼气和污泥三相进行有效地分离，使污泥不流失。

与 UASB 相比，由于 EGSB 反应器内的液体上升流速更大，因此必须对三相分离器进行特殊的改进。改进有以下几种方法：①增加一个可以旋转的叶片，在三相分离器底部产生一股向下水流，有利于污泥回流；②采用筛网或细格栅，可以截留细小颗粒污泥；③反应器内设置搅拌器，使气泡与颗粒污泥分离；④在出水堰处设置挡板以截留颗粒污泥。

出水循环的目的是提高反应器内的液体上升流速，使颗粒污泥床充分膨胀，废水与颗粒污泥更充分接触，加强传质效果，还可以避免反应器内的死角和短流产生。

（2）EGSB 反应器的应用　EGSB 反应器由于特殊的运行方式，使该反应器可以保持较高的有机容积负荷［10～30kgCOD/(m³·d)］和去除效率。目前，EGSB 反应器在处理低温(10℃)和低浓度（COD 小于 1000mg/L）有机废水，处理中、高浓度有机废水，处理含硫酸盐的有机废水，处理有毒性、难降解的有机废水等方面都有成功的应用。

6.3.8 内循环厌氧反应器

在 UASB 反应器中，处理低浓度有机废水（COD 为 1500～2000mg/L）时，为防止上升流速太大造成活性污泥流失，限制有机物容积负荷为 5～8kgCOD/(m³·d)，此时的 HRT 约为 4～5h；而处理高浓度有机废水（COD 为 5000～9000mg/L）时，为防止产气太多增加紊流而造成活性污泥流失，需要限制有机物容积负荷为 10～20kgCOD/(m³·d)；内循环厌氧反应器（Internal Circulation，IC）克服了这些限制成为新型高效的厌氧污泥反应器。IC 反应器在处理中低浓度有机废水时，有机物容积负荷可达 20～24kgCOD/(m³·d)，处理高浓度有机废水时，有机物容积负荷可达35～50kgCOD/（m³·d）。

（1）**IC反应器的构造特点与工作原理**　IC反应器可以看作是由两个UASB反应器串联而成的，具有很大的高径比，一般为4～8，其高度可达16～25m，外观呈塔状。其构造如图6-24所示。

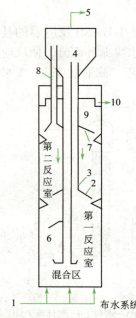

图6-24　IC反应器构造原理
1—进水；2——一级三相分离器；
3—沼气提升；4—气液分离器；
5—沼气排出管；6—回流管；
7—二级三相分离器；
8—集气管；9—沉淀区；
10—出水管

进水通过泵进入反应器底部混合区，与该区内的厌氧颗粒污泥均匀混合，废水中所含的大部分有机物在这里转化成沼气，产生的沼气被第一反应室的集气罩收集，沿着提升管上升。沼气上升的同时，把第一反应室的混合液提升至设在反应器顶部的气液分离器，被分离出的沼气由气液分离器顶部沼气排出管排出。分离出的泥水混合液将沿着回流管返回到反应器底部的混合区，并与底部的颗粒污泥和进水充分混合，实现第一反应室混合液的内部循环（IC反应器的命名由此得来）。内循环的结果是，第一反应室不仅有很高的生物量、很长的污泥龄，并具有很大的升流速度，使该室内的颗粒污泥完全达到流化状态，有很高的传质速率，使生化反应速率提高，从而大大提高第一反应室去除有机物的能力。

经过第一反应室处理过的废水，会自动地上升到第二反应室继续处理。废水中的剩余有机物可被第二反应室内的厌氧颗粒污泥进一步降解，使废水得到更好的净化，提高出水水质。产生的沼气由第二反应室的二级三相分离器收集，通过集气管进入气液分离器并通过沼气排出管排出。第二反应室的泥水混合液进入沉淀区进行固液分离，处理过的上清液由出水管排走，沉淀下来的污泥可自动返回第二反应室。这样，废水完成了在IC反应器内处理的全过程。

可以看出，IC反应器相当于上下两个UASB反应器组成的，实现内循环的提升动力来自上升的和返回的泥水混合液的密度差，不需要外加动力，使废水获得强化预处理。下面第一个UASB反应器具有很高的有机负荷率，起"粗"处理作用，上面一个UASB反应器的负荷较低，起"精"处理作用，IC反应器相当于两级UASB工艺。

（2）**IC反应器的特点**

① **具有很高的容积负荷率**　IC反应器由于存在着内循环，传质效果好，生物量大，污泥龄长，进水有机负荷率比普通的UASB反应器可高出3倍左右。处理高浓度有机废水，如土豆加工废水，当COD为10000～15000mg/L时，进水容积负荷率可达30～40kgCOD/（m³·d）。处理低浓度有机废水，如啤酒废水，当COD为2000～3000mg/L时，进水容积负荷率可达20～50kgCOD/（m³·d），HRT仅为2～3h，COD去除率可达80%。

② **沼气提升实现内循环，不必外加动力**　厌氧流化床载体的流化是通过出水回流由水泵加压实现，因此必须消耗一部分动力。而IC反应器是以自身产生的沼气作为提升的动力实现混合液的内循环，不必另设水泵实现强制循环，从而可节省能耗。

③ **抗冲击负荷能力强**　由于IC反应器实现了内循环，处理低浓度废水(如啤酒废水)时，循环流量可达进水流量的2～3倍。处理高浓度废水(如土豆加工废水)时，循环流量可达进水流量的10～20倍。因为循环流量与进水在第一反应室充分混合，使原废水中的有害物

质得到充分稀释，大大降低其有害程度，从而提高了反应器的耐冲击负荷能力。

④ **具有缓冲 pH 的能力**　内循环流量相当于第一级厌氧出水的回流量，可利用 COD 转化的碱度，对 pH 起缓冲作用，使反应器内的 pH 保持稳定。处理缺乏碱度的废水时，可减少进水的投碱量。

目前，IC 反应器在啤酒废水处理、土豆淀粉废水处理上均有成功的应用。

6.3.9　厌氧折流板反应器

厌氧折流板反应器（Anaerobic Baffled Reactor，ABR）是在第二代厌氧反应器的工艺特点和性能的基础上开发和研制的一种新型高效厌氧生物反应器。其构造如图 6-25 所示。

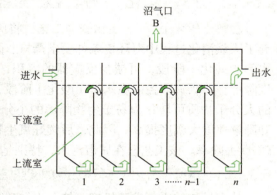

图 6-25　ABR 反应器构造示意

（1）**ABR 反应器的构造特点与工作原理**　ABR 反应器内设置了若干竖向导流板，将反应器分隔成串联的几个反应室，每个反应室都可以看作一个相对独立的上流式污泥床系统，废水进入反应器后沿导流板上下折流前进，依次通过每个反应室的污泥床，废水中的有机物通过与微生物充分的接触而得到去除。借助于废水流动和沼气上升的作用，反应室中的污泥上下运动，但是由于导流板的阻挡和污泥自身的沉降性能，污泥在水平方向的流速极其缓慢，从而大量的厌氧污泥被截留在反应室中。

在构造上 ABR 可以看作是多个 UASB 的简单串联，但在工艺上与单个 UASB 有着显著的不同。UASB 可近似地看作是一种完全混合式反应器，ABR 则由于上下折流板的阻挡和分隔作用，使水流在不同隔室中的流态成完全混合态，而在反应器的整个流程方向则表现为推流态。

ABR 工艺在反应器中设置了上下折流板而在水流方向形成依次串联的隔室，从而使微生物种群沿长度方向的不同隔室实现产酸相和产甲烷相的分离，在单个反应器中进行两相或多相运行。

（2）**ABR 反应器的特点**

① **水力条件好**　在 ABR 反应器中，由于挡板阻挡了各隔室内的返混作用，强化了各隔室内的混合作用，整个反应器内的水流形式属于推流式，而每个隔室内的水流则由于上升水流及产气的搅拌作用而表现为完全混合型的水流流态。这种整体上为推流式、局部区域为完全混合式的多个反应器串联工艺对有机物的降解速率和处理效果高于单个完全混合反应器。同时，在一定处理能力下所需要的反应器容积也较完全混合式反应器低得多。

② **良好的污泥截留能力**　ABR 反应器对污泥的截留能力主要取决于其构造特点：其一是水流绕挡板流动而使水流在反应器内的流程增加；其二是下向流室较上向流室窄使上向流室中的上升水流速度较小；其三是上向流室的进水侧挡流板的下部设置了约 45°的转角，利于截留污泥，也可缓冲水流和均匀布水。

③ **良好的处理效果和稳定运行**　由于厌氧挡板使反应器各隔室内底物浓度和组成不同，逐步形成了各隔室内不同的微生物组成。在反应器前端的隔室内，主要以水解及产酸菌为主，而在较后面的隔室内，则以产甲烷菌为主，这种微生物组成的空间变化，使优势菌群得以良

好的生长繁殖，废水中的不同的底物分别在不同的隔室被降解，因而处理效果良好且稳定。

ABR反应器自开发以来，人们进行了大量的试验和一些工业应用的研究，比如对低浓度、高浓度、含高浓度固体、含硫酸盐废水、豆制品废水、草浆黑液、柠檬酸废水、糖蜜废水、印染废水等都能够有效处理。该工艺适合多种环境条件，在10～55℃内均可稳定运行。

目前，ABR反应器在木薯酒糟废水处理、金霉素废水处理、毛巾印染废水处理等方面均有应用，取得了令人满意的效果。

6.3.10 水解（酸化）-好氧生物处理法

水解（酸化）-好氧生物处理工艺 将厌氧和好氧有机地结合起来，该工艺在厌氧段摒弃了厌氧消化过程中对环境条件要求严格、降解速度较慢的甲烷发酵阶段，使厌氧段控制在水解（酸化）阶段，可减少反应器的容积，同时省去了沼气回收利用系统，基建费用大幅度降低。将厌氧段控制在水解（酸化）阶段，经水解（酸化）后，污水中一些难以生物降解的大分子物质可转化为易于生物降解的小分子物质（如有机酸等），从而使废水的可生化性和降解速度大幅度提高。因此，后续好氧生物处理可在较短的水力停留时间内，达到较高的COD去除率。该工艺已在城市污水，特别是在工业废水处理中得到推广应用。

6.3.10.1 水解（酸化）-好氧生物处理法工艺原理及流程

从有机物的厌氧发酵机理可知，水解酸化发酵是一种不彻底的有机物厌氧发酵过程，其作用在于使结构复杂的不溶性或溶解性的高分子有机物经过水解和产酸，转化为简单的低分子有机物。根据水解酸化过程的特点，经常将水解酸化作为污水好氧生物处理的预处理。

在水解（酸化）-好氧处理工艺中，后续的好氧生物处理可采用好氧活性污泥法（如普通生污泥法、SBR、氧化沟等）、生物膜法（如生物接触氧化、生物滤池、生物转盘等）、稳定塘、土地处理等。水解（酸化）-好氧生物处理工艺的典型流程见图6-26。

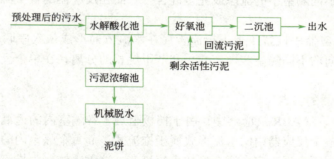

图6-26 水解（酸化）-好氧生物处理工艺流程示意图

污水经适当的预处理如除油或经粗细格栅和沉砂池后，再进入水解酸化池。污水经水解反应进入曝气池，最后经二沉池进行沉淀后，出水排至接触池，消毒后排放。二沉池部分污泥回流至曝气池，剩余污泥回流至水解酸化池。整个工艺的剩余污泥从水解酸化池排出，进行浓缩和脱水处理后再进行处置。采用水解酸化-好氧生物处理工艺，在污水处理过程中，污泥同时得到厌氧稳定处理。一般来说水解污泥的浓缩脱水性能比厌氧污泥好，这可能是因为水解污泥的pH值较低，污泥黏度小，水解污泥气体含量低。

6.3.10.2 水解（酸化）-好氧处理工艺的特点

① 水解酸化阶段的微生物多为兼性菌，种类多、生长快、对环境条件适应性强、要求

的环境条件宽松、易于管理和控制。

② 水经水解酸化过程处理后，BOD/COD 的比值有时会有所升高，尤其是污水中含有大量难降解有机物时。由于污水可生化性提高，使得后续好氧生物处理的难度减小，好氧的水力停留时间可以缩短。

③ 由于水解酸化池中的污泥浓度高，耐冲击负荷能力强，对进水负荷变化有缓冲作用，为后续的好氧生物处理创造了较为稳定的进水条件。

④ 对于城市污水，水解酸化过程可大幅度地去除废水中的悬浮物或有机物，减轻后续好氧处理工艺负担。在曝气区前设置水解酸化池，可降低曝气区的耗氧量。其耗氧量降低幅度与 F/M 有关，当 F/M 为 0.2 时，降低 36%；当 F/M 为 0.8 时，降低 20%。

⑤ 好氧段所产生的剩余污泥，必要时可回流至水解酸化段，一方面可以增加水解酸化段的污泥浓度，另一方面降低整个工艺的产泥量和提高剩余污泥的稳定性。

处理城市污水时，可用初沉池作水解酸化设施，起到一池多用的功效。

由于水解酸化-好氧处理工艺所具有的特点，使得它不仅适用于易生物降解的城市污水处理，同时也适用于难生物降解的城市污水处理，特别是一些难降解的有机工业废水的处理。

水解酸化池启动时，可以用消化池污泥接种，投加污泥量为水解池体积的 1/10，经 10~15 运行，污泥基本培养成熟。当无接种污泥时，也可以利用原污水直接启动。培养成熟的水解污泥外观呈黑色，结构密实。实践表明，只要适当控制水力停留时间，不论接种或不接种消化污泥，水解池的启动都可以在短时间内完成。

稳定运行的水解酸化池内，污泥层高度为 2.5~3.5m，其中污泥的平均浓度可达 15g/L。水解酸化池水力停留时间视污水水质而定，对城市污水，水力停留时间可取 2.5~5.0h 之间；对某些难生物降解的有机工业废水，水力停留时间可达 8~14h。水解段 COD 去除率可达 30%~50%，SS 去除率可达 80%。

6.3.10.3　水解（酸化）－好氧生物处理法在啤酒废水处理上的应用举例

某啤酒厂废水主要来自罐装工段的洗瓶机、装瓶压盖机、杀菌机用水和糖化酿造工段清洗用水。其中有机成分主要为粗蛋白质、淀粉、葡萄糖及糖类物质；阴离子合成洗涤剂（LAS）含量甚微。混合后污水的水质见表 6-4。该厂清洗水为碱性，致使混合污水呈碱性。

表6-4　啤酒废水水质

分析项目	COD/(mg/L)	BOD/(mg/L)	$\rho(SS)$/(mg/L)	$\rho(LAS)$/(mg/L)	pH值
变化范围平均值	1090~4410 1729	734~1810 882	400~796 463	0.05~0.14 0.1	7.0~12.0 9.2

采用以生化法为主体的处理工艺：水解酸化-生物接触氧化法。流程见图 6-27。

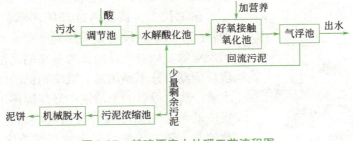

图6-27　某啤酒废水处理工艺流程图

主要设计参数：水解酸化池水力停留时间（HRT）6h；生物接触氧化池 HRT 为 6h，曝气量按水气比 1:（20～25），采用推流式池型，气浮时间 25min，溶气水回流比为 0.25。

水解酸化池的启动及处理效果。当该厂进行车间清洗时，混合污水的 pH 值会升高至 12 左右。污水首先要经调节池加酸调至 pH 值 7.5～8.5。水解酸化池的启动没有进行接种，而是靠污水中的微生物自身繁殖和积累来启动。启动阶段采用间歇培养。在开始第一、二周内，水力停留时间为 24h，在第三、四周内水力停留时间为 16h，此后连续进水。此时出水浑浊，含有大量悬浮物且沉降性能差。为了防止菌种流失，宜小水量连续进水。再经过 10d 的运行，进水水力负荷逐渐增至正常状况，此时出水逐渐清澈，出水悬浮物减少，其外观呈黑色，结构密实、颗粒较大、沉降性能好，至此污泥培养基本成熟，水解池启动完成。

废水处理效果见表 6-5。由表可知，原水 BOD/COD=0.51，经水解酸化池处理后，BOD/COD=0.72，COD、BOD 去除率分别为 39.2% 和 14.2%。水解酸化达到较好预处理效果。

表 6-5 啤酒废水处理效果

项目	COD/（mg/L）	BOD_5/（mg/L）	ρ(SS)/（mg/L）	pH值
原水	1729	882	463	9.2
水解酸化池出水	1052	757	49.3	6.4
最终出水	54.2	11.3	24.5	7.8
总去除率/%	96.9	98.7	94.7	
污水综合排放国家（GB 8978—1996）	100	30	70	6～9

结果与讨论：啤酒废水水解酸化后进行接触氧化法处理，较传统的生物氧化法曝气时间显著缩短，HRT 仅 6h，传统生物氧化法处理啤酒废水 HRT 一般大于 10h，有的甚至大于 17h。可见本工艺具有显著的节能降耗效果。

啤酒废水经水解酸化处理，BOD/COD 从原来的 0.51 提高到 0.72，废水的可生化性增加，这样可充分发挥后续好氧生物处理的作用，缩短整个工艺的总水力停留时间，提高生物处理啤酒废水的效率。水解酸化工艺对环境条件要求不高，易于操作管理。

工程实践表明，整个工艺具有投资省、运行稳定、抗冲击负荷能力强、处理效率高、出水水质好等特点，尤其是整个系统剩余污泥量少。

6.3.11 水解（酸化）-厌氧生物处理法（二段厌氧消化法）

水解（酸化）-厌氧生物处理法（二段厌氧消化法）可以参与水解酸化、产氢产乙酸和产甲烷阶段的三大类微生物群体分别处于适合各自生长的最佳环境条件中运行。

在工程上，按照所处理的污水的水质情况，水解（酸化）-厌氧两段可以采用同类型或不同类型的厌氧生物反应器。如对悬浮固体含量高的高浓度有机污水，一段反应器可选不易堵塞，效率稍低的厌氧反应装置，经水解产酸阶段后的上清液中悬浮固体浓度降低，第二段反应器可采用新型高效厌氧反应器。图 6-28 是接触消化池与上流式厌氧污泥床的两段消化工艺流程示意图。

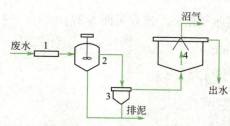

图 6-28 接触消化池-上流式厌氧污泥床两段消化工艺流程

1—热交换器；2—水解产酸；3—沉淀分离；4—产甲烷

根据水解产酸菌和产甲烷菌对底物和对环境条件的要求不同，第一段反应器可采用简易非密闭装置，在常温较宽的 pH 值范围条件下运行，第二步反应则要求严格密闭，恒温和在 pH 值 6.8～7.2 的范围。

两段厌氧法的特点是：耐冲击负荷能力强，运行稳定，避免了一段法不耐高有机酸浓度的缺陷；两阶段反应不在同一反应器中进行，互相影响小，可更好地控制工艺条件；消化效率高，尤其适于处理含悬浮物高、难消化降解的高浓度有机污水。但两段法设备较多，流程和操作复杂。

6.3.12 厌氧-好氧生物处理法

虽然厌氧生物处理的有机物去除率很高，但是厌氧系统的负荷以及进水浓度都远远高于好氧系统，厌氧出水的 COD 浓度依然很高，远远高于排放标准要求。所以在厌氧处理之后需要进一步去除残余有机物和悬浮物、病原微生物、氮和磷以及硫酸盐废水中的硫。后处理可以采用多种

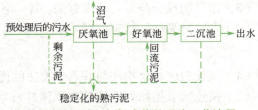

图 6-29 厌氧-好氧生物处理法工艺流程

方法，如生物法、物化法、物理法、化学法或采用若干种方法的组合，其中以好氧工艺作为后处理的主要处理系统较为常见。一般**厌氧-好氧生物处理法**工艺流程如图 6-29 所示。

水解酸化-好氧生物处理中，水解酸化是厌氧生物反应的一段，在工艺中，是作为好氧法的前处理部分，属辅助性处理设施，好氧法才是主体工艺。而厌氧-好氧生物处理工艺中，厌氧段采用的是完全的厌氧生物处理过程，可以根据工艺条件选择厌氧接触法、厌氧滤池、UASB、厌氧生物转盘等任何一种厌氧生物反应器，是工艺的主体，而好氧段则为前者的后处理设施。好氧段也可以根据需要设计成多级处理，每级处理工艺可能采用不同的好氧生物处理工艺。

一般来说，厌氧-好氧生物处理组合工艺的**优点**是：用厌氧法去除大部分难降解的有机物后，厌氧部分出水的水质较易生物降解，即好氧部分的进水水质较稳定，由此节约能源，而且所需的能量有可能从产生的沼气得到补偿。同时厌氧反应器起到一种均衡作用，它减少了好氧部分负荷的波动，因此好氧部分需氧量较稳定，也使能耗下降。厌氧产生的剩余污泥量少，且污泥浓缩、脱水性能良好。好氧法每去除 1kgCOD 将产生 0.4～0.6kg 生物量，而厌氧法去除 1kgCOD 只产生 0.02～0.1kg 生物量，因此处理相同数量的废水，其厌氧剩余污泥量只有好氧法的 5%～20%。此外，消化污泥已高度无机化，因此处理和处置简单，运行费用低，甚至可作为肥料利用。

缺点是：厌氧处理设备启动时间长，因为厌氧微生物增殖缓慢，启动时经接种、培养、驯化达到设计污泥浓度的时间比好氧生物处理长，一般需要 8～12 周。厌氧生物处理系统的操作控制较复杂。

该工艺在高浓度有机工业废水如制药废水、淀粉废水、酿酒废水等处理上得到了推广应用。

❓ 习题及思考题

1.填空题

（1）厌氧消化中中温消化最适温度为_____，高温消化的最适温度

为_____。

（2）甲烷菌的最适pH值范围为_____，pH值低于_____或pH值高于_____都会对甲烷菌产生抑制或破坏作用。

（3）厌氧消化池的搅拌方式常用的有_____、_____、_____三种。

（4）成熟的消化污泥具有_____、_____的特性。

2.判断题

（1）厌氧消化液pH值的监测较挥发酸和碱度的监测更重要。（　　）

（2）二沉池排出的生物污泥或生物膜也可以作为UASB的种泥。（　　）

（3）沼气的成分与运行状态有关。（　　）

（4）产气量高运行状态就好。（　　）

3.简答题

（1）试比较厌氧生物法与好氧生物法的优缺点。

（2）简述厌氧生物处理的基本原理。

（3）试讨论影响厌氧生物处理的因素。

（4）根据温度不同，消化可分哪几种类型？它们的区别是什么？

（5）你认为哪种厌氧反应器最有优势？为什么？

（6）厌氧处理装置的运行管理应注意哪些问题？

技能训练　厌氧消化

一、实验目的

污水处理厂中沉淀池所产生的污泥需要处理，一般多采用厌氧消化法。厌氧消化过程与好氧消化过程有明显的差别。例如，厌氧消化过程的反应速率明显低于好氧过程；有机废物降解的方式也不同，在好氧降解过程中，通常是一种类型的细菌在整个降解过程中都起作用。厌氧降解过程则分三个阶段。保持这三类细菌在数量上的平衡是非常重要的。

污泥消化的性质一般可在实验室通过实验确定，如果能够很好地模拟预期的运行条件，实验所得结果即可用于消化池的设计。

二、实验设备和材料

1. 设备

（1）厌氧消化实验设备，见图6-30，污泥消化瓶的瓶塞、出气管、投配管的接头和阀门都必须密封，以保证与空气隔绝，污泥消化瓶的容积为5L（若条件容许也可使用容量更大的瓶）；

（2）超级恒温水浴槽，±1℃；

（3）pH计；

（4）奥氏气体分析仪；

（5）万分之一分析天平；

（6）105℃烘箱、高温（650℃）电炉等测定挥发性固体所需设备。

2. 材料

（1）沉淀池的新鲜污泥；

（2）消化池的熟污泥，若没有消化池污泥，也可取化粪池底部的污泥。

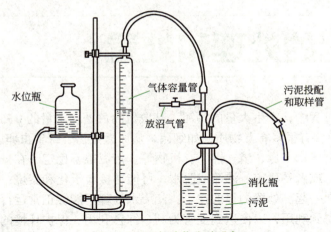

图6-30　厌氧消化实验设备

三、实验步骤

1. 测定新鲜污泥和熟污泥的挥发性固体量。

2. 取3L混合污泥，混合比1∶3，即熟污泥1份、新鲜污泥3份（按挥发性固体量之比，若条件不足，也可按污泥干质量之比）。

3. 测定混合污泥的pH值和含水率。

4. 将混合污泥装入消化瓶，再将消化瓶装入恒温水浴槽中，保持恒定的水温，例如34℃或53℃等。

5. 调整水位瓶的高低，记录气体容量管中水面的位置。

6. 每日记录气体的产量，并摇动消化瓶2次，使污泥均匀，表层不结壳。

7. 气体容量管中的水位若降得很低，可将消化气排放一部分，使水位上升，但需记录排放的气体数量。

8. 开始时每日测定泥样的pH值，以后pH值变化不大时，可酌情隔数日测定一次。

9. 培养数日后，可测定所产气体中CH_4和CO_2含量的百分数，其后每隔10d测一次。

10. 培养到基本上不再产生气体（一般约50～70d），从消化瓶中取泥样，测定其挥发性固体量、含水率及pH值。观察其颜色及臭味。

11. 可组织各实验小组分工进行对比实验，进行以下比较：（1）接种和不接种熟污泥；（2）不同消化温度；（3）采用和不采用石灰调节。

四、实验结果分析

1. 计算污泥中挥发性固体的总去除率。

2. 计算并绘制消化时间与产气量（占总量的百分比）的关系曲线。

3. 分析：（1）接种和不接种熟污泥；（2）不同消化温度；（3）调节和不调节pH值等不同运行条件对污泥厌氧消化的影响。

7 污泥的处理和处置

在废水处理的过程中，产生大量的污泥，其数量约占处理水量的 0.3%～0.5%（含水率以 97% 计）。污泥中含有很多有毒物质，如细菌、病原微生物、寄生虫卵以及重金属离子等；有用的物质如植物营养素、氮、磷、钾、有机物等。污泥很不稳定，在排入自然环境以前需要某种形式的处理：或者是稳定、浓缩或脱水，可能还接着干化和焚烧；或者是这些方法中的一种或几种组合在一起。处置的目的在于：使废水处理厂能够正常运行，有毒物质得到及时处置，有用物质得到利用，以便达到变害为利、综合利用、保护环境的目的。污泥处置的费用约占全厂运行费用的 20%～50%。所以污泥处置是废水处理工程的重要方面，必须予以充分注意。

污泥处置的一般方法与流程如图 7-1 所示。

图 7-1 污泥处置的一般方法与流程

上述流程，可按各地条件进行取舍与组合。

7.1 概述

7.1.1 污泥的分类与特性

按其所含主要成分的不同，分为污泥和沉渣。

以有机物为主要成分的称污泥。污泥的特性是有机物含量高，容易腐化发臭，颗粒较细，相对密度较小，含水率高且不易脱水，是呈胶状结构的亲水性物质，便于用管道输送。如初次沉淀池与二次沉淀池排出的污泥。

以无机物为主要成分的称沉渣，沉渣的特性是颗粒较粗，相对密度较大，含水率较低且易于脱水，但流动性较差，不易用管道输送。如沉砂池和某些工业废水处理沉淀池所排出的污泥。

本书讨论的重点是污泥。按产生的来源，污泥可分为以下三种。

① 初次沉淀污泥：来自初次沉淀池，其性质随污水的成分，特别是随混入的工业废水性质而异。

② 腐殖污泥与剩余活性污泥：来自生物膜法与活性污泥法后的二次沉淀池。前者称腐殖污泥，后者称剩余活性污泥。

③ 熟污泥：初次沉淀污泥、腐殖污泥、剩余活性污泥经消化处理后，即成为熟污泥，或

称消化污泥。

（1）**污泥含水率 p**　污泥中所含水分的质量与污泥总质量之比的百分数称为含水率。污泥含水率一般都很高，相对密度接近于1。不同污泥，含水率有很大差别。污泥的体积、质量、所含固体物浓度及含水率之间的关系，污泥体积与含水率之间的关系可表示为：

$$\frac{V_1}{V_2}=\frac{W_1}{W_2}=\frac{100-p_2}{100-p_1}=\frac{c_2}{c_1} \tag{7-1}$$

式中　V_1, W_1, c_1——污泥含水率为 p_1 时的污泥体积、质量与固体物浓度；
　　　V_2, W_2, c_2——污泥含水率为 p_2 时的污泥体积、质量与固体物浓度。

污泥的含水率从99%降低到96%时，求污泥体积。

$$V_2=V_1\times\frac{100-p_1}{100-p_2}=V_1\times\frac{100-99}{100-96}=\frac{1}{4}V_1$$

污泥体积可减少原来污泥体积的3/4。

（2）**污泥的相对密度**　污泥的相对密度等于污泥质量与同体积水质量的比值，而污泥质量等于其中含水分质量与干固体质量之和，污泥相对密度可用式（7-2）计算。

$$\gamma'_s=\frac{p+(100-p)}{p+\dfrac{(100-p)}{\gamma_s}}=\frac{100\gamma_s}{p\gamma_s+(100-p)} \tag{7-2}$$

式中　γ'_s——污泥的相对密度；
　　　p——污泥含水率，%；
　　　γ_s——污泥中固体物的平均相对密度。

干固体包括有机物（即挥发性固体）和无机物（即灰分）两种成分，其中有机物所占百分比及其相对密度分别用 p_v、γ_v 表示，无机物的相对密度用 γ_a 表示，则污泥中干固体平均相对密度 γ_s 可用下式计算：

$$\frac{100}{\gamma_s}=\frac{p_v}{\gamma_v}+\frac{100-p_v}{\gamma_a} \tag{7-3}$$

即

$$\gamma_s=\frac{100\gamma_a\gamma_v}{100\gamma_v+p_v(\gamma_a-\gamma_v)} \tag{7-4}$$

有机物相对密度一般等于1，无机物相对密度约为2.5～2.65，以2.5计，则式（7-4）可简化为：

$$\gamma_s=\frac{250}{100+1.5p_v} \tag{7-5}$$

将式（7-5）代入式（7-2）得污泥相对密度的最终计算式为：

$$\gamma=\frac{25000}{250p+(100-p)(100+1.5p_v)} \tag{7-6}$$

确定污泥相对密度和污泥中干固体相对密度，对于浓缩池的设计、污泥运输及后续处理，都有实用价值。

（3）**挥发性固体和灰分**　挥发性固体（VS）能近似代表污泥中有机物含量，又称灼烧减量，灰分则表示无机物含量，又称灼烧残渣。初次沉淀池污泥 VS 的含量约占污泥总质量的 65% 左右，活性污泥和生物膜 VS 的含量约占污泥总质量的 75% 左右。

（4）污泥的肥分　污泥含有氮、磷（P_2O_5）、钾（K_2O）和植物生长所必需的其他微量元素。污泥中的有机腐殖质，是良好的土壤改良剂。

（5）污泥的细菌组成　污泥中，含有大量细菌及各种寄生虫卵，为了防止在利用污泥的过程中传染疾病，因此必须进行寄生虫卵的检查与处理。

7.1.2　污泥量

初次沉淀污泥量可根据污水中悬浮物浓度、污水流量、沉降效率及污泥的含水率，用下式计算：

$$V = \frac{100C\eta Q}{10^3(100-p)\rho} \tag{7-7}$$

式中　V——初次沉淀污泥量，m^3/d；
　　　Q——污水流量，m^3/d；
　　　η——沉降效率，%；
　　　C——污水中悬浮物浓度，mg/L；
　　　p——污泥含水率，%；
　　　ρ——初次沉淀污泥密度以 1000（kg/m^3）计。

剩余活性污泥量取决于微生物增殖动力学及物质平衡关系。

$$\Delta X = aQc_{s0}\eta - bVc_x \tag{7-8}$$

式中　ΔX——挥发性剩余活性污泥量，kg/d。

7.1.3　污泥流动的水力特征与管道输送

污泥在厂内输送或排出厂外，都使用管道。因此，必须掌握污泥流动的水力特征。

污泥在管道中流动的情况和水流大不相同，污泥的流动阻力随其流速大小而变化。在层流状态时，污泥黏滞性大，悬浮物又易于在管道中沉降，因此污泥流动的阻力比水流大。当流速提高达到紊流时，由于污泥的黏滞性能够消除边界层产生的旋涡，使管壁的粗糙度减少，污泥流动的阻力反较水流为小。含水率越低，污泥的黏滞性越大，上述状态就越明显；含水率越高，污泥黏滞性越小，其流动状态就越接近于水流。根据污泥流动的特性，在设计输泥管道时，应采用较大的流速，使污泥处于紊流状态。

污水处理厂内部的输泥管道：重力输泥管，一般采用 0.01～0.02 的坡度；压力输泥管，建议采用表 7-1 的最小设计流速。

表7-1　压力输泥管最小设计流速

污泥含水率/%	最小设计流速/（m/s）		污泥含水率/%	最小设计流速/（m/s）	
	管径150～250mm	管径300～400mm		管径150～250mm	管径300～400mm
90	1.5	1.6	95	1.0	1.1
91	1.4	1.5	96	0.9	1.0
92	1.3	1.4	97	0.8	0.9
93	1.2	1.3	98	0.7	0.8
94	1.1	1.2			

长距离输泥管道（如输送至处理厂附近的农田、草原或投海等），可采用式（7-9）紊流公式计算。

$$h_f = 2.49 \left(\frac{L}{D^{1.17}}\right)\left(\frac{v}{C_H}\right)^{1.85} \qquad (7-9)$$

式中　h_f——输泥管道沿程压力损失，m；
　　　L——输泥管道长度，m；
　　　D——输泥管管径，m；
　　　v——污泥流速，m/s；
　　　C_H——海森-威廉（Haren-Williams）系数，其值决定于污泥浓度，见表7-2。

表7-2　污泥浓度与C_H值

污泥浓度/%	C_H值	污泥浓度/%	C_H值	污泥浓度/%	C_H值
0.0	100	4.0	61	8.5	32
2.0	81	6.0	45	10.1	25

7.2　污泥浓缩

污泥中所含水分大致分为四类：颗粒间的空隙水，约占污泥水分的70%；毛细水，污泥颗粒间的毛细管水，约占20%；颗粒的吸附水及颗粒内部水，约占10%，见图7-2。

浓缩脱水的对象是颗粒间的空隙水，浓缩是缩小污泥体积的第一道工序，这种方法简单易行，不需要消耗大量的能量。浓缩的目的在于缩小污泥的体积，减少后续处理构筑物的容积及运行费用；如进行厌氧消化，则可以缩小消化池的有效容积，减少加热和保温的费用；另外，重力浓缩法在水处理和泥处理之间达到了一个"缓冲"的效果。如进行机械脱水，则可减少混凝剂投加量与脱水设备的数量。由于剩余活性污泥的含水率（99%以上）很高，一般都应进行浓缩处理。

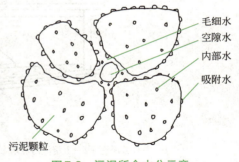

图7-2　污泥所含水分示意

浓缩的方法主要有三种，即重力浓缩法、气浮浓缩法和离心浓缩法。

7.2.1　重力浓缩法

利用污泥自身的重力将污泥间隙的液体挤出，从而使污泥的含水率降低的方法称为重力浓缩法。其处理构筑物为污泥浓缩池，一般常采用类似沉淀池的构造。如竖流式或辐流式污泥浓缩池。浓缩池可以连续运行，也可以间歇运行。前者用于大型污水处理厂，后者用于小型污水处理厂（站）。

图7-3为间歇式浓缩池，当浓缩二沉池污泥时，如停留时间过短，将达不到浓缩的目的，如停留时间过长（超过24h）污泥容易腐败变质。

停留时间一般不超过24h，常采用9～12h，浓缩池的有效容积也以此确定，池数2个

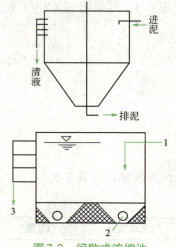

图7-3 间歇式浓缩池
1—进泥管；2—排泥管；3—上清液排放管

以上轮换操作。不设搅拌，在浓缩池不同高度设上清液排放管。当间歇式浓缩池运行时，先放掉上清液和排放浓缩污泥，然后再投入污泥。

图7-4为带刮泥机与搅拌装置的连续流浓缩池。池底坡度一般采用1/100～1/12，浓缩后污泥从池中心通过排泥管排出。刮泥机附设竖向栅条，随刮泥机转动，起搅动作用，可加快污泥浓缩过程。污泥分离液，含悬浮物200～300mg/L以上，BOD_5也较高，应回流到初沉池重新处理。

连续流污泥浓缩池污泥浓缩面积应按污泥沉淀曲线决定的固体负荷率计算。当无试验资料时，对于含水率95%～97%的初沉池污泥浓缩至含水率90%～92%，一般可采用固体负荷率为80～120kgSS/（$m^2 \cdot d$）；对于含水率为99.2%～99.6%的活性污泥浓缩至含水率97.5%左右，一般可采用固体负荷率为20～30kgSS/（$m^2 \cdot d$）。浓缩池的有效水深一般采用4.0m，当采用竖流式浓缩池时，其水深可按沉淀部分的上升流速不大于0.1mm/s进行核算。浓缩池容积应按污泥停留时间为10～16h进行核算，不宜过长。

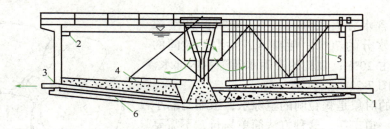

图7-4 连续流浓缩池
1—中心进泥管；2—上清液溢流堰；3—底泥排除管；4—刮泥机；5—搅动栅；6—钢筋混凝土

重力浓缩法主要用于浓缩初沉污泥及初沉污泥与剩余活性污泥或初沉污泥与腐殖污泥的混合液。

初沉池污泥的介入有利于浓缩过程。因为初沉池污泥颗粒较大，较密实，这些颗粒在沉淀过程中对下层的压缩效果较亲水的生物絮凝体要好得多。

重力浓缩法的缺点是使有机污泥产生不良的气味，气味的问题可以采用在浓缩前加石灰的办法来克服。在浓缩池内加适量的石灰不影响后续处理，在实际运行过程中新鲜污泥直接脱水或在厌氧消化池启动时常常需要投加石灰。另外，将浓缩池加盖，使密闭的池内形成负压，并将抽出的污染的气体进行处理。

7.2.2 气浮浓缩法

气浮浓缩法与重力浓缩法相反，通过压力溶气罐溶入过量空气，然后突然减压释放出大量的微小气泡，并附着在污泥颗粒周围，使其相对密度减小而强制上浮。因此气浮法适用于相对密度接近于1的活性污泥的浓缩。气浮浓缩的工艺流程（见图7-5）基本上与污水的气浮处理相同，其中加压溶气气浮是污泥浓缩最常用的方法。

污泥气浮浓缩的主要设计参数（未加化学混凝剂）如下：

固体负荷率　　　　1.8～5.0kgSS/（m²·h）
水力负荷率　　　　1～3.6m³/（m²·h）
气/固　　　　　　0.03～0.04kg 空气/kgSS
回流比　　　　　　Q_R/Q=40%～70%
加压溶气罐压力　　0.3～0.5MPa

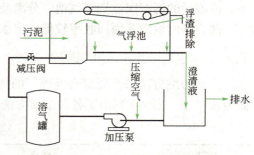

图 7-5　有回流气浮浓缩工艺流程

预先投加高分子聚合电解质时，其负荷率可提高 50%～100%，浮渣浓度可提高 1%，分离效率可提高 5%，化学混凝剂的投加量为污泥干重的 2%～3%。

气浮一般用于浓缩活性污泥，也有用于生物膜的。该方法能把含水率 98.5%～99.3% 的活性污泥浓缩到 94%～96%，其浓缩效果比重力浓缩法好；浓缩时间短；耐冲击负荷和温度的变化；污泥处于好氧环境，基本没有气味的问题。缺点是运行费用高。

7.2.3　离心浓缩法

污泥中的固体颗粒和水的密度不同，在高速旋转的离心机中，所受离心力大小不同从而使二者分离，污泥得到浓缩。被分离的污泥和水分别由不同的通道导出机外。用于污泥浓缩的离心机种类有转盘式离心机、篮式离心机和转鼓离心机等。各种离心浓缩的运行效果（所处理污泥为剩余活性污泥）见表 7-3。

表 7-3　各种离心浓缩的运行效果

离心机种类	入流污泥量/（L/s）	污泥浓缩前含固率/%	污泥浓缩后含固率/%	固体回收率/%
转盘式	9.5	0.75～1.0	5.0～5.5	90
转盘式	3.2～5.1	0.7	5.0～7.0	93～87
篮式	2.1～4.4	0.7	9.0～1.0	90～70
转鼓式	4.75～6.30	0.44～0.78	5～7	90～80
转鼓式	6.9～10.1	0.5～0.7	5～8	65 85（加少混凝剂）

离心浓缩法的优点是效率高、需时短、占地少。它能在很短的时间内就完成浓缩工作，同时离心浓缩法对于轻质污泥，也能获得较好的处理效果。此外，离心浓缩工作场所卫生条件好，这一切都使得离心浓缩法的应用越来越广泛。离心浓缩法的缺点是：①在浓缩剩余活性污泥时，为了取得好的浓缩效果，得到较高的出泥含固率（74%）和固体回收率（大于 90%），一般需添加 PFS 聚合硫酸铁、PAM 聚丙烯酰胺等助凝剂，使运行费提高；②电耗高。

另外一种常用的离心设备是离心筛网浓缩器（见图 7-6）。它是将污泥从中心分配管输入浓缩器。在筛网笼低速旋转下，隔滤污泥。浓缩污泥由底部排出，清液由筛网从出水集水室排出。

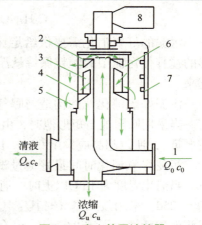

图 7-6　离心筛网浓缩器

1—中心分配管；2—进水布水器；3—排出器；
4—旋转筛网笼；5—出水集水室；
6—调节流量转向器；7—反冲洗系统；8—电动

离心筛网浓缩器可以为活性污泥法混合液的浓缩用，能减少二沉池的负荷和曝气池的体积，浓缩后的污泥回流到曝气池，分离液因固体浓度较高，应流入二沉池作沉淀处理。

离心筛网浓缩器因回收率较低，出水浑浊，不能作为单独的浓缩设备。

7.2.4 污泥浓缩方法的选择

污泥浓缩方法选择要综合处理厂的规模、占地大小、周边环境的要求、污泥性质等多方面因素考虑。表 7-4 列出了各种浓缩方法的优缺点，供选择时参考。

表 7-4 各种浓缩方法的优缺点

方法	优点	缺点
重力浓缩法	贮存污泥的能力高，操作要求不高，运行费用低（尤其是耗电少）	占地大，且会产生臭气，对于某些污泥工作不稳定，经浓缩后的污泥非常稀薄
气浮浓缩法	比重力浓缩的泥水分离效果好，所需土地面积少，臭气问题小，污泥含水率低，可使砂砾不混于浓缩污泥中，能去除油脂	运行费用较重力法高，占地比离心法多，污泥贮存能力小
离心浓缩法	占地少，处理能力高，没有或几乎没有臭气问题	要求专用的离心机，耗电大，对操作人员要求高

前文已经详细介绍了最常用、最重要的厌氧消化法，在此补充介绍污泥的好氧消化法。

污泥的好氧消化是通过长时间的曝气使污泥固体稳定，好氧消化常用于处理来自无初次沉淀池污水处理系统的剩余活性污泥。通过曝气使活性污泥进行自身氧化从而使污泥得到稳定。挥发性固体可去除约 40%～50%（一般认为，当污泥中的挥发性固体含量降低 40% 左右即可认为已达到污泥的稳定），延时曝气和氧化沟排出的剩余污泥已经好氧稳定，不必再进行厌氧或好氧消化。

参与污泥好氧消化的微生物是好氧菌和兼性菌。它们利用曝气鼓入的氧气，分解生物可降解有机物及细胞原生质，并从中获得能量。消化池内微生物处于内源呼吸期，污泥经氧化后，产生挥发性物质（CO_2，NH_3 等），使污泥量大大减少。如以 $C_5H_7NO_2$ 表示细菌细胞分子式，好氧消化反应为：

$$C_5H_7NO_2 + 5O_2 \longrightarrow 5CO_2 + NH_3 + 2H_2O$$

污泥的好氧消化需要供给足够的氧气以保证污泥中含溶解氧至少 1～2mg/L，并有足够的搅拌使污泥中的颗粒保持悬浮状态。污泥含水率大于 95% 左右，否则难于将污泥搅拌起来。

污泥好氧消化池的构造与曝气池基本相同，有曝气设备，没有加温设备，池子不必加盖。当采用圆形池与矩形池时，由于好氧消化在运行过程中泡沫现象较多（尤其在启动初期较严重），所以超高应采用 0.9～1.2m。

污泥好氧消化时间最好通过试验确定，对于生活污水污泥好氧消化的一些设计参数如下。当消化温度为 15℃ 以上时，消化时间：活性污泥需 15～20d，初沉池污泥加活性污泥需 20～25d。采用鼓风曝气时其空气用量为：活性污泥需 0.02～0.04m³/[m³（池）·min]，初沉污泥加活性污泥需 0.06m³/[m³（池）·min]。当污泥浓度大于 8g/L，池深大于 3.5m 时，曝气器应置于池底，以免搅不起污泥。采用机械曝气时其所需功率为：0.03～0.04kW/10³m³（池）。

与厌氧消化处理比较，好氧消化的主要**优点**是：①消化温度相同时，所需消化时间较短；②出水的 BOD_5 浓度较低；③无臭气；④污泥的脱水性能较好；⑤运行较方便；⑥设备费用少。

好氧消化的**缺点**是：①需要供氧，动力费用一般较高；②无沼气产生；③去除寄生虫卵和病原微生物的效果较差；④冬季低温时运行效果极差。

污泥好氧消化法一般仅适用于中小型污水厂。中国目前尚无污水厂的污泥处理采用此方法。

7.3 污泥脱水

7.3.1 污泥机械脱水的基本原理

污泥机械脱水是以过滤介质（如滤布）两面的压力差为推动力，使污泥中的水被强制地通过过滤介质，称为过滤液，而固体则被截留在介质上，称为滤饼，从而使污泥达到脱水的目的。机械脱水的推动力，可以是在过滤介质的一面形成负压（如真空过滤机），或在过滤介质的一面加压污泥把水压过过滤介质（如压滤）或造成离心力（如离心脱水）等。

机械脱水的基本过程为：过滤刚开始时，滤液仅需克服过滤介质（滤布）的阻力；当滤饼层形成后，滤液要通过不仅要克服过滤介质的阻力而且要克服滤饼的阻力，这时的过滤层包括了滤饼层与过滤介质。过滤过程如图 7-7 所示。

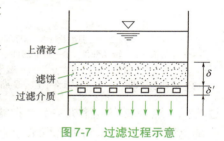

图 7-7 过滤过程示意

7.3.2 污泥脱水前的预处理

机械脱水前的预处理（也称污泥调质）的目的是改善污泥的脱水性能，提高脱水设备的生产能力。预处理的方法有化学混凝法、淘洗法、热处理法及冷冻法等，其中加药絮凝法功能可靠，设备简单，操作方便，被长期广泛采用。

化学混凝法是通过向污泥中投加混凝剂、助凝剂等使污泥凝聚和絮凝，提高污泥的脱水性能实现的。

混凝剂有两大类：一类是无机混凝剂，包括铝盐和铁盐；另一类是高分子聚合电解质，包括有机高分子聚合电解质（如聚丙烯酰胺 PAM）、无机高分子混凝剂（如聚合氯化铝 PAC）。至于调理药剂的选择、投加量的确定和药品的配制条件等要通过现场试验确定。一般情况下，无机药剂更适合于真空过滤和压滤，而有机药剂则适合于离心脱水或带式压滤。

7.3.3 机械脱水设备

（1）过滤脱水设备

① **真空过滤机** 真空过滤是目前使用较为广泛的一种污泥脱水机械方法，使用的机械是真空转鼓过滤机，也称转鼓式真空过滤机。国内使用较多的是 GP 型转鼓式真空过滤机，其构造如图 7-8 所示。其主要部件是空心转鼓 1 和下部污泥贮槽 2。

在空心转鼓 1 的表面上覆盖有过滤介质，并浸在污泥贮槽 2 内。转鼓用径向隔板分隔成许多扇形间格 3。每格有单独的连通管，管端与分配头 4 相接。分配头由两片紧靠在一起的部件：转动部件5和固定部件6组成。固定部件有缝7与真空管路13相通。孔8与压缩空气管路14相通。转动部件有一系列小孔9，每孔通过连通管与各扇形间格相连。转鼓旋转时，由于真空的作用，将污泥吸附在过滤介质上，液体通过过滤介质沿管13流到气水分离罐。吸附在转鼓上的滤饼转出污泥槽的污泥面后，若扇形间格的连通管在固定部件的缝7范围内，则处于滤饼形成区与吸干区11，继续吸干水分。当管孔9与固定部件的孔8相通时，便进入反吹区10，与压缩空气相通，滤饼被反吹松动，并行剥落。剥落的滤饼用皮带输送器12运走。

转鼓每旋转一周，依次经过滤饼形成区、吸干区、反吹区和休止区。

转鼓真空过滤机脱水的工艺流程见图7-9。GP型转鼓真空过滤机的缺点是滤布紧包在转鼓上，再生与清洗不充分，容易堵塞。滤饼的卸除采用刮刀，滤饼不能太薄，至少要3～6mm。图7-10所示为链带式转鼓真空

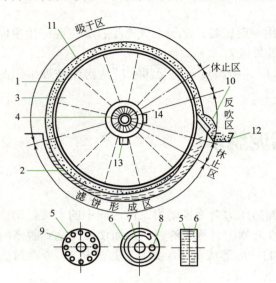

图7-8　转鼓式真空过滤机
1—空心转鼓；2—污泥贮槽；3—扇形间格；
4—分配头；5—转动部件；6—固定部件；7—缝；
8—孔；9—管孔；10—反吹区；11—吸干区；
12—皮带输送器；13—真空管路；14—压缩空气管路

过滤机。这种真空过滤机主要是把滤布从转鼓上引申过来，通过冲洗槽进行清洗，这样就可以避免滤布堵塞。滤饼的卸除靠小直径的排除辊的曲率变化，易于剥离，滤饼厚度1～2mm时也可排出，这样就可减少混凝剂的用量。

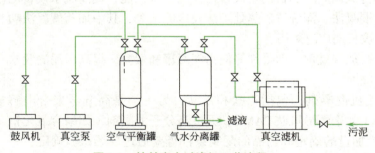

图7-9　转鼓真空过滤机工艺流程

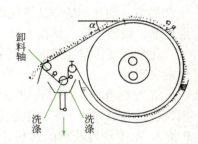

图7-10　链带式转鼓真空过滤机

真空过滤的主要影响因素有工艺和机械两方面。

工艺方面。a.污泥种类对过滤性能影响最大。原污泥的干固体浓度高，过滤产率也高，两者成正比。但污泥干固体浓度最好不要超过8%～10%，否则流动性差，输送困难，不适合处理很亲水的胶体污泥。b.真空过滤预处理过程所采用的药剂多为无机药剂。对有机污泥，铁盐和石灰结合使用；对无机污泥，主要是石灰，聚合电解质则很少采用。c.污泥在真空过滤前的预处理及存放时间，应该尽量短。贮存时间越长，脱水性能也越差。一般采用10～30min。

真空过滤机目前主要用于初次沉淀污泥和消化污泥的脱水。其特点是能够连续操作，运行平稳，可以自动控制。缺点是过滤介质紧包在转鼓上，再生与清洗不充分，容易堵塞，影

响生产效率，附属设备多，工序复杂，运行费用高。

机械方面。a. 真空度是真空过滤的推动力，直接关系到过滤产率及运行费用，影响比较复杂。一般说来真空度越高，滤饼厚度越大，含水率越低。但由于滤饼加厚、过滤阻力增加，又不利于过滤脱水。真空度提高到一定值后，过滤速度的提高并不明显，特别是对压缩性的污泥更是如此。另外真空度过高，滤布容易被堵塞与损坏，动力消耗与运行费用增加。根据污泥的性质，真空度一般在 5.32～7.98kPa 之间比较合适。其中滤饼形成区约 5.32～7.98kPa，吸干区约 6.65～7.98kPa。b. 转鼓浸深和转速影响滤饼含水率，浸得深，滤饼形成区吸干区的范围广，滤饼形成区时间在整个过滤周期中占的比率大，过滤产率高，但滤饼含水率也高；浸得浅，转鼓与污泥槽内的污泥接触时间短，滤饼较薄，含水率也比较低。一般转鼓浸在水面下的转筒部分约为全部面积的 15%～40%，平均为 25%，以此来计算转鼓的浸没深度。c. 转速快，周期短，滤饼含水率高，过滤产率也高，滤布磨损加剧，转速慢，滤饼含水率低，产率也低。因此转速过快或过慢都不好，转鼓转速主要取决于污泥性质、脱水要求以及转鼓直径。一般转筒的转速约为 1r/min。线速度约为 1.5～5m/min。d. 滤布孔目的选择决定于污泥颗粒的大小及性质。网眼太小，容易堵塞，阻力大，固体回收率高，产率低；网眼过大，阻力小，固体回收率低，滤液浑浊。滤布目前常用合成纤维如锦纶、涤纶、尼龙等制成。为防止堵塞，也有用单独外部清洗的双层金属盘簧代替滤布，但这种材料网眼太大，产生的滤液太浓。

城市污水厂污泥，当采用真空过滤机时，其过滤能力可参考表 7-5。

表 7-5 真空过滤混凝剂用量及过滤能力

污泥	处理药剂（以干泥计）/%		过滤能力（以干泥计）/[kg/(m³·h)]	滤渣含水率/%
	CaO	$FeCl_3$		
生污泥 　初次沉淀	10	3	25	68
初沉+生物过滤	12	3	20	72
初沉+化学处理（$FeCl_3$）	12	3	20	72
初沉+活性污泥	0	6	20	78
化学处理（$FeCl_3$）	10	5	10	80
化学处理（CaO+$FeCl_3$）	8	3	30	66
活性污泥	0	6	12.5	80
熟污泥 　初沉	10 或 0	2 6	30 30	68 72
初沉+生物过滤	12 或 0	2 7	30 30	70 74
初沉+化学处理（$FeCl_3$）	10 或 0	2 7	30 30	68 72
初沉+活性污泥	0	8	12.5	78
化学处理（$FeCl_3$）	12 或 0	2 7	20 20	70 74
化学处理（CaO+$FeCl_3$）	10 或 0	2 6	30 30	68 72
活性污泥	0	10	12.5	80
混合污泥 　初沉熟污泥+生活性污泥	0	6	22.5	75

② **板框压滤机** 压滤脱水使用的机械叫板框压滤机,板框压滤机的基本构造如图7-11所示,由滤板和滤框相间排列而成,见图7-12。在滤板的两面覆有滤布,见图7-13,滤框是接纳污泥的部件。滤板的两侧面覆上凸条和凹槽相间,凸条承托滤布,凹槽接纳滤液。凹槽与水平方向的底槽相连,把滤液引向出口。滤布目前多采用合成纤维织布,有多种规格。

在过滤时,先将滤框和滤板相间放在压滤机上,并在它们之间放置滤布,然后开动电机,通过压滤机上的压紧装置,把板、框、布压紧,这样,在板与板之间构成压滤室。在板与框的上端相同部位开有小孔。压紧后,各孔连成一条通道,待脱水的污泥经加压后由通道进入压滤室。滤液在压力作用下,通过滤布背面的凹槽收集,并由经过各块板的通道排走,达到脱水的目的,排出的水回到初沉池进行处理。

压滤机可分为人工板框压滤机与自动板框压滤机两种。

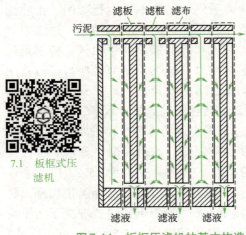

图7-11 板框压滤机的基本构造

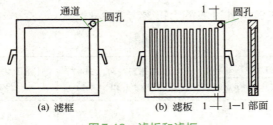

图7-12 滤板和滤框

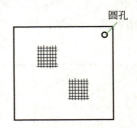

图7-13 滤布

人工板框压滤机,需一块一块地卸下,剥离泥饼并清洗滤布后,再逐块装上,劳动强度大、效率低。自动板框压滤机,上述过程都是自动的,效率较高,劳动强度低,是一种有前途的脱水机械。自动板框压滤机有水平式与垂直式两种,见图7-14。

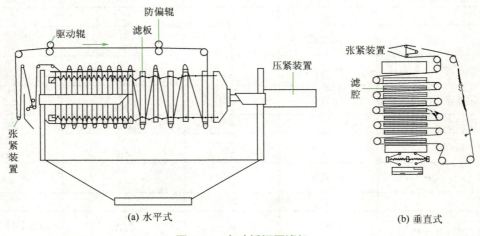

图7-14 自动板框压滤机

板框压滤机的过滤能力与污泥性质、泥饼厚度、过滤压力、过滤时间和滤布的种类等因素有关。

处理城市污水厂污泥时，过滤能力一般为 2～10kg 干泥/（m²·h）。当消化污泥投加 4%～7% $FeCl_3$，11%～22.5% CaO 时，过滤能力一般为 2～4kg 干泥/（m²·h）。过滤周期一般只需 1.5～4h。

滤布选择得是否适当对压力过滤装置的运行有显著的影响。在某些情况下，滤布不是直接装在板上，而是加在较粗的底层滤布上，以改善整个过滤表面的压力分配，便于排除滤液，并保证洗涤滤布有较高的效率。

板框压滤机几乎可以处理各种性质的污泥，对预处理的混凝剂以简单无机的无机絮凝剂为主，而且对其质量要求亦不高。由于它使用了较高的压力和较长的加压时间，脱水效果比真空滤机和离心机好，压滤过的污泥含水率可降至 50%～70%。

缺点是：不能连续运行，操作麻烦，产率低。

③ **带式压滤机** 滚压脱水使用的机械是带式压滤机，其构造如图 7-15 所示，滚压带式过滤机由滚压轴及滤布带组成。带式压滤机的特点是：把压力施加在滤布上，用滤布的压力或张力使污泥脱水，而不需要真空或加压设备。污泥先经过浓缩段（主要依靠重力过滤），使污泥失去流动性，以免在压榨段被挤出滤布，时间约 10～20s，然后进入压榨段压榨脱水，压榨时间 1～5min。

滚压的方式有两种：一种是滚压轴上下相对，压榨的时间几乎是瞬时，但压力大，见图 7-15（a）；另一种是滚压轴上下错开，见图 7-15（b），依靠滚压轴施于滤布的张力压榨污泥，因此压榨的压力受滤布的张力限制，压力较小，压榨时间较长，但在滚压的过程中，滤饼的弯曲度的交替改变（或者说泥饼的变形），对污泥有一种剪切力的作用，可促进泥饼的脱水。

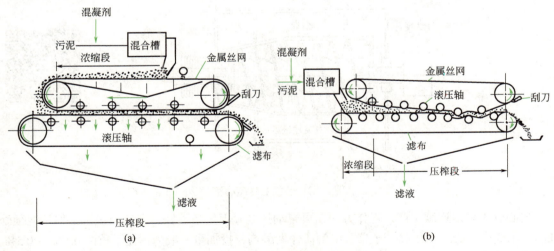

图 7-15 带式压滤机构造

带式压滤机的成功开发是滤带的开发和合成有机高分子絮凝剂发展的结果，带式压滤机的滤带是以高黏度聚酯切片生产的高强度低弹性单丝原料，经过纺织、热定型、接头加工而成。它具有拉伸强度大、耐折性好、耐酸碱、耐高温、滤水性好、质量轻等优点。预处理用药剂效果最好的是高分子有机絮凝剂聚丙烯酰胺。就城市污水厂污泥的调理，采用阳离子型聚丙烯酰胺效果最好，也可以采用石灰和阴离子聚丙烯酰胺或无机混凝剂和聚丙烯酰胺联合使用。无机混凝剂很少被单独使用，只有污泥中含有很多纤维物质时才采用。

对于初沉池的生污泥（含水率90%～95%），有机高分子絮凝剂的投量为污泥干重的0.09%～0.2%，生产能力为250～400kg 干泥/(m·h)，泥饼含水率为65%～75%；初沉污泥与二沉活性污泥混合生污泥（含水率92%～96.5%），有机高分子絮凝剂的投量为污泥干重的0.15%～0.5%，其生产能力为130～300kg 干泥/(m·h)，泥饼含水率为70%～80%。

另外，滤带行走速度（带速）和压榨压力都会影响带式压滤机的生产能力和泥饼的含水率。对不同的污泥有不同的最佳带速，带速过快，则压榨时间短，滤饼含水率高，带速过慢，又会降低滤饼产率。因此，必须选择合适的速度，带速一般为1～2.5m/min。压榨压力直接影响滤饼的含水率，在实际运行中，为了与污泥的流动性相适应，压榨段的压力是逐渐增大的。特别是在压榨开始时，如压力过大，污泥就要被挤出，同时滤饼变薄，剥离也困难；如压力过小，滤饼的含水率会增加。

带式压滤机不能用于处理含油污泥，因为含油污泥使滤布有"防水"作用，而且容易使滤饼从设备侧面被挤出。

（2）**污泥的离心脱水设备** 离心脱水设备主要是离心机，离心机的种类很多，适用于污泥脱水的一般为卧式螺旋卸料离心脱水机。离心机是根据泥粒与水的相对密度不同而进行分离脱水。常速离心机是污泥脱水常用的设备，其转筒转速约为1000～2000r/min。近年来，对于活性污泥，也有认为采用较高转速（5000～6000r/min）的离心机更好。

卧式螺旋离心机的构造如图7-16所示。它主要由转筒、螺旋输送器及空心轴所组成。螺旋输送器与转筒由驱动装置传动，向同一个方向转动，但两者之间有一个小的速差，依靠这个速差的作用，使输送器能够缓缓地输送浓缩的泥饼。

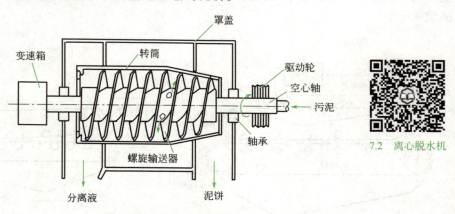

图7-16 卧式螺旋离心机

离心脱水可以连续生产，操作方便，可自动控制，卫生条件好，占地面积小，但污泥预处理的要求较高，必须使用高分子聚合电解质作絮凝剂，投加量一般为污泥干重的0.1%～0.5%。通过离心机脱水后的泥渣含水率为70%～85%。离心机动力约为1.7W/[m³（泥）·h]。

7.4 污泥干化

污泥干化方法分为自然干化法和烘干法两种。

7.4.1 自然干化法

自然干化法常采用污泥干化场（或称晒泥场），是利用天然的蒸发、渗滤、重力分离等作用，使泥水分离，达到脱水的目的，是污泥脱水中最经济的一种方法。排入污泥干化场的城市污水厂的污泥含水率，来自初沉池的为95%～97%，生物滤池后二沉池为97%，曝气池后二沉池活性污泥为99.2%～99.6%，污泥消化池消化污泥为97%。通过自然干化，污泥的含水率可降低到75%左右，污泥体积大大缩小。干化后的污泥压成饼状，可以直接运输。

(1) **污泥干化场的构造** 污泥干化场的四周筑有土围堤，中间则用围堤或木板将其分成若干块（常不小于3块）。为了便于起运污泥，每块干化场的宽度应不大于10m。围堤高度可采用0.5～1.0m，顶宽采用0.5～1.0m。围堤上设输泥槽，坡度取0.01～0.03。在输泥槽上隔一定距离设放泥口，以便往干化场上均匀分布污泥，输泥槽和放泥口一般可用木板或钢筋混凝土制成。

干化场应设人工排水层。人工排水层的填料可分为两层，层厚各为0.2m，上层用细矿渣或砂等，下层用粗矿渣、砾石或碎石。排水层下可设不透水层，宜用0.2～0.4m厚的黏土做成。在不透水层上敷设排水管，如果污泥干化场需要设置顶盖，还需要支柱和透明顶盖。若采用混凝土做成时，其厚度取0.10～0.15m，或用三七灰土夯实而成厚0.15～0.30m，应当有0.01～0.02的坡度倾向排水设施。

图7-17为污泥干化场，排水管可采用不上釉的陶土管，直径为100～150mm，为了接纳下渗的污泥水，各节管子相连处不打口，相邻两管的间距取决于土壤的排水能力，一般可采用4～10m，坡度采用0.002～0.005，排水管最小埋深为1～1.2m。收集污泥水的排水管干管，也可采用不上釉的陶土管，其坡度采用0.008。从排水管排出的污泥水，卫生情况不好，应送至污水厂再次进行处理。

(2) **干化场脱水的影响因素** 影响污泥在干化场上脱水的因素有以下两方面。

① 气候条件 由于污泥中占很大比例的水分是靠自然蒸发而干化的，因此气候条件，包括降雨量、蒸发量、相对湿度、风速及年冰冻期对干化场的脱水有很大的影响。研究证明，水分从污泥中蒸发的数量约等于从清水中直接蒸发量的75%，降雨量的57%左右要被污泥所吸收，因此，在干化场的蒸发量中必须加以考虑。由于中国幅员广大，上述有关数据不能作为定论，必须根据各地条件，加以调整或通过试验决定。

② 污泥性质 污泥性质对干化效果的影响很大。例如消化污泥在消化池中，承受着比大气压高的压力，并含有很多消化气泡，排到干化场后，压力降低，体积膨胀，气体迅速释出，把固体颗粒挟带到泥层表面，降低水的渗透阻力，提高了渗透性能。对脱水性能差的污泥，水分不易从稠密的污泥层中渗透过去，往往会形成沉淀，分离出上清液。这种污泥主要依靠蒸发进行脱水，并可在围堤或

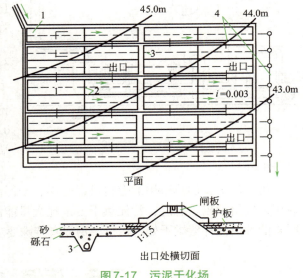

图7-17 污泥干化场
1—输泥槽；2—隔墙；3—排水管；4—排水管线

围墙的一定高度上开设撇水窗,撇除上清液,以加速脱水过程。对雨量多的地区,也可利用撇水窗,撇除污泥面上的雨水。

（3）**污泥干化场面积的确定**　干化场所需的面积随污泥性质、地区的平均降雨量及空气湿度等不同而异。一般来说,对生活污水的消化污泥而言,每 1.5～2.5 人应设置 0.84m²,当未消化的污泥不得不在干化场上干化时,则需提供比消化污泥更大的面积。一次送来的污泥集中放在一块干化场上,其所需的面积可根据一次排放的污泥量按放泥厚度 30～50cm 计算。

近年来,出现一种由沥青或混凝土浇筑,不用滤水层的干化场,这种干化场特别适用于蒸发量大的地区,其主要优点是泥饼容易铲除。

对于降雨量大或冰冻期长的地区,可在干化场上加盖。加盖后的干化场,能够提高污泥的干化效率。盖可做成活动式的,在雨季或冰冻期盖上,而在温暖季节、蒸发量大时不盖。加盖式干化场卫生条件好,但造价高,在实际工程中使用得较少。

污水干化场,占地面积大,卫生条件差,大型污水处理厂不宜采用。但污水自然干化比机械脱水经济,在一些中小型污水处理厂,尤其是气候比较干燥、有废弃土地可资利用以及环境卫生允许的地区可以采用。

7.4.2　烘干法

污泥脱水后,仍含有大量水分,其质量与体积仍较大,并仍可能继续腐化（根据污泥的性质而定）。如用加热烘干法进一步处理,则污泥含水率可降至 10% 左右,这时污泥的体积很小,包装运输也很方便。加热至 300～400℃时,可杀死残留的病原菌如寄生虫卵,用这种方法,污泥肥分损失会很少。

图 7-18 为一转筒式烘干机,又称回转炉,它由火室、干燥室、加泥室、卸料室和抽气管等组成。

火室位于加泥室的进口一侧,以便热烟气能从加泥室向卸料室移动。加泥室位于干燥室的起端,干燥室呈圆筒形,外面有轮箍,用齿轮带动干燥室转动,转动速度为 0.5～4r/min,干燥室倾斜放置,起端高,末端低。当污泥被加热时,它由始端移至末端,

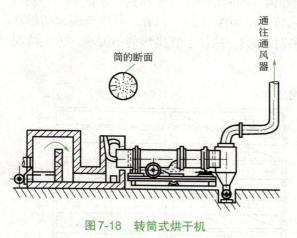

图 7-18　转筒式烘干机

最后出卸料室。

污泥烘干,加热所用的燃料可以是煤、干污泥或污泥消化过程中产生的沼气,烟气用过后用抽气机抽出。总之,污泥烘干要消耗大量能源,费用很高,只有当干污泥作为肥料、所回收的价值能补偿烘干处理运行费用或有特殊要求时,才有可能考虑此法。

7.5　污泥的最终处置

污泥经过消化、干化和脱水后,还存在最终处置问题。其方法决定于污泥的性质及当地条件。目前,在利用方面污泥主要用于作农业肥料,也可用于制作饲料。

污泥的肥分及有机物含量大致如表 7-6 所列。

表7-6 污泥的肥分

污泥种类		总氮/%	磷（P_2O_5）/%	钾/%	有机物/%	脂肪酸（以乙酸计）/(mg/L)
初次沉淀污泥		2.0	1.0～3.0	0.1～0.3	50～60	960～1200
消化污泥	初次沉淀污泥消化后腐殖污泥	1.6～3.14 2.8～3.14	0.55～0.77 1.03～1.98	0.24 0.11～0.79	25～30 50～60	240～300
活性污泥	城市污水的污泥 印染废水的污泥	3.51～7.15 5.9	3.3～4.97 1.8	0.22～0.44 0.13	50～60 50～60	

活性污泥中的维生素含量大致如表7-7所列。

表7-7 活性污泥中维生素含量　　　　　　单位：[mg/kg（干）]

种类	含量	种类	含量
维生素B_1	8.0	维生素H	1.8
维生素B_2	11.0	叶酸	2.0
维生素B_6	9.0	烟酸	120.0
维生素B_{12}	1.9		

由此可见，污泥是可以作为肥料或饲料的，但必须满足卫生要求，即不得含有致病微生物和寄生虫卵。有毒物质含量也必须在限量以内，应满足作为农业用或饲料用的有关规定。有毒物质包括有机成分（如油脂、烷基苯磺酸钠ABS及酚等）与无机成分（如重金属离子）等。

有机有毒物质会破坏土壤结构或毒害作物。无机有害物质（重金属离子）可分为两部分：一部分为水溶性的，可被作物吸收；另一部分为非水溶性的，不易被作物吸收。通常以土壤中可用0.5mol/L乙酸萃取的重金属量作为可被作物吸收的指标。微量重金属离子对于动、植物都必不可少，但高浓度重金属离子对动、植物都有毒害作用，其毒害作用表现在：①抑制动、植物生长；②使土壤贫瘠；③在动、植物体内积累与富集，造成对人、畜的潜在危险。

污泥肥料与化学肥料比较，其中氮、磷、钾含量虽较低，但有机物含量高，肥效持续时间长，可以改善土壤结构，所以以污泥作为肥料应该受到充分的重视。

污泥作为肥料，使用的方法有：①直接施用，仅适用于消化污泥；②使用干燥污泥，这种用法方便、卫生，但成本较高；③制成复合肥料，即把污泥与化学肥料混合后使用。

当污水或沉渣中含有工业原料及产品时，应尽量设法予以回收利用。如酿酒废水中的酒糟，应尽可能利用。炼钢厂轧钢车间废水中的沉渣，主要是氧化铁，其总量为轧钢质量的3%～5%，回收利用价值很高。高炉煤气洗涤水的沉渣，含铁量也较高，均可加以综合利用。给水处理厂的混凝沉淀的沉渣数量很大，主要是无机物，为了更好地解决污泥问题和节约投药费用，已有人提出了一些新的处理流程和混凝剂。其中之一是碳酸镁工艺，可以循环使用。

7.5.1 弃置法

弃置法：一是填地；二是投海。

污泥去填地前必须首先脱水，使含水率小于85%，填地必须采取相应的人工措施，图7-19是污泥堆置场示意图。

若有废地（如废矿坑、荒山沟等）可利用，亦可利用作为污泥弃置场地，进行掩埋。

把污泥用船或压力管送入海洋进行处置，是较为方便和经济的，但必须注意防止对近海水域的污染，采用此法要慎重。

7.5.2 焚烧法

当污泥含有大量的有害污染物质,如含有大量重金属或有毒有机物,不能作为农肥利用,而任意堆放或填埋均可对自然环境造成很大的危害,这时往往考虑采用焚烧法处理。污泥焚烧前凡是能够进行脱水干化的,必须首先进行污泥的脱水和干化。这样可节省所需的热量。干污泥焚烧所需的热量可以由干污泥自身所含有的热量提供,如用干污泥所含的热量供燃烧有余,尚可回收一部分热量,只有当干污泥自身所含热值不能满足自身燃烧时才要外界提供辅助燃料。

常用的污泥焚烧炉有回转焚烧炉、立式焚烧炉和流化床焚烧炉等。回转焚烧炉的构造与转筒烘干机相似,如图 7-20 所示,为常用的立式多段焚烧炉。污泥由炉子顶部(如上两层内)进一步干化,而中间部分进行焚烧,炉灰则在底层用空气冷却,焚烧产生的气体应引入气体净化器,以免大气受到污染。

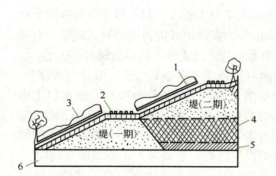

图7-19 污泥堆置场示意
1—顶部土壤;2—石子砂砾层;3—绿化带;
4—污泥;5—人工不透水层;6—下层土壤

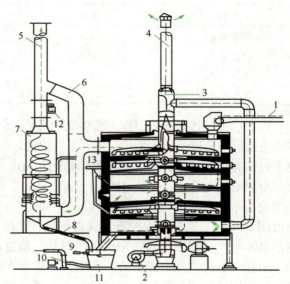

图7-20 立式多段焚烧炉
1—泥饼;2—冷却空气鼓风机;3—浮动风门;4—废冷却气;
5—清洁气体;6—无水时旁通风道;7—旋风喷射洗涤器;8—灰浆;
9—分离水;10—砂浆;11—灰桶;12—感应鼓风架;13—轻油

❓ 习题及思考题

简答题

(1) 泥是怎样分类的?有哪些性质指标?
(2) 泥流动的水力特征怎样?
(3) 什么是污泥好氧消化?与污泥厌氧消化相比有哪些缺点?
(4) 试简述污泥湿式氧化的基本原理。如何确定污泥湿式氧化所需的空气量和估计原料的发热量?
(5) 污泥浓缩和脱水有哪些方法?并指出各自优缺点。
(6) 试简述污泥的最终处置方法。
(7) 污泥的含水率从97.5%降低到95%,求污泥体积变化。

8 循环冷却水的处理

8.1 概述

8.1.1 工业冷却水循环利用的意义

工业生产中需要大量的冷却用水。例如生产1t烧碱大约需要100t的冷却水。一个年产48万吨尿素的氮肥厂，每小时冷却水用量约为2万吨。冷却水长期使用后，必然会带来金属腐蚀、结垢和微生物滋生这三种危害。循环冷却水水质处理就是使冷却水通过处理后减轻或消除这三种危害。这样做有如下好处。

（1）**稳定生产** 消除水垢附着、腐蚀穿孔和黏泥堵塞等危害，使系统中的换热器可以始终处于良好的环境中工作。除计划中检修外，意外的停产检修事故就会减少，从而在循环冷却水方面为工厂周期安全生产提供了保证。

（2）**节约水资源** 年产30万吨合成氨厂，采用直流冷却系统，用水量为23500m^3/h；如果采用循环冷却水系统，其补充水量一般只需550～880m^3/h，节约的水量就非常可观（节约用水96%～97.5%）。

（3）**减少环境污染** 循环冷却水系统可以大大减少冷却污水的排放量，仅需对排放的少量冷却污水进行处理，因此减少对环境的污染。循环排污水如做进一步的处理后，还可回收做系统的补充水用。这样的话，循环系统就形成闭路循环，它不向外界排放污水，也就不会存在污染环境的问题。

（4）**节约钢材和提高经济效益** 冷却水的循环使用为进行冷却水水质处理提供了良好的条件。通过处理可以减轻冷却水对金属设备，特别是换热器的腐蚀。例如，东北某石油化工厂的一个循环冷却水系统在未进行水质处理之前，1969～1972年共更换换热器114台，从1973年开始，该厂对循环冷却水做了水质处理，到1976年，仅更换了50台换热器，每年减少损耗56%。若每台换热器以2t用料计，则每年可节约钢材32t。如果把节约大量钢材和设备加工制造费用以及停产检修造成的经济损失，都从产品成本中扣除的话，则节约钢材和提高工厂经济效益的效果十分显著。

8.1.2 工业冷却水系统的类型

依据冷却水的流程特点，冷却水系统可分为直接冷却和循环冷却两种方式。

8.1.2.1 直接冷却水系统

在直接冷却水系统中，冷却水仅仅通过换热设备一次，用过后的水就被直接放掉，因此它的用水量很大，而排出水的温升很小，水中的各种矿物质和离子含量基本上保持不变。这种冷却水系统不需要其他冷却水构筑物，因此投资少，操作简便，但是冷却水的操作费用大，而且不符合当前节约使用水资源的要求。随着水资源的日趋紧张，直接冷却水系统已逐步被循环冷却水系统所取代。

8.1.2.2 循环冷却水系统

循环冷却水系统又分封闭式和敞开式。

（1）**封闭式循环冷却水系统** 封闭式循环冷却水系统又称为密闭式循环冷却水系统。在此系统中，冷却水用过不是马上排放掉，而是收回再用，循环不已。在循环过程中，冷却水不暴露于空气中，所以水量损失很少。水中各种矿物质和离子含量一般不发生变化，而水的再冷却是在另一台换热设备中用其他冷却介质来进行冷却的，如图8-1所示。这种系统一般用于发电机、内燃机或有特殊要求的单台换热设备。

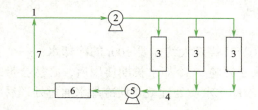

图8-1 封闭式循环冷却水系统
1—冷却水；2—冷却水泵；3—冷却工艺介质的换热器；
4—热水；5—热水泵；
6—冷却热水的冷却器；7—冷水

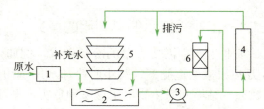

图8-2 敞开式循环冷却水系统
1—预处理；2—冷水池；3—循环水泵；
4—冷却工艺介质的换热器；
5—冷却塔；6—旁滤池

（2）**敞开式循环冷却水系统** 在敞开式循环冷却水系统中，冷却水用过后也不是立即排掉，而是收回循环再用。水的再冷却是通过冷却塔来进行的，因此冷却水在循环过程中要与空气接触，部分水在通过冷却塔时还会不断被蒸发损失掉，因而水中各种矿物质和离子含量也不断被浓缩增加。为了维持各种矿物质和离子含量稳定在某一个定值，必须对系统补充一定量的冷却水，通常称为补水，并排出一定量的浓缩水，通称排污水。为保证补充水的质量，将原水预处理后，才补充至循环系统中，其流程如图8-2所示。

这种敞开式循环冷却水系统，要损失一部分水，但与直流冷却水系统相比，可以节约大量的冷却水，允许的浓缩程度愈高，节约的水量愈可观。

因此不论从节约水资源，还是从经济和保护环境的观点出发，都应设法降低各类工厂的冷却水的用量，减少排污水量，限制使用直流冷却水系统，尽可能推广敞开式循环冷却水系统。

（3）**敞开式循环冷却水系统运行过程中要注意的问题** 敞开式循环冷却水系统如图8-2所示。冷却水由循环泵送往系统中各换热器，以冷却工艺介质，冷却水本身温度升高，变成热水，此循环水量为R的热水被送往冷却塔顶部，由布水管喷淋到塔内填料上。空气则由塔底百叶窗空隙中进入塔内，并被塔顶风扇抽吸上升，与落下的水滴和填料上的水膜相遇进行热交换，水滴和水膜则在下降过程中逐步变冷，当到达冷却水池时，水温正好下降到符合冷却水的要求。空气在塔内上升过程中则逐渐变热，最后由塔顶逸出，同时带走水蒸气，这部分的损失称为蒸发损失E。热水由塔顶向下喷溅时，由于外界风吹和风扇抽吸的影响，循环水会有一定的飞溅损失和随空气带走的雾沫夹带损失。这些损失掉的水，统称为风吹损失D。为了维持循环水中一定的离子浓度，必须不断向系统加入补充水量M和向系统外面排出一定的污水，这部分水量称为排污损失B。

通过以上叙述可知，循环水中的离子浓度与风吹水量D、补充水量M、排污损失B都是有关的。D、M、B是如何制定的，从以下讨论中可以知晓。

① 浓缩倍数　循环冷却水经过冷却塔时水分不断蒸发，而含有的盐类仍留在水中，随着蒸发过程的进行，循环水中的溶解盐类不断被浓缩，含盐量不断增加。为了将水中的含盐量维持在某一个浓度，必须排掉一部分冷却水；同时要维持循环过程中水量的平衡，就要不断地补加补充水。补充水的含盐量和经过浓缩过程的循环水的含盐量是不相同的，两者的比值 K 称为浓缩倍数，并用下式表示：

$$K = c_x / c_b \tag{8-1}$$

式中　c_x——循环水的含盐量，mg/L；
　　　c_b——补充新鲜水的含盐量，mg/L。

用来计算浓缩倍数的离子，要求它的浓度除了随着浓缩过程而增加外，不受其他外界条件的干扰，如加热、沉淀、投加药剂等，通常选用的有 Cl^-、SiO_2、K^+ 等离子或总溶解固体。经计算可以看出，当补加水量与蒸发损失的差值越小，即排污水量越小，浓缩倍数就越大，向系统补充的新鲜水量就越少。控制较高的浓缩倍数可以节约补充水量，但当浓缩倍数大于 5～6 后，节约补加水量的作用就不明显了。

提高浓缩倍数不但可以节约用水，而且也可减少随排水而流失的药剂量，因而也节约了药剂费用。敞开式循环水系统的浓缩倍数应尽量争取达到 3～5 倍，但究竟选用多大浓缩倍数应以浓缩后的水质情况为依据。如果水中有害离子氯离子或成垢钙镁离子含量过高，并有产生腐蚀和结垢的倾向，则浓缩倍数就不能提得过高，以免增加腐蚀或结垢的可能。

② 补充水量 M　水在循环过程中，除因蒸发损失和维持一定的浓缩倍数而排放掉一定的污水外，还由于空气流由塔顶逸出时，带走部分水量，以及管道渗漏而失去部分水，因此补充水量是下列各项损失之和。

a. 蒸发损失 E　冷却塔中，循环冷却水因蒸发而损失的水量 E 与气候和冷却塔的冷却幅度有关，通常以蒸发损失率 a 来表示。进入冷却塔的水量愈大，损失的 E 也就愈多，可表示如下：

$$E = a(R - B) \tag{8-2}$$

$$a = e(T_1 - T_2)\% \tag{8-3}$$

式中　a——蒸发损失率，%；
　　　R——系统循环水量，m³/h；
　　　B——系统中排污水量，m³/h；
　T_1，T_2——循环冷却水进、出口温度，℃；
　　　e——损失系数，与季节有关，夏季（25～30℃）为 0.15～0.16，冬季（-15～10℃）为 0.06～0.08，春秋季（0～10℃）为 0.10～0.12。

在实际应用中，蒸发损失 E 的粗略计算是以冷却塔进、出水温度差为 5.5℃时，E 取循环水量的 1% 来进行的。

b. 风吹损失（包括飞溅和雾沫夹带）D　风吹损失除与当地的风速有关外，还与冷却塔的形式和结构有关。一般自然通风冷却塔比机械通风冷却塔的风吹损失要大些，若塔中装有良好的收水器，其风吹损失比不装收水器的要小些。风吹损失通常以占循环水量 R 的百分率来估计，其值约为：

$$D = (0.2\% \sim 0.5\%)R \tag{8-4}$$

c. 排污损失 B　冷却水循环过程中，为了控制因蒸发损失而引起的浓缩过程，必须人为地排掉部分水量。排污损失量可由下式计算：

$$B = E/(K-1) \tag{8-5}$$

式中　K——浓缩倍数。

d. 渗漏损失 F　良好的循环冷却水系统，管道连续处、泵的进出口和水池等地方都不应该有渗漏，但是管理不善，安装不好，渗漏就不可避免，因此在考虑补充水量时，应视系统具体情况而定。故补充水为：

$$M = E + D + B + F \tag{8-6}$$

8.2　水的冷却原理与冷却构筑物

8.2.1　冷却原理

在冷却水系统中，敞开式循环使用最为普通。该系统是水在空气中降温，主要是水气之间的接触传热及水的蒸发散热。接触传热与蒸发散热在循环水降温中所占的主次地位，随外界气象条件的变化而有所不同。

空气与水之间的接触传热是在水-气界面上进行的，接触传热包括热传导和对流传热两种形式。热传导也称导热，单位面积上的热传导速度与导热面的法向温度梯度 $\partial T/\partial \delta$ 有关，还与导热介质有关。

$$q_{总} = K \frac{\partial T}{\partial \delta} \tag{8-7}$$

式中　$q_{总}$——单位面积上的导热速度，kJ/(m²·h)；

　　　$\partial T/\partial \delta$——导热面法向上的温度梯度，℃/m，其中 T 为法向上的温度，℃；δ 为法向上的厚度，m；

　　　K——热导率，因介质不同而异，W/(m·℃)。

对流传热则是流体本身由于流动把热量从一个地方带到另一个地方的传热方式。对流传热与导热的区别在于：前者是通过流体的流动与混合传热的，而后者没有这种混合。一般在冷却构筑物中主要是对流传热，但也存在导热。一般可用下式表示其总的传热效果：

$$q_{传} = a(T_{交} - T) \tag{8-8}$$

式中　$q_{传}$——单位面积上接触传热速度，W/(m²·℃)；

　　　$T_{交}$——水气交界面上的温度，℃；

　　　T——空气气流中心的温度，℃；

　　　a——接触传热系数，W/(m²·h·℃)。

水分子在常温下逸出水面，成为自由蒸汽分子的现象称为水的蒸发。逸出水面的分子从水中带走了超出水体分子平均值的动能。这样水体中余下分子的平均动能减小，在宏观上表现为水温降低。这就是循环水蒸发冷却的机理。据测试，如果有1%的水蒸发，水温约可降低6℃。

8.2.2　冷却构筑物

（1）冷却塔　敞开式循环冷却水系统中主要设备之一是冷却塔。冷却塔用来冷却换热器中排出的热水，是循环冷却水蒸发降温的关键设备。在冷却塔中，热水从塔顶向下喷溅成水滴或水膜状，空气则由下向上与水滴或水膜逆向流动，或水平方向交错流动，在气水接触过程中，进行热交换，使水温降低。

冷却塔的形式很多，根据空气进入塔内的情况分为自然通风和机械通风两大类。自然通风型最常见的风筒式冷却塔，如图8-3所示。机械通风型分为抽风式和鼓风式两种；而根据空气流动方向机械通风型也可分为横流式和逆流式。目前最常见的机械通风型冷却塔是抽风逆流式或抽风横流式，如图8-4所示。图8-3中，空气靠冷却塔筒体的高度，像烟囱一样自然拔风，将空气吸入塔内与水滴或水膜接触。图8-4中，空气由塔顶的抽风机抽吸进入塔内，空气流动速度可达到1.5～3.5m/s。

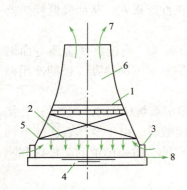

图8-3 风筒式自然通风冷却塔
1—配水系统；2—淋水系统；3—百叶窗；4—集水池；5—空气分配区；6—风筒；7—热交换器和水蒸气；8—冷水

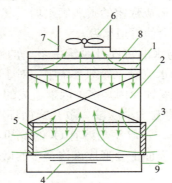

图8-4 抽风逆流式机械通风冷却塔
1—配水系统；2—淋水系统；3—百叶窗；4—集水池；5—空气分配区；6—风机；7—风筒；8—热空气和水；9—冷水

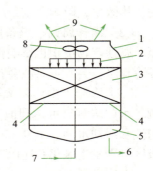

图8-5 玻璃钢冷却塔
1—玻璃钢塔体；2—淋水装置；3—填料；4—空气；5—接水盘；6—冷却水；7—热水；8—排风扇；9—热空气相水蒸气

水和空气的接触面积直接影响冷却效果，因此冷却塔内装有填料以增加接触面积。常用的填料是膜式填料，由纤维板、膜制聚苯乙烯、聚丙烯或石棉板制成，水在填料表面上以薄膜形式与空气接触。藻类、微生物等在填料上沉积，往往会使水形成水流而不形成水膜或水滴，从而降低了冷却效果。

目前市场上出售的一种玻璃钢冷却塔，如图8-5所示。其作用原理与机械通风冷却塔相似，所不同的是塔体外壳全部用玻璃钢预制成块状部件，运输到现场后再拼装而成。玻璃钢冷却塔目前已有系列化产品，其处理水量可为8～500m³/h，水温降幅为5～25℃。

（2）集水井 集水井是收集循环冷却水系统中回流热水的设施，在此通过栅栏和滤网除去粗大的碎屑等杂质后，均衡水质，并在井内沉降一部分固体悬浮杂质，然后通过输送至冷却塔顶部，进行冷却降温。

（3）旁滤池 旁滤池是进行旁滤处理的设备，在旁滤池中通过过滤处理，去除循环冷却水中的悬浮物，滤清的冷却水再回流到循环冷却水系统中。旁滤池所用的过滤介质有几种类型，但使用最广的是沙子，为了提高效率，可用无烟煤或混合的过滤介质来代替。如果水中有油污存在，旁滤池是不适用的，因为油污很快地使过滤介质堵塞。

此外，还需根据处理水量、给水量及循环水量配备相应数量的水泵和风机。

8.2.3 敞开式循环冷却水系统存在的问题

在敞开式循环冷却水系统中，冷却水不断循环使用，由于水的温度升高、水流速度的变化、水的蒸发、各种无机离子和有机物质的浓缩、冷却塔和冷水池在室外受到阳光照射、风吹雨淋、灰尘杂物的进入以及设备结构和材料等多种因素的综合作用，会产生严重的沉积物附着、设备腐蚀和菌藻微生物的大量滋生，以及由此形成的黏泥污垢堵塞管道等问题，威胁和破坏安全生产，甚至造成经济损失。因此，在采用敞开式循环冷却水系统时，必须要选择一种经济实用的循环冷却水处理方案，使上述问题得到解决或改善。

（1）水垢附着　一般天然水中都溶解有重碳酸盐，这种盐是冷却水发生水垢附着的主要成分。在敞开式循环冷却水系统中，重碳酸盐的浓度随着蒸发浓缩而增加，当浓度达到过饱和状态时，或者在经过换热器传热表面使水温升高时，会发生分解反应，生成碳酸钙沉淀。

冷却水经过冷却塔向下喷淋时，溶解在水中的游离 CO_2 逸出后，促使碳酸钙沉淀的生成。碳酸钙沉积在换热器表面，形成致密的碳酸钙水垢，其导热性能很差，从而降低换热器的传热效率，影响严重，严重时会使管道堵塞。

（2）设备腐蚀　设备腐蚀与水的特性及系统中金属的性质有关。腐蚀将使金属寿命缩短，腐蚀产物沉积也影响传热和水流量。冷却系统中，对于碳钢制成的换热器，长期使用循环冷却水，会发生腐蚀穿孔，其腐蚀原因是多种因素造成的。

（3）冷却水中溶解氧引起的电化学腐蚀　敞开式循环冷却水系统中，水与空气充分接触，水中溶解氧可达到饱和状态。当碳钢与溶有 O_2 的冷却水接触时，由于金属表面的不均匀性和冷却水的导电性，在碳钢表面上会形成许许多多的微原电池，微原电池的阳极区和阴极区分别发生氧化和还原反应。

在阳极区　　　　　　　　　$Fe \rightleftharpoons Fe^{2+} + 2e^-$

在阴极区　　　　　　　　　$\frac{1}{2}O_2 + H_2O \rightleftharpoons 2O^- - 2e^-$

在水中　　　　　　　　　　$Fe^{2+} + 2OH^- \rightleftharpoons Fe(OH)_2$

$$2Fe(OH)_2 + \frac{1}{2}O_2 + H_2O \rightleftharpoons 2Fe(OH)_3$$

这些反应，促使微原电池中的阳极区的金属不断溶解而导致腐蚀。

（4）有害离子引起的腐蚀　循环冷却水在浓缩过程中，重碳酸盐和其他盐类如氯化物、硫酸盐等也会增加。当 Cl^- 和 SO_4^{2-} 浓度增高时，金属上保护膜的保护性能降低，尤其是半径小，穿透性强，容易穿过膜层，加速阳极过程的进行，从而会加速碳钢的腐蚀；此外，还可引起不锈钢制造的换热器的应力腐蚀。循环冷却水系统中如有不锈钢制造的换热器时，一般要求有害离子的含量不超过 50～100mg/L。

（5）微生物引起的腐蚀　循环冷却水中滋生的微生物新排出的黏液与无机垢和泥砂杂物形成沉积物附着在金属表面，形成浓差电池，促使金属腐蚀。此外，还使得一些厌氧菌得以繁殖，当温度为 25～30℃时，硫酸盐还原菌繁殖更快，它分解水中的硫酸盐而产生的 H_2S，引起碳钢腐蚀。

$$SO_4^{2-} + 8H^+ + 8e^- \rightleftharpoons S^{2-} + 4H_2O + Q$$

$$Fe^{2+} + S^{2-} \rightleftharpoons FeS \downarrow$$

细菌能使 Fe^{2+} 氧化为 Fe^{3+}，并获得自身生存的能量，产生钢铁锈瘤。上述因素导致钢铁引起的腐蚀常会使换热器管壁穿孔，形成泄漏；或使工艺介质泄漏到冷却水中，损失物料，污染水体；或冷却水渗入工艺介质中，使产品质量受到影响。

（6）微生物的滋生和黏泥　冷却水中的微生物一般是指细菌和藻类。在新鲜水中，细菌和藻类一般都较少，但在循环水中，由于养分的浓缩，水温的升高和日光的照射，给细菌和藻类创造了迅速繁殖的条件。大量细菌分泌的黏液像胶黏剂一样,能使水中漂浮的灰尘杂质和化学沉淀物黏附在换热器的传热面上。这种沉淀物也常称为黏泥,也有人称之为软泥。

黏泥黏附在换热器管壁上,除了会引起腐蚀外,还会使冷却水流量减少,从而降低换热器的冷却效率。严重时,这些生物黏泥会将管子堵塞,迫使停产清洗。

8.3 循环水水质控制

8.3.1 水垢及其控制

8.3.1.1 水垢的种类和特点

天然水中溶解有各种盐类,如重碳酸盐、碳酸盐、氯化物、磷酸盐、硅酸盐等,其中以溶解的重碳酸盐最不稳定,容易分解生成碳酸盐。因此,如果使用重碳酸盐含量较高的水作为冷却水,当它通过换热器传热表面时,会受热分解。反应如下:

$$Ca(HCO_3)_2 \rightleftharpoons CaCO_3 + H_2O + CO_2$$

冷却水通过凉水塔时,相当于曝气作用,溶解在水中的 CO_2 会逸出,因此,水的 pH 值会升高,此时,重碳酸盐在碱性条件下也会发生如下反应:

$$Ca(HCO_3)_2 + 2OH^- \rightleftharpoons CaCO_3 + 2H_2O + CO_3^{2-}$$

当水中溶有大量氯化钙时,还会发生下列置换反应:

$$CaCl_2 + CO_3^{2-} \rightleftharpoons CaCO_3 + 2Cl^-$$

如水中溶有适量的磷酸盐时,也会将氯化钙转化为磷酸钙,其反应为:

$$2PO_4^{3-} + 3Ca^{2+} \rightleftharpoons Ca_3(PO_4)_2 \downarrow$$

上述一系列反应中生成的碳酸钙和磷酸钙均属微溶性盐,它们的溶解度比起氯化钙和重碳酸钙要小得多,在 20℃时,氯化钙的溶解度是 37700mg/L。在 0℃时,重碳酸钙的溶解度为 2639mg/L,而碳酸钙的溶解度只有 20mg/L,磷酸钙的溶解度就更小,是 0.1mg/L,同时它们的溶解度与一般的盐类不同,不是随着温度的升高而高,而是随着温度的升高而降低。因此,在换热器传热表面上,这些微溶性盐很容易达到过饱和状态,由水中结晶析出,当水流速度比较小或传热面比较粗糙时,这些结晶沉淀物就容易沉淀在传热表面上。

此外,水中溶解的硫酸钙、硅酸钙、硅酸镁等,当其离子浓度的乘积超过其本身的溶度积时,也会生成沉淀,沉积在传热表面上。

这些沉积物在换热器传热表面上形成了通常所说的水垢,因为这些水垢均由无机盐组成,又称之无机垢。由于这些水垢结晶致密,比较坚硬,又称之为硬垢。

大多情况下,换热器传热表面上形成的水垢是以碳酸钙为主的,这是因为硫酸钙的溶解度大于碳酸钙。在 0℃时,硫酸钙的溶解度为 1800mg/L,比碳酸钙约大 90 倍,所以碳酸钙比硫酸钙容易析出,同时,一般天然水中,溶解的磷酸盐较少。因此,除非在水中投加过量的磷酸盐,否则磷酸钙水垢出现得较少。

8.3.1.2 水垢的控制

(1)**水质稳定性的鉴别** 前面已经讨论过,冷却水如无过量的 PO_4^{3-} 或 SiO_2,则磷酸钙垢和硅酸钙垢是不容易生成的。循环冷却水最易生成的水垢是硫酸钙垢,因此在谈到水垢控制时，主要是指如何防止碳酸盐水垢的析出。

对于碳酸钙饱和溶液有下列平衡关系：

$$CaCO_3 \rightleftharpoons Ca^{2+} + CO_3^{2-} \qquad K_{sp} = [Ca^{2+}][CO_3^{2-}] \qquad (8\text{-}9)$$

$$HCO_3^- \rightleftharpoons H^+ + CO_3^{2-} \qquad K_2 = \frac{[H^+][CO_3^{2-}]}{[HCO_3^-]} \qquad (8\text{-}10)$$

式中 K_{sp}——$CaCO_3$ 的溶度积；

K_2——碳酸的二级电离常数。

将式（8-10）代入式（8-9），得：

$$K_{sp} = \frac{K_2[Ca^{2+}][HCO_3^-]}{[H^+]} \qquad (8\text{-}11)$$

因为 HCO_3^- 的浓度可看成几乎等于 $M_{碱度}$，所以式（8-11）可表示成如下形式：

$$\lg\frac{K_{sp}}{K_2} = \lg[Ca^{2+}] + \lg[M_{碱度}] + pH \qquad (8\text{-}12)$$

满足上式的 pH 值称为饱和 pH 值，记作 pH_s。式中 $M_{碱度}$ 是以甲基橙为指示剂所测定的水的总碱度。式（8-12）也常写为：

$$pH_s = pCa + pM_{碱度} + (pK_2 - pK_{sp}) \qquad (8\text{-}13)$$

Powell 等根据式（8-11）绘制了计算 pH_s 的曲线图见图 8-6。

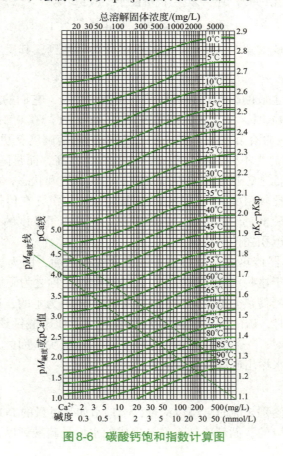

图 8-6 碳酸钙饱和指数计算图

【例 8-1】 已知某水的化学分析结果为 Ca^{2+} 浓度（以 $CaCO_3$ 计）100mg/L，$M_{碱度}$（以 $CaCO_3$ 计）200mg/L，总溶解固体 1200mg/L，水温 20℃。计算该水质的 pH 值。

解 查图 8-6，在浓度坐标上找到 40mg/L 的点，垂直向上与 pCa 线相交，由交点水平向左得 pCa = 3.0。同法由碱度坐标上找 2mmol/L 点，得对应 $pM_{碱度}$ = 2.54。在图上方的横坐标上找到总溶解固体浓度 1200mg/L 点，垂直向下与 20℃等温线相交，由交点水平向右方得 (pK_2-pK_{sp}) = 2.34。故：

$$pH_s = 3.0 + 2.54 + 2.34 = 7.88$$

用实验方法测定 pH_s，也简单易行。方法是取一定量的水样，加入一些纯净的碳酸钙粉末，振荡 5min，使水和碳酸钙充分接触而获得饱和，然后测定其 pH 值，即为该温度下的 pH_s。

在实用上常把实际冷却水的 pH 值与饱和 pH_s 之差称为饱和指数（SI）或 Langelier 指数，即：

$$SI = pH - pH_s \tag{8-14}$$

根据饱和指数来判断冷却水的结垢或腐蚀倾向，即当 SI>0 时，水中过饱和，有结垢的倾向，溶液 pH 值越高，$CaCO_3$ 越容易析出；当 SI<0 时，$CaCO_3$ 未饱和，有过量的 CO_2 存在，将会溶解原有的水垢，该系统存在腐蚀的倾向；当 SI=0 时，$CaCO_3$ 刚好达到饱和，此时系统既不结垢又不腐蚀，水质是稳定的。

用饱和指数判断 $CaCO_3$ 结晶或溶解倾向是一种经典方法。但在使用中发现按饱和指数控制是偏于保守，一般判断是应当结垢，实际上没有结垢，甚至出现腐蚀。究其原因，有以下几个方面。

① 饱和指数没有考虑系统中各处的温度差异。对于低温端是稳定的水，在高温端可能有结垢；相反在高温端是稳定的水，在低温端可能是腐蚀型的。

② 饱和指数只是判断冷却水中 Ca^{2+}、HCO_3^-、CO_3^{2-}、H^+ 等各组分达到平衡时的浓度关系，但不能判断达到或超过饱和浓度时是否一定结垢，因为结晶过程还受晶核形成条件、晶粒分散度、杂质干扰以及动力学的影响。一般晶粒愈小，溶解度愈大。对于大颗粒晶体已饱和的溶液，对于细小颗粒的晶体而言可能是未饱和的。

③ 当水中加有阻垢剂时，成垢离子被阻垢剂螯合、分散和发生晶格畸变，尽管 SI>0，也不一定结垢，因为进行水质分析时，测定的总 Ca^{2+} 中包括了游离 Ca^{2+} 和螯合的 Ca^{2+}，而只有游离 Ca^{2+} 才能结垢。

针对饱和指数判断法的不足，Ryznar 根据冷却水的实际运行资料提出稳定指数 I_R，即：

$$I_R = 2pH_s - pH \tag{8-15}$$

其判断方法是：当 I_R < 6 时，形成水垢，I_R 越小，水质越不稳定，结垢倾向越严重；当 I_R=6～7 时，水质基本稳定；当 I_R > 7.7～8.0 时，出现腐蚀，I_R 越大，腐蚀越严重。当采用聚磷酸盐处理时，I_R < 4，系统结垢，I_R 为 4.5～5，水质基本稳定。

稳定指数是一个经验指数，与饱和指数一样，也有局限性，两者指数协同使用，有助于较正确地判断冷却水的结垢与腐蚀的倾向。

（2）**水垢的控制方法** 控制水垢析出的方法，大致有以下几点。

① **从冷却水中除去成垢的钙离子**

a. **离子交换树脂法** 离子交换树脂法就是让水通过离子交换树脂,将 Ca^{2+}、Mg^{2+} 从水中置换出来并结合在树脂上,达到从水中除去 Ca^{2+}、Mg^{2+} 的目的。软化时采用的树脂是钠型阳离子交换树脂。用离子交换法软化补充水,成本较高。因此只有补充水量小的循环冷却水系统间或采用之。

b. **石灰软化法** 补充水未进入循环冷却水系统之前,在预处理时就投加适当的石灰,让水中的碳酸氢钙与石灰在澄清池中预先反应,生成碳酸钙沉淀析出,从而除去水中 Ca^{2+}。

投加石灰所耗的成本低。原水钙含量高而补水量又较大的循环冷却水系统常采用这种方法。但投加石灰时,灰尘较大,劳动条件差。如能从设计上改进石灰投加法,此法是值得采用的,尤其对暂时硬度大的结垢原水更适用。

② **加酸或通 CO_2 气体,降低 pH 值,稳定重碳酸盐。**

a. **加酸** 通常是加硫酸。因为加盐酸会带入 Cl^-,增加水的腐蚀性,加硝酸则会带入硝酸根,有利硝化细菌的繁殖。由此得碳酸盐在水中常呈下列平衡:

$$Ca(HCO_3)_2 \rightleftharpoons Ca^{2+} + 2HCO_3^-$$

$$HCO_3^- \rightleftharpoons H^+ + CO_3^{2-}$$

所以加酸带入 H^+,可使反应向左进行,使重碳酸盐稳定。加酸法目前仍有使用,由于硫酸加入后,循环水 pH 值会下降,如没有注意控制而加酸过多,则会加速设备的腐蚀。因此,如果采用加酸法,最好配有自动加酸调节 pH 值的设备和仪表。

b. **通 CO_2** 有些化肥厂在生产过程中常有多余的 CO_2 气,而有些化工厂的烟道气中也含有相当多的 CO_2 气。如果将 CO_2 气或烟道气通入水中,则促使下列平衡向左进行,从而稳定了重碳酸盐。

$$Ca(HCO_3)_2 \rightleftharpoons CaCO_3 + H_2O + CO_2 \uparrow$$

但此法常因冷却水通过冷却塔时,CO_2 气易从水中逸出,因而在冷却塔中析出碳酸钙,堵塞冷却塔中填料之间的孔隙。这种现象称钙垢转移,因此采用此法有困难。根据近年来实践的经验,只要在凉水塔中适当注意补充一些 CO_2 气,并控制好冷却水的 pH 值,就可减少或消除除钙垢转移的危害,故此法对某些化肥厂或化工厂、电厂等仍有推广使用的价值。

③ **投加阻垢剂** 从水中析出碳酸钙等水垢的过程,就是微溶性盐从溶液中结晶沉淀的一种过程。按结晶动力学观点,结晶的过程首先是生成晶核,形成少量的微晶粒,然后这种微小的晶体在溶液中由于热运动(布朗运动)不断相互碰撞,和金属器壁也不断地进行碰撞,碰撞的结果是提供晶体生长的机会,使小晶体不断变成了大晶体,也就是说形成了覆盖传热面的垢层。图 8-7 为 $CaCO_3$ 结晶过程示意图。

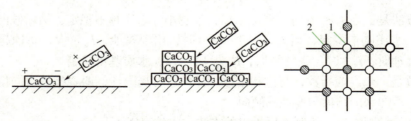

图 8-7 $CaCO_3$ 结晶过程示意
1—Ca^{2+};2—CO_3^{2-}

从 $CaCO_3$ 的结晶过程看，如能投加某些药剂，破坏其结晶增长，就可达到控制水垢形成的目的。目前使用的各种阻垢剂有聚磷酸盐、有机多元膦酸、有机磷酸酯、聚丙烯酸盐等。这些阻垢剂普遍具有阻垢效果好，化学稳定性高，无毒或低毒，容易被微生物降解，价格低廉等优点。

阻垢剂的作用机理可以分为三种类型。

一是阴离子型或非离子型的聚合物把胶体颗粒包围起来，使它们稳定在分散状态，这类药剂称为分散剂。例如磷酸盐、聚丙烯酸钠，经过它们的吸附，离解的羧酸提高了结垢物质微粒表面电荷密度，使这些微粒的排斥力增大，降低微粒的结晶速度，使晶体结构畸变而失去形成桥键的作用。如果循环水中这些聚合物的浓度足够的话，则会使结垢物质保持分散状态。

二是把金属离子变成一种螯合离子或配离子，从而抑制它们和阴离子结合产生沉淀物，这类药剂称为螯合剂或配合剂。最典型的螯合剂为 EDTA（乙二胺四乙酸二钠）。EDTA 几乎可以同任何一种金属离子形成螯合物，金属离子和 EDTA 摩尔比为 1 : 1。由于循环水中产生结垢的金属离子的浓度都很高，采用螯合剂来防止结垢的办法就需要很多的剂量，这是不经济的；但用少量的分散剂，就足以抑制 Ca^{2+} 所产生的 $CaCO_3$ 和 $CaSO_4$ 结晶颗粒的长大，防止它们黏结在金属表面上，比采用螯合剂的办法要经济很多。

三是利用高分子混凝剂的凝聚架桥作用，使胶体颗粒形成矾花，悬浮在水中。例如聚丙烯酰胺，通过架桥作用把水中的悬浮物凝聚成较大的颗粒，中和了悬浮物的表面电荷，减少了颗粒总表面积，相对密度也相应下降了，于是絮凝物仍悬浮在水中，这些分散的或悬浮在水中的颗粒，经旁流系统或排污而被除去。

8.3.2 污垢的控制

欲控制好污垢，必须做到以下几点。

（1）**降低补充水浊度** 天然水中尤其是地面水中总夹杂有许多泥砂、腐殖质以及各种悬浮物和胶体物，它们构成了水的浊度。作为循环水系统的补充水，其浊度愈低，带入系统中形成的污垢就愈少。干净的循环水不易形成污垢。当补充水浊度低于 5mg/L 以下，如城镇自来水、井水等，可以不作预处理直接进入系统。当补充水浊度高时，必须进行预处理，使其浊度降低。为此《中华人民共和国国家标准工业循环冷却水处理设计规范》中规定，循环冷却水中悬浮物浓度不宜大于 20mg/L。当换热器的形式为板式、翅片管式和螺旋板式时，不宜大于 10mg/L。

（2）**做好循环冷却水水质处理** 冷却水在循环使用过程中，如不进行水质处理，必然会产生水垢或对设备腐蚀，生成腐蚀产生。同时必然会有大量菌藻滋生，从而形成污垢。如果循环水进行了水质处理，但处理得不太好时，就会使原来形成的水垢因阻垢剂的加入而变得松软，再加上腐蚀产物和菌藻繁殖分泌的黏性物，它们就会粘在一起，形成污垢。因此，做好水质处理，是减小系统产生污垢的好方法。

（3）**投加分散剂** 在进行阻垢、防腐和杀生水质处理时，投加一定量的分散剂，也是控制污垢的好方法。分散剂能将粘在一起的泥团杂质等分散成微粒使之悬浮于水中，随着水流流动而不沉积在传热表面上，从而减少污垢对传热的影响，同时部分悬浮物还可以随着水流排出循环水系统。

（4）**增加旁滤设备** 即使在水质处理较好、补充水浊度也较低的情况下，循环水系统中的浊度仍会不断增加，从而加重污垢的形成。可在系统中增设旁流，控制旁流量和进、出旁流设备水的浊度，就可保证系统长时间运行。浊度应维持在控制的指标内，以减少污垢的生成。

冷却水的旁流处理，是指取部分循环水量进行处理后再返回系统内，以满足循环水水质的要求。按处理物质的形态，旁流处理可分为悬浮固体处理和溶解固体处理两类。但是实际上，一般是指处理循环水中的固体物质。因为从空气中带进系统的悬浮杂质以及微生物繁殖所产生的黏泥，常使循环水浊度增加，单靠排污不能解决，也不经济。如某工厂没有设置旁流处理，水的浊度常在 $(2\sim 3)\times 10^{-5}$ mg/L，影响到传热和腐蚀；后设置了旁流处理，浊度就保持在 10^{-5} mg/L 以下，微生物及黏泥量也减少了。由此可见，循环冷却水设置旁流处理是十分必要的。

循环水悬浮固体处理通常采用过滤处理。一般是在回水总管进冷却塔之前接出一支水管，这部分水经过旁滤池过滤处理后直接入冷却塔水池。

有的工厂，在冷却塔水池内增设斜管（板）来降低系统中循环冷却水的浊度，阻垢效果也较好。

8.3.3 腐蚀及其控制

冷却水处理要解决的问题之一是金属设备的腐蚀。几种常见的金属——碳钢、铜及铜合金、铝和不锈钢在冷却水中是不稳定的。

8.3.3.1 冷却水中金属腐蚀的机理及影响因素

冷却水中的金属腐蚀是一个电化学反应过程，在此过程中，金属表面与冷却水中所含的电解质或溶解氧发生电化学作用而产生破坏，反应过程中均包括阳极反应和阴极反应两个过程。工业冷却水系统中大多数的换热器是碳钢制造的，因此，以碳钢作为金属的代表，讨论金属在水中的腐蚀机理。

由于种种原因，碳钢的金属表面并不是均匀的。当它与冷却水接触时，会形成许多微小的腐蚀电池（微电池）。其中活泼的部位成为阳极，腐蚀学上把它称为阳极区；而不活泼的部位则成为阴极，腐蚀学上把它称为阴极区。

在阳极区，碳钢氧化生成亚铁离子进入水中，并在碳钢的金属基体上留下两个电子。与此同时，水中的溶解氧则在阴极区接受从阳极区流过来的两个电子，还原为 OH^-。这两个电极反应可以表示为：

在阳极区 $\qquad Fe \Longrightarrow Fe^{2+} + 2e^-$

在阴极区 $\qquad \dfrac{1}{2}O_2 + H_2O + 2e^- \Longrightarrow 2OH^-$

当亚铁离子和氢氧根离子在水中相遇时，就会生成 $Fe(OH)_2$ 沉淀。

$$Fe^{2+} + 2OH^- \Longrightarrow Fe(OH)_2 \downarrow$$

图 8-8 为碳钢在含氧中性水中腐蚀机理的示意图。

如果水中溶解氧量比较充足，则 $Fe(OH)_2$ 会进一步氧化，生成黄色的锈 $FeOOH$ 或 $Fe_2O_3 \cdot H_2O$，而不是 $Fe(OH)_3$。如果水中的氧不足，则 $Fe(OH)_2$ 进一步氧化为绿色的水合四氧化三铁或黑色的无水

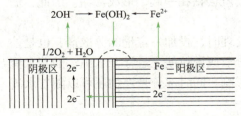

图 8-8 碳钢在含氧中性水中腐蚀机理

四氧化三铁。

由以上的金属腐蚀机理可知，造成金属腐蚀的是金属的阳极溶解反应。因此，金属的腐蚀破坏仅出现在腐蚀电池中的阳极区，而腐蚀电池的阴极区是不腐蚀的。

孤立金属腐蚀时，在金属表面上同时以相等速度进行一个阳极反应和一个阴极反应的现象，称为电极反应的耦合。互相耦合的反应称为共轭反应，而相应的腐蚀体系则称为共轭体系。在共轭体系中，总的阳极反应速率与总的阴极反应速率相等。此时，阳极反应释放出的电子恰好为阴极反应所消耗，金属表面没有电荷的积累，故其电极电位也不随时间而变化。

从以上的讨论中可以看到，在腐蚀控制中，只要控制腐蚀过程中的阳极反应和阴极反应两者中的任意一个电极反应的速度，则另一个电极的反应速率也会随之而受到控制，从而使整个腐蚀过程的速度受到控制。

8.3.3.2 腐蚀类型

冷却水系统中的金属腐蚀根据金属被破坏的形式分为下面两类。

（1）全面腐蚀　腐蚀分布在整个金属表面上，它可以是均匀的，也可以是不均匀的，但总的来说，腐蚀分布相对较均匀。碳钢在强酸中发生的腐蚀就属于均匀腐蚀，这是一种质量损失较大而危险性较小的腐蚀。

（2）局部腐蚀　腐蚀主要集中在金属表面某一区域，由于这种腐蚀的分布、深度和发展很不均匀，常在整个设备较好的情况下，发生局部穿孔或破裂而引起严重事故，所以危险性很大。常见的金属局部腐蚀有以下形式，见图8-9。

① **应力腐蚀破裂**　在局部腐蚀中出现得最多，化工设备由此造成的损失尤为突出。例如，碳钢、低合金钢处在熔碱、硫化氢或海水中，奥氏体不锈钢（18-8型）在热氯化物水溶液中（$NaCl$、$MgCl_2$等溶液）。裂纹特征在显微观察下呈树枝状，根据腐蚀介质性质和应力状态形式又有不同，但裂纹走向与所受拉应力均呈垂直状［图8-9（a）］，这种腐蚀形成的危害性极大。

② **点蚀**（小孔腐蚀）破坏主要集中在某些活性点上，并向金属内部深处发展，通常腐蚀深度大于孔径，严重的可使设备穿孔。不锈钢和铝合金在含Cl^-的溶液中常呈此种破坏形式［图8-9（b）］。

③ **晶间腐蚀**　腐蚀发生在晶界上，并沿晶界向纵深处发展［图8-9（c）］，从金属外观看不出明显变化，而机械性能明显下降，通常晶间腐蚀出现于奥氏体不锈钢、铁素体不锈钢和铝合金的构件中。

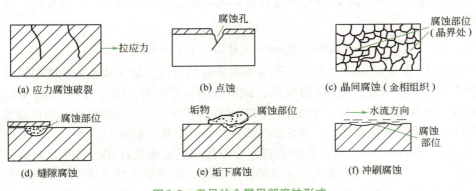

图8-9　常见的金属局部腐蚀形式

④ **电偶腐蚀** 不同金属在一定介质中互相接触所发生的腐蚀。例如，热交换器的不锈钢和碳钢管板连接处，碳钢将加速腐蚀。

⑤ **缝隙腐蚀** 腐蚀发生在缝隙中内，如法兰连接面、焊缝等处，是一切金属材料普遍能发生的一种局部腐蚀［图 8-9（d）］。如发生在沉积物下面，则为垢下（沉积物）腐蚀［图 8-9（e）］。

其他局部腐蚀还有冲刷腐蚀［图 8-9（f）］、选择性腐蚀、氢脆、空泡腐蚀等。

8.3.3.3 设备腐蚀的影响因素

（1）**水质的影响** 金属受腐蚀的情况与水质关系密切。前面已经讨论过，钙硬较高的水质或钙硬虽不太高，但浓缩倍数高时，容易产生碳酸钙水垢，一旦在传热管壁上形成这种致密坚硬有保护膜作用的水垢后，碳钢的腐蚀即减缓，所以软水的腐蚀性比硬水严重。

同样，当水中溶解的盐类很高，水的导电性增加时，也会使腐蚀增加，所以海水的腐蚀性比淡水强。水中 Cl^-、SO_4^{2-} 的含量高时，也会增加水的腐蚀性。Cl^- 不仅会对不锈钢容易造成应力腐蚀，而且还会妨碍金属钝化，破坏金属表面上有保护作用的钝化膜（即氧化膜）。

当水中溶有氧化性的铬酸盐、钨酸盐、硅酸盐、亚硝酸盐时，可起到抑制腐蚀的作用，然而同样具有氧化性的 Cu^{2+}、Fe^{3+}、Hg^{2+}、ClO^- 等离子则会促使腐蚀进行。

因此，水质不同，其腐蚀情况也就各不相同，在采取抑制腐蚀措施时，必须对不同情况分别加以考虑，否则常常会出现某种处理方法对某个工厂是良好的，但对其他厂则可能是失败的情况。

（2）**pH 值的影响** 在自然界，正常温度下，水的 pH 值一般在 4.3～10 之间。碳钢在这样的天然水中，表面上所接触的一层水常常被氢氧化铁所饱和，并在碳钢表面上形成氢氧化铁覆盖膜。此时碳钢腐蚀速度主要决定于氧通过氢氧化亚铁覆盖膜扩散到碳钢表面上的去极化作用。因此，pH 值的微小改变，不会严重影响碳钢的腐蚀程度。但是当 pH 值低于 4.3 时，在碳钢表面产生氢的去极化作用，腐蚀速度会加快。另外，当 pH 值偏酸性时，碳钢表面不易形成有保护性的致密的碳酸钙垢层，其腐蚀速率比 pH 值偏碱性时要高些。同时，当 pH 值大于 10 以上，水呈碱性时，金属表面上形成的氢氧化铁覆盖膜的溶解度进一步减小，有利于极化作用，因此腐蚀速度更慢。

（3）**溶解气体的影响** 天然水中溶解的气体是二氧化碳和氧气。但由于环境的污染，当冷却水从凉水塔向下喷淋与逆流进入的空气相遇时，混入空气中的硫化氢、氨、氯等气体就会溶入水中。这些溶解的气体，对水的腐蚀性影响很大。现分别述之。

① **二氧化碳** 水中游离的 CO_2 含量直接影响碳酸盐在水中的化学平衡反应，在下列反应中：

$$Ca(HCO_3)_2 \Longleftrightarrow CaCO_3 + H_2O + CO_2$$

当 CO_2 含量增加，促使反应向左进行，不易析出碳酸钙沉淀，如果从致密的碳酸钙水垢对碳钢有保护作用这一点来看，则 CO_2 含量高，碳钢表面易受水的腐蚀。另一方面，CO_2 溶于水中生成碳酸，使水的 pH 值降低，增加了水的酸性，有利于氢的去极化发生，因而增加了水对碳钢的腐蚀，但与溶解氧相比，二氧化碳对腐蚀的影响是相当轻微的。

② **氧气** 溶解在水中的氧，在碳钢表面会发生氧的去极化作用，这是水对碳钢产生腐蚀的主要原因。其腐蚀快慢主要决定于氧的扩散速度，但溶解氧的含量也是不可忽视的重要因素。显然，量多，腐蚀速度会增加。溶解氧的饱和浓度与水中盐的含量和温度有关，它们

随着盐的浓度的增加和水温的升高而降低。然而当氧极其充分时,氧对金属表面会起氧化作用形成有保护性的氧化膜,此时腐蚀速度反而下降。

③ 硫化氢气体　工厂周围空气常被硫化氢气体所污染,它们随着污染的空气而进入水中,此外,水中 SO_4^{2-} 被硫酸盐还原也会形成硫化氢气体溶于水中。

硫化氢气体溶入水中,会降低水的 pH 值,增加水的腐蚀性,同时硫化氢在水中与 Fe^{2+} 结合成硫化亚铁,所以硫化氢起了阴极去极化剂的作用,而硫化亚铁沉积在金属表面上,对铁而言是阴极,会导致电偶腐蚀。

④ 氨气　化肥厂周围空气中氨气较多,也会溶入冷却水中,对铜合金制的换热器产生选择性腐蚀,因氨与 Cu^{2+} 生成可溶性的铜氨络合物。

$$4NH_4OH + Cu^{2+} \longrightarrow [Cu(NH_3)_4]^{2+} + 4H_2O$$

⑤ 氯气　除周围环境污染有氯气外,更多的是利用氯气来杀菌时带入水中。氯气溶于水中生成盐酸和次氯酸。

$$Cl_2 + H_2O \longrightarrow HCl + HClO$$

盐酸和次氯酸都会降低水的 pH 值,增加水的腐蚀性,同时带入的 Cl^- 会加速不锈钢的应力腐蚀。Cl^- 还会对某些氧化性保护膜形成阻滞,甚至破坏作用。

(4) 水温的影响　一般情况下,温度上升 10℃,则腐蚀速率约增加 30%。在密闭容器内,腐蚀速率随温度的升高而直线上升,但在开放系统中,起先随温度上升,腐蚀速率变大,到 80℃时,腐蚀速率最大,以后即随温度的升高而急剧下降。这是因为水中溶解氧的浓度因水温升高而减少的缘故。

热交换器在冷却水中,各部位除因结垢程度不同造成局部腐蚀外,还会因温度不同,形成腐蚀电池,高温部位相对低温部位而言是阳极。

(5) 水流速度的影响　碳钢在冷却水中被腐蚀的主要原因是氧的去极化作用,而腐蚀速度又与氧的扩散速度有关。当水在管内流动时,即使是湍流,在接近管壁处仍存在一滞流边界层,氧欲扩散到金属表面必须克服这一滞流边界层所造成的阻力,边界层愈厚,氧的扩散愈慢。因此,水流速大,有利于氧的扩散,所以碳钢的腐蚀速度随着水流速度的升高而加大。同时,流速较大时,还可冲去沉积在金属表面上的腐蚀、结垢等生成物,使氧向金属表面扩散的量增加,导致腐蚀加速。水流速度进一步的升高,腐蚀速度反而会降低,这是因为流速过大,向金属表面提供的氧足以使金属表面形成氧化膜,起到了缓蚀作用。这种呈现出最大腐蚀速度是受溶解氧的浓度、水的温度和水质等影响。如果水流流速继续增加,则会破坏氧化膜,使腐蚀速度再次增大,当水流速度很高时,便会产生气蚀,引起严重的局部腐蚀。当然,水流速度的选择,不能只从腐蚀角度出发,还要考虑到传热的要求,水流速度过低,传热效果会降低,故冷却水流速一般在 1m/s。

(6) 悬浮固体的影响　空气中的灰尘、砂粒通过凉水塔会带入冷却水中,凉水塔就像一个除尘器一样,因此,空气中尘砂愈多,带入冷却水系统中的悬浮固体就愈多。空气中的尘沙是随着地区、季节和气候而变的。

补充水的浓度如控制不严,也会给冷却系统带入悬浮固体。

悬浮固体在系统中,特别是在低流速部位(如水走壳程换热器),它们会发生沉积,这些沉积层是疏松多孔的,因此,沉积层下部金属容易和周围金属形成浓差电池,造成局部腐蚀。

由于空气中的尘沙带入冷却水,加上补充水携入的悬浮固体,以及在运转过程中产生的腐蚀产物、沉淀的盐类和菌藻碎屑等,循环冷却水的悬浮固体含量会变高。

（7）微生物的影响　冷却水滋生的微生物会直接参与腐蚀反应,除了这些微生物排出的氨盐、硝酸盐、有机物、硫化物和碳酸盐等代谢物使水质组成发生变化而引起腐蚀外,最主要的是由于铁细菌和厌氧的硫酸盐还原菌的存在所引起的腐蚀。

碳钢表面由于溶解氧的去极化作用,Fe^{2+} 不断溶入水中,与阴极反应生成的 OH^- 结合形成氢氧化亚铁,沉积在金属表面上,在水中溶解氧的作用下,可以进一步被氧化成氢氧化铁,并形成 $FeO·Fe_2O_3·nH_2O$ 铁锈。当有铁细菌存在时,这种细菌有助于亚铁盐的接触氧化,因为下列反应:

$$Fe^{2+} \xrightarrow[\text{催化}]{\text{细菌}} Fe^{3+} + e^-$$

要促使在阳极附近形成氢氧化铁和铁锈 $FeO·Fe_2O_3·xH_2O$ 的沉淀膜。当这种沉淀膜进一步增长时,将妨碍氧进入,所以沉淀膜的下方因缺氧而成为阳极,而沉淀膜的周围的金属则变成阴极,形成氧的浓差电池,加剧了腐蚀的进行,其腐蚀过程如图8-10所示。

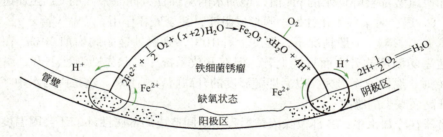

图8-10　微生物腐蚀金属过程示意

这种沉淀膜附在管壁上就是通常所见的暗褐色的锈瘤。锈瘤的中心部位为黑色,其外侧有好几层淡褐色的色层,挖开锈瘤即可见到被腐蚀的凹坑,可继续腐蚀下去,直至钢管穿孔,这种腐蚀用一般的有机或无机缓蚀剂也无济于事,必须添加杀菌措施,进行根除。

硫酸盐还原菌的腐蚀过程是,当黏泥或黏泥与无机盐沉淀形成的泥团黏附在金属表面时,金属表面与黏泥团之间缺氧,因此,厌氧性的硫酸盐还原菌得以活动,这种细菌可以使硫酸盐还原成为硫化氢。硫化氢与亚铁离子反应生成硫化亚铁,加速了碳钢的腐蚀。硫化氢有臭味,硫化亚铁为黑色沉积物,因此,将沉积在金属表面上的黏泥团挖开,如发现有臭味或黑色核心,就证明有硫酸盐还原菌存在。

冷却水系统中,常溶有硫酸盐,特别是利用硫酸来调节 pH 值时,更会带入大量 SO_4^{2-},为硫酸盐还原菌的繁殖提供了条件。

8.3.3.4　冷却水处理系统中金属腐蚀的控制

（1）添加缓蚀剂　缓蚀剂又称抑制剂。凡是添加到腐蚀介质中能干扰腐蚀电化学作用,阻止或降低腐蚀速率的一类物质都称为缓蚀剂。其作用是通过在金属表面上形成一层保护膜来防止腐蚀的。

① 缓蚀剂的分类　缓蚀剂的种类很多,通常有以下三种分类方法。

a. 按药剂的化学组成可分为:无机缓蚀剂如铬酸盐、重铬酸盐、磷酸盐、聚磷酸盐、硝酸盐、亚硝酸盐、硅酸盐等;有机缓蚀剂如胺类、醛类、膦类、杂环化合物等。

b. 按药剂对电化学腐蚀过程的作用可分为：阳极缓蚀剂如铬酸盐、亚硝酸盐等，阴极缓蚀剂如聚磷酸盐、锌盐等，以及阴阳极缓蚀剂如有机胺类三种。阳极缓蚀剂和阴极缓蚀剂能分别阻止阳极或阴极过程的进行；而阴阳缓蚀剂能同时阻止阴、阳极过程的进行。

c. 按药剂的金属表面形成各种不同类型的膜则可分为氧化膜型、沉淀膜型和吸附膜型。

② 缓蚀剂的特性　缓蚀剂的类型不同，反映出来的特性各异。故按类型分别作介绍。

a. **氧化膜型缓蚀剂**　这类缓蚀剂能使金属表面氧化，形成一层致密的耐腐蚀的钝化膜而防止腐蚀。氧化膜型缓蚀剂的防腐作用是很好的，但是这类缓蚀剂如果加入量不够，会引起危险的点蚀，所以这类缓蚀剂用量往往较多。氧化膜缓蚀剂在成膜过程中会被消耗掉，故在这类缓蚀剂的初期需加入较多的量。待成膜后就可以减少用量，加入的药剂仅用来修补破坏的氧化膜。氯离子、高温及水流速度快都会破坏氧化膜，故应用时要考虑适当提高药剂浓度。

b. **沉淀膜型缓蚀剂**　这类缓蚀剂能与水中某些离子和腐蚀下来的金属离子相互结合而沉淀在金属表面上，形成一层难溶的沉淀物或表面配合物，从而阻止了金属的继续腐蚀。由于这种防蚀膜没有和金属表面直接结合，它是多孔的，常表现出对金属的附着不好。因此，从缓蚀效果来看，这种缓蚀剂稍差于氧化膜缓蚀剂。

c. **吸附膜型缓蚀剂**　这类缓蚀剂都是有机化合物，在其分子结构中具有可吸附在金属表面的亲水基团和遮蔽金属表面的疏水基团。极性基团定向地吸附在金属表面，而疏水基团则阻碍水及溶解氧向金属扩散，从而达到缓蚀作用。当金属表面呈活性和清洁的时候，这种缓蚀剂形成满意的吸附膜并表现出很好的防蚀效果。但如果在金属表面有腐蚀产物覆盖或有污泥沉积物，就不能提供适宜的条件形成吸附膜型防蚀膜。所以这类缓蚀剂在作用时可加入润湿剂，以帮助其向覆盖的金属表面渗透，提高缓蚀效果。

（2）**常用的冷却水缓蚀剂**

① **铬酸盐缓蚀剂**　常用的铬酸盐缓蚀剂有 Na_2CrO_4、K_2CrO_4 和 $Na_2Cr_2O_7 \cdot 2H_2O$ 或 $K_2Cr_2O_7 \cdot 2H_2O$。这种缓蚀剂是阳极型或氧化膜型，起作用的是阴离子。当它加入水中时，可产生下列反应：

$$CrO_4^{2-} + 3Fe(OH)_2 + 4H_2O \Longleftrightarrow Cr(OH)_3 + 3Fe(OH)_3 + 2OH^-$$

形成的两种水合氧化物，随后脱水生成 Cr_2O_3 和 Fe_2O_3 的混合物，在阳极上形成钝化膜，阻滞了阳极过程的进行。铬酸盐形成的钝化膜中含 10% 的 Cr_2O_3 和 90% 的 $\gamma\text{-}Fe_2O_3$。

铬酸盐是阳极缓蚀剂，在相当高的剂量时，是一种很有效的钝化缓蚀剂。但在低剂量使用时则有坑蚀危险，故一般单独使用铬酸盐时剂量都在 1.5×10^{-6} mg/L 以上。若与其他药剂如六偏磷酸钠、锌盐等配伍，其剂量便可大大降低。

铬酸盐的使用范围较广，在碱性水中成膜效果最好，一般推荐 pH 值范围为 7.5～9.5。

使用铬酸盐最主要的问题是排放污水对环境引起的污染，因为铬对水生物和人体有毒性。国外许多国家规定，排放污水中 Cr^{3+} 的含量不能超过 5×10^{-8} mg/L。这是一般污水处理方法所不易达到的标准。因此，铬酸盐作缓蚀剂虽然有缓蚀效果好、不易滋生菌藻的优点；但由于排水的污染问题，目前尚未在国内推广使用。

② **聚磷酸盐缓蚀剂**　常用聚磷酸盐缓蚀剂有三聚磷酸钠和六偏磷酸钠，后者使用最为广泛。聚磷酸盐除了作为缓蚀剂外，还可以作为阻垢剂来使用。长期以来，认为聚磷酸盐是阴极型或沉淀型缓蚀剂，它与水中溶解的金属离子形成配合物，沉积在金属表面上形成保

护膜而减缓腐蚀。因此，要使聚磷酸盐发挥较好的缓蚀作用，冷却水中要求有一定的两价金属离子，例如 Ca^{2+}、Fe^{2+} 或 Zn^{2+} 等。在 Ca^{2+} 含量很少的软水中不宜用聚磷酸盐作缓蚀剂用。水中除 Ca^{2+} 含量对聚磷酸盐的缓蚀效果有很大的影响外，溶解氧的含量也影响其缓蚀效果。反之，如果不含溶解氧，水中的聚磷酸盐会与铁形成可溶性配合物而促进腐蚀。因此，在选用聚磷酸盐作缓蚀剂时，必须满足对 Ca^{2+} 等二价金属离子和溶解氧含量的要求，否则不能获得良好的效果。一般说来，在敞开式循环冷却水系统中，溶解氧基本上是饱和的，因此关键还是水中要有足够的 Ca^{2+}。

聚磷酸盐易水解成正磷酸盐，后者是阳极缓蚀剂，但缓蚀效果较弱，用量不足反而促进腐蚀；而最要害的问题在于 Ca^{2+} 含量较高时，正磷酸盐会过多，以致容易形成难溶的磷酸钙水垢。所以在使用聚磷酸盐时，要注意减少其水解作用。影响聚磷酸盐水解的因素是药剂的停留时间、微生物、水的温度和 pH 值。高温、高 pH 值和低 pH 值都会促进聚磷酸盐的水解。因此，要针对水质情况选择最适宜的运行条件。

聚磷酸相加作缓蚀剂，其排污处理不像铬酸盐那么严格，并可加速膜的形成。膜的成分是 $\gamma\text{-}Fe_2O_3$、磷酸铁配合物、磷酸锌和氢氧化锌。其保护效果比单独使用聚磷酸盐形成的膜要致密，所以缓蚀效果得到提高。但加锌时要注意，当 pH > 8.3 时，Zn^{2+} 浓度不宜大于 5×10^{-6}mg/L，否则锌盐有形成沉积的危险。

③ **锌盐缓蚀剂** 在冷却水循环系统中，锌盐是最常用的阴极缓蚀剂，起作用的是锌离子。锌离子在阴极部位，由于 pH 值的升高，能迅速形成 $Zn(OH)_2$ 沉积在阴极表面，起了保护膜的作用。锌盐相应的阴离子一般不影响它的缓蚀性能，氯化锌、硫酸锌及硝酸锌等都可以选用。

锌盐的成膜比较迅速，但这种膜不耐久，因此，锌盐是一种安全但低效的缓蚀剂，所以不宜单独使用。可以取得很好的缓蚀效果。因为锌能加速这些缓蚀剂的成膜作用，同时又能保持这些缓蚀剂所形成膜的耐久性。

锌对水生物也有毒性，因此它的应用也受到限制。另外，在 pH > 8.3 时，锌有产生沉淀的倾向。故目前国内工厂多采用 [Zn^{2+}] < 4mg/L，使所用的锌离子浓度低于规定的排放标准。

④ **有机缓蚀剂** 有机膦酸盐如氨基三亚甲基膦酸（ATMP）盐、乙二胺四亚甲基膦酸（EDTMP）盐、羟基亚乙基二膦酸（HEDP）盐等，具有良好的缓蚀性能，但又都是很有效的阻垢剂。它们都有配合金属离子的能力，能够与铁和钙等离子结合，在金属表面形成一层有抑制作用的保护膜。相比之下，有机膦酸盐阻垢剂性能比聚磷酸盐好，而聚磷酸盐缓蚀性能又比有机膦酸盐好。因此在实际应用时很少单独使用有机膦酸盐，而总是将有机膦酸盐和聚磷酸盐混合使用。为提高缓蚀、阻垢效果，再添加一些锌盐和聚丙烯酸等分散剂，这样的配方已成功地使用在高硬度、高碱性的系统中。

巯基苯并噻唑(MBT)是循环冷却水系统中对铜及铜合金设备使用的最有效的缓蚀剂之一，因此，有机缓蚀复合药剂配方里经常含有 1～2mg/L 的巯基苯并噻唑巯基苯并噻唑的缓蚀作用主要是依靠其与金属铜表面上的活性铜原子或铜离子产生一种化学吸附作用，进而发生螯合作用，形成一层致密而牢固的保护层，使铜设备受到良好的保护。

在使用铜材设备的冷却水系统中，巯基苯并噻唑除了保护铜设备以外，也相应保护其他钢材设备。生产中，一旦铜设备因腐蚀严重时，致使水中铜离子超过一定浓度时，会引起钢材的电化学腐蚀和电偶腐蚀。因此，凡系统中含有铜材或原水中含有一定铜离子浓度时，一般都考虑投加 MBT 或类似的药剂。MBT 在水中的溶解度较小，固体 MBT 加入时，常发生飘浮于水面的现象，为此，常以它的碱性水溶液投加，因为 MBT 的钠盐溶解度大些。MBT 只有在水质的 pH 值为 3～10 时才是有效的。MBT 的投加浓度，一般为 1～2mg/L，有保障的浓度为 2mg/L。有人认为除非在磷系配方中加入锌盐，否则 MBT 会损害聚磷酸盐的缓蚀作用。另外，MBT 的抗氯性较差，当有氯存在时，易被氯氧化为二硫化物，使保护膜被破坏。

苯并三氮唑对铜及铜合金也是一种很有效的缓蚀剂，它的负离子和亚铜离子形成一种不溶性的极稳定的配合物。这种配合物吸附在金属表面上形成一层稳定的、惰性的保护膜从而使金属得到保护。苯并三氮唑的使用浓度一般为 1mg/L。在 pH 值 5.5～10 时缓蚀作用很好，但苯并三氮唑在 pH 值低的介质中缓蚀作用降低。尽管如此，在流动的、非氧化性的酸中，苯并三氮唑仍有效地抑制铜的腐蚀。

苯并三氮唑对聚磷酸盐的缓蚀作用不产生干扰，对氧化作用的抵抗力很强。但当它与游离性氯同时存在时，则丧失了对铜的缓蚀作用，而在氯消失后，其缓蚀作用便得到恢复，这是 MBT 未能具有的性质，但其价格较高，故其在应用上不如 MBT 广泛。

⑤ **硅酸盐缓蚀剂**　主要是硅酸钠（即市场上的水玻璃，又称泡花碱）。硅酸钠在水中呈一种带电荷的胶体微粒，与金属表面溶解下来的 Fe^{2+} 结合，形成硅酸等凝胶，覆盖在金属表面起到缓蚀作用，硅酸盐是沉淀膜型缓蚀剂，溶液中的腐蚀产物 Fe^{2+} 是形成沉淀膜必不可少的条件。因此，在沉膜过程中，必须是先腐蚀后成膜，一旦膜形成，腐蚀也就减缓。硅酸盐作为缓蚀剂，其最大优点是操作容易，没有危险；在正常使用浓度下完全无毒，不会产生排污水污染问题，药剂来源丰富，价格低廉。但在硬度的水中会生成硅酸钙或硅酸镁水垢，一旦水垢生成则很难消除，故硅系缓蚀剂目前只在少数使用。

⑥ **钼系水质稳定剂**　钼酸盐与铬酸盐一样，也是阳极缓蚀剂，它在铁阳极上生成一层具有保护膜作用的亚铁-高铁-钼氧化物的配合物的钝化膜。这种膜的缓蚀效果接近高浓度铬酸盐或硝酸盐所形成的钝化膜，但在成膜过程中，它又与聚磷酸盐相似，必须有足够的溶解氧存在。

钼酸盐单独使用需要投加较高剂量才能获得满意的缓蚀效果。故为了减少钼酸盐的投加浓度、降低处理费用和提高缓蚀效果，它与其他药剂如聚磷酸盐、葡萄糖酸盐、锌盐等同具有良好的缓蚀效能。

钼系水质稳定剂缓蚀效果好，尤其是和其他药剂共用可大大地抑制点蚀的发生；毒性较低，不像铬、锌对环境有严重的污染影响。但存在使用剂量大、成本较高的缺点，如能降低剂量和费用，钼系可能是具有前途的一类缓蚀剂。

我国现在基本上使用磷系水质稳定剂，配方中主要用聚磷酸盐或有机膦酸盐作缓蚀阻垢剂，再加上一些高分子化合物作分散剂。磷系配方所用的药剂都可立足国内生产，货源充足，并已积累了一定的使用和管理经验，如果操作和管理得当，可以收到良好的处理效果，且其使用的药剂量少，成本低廉，在排水上不会造成环境污染，故能在我国得到广泛应用。

磷系配方按其操作条件可分为酸性处理和碱性处理。磷系配方的酸性处理又称 pH 值高磷酸盐处理，处理一般加硫酸，将循环冷却水的 pH 值调至 6.0～7.0。在这个 pH 值范围内，可稳住 $Ca(HCO_3)_2$，而没有 $CaCO_3$ 析出的危险，从而防止换热器中水垢的形成。酸性处理将使结垢的可能性减小，但腐蚀的倾向却增加了，所以将缓蚀剂的用量增大来抑制腐蚀，一般要加入 20～40mg/L 的聚磷酸盐。酸性处理一般可以取得较好的缓蚀、阻垢效果，同时药剂费用也较低。但其有以下缺点：一是加酸调 pH 值时，如果操作不慎可能会使 pH 值忽高忽低的波动而引起设备的腐蚀或结垢；二是高剂量的磷排放会引起对环境的污染；三是要求水中 Ca^{2+} 浓度不能太高，Ca^{2+} 浓度高了需要软化处理。

磷系配方的碱性处理又称高 pH 值低磷酸盐处理。碱性处理是使循环冷却水的 pH 值保持在碱性范围，一般控制 pH 值在 7.5～8.5 左右。碱性处理与酸性处理相比，水的腐蚀减轻但结垢可能性增加了，所以碱性处理除了加酸量减少外，缓蚀剂量也减少了很多，一般用量为 5～20mg/L。此外，在碱性处理的配方中还加入高效的阻垢剂和分散剂以抑制水垢和污垢的形成。

由于碱性处理结垢是主要矛盾，且影响结垢的因素又较多，故操作应严格控制。同时在碱性环境下氯的杀菌效果较差，所以要特别注意对菌藻的控制。

⑦ **增效作用** 当采用两种以上药剂组成缓蚀剂时，往往比单用这些药剂的缓蚀效果好且用量少，这个现象叫作缓蚀剂的增效作用或协同效应。例如单用铬酸盐为缓蚀剂时效果较差，但当两者联合低剂量使用时，5～10mg/L 的 $Na_2Cr_2O_7$ 及 5～10mg/L 的 Zn^{2+} 就可得到很好的缓蚀效果。由于复方缓蚀剂的增效作用，同时还节约了药剂，因此目前很少采用单一的缓蚀剂。如现在使用较普遍的磷系配方中，除了聚磷酸盐外，还添加有机膦酸盐或锌盐等药剂。

（3）发展趋势 随着冷却水处理工艺的深入发展，对缓蚀剂的需求的数量越来越多，对其性能的要求也越来越高，给冷却水缓蚀剂的开发工作带来了新的机遇。缓蚀剂开发工作的趋向是，针对不同水质、不同工艺条件、不同材质和不同要求，开发复合缓蚀剂；开发各种能使锌盐和聚磷酸盐稳定在冷却水中的稳定剂；开发更耐氯的缓蚀剂；开发无毒或低毒的缓蚀剂。

8.3.3.5 提高冷却水的 pH 值

提高冷却水的 pH 值或采用碱性水处理可使循环水系统中的金属腐蚀得到控制。随着水 pH 值的增加，水中氢离子的浓度降低，金属腐蚀过程中氢离子去极化的阴极反应受到抑制，碳钢表面生成氧化膜的倾向增大，故冷却水对碳钢的腐蚀随其 pH 值的增加而降低。在循环冷却水系统中，一般采用不加酸调节 pH 值的碱性水处理，敞开式冷却水系统是通过水在冷却塔内的曝气过程而提高 pH 值的。

冷却水的 pH 值提高后会带来三个方面的问题：一是使水中的碳酸钙的沉积倾向增加，易于引起结垢和垢下腐蚀；二是在 pH = 8.0～9.5 时运行，碳钢的腐蚀速度虽有所下降，但仍然偏高；三是给两种常用的指示剂聚磷酸盐和锌盐的使用带来了困难。这些问题可以通过在冷却水中添加复合缓蚀剂来解决。

除上述方法外，循环冷却水系统中金属腐蚀还可通过采用耐腐蚀材料的换热器及防腐涂料涂覆换热器的办法来控制。

8.3.4 微生物控制

8.3.4.1 微生物产生的危害

在循环冷却水系统中，水的温度和 pH 值的范围恰好适宜多种微生物的生长。同时水中微生物的数量和它们生长所需的营养源如有机物、碳酸盐、磷酸盐等，均因浓缩而增加，再加上冷却塔、凉水池常年露置于室外，阳光充分，因此为微生物的生长提供了良好的条件。

（1）**形成大量黏泥沉积物**　黏泥又称软泥或污泥，是在冷却水系统中管道、冷却塔、水槽壁上菌藻产生的黏质膜的总称。

黏泥的组成随着水质和生成地点以及菌藻类属的不同而变化，一般均是由藻类、真菌类和细菌等聚集而成。如好氧性荚膜细菌、芽孢细菌分泌的黏液，能像黏合剂那样，将悬浮在水中的无机垢、腐蚀产物、灰沙淤泥等黏结在一起形成黏泥沉积物，附着在管壁、塔壁上，当其愈积愈厚时，不仅影响水侧传热效率，还会因水管截面积变小，限制水的流量而影响冷却效果。又如藻类在冷却塔填料上、水的分配槽上蔓延生长时，将堵塞填料孔隙和配水孔板上的小孔，使冷却水分布不均、水滴变大，影响气、水传质效率，致使冷却塔的温差下降，达不到设计要求。

黏泥还会形成氧浓差电池，从而引起垢下腐蚀；同时黏泥又给厌氧性细菌如硫酸盐还原菌提供良好的滋生场所，这样相互感染，加深了黏泥给冷却水系统带来的危害。

（2）**加速金属设备的腐蚀**　细菌聚集形成的菌落附着在金属壁上，分泌出的黏液与水中的悬浮物等杂质粘在一起形成黏泥团，在黏泥团的周围和黏泥团的下方形成氧的浓差电池，黏泥团的下方因缺氧而成为活泼的阳极，铁不断被溶解引起严重的局部腐蚀。微生物不仅本身分泌黏液构成沉积物，而且也粘住在正常情况下可以保持在水中的其他悬浮杂质，从而增加了沉积物的形成，加速了垢下腐蚀。

微生物黏泥除了会加速垢下腐蚀外，有些细菌在代谢过程中生成的分泌物还会直接对金属构成腐蚀。如好氧性硫细菌的氧化产物硫酸，可使局部区域的pH值降到1.0～1.4，对这部分金属直接发生氢的去极化作用，加快金属的腐蚀。又如厌氧性硫酸盐还原菌，其还原产生H_2S可直接腐蚀金属，生成硫化亚铁，硫化亚铁沉积在钢铁表面，与没有被硫化亚铁覆盖的金属又构成一个腐蚀电池，加速金属的腐蚀。而铁细菌可直接将Fe^{2+}氧化成Fe^{3+}，加速金属的腐蚀。因此，细菌促进腐蚀的过程是多种多样的，在大多数情况下，可以认为是各种细菌共同作用所造成的。

藻类在日光的照射下，会与水中的CO_2、HCO_3^-等碳源起光合作用，吸收碳素为营养而放出氧。因此，当藻类大量繁殖时，会增加水中溶解氧的含量，有利于氧的去极化作用，腐蚀过程因而加速。

8.3.4.2　产生主要危害的几类微生物

（1）**氨化细菌**　能够进行氨化作用的细菌叫氨化细菌，所谓氨化作用是有机含氮化合物，经过微生物分解，产生氨的过程。循环冷却水中的氨化细菌将水中的有机氮化物分解而产生氨。其过程表示如下：

$$\text{有机氮化物} \xrightarrow{\text{氨化细菌}} NH_3 + \cdots\cdots$$

氨化作用对土壤来说，可以增加肥力，对农作物来说是有益的，但对于循环冷却水来说是有害的，水中氨含量增加，不但会增加氧耗，同时还会影响系统中pH值的控制。

（2）**硝化菌群**　硝化菌群包括三种细菌，即亚硝化细菌、硝化细菌和反硝化细菌，它们的作用过程分别为氨的亚硝化、硝化以及硝酸的反硝化过程，可用下列反应式表示：

$$2NH_3 + 3O_2 \xrightarrow{\text{亚硝化细菌}} 2HNO_2 + 2H_2O + 148\text{kcal}（621.6\text{kJ}）$$

$$2HNO_2 + O_2 \xrightarrow{\text{硝化细菌}} 2HNO_3 + 48\text{kcal}（201.6\text{kJ}）$$

$$HNO_3 + H_2 \xrightarrow{\text{反硝化菌}} HNO_2 + H_2O$$

$$2NO_3^- + 5H_2 \xrightarrow{\text{反硝化菌}} N_2\uparrow + 2OH^- + 4H_2O$$

$$HNO_3 + 4H_2 \xrightarrow{\text{反硝化菌}} NO_3 + 3H_2O$$

硝化菌群对水质的危害很大，尤其是反应产物中的亚硝酸根，它能与氯起反应，从而大大降低了氯的杀菌效能，使水质恶化。产物中的硝酸根，不但对水质的碱度产生影响，而且排出含量较多的硝酸盐会污染水源。

亚硝化菌和硝化菌属好氧菌，反硝化菌是一种兼性厌氧菌，在有氧和无氧的条件下都能生存。

（3）**铁丝菌**　铁丝菌能将水中的低铁（Fe^{2+}）化合物氧化成高铁（Fe^{3+}）化合物，并从铁的氧化过程中获得能量而生存。可用下式表示：

$$2Fe^{2+} + (n+2)H_2O + \frac{1}{2}O_2 \xrightarrow{\text{铁丝菌}} Fe_2O_3 \cdot nH_2O + 4H^+ + \text{能量}$$

上述反应为嘉氏铁菌属的作用，其他铁丝菌的反应产物多为氢氧化铁。铁丝菌将其产物沉积在鞘套或菌柄上，随着其新陈代谢的进行，鞘套、菌柄上的氢氧化铁会不断沉积在金属表面和管道内，有的铁丝菌会分泌出果胶，生成菌胶团进而形成生物黏泥。

（4）**硫细菌**　硫细菌是一类能将元素硫或还原硫化物（包括 H_2S、硫化硫酸等）氧化成硫酸式元素硫的细菌，作用过程如下：

$$S + H_2O + \frac{3}{2}O_2 \xrightarrow{\text{硫细菌}} H_2SO_4$$

$$H_2S + \frac{1}{2}O_2 \xrightarrow{\text{硫细菌}} S + H_2O$$

硫细菌的大量生长会产生硫酸，影响水质的碱度，局部腐蚀性很大，同时产生软泥堵塞管道。

（5）**硫酸盐还原菌**　硫酸盐还原菌是一种弧状的厌氧性细菌，在它的体内有一种过氧化氢酶，能将硫酸盐还原成硫化氢，从中获得生存的能量。其反应如下：

$$H_2SO_4 + 8H^+ + 8e^- \longrightarrow H_2S + 4H_2O + \text{能量}$$

$$CaSO_4 + 8H^+ + 8e^- \longrightarrow Ca(OH)_2 + 2H_2O + H_2S + \text{能量}$$

由于过氧化氢酶需在还原状态下才能存活，因此，氧会使它死亡。这样，硫酸盐还原菌在有氧的情况下是不会繁殖的，所以它常生存在好氧性硫细菌的沉积物下面。当冷却水中含有 2mg/L 铬酸根离子时，就能抑制硫酸盐还原菌的生长，这可能是因为铬酸根离子有较强的氧化性的缘故。

硫酸盐还原菌在冷却水系统中繁殖生长的潜在危险是很大的。因为这种菌最适宜生长的温度是 20～30℃，而且在高温达 55～60℃ 也能存活，生存的 pH 值范围 5～8.6，加上冷却水中含有一定的硫酸盐，特别是加 H_2SO_4 调节 pH 值，硫酸根含量很高，这些条件都利于硫酸盐还原菌的生长。一旦其他细菌形成黏泥较多，或水的浊度较高，产生较多的沉积物时，就给硫酸盐还原菌提供了良好的生存环境。

冷却水系统中如果大量硫酸盐还原菌繁殖生长时，会使系统发生较严重的腐蚀。因为这种菌还原生成的硫化氢会腐蚀钢铁，形成有臭味的黑色硫化亚铁的沉积物，这些沉积物又会进一步引起垢下氧的浓差电池腐蚀，还会形成电偶腐蚀。

当这种菌大量发生时，仅加氯气杀菌是不行的，这是因为氯会与硫化氢起反应而被消耗掉，所以必须投加其他的杀菌剂。

8.3.4.3 微生物的控制方法

对循环冷却水系统中微生物的控制一般采用如下几种方法。

（1）**改善水质** 冷却水系统的污染程度与补充水的水质有密切的关系。常用的补充水源——地面水的微生物污染程度是相当高的，因而对原水进行处理非常必要。使用混凝、澄清方法，不仅可降低浊度，而且一般可使细菌总数量降低到 10^3 以下，如果在澄清池中投加氯杀菌则效果更好。

（2）**投加杀生剂** 在循环冷却水系统中，投加杀生剂是目前抑制微生物的常用方法。杀生剂常以各种方式杀伤微生物，有的可穿透细胞壁进入细胞质中，破坏维持生命的蛋白质基团；有些表面活性剂可起到破坏细胞的作用，细胞被摧毁，微生物也就被杀死；有的药剂则能抑制细菌中酶的反应，使酶的活性丧失，导致细胞迅速死亡，最终杀死微生物。

（3）**采用过滤方法** 补充水进入冷却水系统前，可经过滤池过滤。过滤池装有石英砂或无烟煤、活性炭等滤料。过滤可除去水中藻类等悬浮杂质。在循环水系统中还可用旁流过滤处理方法，除去系统中悬浮物、污泥和微生物的尸骸，使循环水浊度降低。据一些工厂经验，增高旁滤池后可使循环水浊度降低到 10^{-5}mg/L 以下。

8.3.4.4 杀生剂分类及其选择

（1）**氧化型杀生剂** 通常是一种强氧化剂，具有强烈氧化性的杀生药剂，对水中微生物的杀生作用很强。卤素中的氯、溴和碘，氯的化合物，臭氧等都是氧化型杀生剂。溴和碘由于成本太高，无法用于大规模工业生产上，工业上常用的是氯、次氯酸钠和次氯酸钙等。氧化型杀生剂对水中其他还原性物质能起氧化作用，故当水中存在有机物、硫化氢和亚铁离子时，会消耗一部分杀生剂，降低了它的杀生效果。这时如果采用的是氯及其化合物，则会因需氯量的增加而提高氯耗。氯气溶解在水中按下式水解：

$$Cl_2 + H_2O \rightleftharpoons H^+ + Cl^- + HClO$$

$$HClO \rightleftharpoons H^+ + ClO^-$$

氯气水解后，系统中存在着游离氯、次氯酸或次氯酸根离子，且随溶液中 pH 值的变化，其存在形式也发生变化，次氯酸和次氯酸根之和称为游离有效氯。氯是很强的氧化剂，它能和水中存在的许多杂质，如氨、氨基酸、蛋白质、含碳的物质、Fe^{2+}、Mn^{2+}、S^{2-} 和 CN^- 等起反应。和这些物质起反应时所需氯的总量叫作需氯量。

当水里有氨时，氯和氨起反应生成三种不同的氯胺，反应如下：

$$HClO + NH_3 \rightleftharpoons NH_2Cl + H_2O$$

$$2HClO + NH_3 \rightleftharpoons NHCl_2 + 2H_2O$$

$$3HClO + NH_3 \rightleftharpoons NCl_3 + 3H_2O$$

水中氯胺所含氯的总量称为化合性氯。当水中的 HCl 因消毒消耗后，上述反应向左进行，继续供应消毒所需的 HClO，故氯胺也有杀虫性能。游离有效氯的消毒效能比化合性氯高，一般氯胺的作用比氯慢，但当水中的 pH > 10 时产生更好的效果，氯胺在水系统中有更好的持久性。当水中含氨量过高，游离有效氯不能保持时，可暂采用其他杀菌剂如非氧化型杀菌剂。

氯加入水中主要消耗在藻类或黏泥等产生的有机物上，还要被含活性氮的化学物质（如氨、聚丙烯酰胺等）所消耗而形成氯胺，因此，只有满足了这些需氯的消耗后，水中才会出现游离有效氯。这个过程称为"转效点氯化"。只有过了转效点后，加入的氯才会产生多余的游离有效氯（常称为余氯）。为了保证杀生效果，在冷却水系统中要保持一定的余氯量和维持一定的接触时间，余氯量和接触时间要视系统的情况而定，一般余氯量要保持在 $0.4 \sim 1.0 mg/L$。余氯量大于 $2mg/L$ 时，容易破坏冷却塔中的钢材，故必须注意。

投氯方式有连续式和间歇式两种。连续加氯是在冷却水中经常保持一定的余氯量，其杀生效果好，但费用较大，故一般采用间歇式加氯，即在 1 天中，间歇加氯 $1 \sim 3$ 次，每次达到规定余氯量后维持接触时间 $2 \sim 3h$。必须注意的是加氯要按规定的时间运行，切莫中断，若加氯不及时，容易引起微生物的迅速繁殖，待微生物形成危害后，就很难加以控制了。

余氯的监测应在系统终端进行，即在入塔的回水管上采样，因为终端如能保持一定的余氯量，则在整个系统都可以保证有余氯存在。氯加入系统时，会与碱中和。而消耗有机物产生 H_2S 和 SO_2 时，会产生氢离子，因此在加氯过程中，为避免循环水中 pH 值过低，必须中断或减少为调 pH 值而投加的酸量。

二氧化氯杀菌能力强，是一种黄绿色气体，有刺激性气味，性质不稳定，并具有爆炸性，故使用时必须在现场有关溶液中产生。用于水处理时，常通过亚氯酸溶液与氯的溶液或稀硫酸反应来产生。二氧化氯对孢子和病毒的杀伤更有效，其溶解在水中并不与水起反应，水的 pH 值对二氧化氯杀菌效果没有多大影响，所以在高 pH 值时二氧化氯效果比起氯来要有效得多。由于二氧化氯不与氨和其他大多数胺起反应，所以其实际消耗量比氯少，对于合成氨、炼油厂来说，容易受氨、酚等污染，用二氧化氯代替氯可能更好些。但二氧化氯成本较高，故其使用也受到一定的限制。

（2）**非氧化型杀菌灭藻剂**　在循环冷却水系统中使用最多的非氧化型杀生剂是氯酚、五氯酚钠和三氯酚钠。国内使用较普遍的氯酚杀菌剂的 NL-4，它的主要成分为 2,2′-二羟基-5,5′-二氯-二苯基甲烷（二氯酚）。它对于循环水中异养菌、铁细菌、硫酸盐还原菌等菌种类及藻类均有很强的杀灭和抑制作用，对真菌的杀灭效果尤为显著。对木质冷却塔进行定期喷药处理，可防止真菌对木材的腐蚀。

氯酚毒性大，对人眼、鼻等黏膜和皮肤有刺激，使用时要注意防护。氯酚对鱼类具有较高的毒性，因此排入湖泊中受到了限制，一般在使用时，冷却水系统停止排污，待氯酚在系统中充分降解后才能进行排水。

季铵盐是一种含氮的有机化合物，对藻类和细菌的杀灭最有效。季铵盐在水中电离后带正电荷，是一种阳离子表面活性剂，具有渗透至微生物生长物内部的性能，而且容易吸附在带负电荷的微生物表面。微生物的生活过程由于受到季铵盐的干扰而发生变化，这就是季铵盐类的杀菌原理。循环水中许多带负电荷的物质如灰尘、油污和一些有机物质都会与季铵盐的正电荷相吸，使季铵盐的活性降低，从而失去杀菌作用。季铵盐对孢子没有什么作用，在较高浓度如 $1 \sim 3mg/L$ 下，对一些真菌有作用。季铵盐类的缺点是使用剂量比较高，这样往往会引起起泡现象，但没有什么害处。

目前国内经常使用的洁而灭（十二烷基二甲基苄基氯化铵）和新洁而灭（十二烷基二甲基苄基溴化铵）是季铵盐化合物，它们是广谱杀生剂，对藻类、真菌类和异养菌等均有较好的杀生效果，还对污泥有剥离作用，使用浓度一般为 5～10mg/L。季铵盐用于循环水系统，多数选用两种以上的药剂交替使用，或选用复合配方，因而扩大了季铵盐类药剂的应用。但是在应用中要注意，季铵盐类与阴离子表面活性剂共用时，会产生沉淀而失效；但与非离子型活性剂共用时，无不良影响。

二硫氰基甲烷 $CH_2(SCN)_2$ 是一种浅黄色或接近于无色的针状结构，有恶臭和刺激味。它是一种广谱杀生剂，对细菌、真菌、藻类及原生动物都有较好的杀生效果，它比一般杀生剂杀菌能力都强，特别是对硫酸盐还原菌效果最好。其使用浓度较低，约 5mg/L 即可，并且在 6h 内可以连续获得 98%～99% 的高杀生率。

二硫氰基甲烷中的硫氰酸根可阻碍微生物呼吸系统中电子的转移。在正常呼吸作用中，三价铁离子形成了弱盐 $Fe(SCN)_2$ 而使高铁离子失去活性，从而引起细菌死亡。因此凡含细胞色素的微生物均能被杀死，硫酸盐还原菌含有铁细胞色素，故而能被杀死。

二硫氰甲基适用的 pH 值范围为 7.5～8.5，它不易溶于水，通常在使用时要与一些特殊的分散剂和渗透剂共同应用，以增加药剂对藻类和细菌黏液层的穿透性。由于二硫氰基甲烷是防水型，因而不会由于水系统有污染物而使其活性下降，但二硫基甲烷对鱼类毒性大，排入水域前必须要采取措施。

8.3.4.5 循环冷却水的综合治理

冷却水的水垢附着、腐蚀、微生物黏泥等危害的发生，大多是由多种因素综合作用的结果。所以有些问题若仅注意冷却水的化学处理，而忽视其他工作，是不能完全解决的，必须要注意每个环节的工作，讲究综合治理才能收到良好的效果。

综合治理必须注意以下几个方面。

（1）**确保补充水的质量** 如果补充水中存在较大颗粒的固体物质（如甲壳虫、塑料、木块等），会造成换热器的堵塞，并使化学处理失败；补充水的浊度过大，会使换热器上引起泥垢；微生物过多，会引起黏泥危害；水中成垢离子超过规定，就易结垢，必须考虑补充水的软化。此外，在澄清过程中选用絮凝剂时也应注意，以不使铁、铝离子转移而在冷却水系统中沉积下来为原则。

（2）**冷却塔周围的环境** 冷却塔附近的烟尘、灰沙、化学气体很容易进入水中，使冷却水的浊度或化学物质含量增加，因此对上述污染物质必须设法防治。在冷却水系统中增加旁滤池是降低循环冷却水浊度的一个好办法。

（3）**优化换热器及选用合理运行参数** 冷却水的化学处理的效果还与换热器的结构、金属材料、机械加工、操作条件等因素有密切关系。例如有些壳程换热器在结构上有很多折流板，再加上水的流速低，很难避免沉积和垢下腐蚀的发生，这种沉积和垢下腐蚀不是化学处理能解决的。对于这类换热器，目前有些工厂采用涂料保护方法；有些工厂则在操作中采用定期空气搅动吹扫，均获得较好的效果。此外，注意换热器的操作条件、选用适当的金属材质、注意加工方法等都是综合治理所要注意的。因此，在选用化学处理配方及运行条件（pH 值、浓缩倍数等）时，要综合分析全系统换热器的材质和运行条件，如有铜设备的，需防止氨腐蚀；有不锈钢设备的，需考虑氯离子应力腐蚀；有热强过高设备（如蒸汽冷凝器）的，应着重防止结垢。

习题及思考题

1.填空题

（1）冷却水长期使用后必然带来＿＿＿＿、＿＿＿＿、＿＿＿＿危害。
（2）冷却塔循环冷却水的水量损失是由＿＿＿＿、＿＿＿＿、＿＿＿＿、＿＿＿＿造成的。
（3）冷却系统中的水垢主要成分是＿＿＿＿。
（4）水质稳定性鉴别常用的两个指标是＿＿＿＿、＿＿＿＿。

2.判断题

（1）循环水系统中浓缩数越大、补充水越少、系统中含盐量越小。（　　）
（2）黏泥和缓蚀剂在设备表面形成的薄膜是相同的。（　　）
（3）提高冷却水系统的pH值可以防止设备的结垢。（　　）
（4）冷却水系统的杀菌灭藻剂一旦选定后，不可以随便换。（　　）

3.简答题

（1）在敞开式循环冷却水系统中，冷却水长时间反复使用后，为什么会出现溶解性固体浓度增高？
（2）敞开式循环冷却水系统存在的问题都有哪些？
（3）腐蚀的基本原理是什么？金属腐蚀有哪些类型？影响腐蚀的因素有哪些？控制腐蚀的方法都有哪些？
（4）缓蚀剂有哪些类型？它们控制金属腐蚀的原理是什么？
（5）试讨论循环冷却水水质处理的意义。
（6）水垢的主要成分是什么？它是怎样形成的？如何控制水垢的形成？
（7）循环水的补充水质为：Ca^{2+}浓度为34mg/L，总碱度为2mmol（以$CaCO_3$计），含盐量为380mg/L，pH＝7.64在循环水t = 40℃，浓缩倍数K = 3时，预计pH = 8，判断补充水及循环水是否稳定，应采用什么措施？
（8）生物对冷却水系统有什么危害？
（9）什么是黏泥？它与污垢有什么区别？
（10）如何控制冷却水系统中的微生物？

9 污水处理厂的设计与运行管理

9.1 污水处理厂的设计

9.1.1 污水处理厂的设计内容及原则

9.1.1.1 污水处理厂的设计内容

污水处理厂的设计内容主要包括：根据城市和企业（工业区）的规划要求选择厂址；根据原水水质及处理后要求达到的水质标准选择处理工艺流程和处理构筑物的形式；处理工艺流程设计说明；处理构筑物形式选型说明；处理构筑物或设施设计计算；主要辅助构（建）筑物设计计算；主要设备设计计算选择；污水厂总体布置（平面或竖向）及厂区道路、绿化和管线综合布置；处理构建筑物、非标设备设计图绘制；编制主要设备材料表。

9.1.1.2 污水处理厂的设计原则

① 污水处理厂的设计必须符合适用的要求。选择的处理工艺流程、构（建）筑物形式、主要设备、设计标准和数据等应最大限度地满足生产和使用的需要，以保证处理厂功能的实现，达到符合国家排放标准的出水水质。

② 污水厂设计采用的各项设计参数必须可靠。设计时必须充分掌握和认真研究各项自然条件，如水质水量资料、同类工程资料。按照工程的处理要求，全面地分析各种因素，选择好各项设计数据，在设计中一定要遵守现行的设计规范，保证必要的安全系数。对新工艺、新技术、新结构和新材料的采用持谨慎的态度。

③ 污水厂设计要符合技术上先进、经济上合理的原则。设计中必须根据生产的需要和可能，在经济合理的原则下，尽可能地采用先进技术。在机械化、自动化与仪表控制程度方面，要从实际出发，根据需要和可能及设备供货条件妥善确定。在设计中要尽可能降低工程造价，在工程建设投入生产使用后取得最大的经济效益、使用效益和社会环境效益。

④ 污水厂设计必须注意近远期相结合。一般情况下宜采用一次设计分期建设的方法，在远期规划的情况下，设计应为今后发展预留改、扩建的条件。当考虑分期建设时，对不宜分期建设的部分，可土建一次建成，设备分期安装，如配电室、泵房以及加药间等，而某些处理构筑物，如沉淀池、曝气池、二沉池等可按水量发展分期建设。

⑤ 污水厂设计必须考虑安全运行的条件。对一些重要岗位应考虑双路供电；为防止因突发事故而造成处理厂停运，适当设置进厂废水安全分流设施、超越管线等；对于污水厂在运行过程中有可能产生的可燃、可爆、有腐蚀性的物质，要注意防护和安全贮存等。

⑥ 污水处理厂的设计应适当考虑厂区的美观和绿化，污水处理厂内的建筑物的外观和

布局要注意美观和协调。

9.1.2　污水处理厂的厂址选择

在进行污水处理厂总体设计时，对具体厂址的选择，仍需进行深入的调查研究和详细的技术比较。在选择厂址时，一般应遵循以下原则。

① 厂址选择应结合城市或企业现状和规划，考虑近远期发展的可能，选择在有扩建条件的地方，为今后发展留有余地。

② 为保证环境卫生防护的要求，厂址应与居民点规划居住区域或公共建筑群保持一定的卫生防护距离。有关防护距离的大小应根据当地具体情况，与有关环保规划部门商议确定，一般应不小于300m。

③ 厂址应选择在工程地质条件好（地下水位低、承载能力强、岩石少）、地形有利于处理构筑物平面与高程布置的地方，以降低工程造价，便于施工，降低运行费用。

④ 厂址选择应本着节约用地的原则，尽可能利用地区的废弃地，少占和不占农田。

⑤ 厂址必须位于集中取水水源下游，距离不小于500m，并应设在区域或企业厂区及生活区的下游和夏季主风向的下风向。

⑥ 厂址应尽量选在交通方便的地方，以有利于施工运输和运行管理。否则就要增辟道路，增加工程量和工程造价。

⑦ 厂址应尽可能靠近供电电源，以利于安全运行和降低输电线路费用。对大型或不允许间断供水的工程需要连续两路电源。

⑧ 当处理后的污水或污泥用于农业、工业或市政时，厂址应考虑与用户靠近，或方便运输，当处理水排放时，应与受纳水体靠近。

⑨ 厂址不宜设在雨季易受水淹低洼处，靠近水体的处理厂，要考虑不受洪水威胁。

⑩ 要充分利用地形，应选择有适当坡度的地区，以满足污水处理构筑物高程布置需要，减少土方工程量。若有可能，以采用污水不经水泵提升而自流进入处理构筑物的方案，以节省动力费用，降低处理成本。

9.1.3　污水处理工艺流程

9.1.3.1　工艺流程的选择

污水处理工艺流程是指对污水处理所采用的一系列处理单元的组合形式。它的选择一般应与污水处理厂厂址的选择同时考虑，其最主要的选择依据是原污水的水质、处理应达到的程度与其他自然条件等。一般来说，废水处理工艺流程的选择应当主要考虑以下几个方面的问题。

（1）原污水水质　一般的生活污水水质比较固定，处理的主要目标是降低污水的生化需氧量和悬浮固体，常用的处理方法包括沉淀、生物处理、消毒等，有典型流程可供参考。而工业废水水质复杂，无论是污水中的污染物的种类还是浓度，差异都很大，因此，目前没有特别典型的流程可供参考。

在选择城市或区域性污水处理流程时，必须首先确定工业废水与生活污水是一并处理还是分别处理。通常的做法是：除水量较大的重点企业采用独立的污水处理系统外，大多数分散的中小型企业的一般污水，排入城市下水道，与生活污水一起送到城市污水处理厂统一处理。某些特殊工业废水，含有毒有害物质，则要求在厂内经过处理，达到规定的标准后方能排到城市污水处理厂。

城市和区域性污水处理的典型流程参见图1-2，这一流程为国内外污水处理工艺所普遍采用，所不同的地方主要是采用的生物处理工艺（活性污泥法或生物膜法）不同。处理单元的排列顺序原则是先易后难，易于除去的悬浮物的处理构筑物沉砂池、沉淀池等排列于前。而以去除溶解性有机物为目的的生物处理构筑物则排列其后，消毒去除病原体则排列在最后。如果二级出水用于回用，则在二级生物处理之后，再加一级混凝沉淀和过滤，进一步去除悬浮物、溶解性有机物，使其达到回用的目的。以除去悬浮颗粒为主的系统为一级处理，而以去除溶解性有机物为主的系统称为二级处理或生物处理，以回用为目的进一步降低悬浮物及溶解性有机物的系统称为深度处理或三级处理。

工业废水种类繁多，应去除的污染对象庞杂，可以采用的处理工艺繁杂，根据不同的去除对象所采用的处理工艺参见表1-5。

（2）**污水的处理深度**　这是污水处理工艺流程选择的重要因素之一。污水处理深度主要取决于污水的污染状况、处理后水的去向、受纳水体的功能和污水所流入的水体的自净能力。

污水的污染状况表现为污水中所含污染物的种类、形态、浓度及水量，它直接影响污水处理程度及工艺流程。

处理后水的去向往往在某种程度上决定某一污水治理工程的处理深度，若处理水的出路是农田灌溉，则应使污水经二级生化处理后才能排放；如污水经处理后必须回用于工业生产，则处理深度和要求根据回用的目的不同而异。一般有以下两种类型：①处理后污水不再另经净化处理直接加以回用，例如用作循环冷却水；②处理后污水再经净化、深度处理后继续回用，例如直接回用于生产过程之中，这样对污水处理要求较高，使处理流程复杂化。

严格来说，设计人员应把水体自净能力作为确定污水处理工艺流程的根据之一，既能较充分地利用水体自净能力，使污水处理工程承受的处理负荷相对减轻，又能防止水体遭受新的污染，不破坏水体正常的使用价值。不考虑水体所具有的自净能力，任意采用较高的处理深度是不经济的。

（3）**工程造价与运行费用**　考虑工程造价与运行费用时，应以处理污水达到水质排放标准为前提条件。在此前提下，工程建设及运行费用低的工艺流程应得到重视。此外，减少占地面积也是降低建设费用的重要措施。

（4）**当地的自然和社会条件**　当地的地形、气候、水资源等自然条件也对污水处理流程的选择具有一定影响。如当地有废弃的旧河渠、池塘、洼地、河塘、沼泽地与山谷等地域，可优先考虑采用工程造价低廉的稳定塘自然净化技术。在寒冷地区，则应采取适当的技术措施，保证在低温季节也能够正常运行。

当地的社会条件如原材料、水资源与电力供应等也是流程选择应当考虑的因素。

（5）**污水的水量及其变化动态**　除污水水质外，污水水量变化的幅度大小也是工艺选择时应考虑的问题。对于水量、水质变化大的污水，应选用耐冲击负荷能力强的工艺，或考虑设立调节池等缓冲设备以尽量减少不利影响。

（6）**运行管理与施工**　运行管理所需要的技术条件与施工的难易程度也是在选择工艺流程时应考虑的问题，如采用技术密集、运行管理复杂的处理工艺，就需要有素质高、技术水平强的人员。因此在选择运行管理复杂的工艺时应在充分的可行性研究的基础上决定。工程施工的难易程度也是选择工艺流程的影响因素之一，如地下水位高，地质条件差的地方，就不适宜选用深度大、施工难度高的处理构筑物。

（7）**处理过程是否产生新的矛盾**　污水处理过程中应注意是否会造成二次污染问题。例如化肥厂造气污水在采用沉淀、冷却后循环利用过程中，在冷却塔尾气中会含有氰化物，对大气造成污染。农药厂乐果污水处理中，以碱化法降解乐果，如采用石灰作碱化剂，产生的污泥会造成二次污染。

应当注意，在工艺设计计算时，应考虑到平面布置的要求，如发现不妥，可根据情况重新调整工艺设计。

总之，在工艺设计时，除应满足工艺设计上的要求外，还必须符合施工及运行上的要求。对于大中型处理厂，还应作多方案比较，以便找出最佳方案。

9.1.3.2 处理构筑物的结构设计及结构要求

同一级处理构筑物，不同的形式具有各自的特点，表现在它的工艺系统、构造形式、适用性能、处理效果、运行与维护管理等。同时建造费用和运行费用也存在差异。因此，确定了处理工艺流程后，应进行处理构筑物形式的选型，必要时可通过技术经济比较确定。

根据工艺要求设计构筑物时，要特别注意以下三个方面的要求，保证构筑物功能的良好发挥。

（1）**进水** 构筑物进水位置一般处于构筑物中心或进水侧高程中部，进水要尽可能地采用缓冲手段，防止进水速度过大，因惯性直线前进，影响构筑物正常功能的发挥。一般采用放大口径进水和多孔进水以降低水流速度。同时，中心管进水还外套稳流筒，起到缓冲作用。传统进水方式采用指缝墙的较多，但有时受进水杂质影响，要争取在构筑物前将较大粒径的悬浮杂质彻底清除，否则运行中的清理非常困难。

（2）**出水** 出水有两种类型：一种是澄清型出水；另一种是非澄清型出水。澄清型出水是沉淀池、浓缩池等构筑物，需要控制出水含带悬浮物杂质的出水方式，主要有集水孔出水和锯齿堰出水等方式。由于集水、出水小孔易堵塞，通常应用锯齿堰较多，但要求有较好的施工质量和密封手段，以保证锯齿堰出水均匀流出。非澄清型出水有水平堰口出水和直接管式出水等方式。由于出水不需要控制其含带的杂质量，对堰口要求比较低。为保证构筑物保持一定的运行液位，一般应采用水平堰口出水后再经出水管出水。直接管出水易造成液位波动，这样就会浪费池容。

（3）**放空** 污水处理构筑物必须设有放空的结构部分，并能保证在需要的情况下将构筑物内的污水或污泥全部排放干净，以便进行设备检修和构筑物自身的清理。一般放空管应设在构筑物最低位置并低于构筑物内最低处地面，同时，构筑物连通的公用工程排水管线，还要保证低于放空管，排水管线运行液位不致造成污水回灌，否则达不到构筑物的放空效果。而且，在构筑物中，应在尽可能短的距离内设放空管线检修井，以便对放空管线进行清通和检修。

9.1.4 污水处理厂的平面布置与高程布置

9.1.4.1 污水处理厂的平面布置

污水处理厂的建筑组成包括生产性处理构筑物、辅助建筑物和连接各建筑物的管渠。对其进行平面规划布置时，应考虑的原则有如下几条。

① 应尽量紧凑，以减少处理厂占地面积和连接管线的长度。

② 生产性处理构筑物作为处理厂的主体建筑物，在做平面布置时，必须考虑各构筑物的功能要求和水力要求，结合地形和地质条件，合理布局，以减少投资并使运行方便。

③ 各单元处理构筑物的座（池）数，根据处理厂的规模、处理厂的平面尺寸、各处理设施的相对位置与关系、池型等因素来确定，同时考虑到运行、管理机动灵活，在维护检修

时不影响正常运行。每个单元处理构筑物不得少于两座（池），而且，联系各处理构筑物的管渠布置应是各处理系统自成体系，以保证各处理单元能够独立运行，并设置必要的超越管线，当某一处理构筑物因故停止运行时，不至于影响其他单元构筑物的正常工作，以便发生事故或进行检修时，污水能超越该处理构筑物。

④ 对于辅助建筑物，应根据安全、方便等原则布置。如泵房、鼓风机房应尽量靠近处理构筑物，变电所应尽量靠近最大用电户，以节省动力与管道；办公室、分析化验室等均应与处理构筑物保持一定距离，并处于它们的上风向，以保证良好的工作条件；贮气罐、贮油罐等易燃易爆建筑的布置应符合防爆、防火规程；污水处理厂内的道路应方便运输等。

⑤ 在设计处理厂平面布置时，应考虑设置厂内各池泄空时的泄空管，此管可与场内污水管合一，将排出的污水和厂内污水一同回流至泵前水池回流处理。

⑥ 厂区内给水管、空气管、蒸汽管以及输电线路的布置，应避免相互干扰，既要便于施工和维护管理，又要占地紧凑。当很难铺设在地上时，也可敷设在地下或架空敷设。

⑦ 要考虑扩建的可能，留有适当的扩建余地，并考虑施工方便。

⑧ 污水处理厂区应设置连通各构筑物和建筑物的道路，厂区应有一定的绿化面积，其比例不小于全场总面积的30%。

⑨ 构筑物布置应注意风向和朝向。将排放异味、有害气体的构筑物布置在居住与办公场所的下风向；为保证良好的自然通风条件，建筑物布置应考虑主导风向。

9.1.4.2 污水处理厂的高程布置

（1）**污水处理厂的高程布置的任务** 处理厂高程布置的任务是：确定各处理构筑物和泵房的标高及水平标高；各种连接管渠的尺寸及标准，使水能按处理流程在处理构筑物之间靠重力自流，以减少运行费用。为此必须计算各处理构筑物之间水头损失，定出构筑物之间的水面相对高差。水头损失包括：水流经过的各处理构筑物的损失，构筑物间的连接管渠中的沿程损失和局部损失，以及水流经过计量设备等的水头损失等。各种处理构筑物的水头损失（包括进、出水渠道的水头损失）可参见表9-1估算。

表9-1 污水流经各种处理构筑物的水头损失

构筑物名称	水头损失/cm	构筑物名称	水头损失/cm
格栅	10～25	普通快滤池	200～250
沉砂池	10～25	压力池	500～600
平流沉淀池	20～40	通气滤池（工作高度为4m）	650～675
竖流沉淀池	40～50	生物滤池 （1）装有旋转布水器 （2）装有固定喷洒布水器	270～280 450～475
辐流沉淀池	50～60	曝气池 （1）污水潜流入池 （2）污水跌流入池	25～50 50～100
反应池	40～50	混合接触池	10～30

（2）**污水处理厂高程布置的一般原则**

① 水力计算时，应选择一条距离最长、水头损失最大的流程进行计算，并适当留有余地，以防止淤积时水头不够而造成涌水现象，影响处理系统的正常运行。

② 计算水头损失原则上应以最大设计流量计算（按远期最大流量考虑），对达到中

型规模的处理厂，按设计的平均流量计算，按远期的最大流量来核算，留有充分的池面超高（最大流量时的水位不至于溢出池子）。同时作为各构筑物之间的连接管渠应按最大流量设计，当某座构筑物停运时，与其并联运行的构筑物与有关的连接管渠能通过全部流量。

③ 高程计算时，常以受纳水体的最高水位或下游用水的水位要求作为起点，由下游倒推向上游计算，以使处理后的污水在洪水季节也能自流排出，使污水处理厂的总提升泵房的扬程最小。如果下游水位较高，应抬高全处理厂的运行水位，使水泵扬程加大或在最后排出口设置泵站提升排水。应进行充分的经济技术比较确定。当排水水位不受限制时，应以处理构筑物埋深限制来确定标高（全厂的土方平衡）。

④ 在高程布置与平面布置时，都应注意污水处理流程与污泥流程的相互协调，应尽量减少提升的污泥量，并考虑污泥处理设施排出的污水能自流进泵站前池。

⑤ 为了确定处理厂的高程布置，绘制总的平面图的同时，必须绘制工艺流程的纵断面图。纵断面图上应该绘出构筑物和管渠的水面高程、尺寸和各节点底部高程，原地面和设计地面高程。纵断面图的比例尺一般采用纵向（1∶50）～（1∶100），甚至（1∶10）；横向（1∶500）～（1∶1000），最好与总平面图比例尺相同。

9.1.5　污水处理工程节能设计

污水处理厂的建设不仅要考虑污水处理工艺的先进性、可靠性和实用性，考虑工程投资的大小，而且更重要的是要考虑处理过程的能耗。污水处理所消耗的能量通常包括直接能耗和间接能耗。

直接能耗是指污水处理厂运行过程中现场消耗的能量。直接能耗一般包括电力、燃油或煤、天然气。

间接能耗是指污水处理厂建设和运行过程使用的非能源产品所涉及的能耗，一般包括：建设时所用建筑材料、机电设备的生产所需的能耗，施工与安装过程消耗品的生产所需的能耗，施工与安装所用设备的生产和使用涉及的能耗，运输过程能耗，运行时所用药剂和其他原材料涉及的能耗（如自来水、蒸汽），尤其是药剂、絮凝剂、酸或碱、化学分析所用药剂等，消耗量大、价格高，使运行成本大大提高。

从污水处理厂的能耗分析、污水处理厂设计和运行的实际来看，污水处理厂的节能技术主要表现在：确定合理的处理工艺（包括尽量不用化学药剂来处理污水），高能效的总体设计，选用节能的设备与装置，污水与污泥综合利用。

设计中应该选择高能效的处理工艺。污水处理的工艺方法中，物理处理方法能耗较低，其次是厌氧生物处理法，处理费用约为前者的5～10倍；好氧生物处理法能耗较高，处理费用约为厌氧生物处理的5～8倍；物理化学处理法则能耗最高，尤其是对于难处理的工业废水，选用价格高的絮凝剂、吸附剂时。

9.2　污水处理厂的运行管理和自动控制

9.2.1　污水处理工程的验收

当污水处理厂的构筑物、辅助构筑物及附属建筑物的土建工程、主要工艺设备安装工程、室内室外管道安装工程已全部结束，已形成生产运行能力（达到设计规模），即使有少数非主要设备及某些特殊材料短期内不能解决，或工程虽未按设计规定的内容全部建成（指附属设施），但对投产、使用影响不大，此时可报请竣工验收。

（1）工程验收的组织　工程施工完毕后必须经过竣工验收。竣工验收由建设单位组织施工、设计、管理（使用）、质量监督及有关单位联合进行。隐蔽工程必须通过中间验收，中间验收由施工单位会同建设、设计及质量监督部门共同进行。

（2）工程验收的程序　工程项目的竣工验收程序主要有自检自验（施工单位完成）、提交正式验收申请和验收报告与资料（施工单位完成）、现场预验收（由施工、建设单位、设计及质检部门完成）、正式验收（由以上单位完成）。并做好以下工作：

① 对各单体工程进行预验，查看有无遗漏，是否符合设计要求；
② 核实竣工验收资料，进行必要的复检和外观检查；
③ 对土建、安装和管道工程的施工位置、质量进行鉴定，并填写竣工验收鉴定书；
④ 办理验收和交接手续；
⑤ 建设单位将施工及竣工验收文件归档。

（3）验收的依据与标准　验收依据一般包括设计任务书、扩初设计、设计报告、施工图设计、设计变更通知单、国家现行标准和规范。

一般验收标准包括建设工程验收标准、安装工程验收标准、生产准备验收标准和档案验收。

9.2.2　工程验收的准备

工程项目在验收前，施工单位应做好下列验收的准备工作。

（1）**完成收尾工程**　收尾工程的特点是零星、分散、工程量小、分布面广，如果不及时完成，将会直接影响工程项目的竣工验收及投产使用。

（2）**竣工验收的资料准备**　竣工验收资料和文件是工程项目竣工验收的重要依据，从施工开始就完整地积累和保管，竣工验收时经编目建档。

（3）**竣工验收自检自验**　竣工项目自检自验是指工程项目完成后施工单位自行组织的内部模拟验收，自检自验是顺利通过正式验收的可靠保证。通过自检自验，可及时发现遗漏问题，事先予以处理，为了工作顺利进行，自检自验宜请监理人员参加。

9.2.3　工程验收的内容

工程项目验收内容分为工程资料验收和工程内容验收两部分。前者包括工程综合资料、工程技术资料和竣工图。后者包括土建工程验收、设备与管道安装工程验收。

9.2.3.1　工程综合资料

工程综合资料主要包括以下内容：

① 项目建议书及批件；
② 设计任务书；
③ 土地征用申报与批准文件及红线、拆迁补偿协议书；
④ 承包发包合同，招标与投标等协议文件；
⑤ 施工执照；
⑥ 整个建设项目的竣工验收报告；
⑦ 验收批准文件、验收鉴定书；
⑧ 项目工程质量检验与评审材料；

⑨ 工程现场声像资料；
⑩ 消防、劳动卫生等设施验收资料。

9.2.3.2 工程技术资料

工程技术资料主要包括以下内容：
① 工程地质、水文、气象、地震资料；
② 地形、地貌、控制点、构筑物、重要设备安装测量定位、观测记录；
③ 设计文件及审查批复卡，图纸会审和设计交底记录；
④ 工程项目开工、竣工报告；
⑤ 分项、分部工程和单位工程施工技术人员名单；
⑥ 设计变更通知单、变更核实单；
⑦ 工程质量事故的调查和处理资料；
⑧ 材料、设备、构件的质量合格证明资料，或相关试验、检验报告；
⑨ 水准点的位置、定位测量记录、沉降及位移观测记录；
⑩ 隐蔽工程验收记录及施工日志；
⑪ 分项、分部、单位工程质检评定资料；电气与仪表安装工程竣工验收报告；
⑫ 设备试车、运转验收记录；
⑬ 国外采购设备的技术协议或资料。

9.2.3.3 竣工图

工程项目竣工图是真实记录各种地下、地上工程等详细情况的技术文件，是对工程交工验收、维护、扩改建的依据，也是使用单位长期保存的技术资料。

若施工中没有变更或少数一般性变更时，则由施工图在原施工图或局部修改补充的施工图上，加盖"竣工图"标志后，即作为竣工图。

凡结构形式、工艺结构、平面布置、技术项目改变以及其他重大改变，不宜再在原施工图上修改补充，应重新绘制改变后的竣工图。

9.2.4 污水处理厂的试运行

污水处理厂的试运行也称调试，是其正式运行前所必需的一项过程。在污水处理厂工艺过程中，还涉及机电设备、自控仪表、化学分析等各种相关专业技术，在试运行中，应将设备联动、自动控制与工艺过程调试一起进行，也可分别试车。一般处理厂的调试经过以下过程：

① 对整个工艺系统进行清水联动试车，检查水位高程是否满足设计要求，考察设备在清水状态下的运行情况；
② 各处理单元分别进行污水调试，摸索并验证其运行参数；
③ 污水联动试运行直至水质达标，设备运行状态稳定，一般在此阶段进行自动控制联动。

各处理单元的调试根据其特点也有很大不同。物理处理的调试过程比较简单；生物处理的调试过程要复杂得多，对于好氧工艺一般需要 2～3 周的时间，而厌氧生物工艺可能需持续 1～3 个月，甚至更长的时间。调试过程中要严密监视来水水质，相应地采取应急措施，保证调试过程的顺利进行。

9.2.5 污水处理厂的运行管理

运行管理是对企业生产活动进行计划、组织、控制和协调等工作的总称。污水处理厂的运行管理指从接纳原污水至净化处理排出"达标"污水的全过程的管理。运行管理可分为质量监测管理、操作管理、设备管理、工艺技术管理、安全生产管理等。

9.2.5.1　质量监测管理

运行质量监测分仪表自动化连续在线监测和分析监测两类。现在仪表自动化连续在线分析系统可对许多指标进行监测，如 DO、pH、SS、NH_3-N、COD 等。自动化监测仪表安装于污水处理装置的进出口或处理单元进出口处。由于污水水质一般不稳定，成分复杂，通过自动化仪表的监测显示可及时掌握进水水质情况和装置运行情况，对污水处理装置的运行管理有很大帮助。根据仪表的显示，可及时地进行生产调整，保证装置运行稳定受控。如曝气池上应用 DO 仪表可以准确反映即时的溶解氧含量，及时调整供风量，保证生化效果处于最佳状态。

仪表在线监测能够直接反映污染指标，信息显示及时、直观，且省掉了人工分析的许多麻烦。但仪表监测项目有限，且需经常维护、校核，有时也会存在误差；目前在线监测仪表现仍以进口为主，投资费用较高。因此，当前质量监测控制仍以分析监测为主。

分析监测要全面反映污水处理厂的进、出水的水质水量情况和整个污水处理装置工艺过程中的运行状态，要选择几项对装置运行具有直观指导和控制意义的项目作为控制分析项目。这种项目选择要依据生产装置污水排放特点，一般以 pH 值、COD、特征污染物为主。对这些主要项目的分析，可及时准确地反映污水处理厂进水水质情况、生产装置运行情况、污水处理厂对主要污染物的去除效果等，根据分析结果，及时进行污水处理装置的工艺操作调整。因此，控制分析项目要能及时准确地分析出结果，准确反映出不同阶段的生产状况。这就要求控制分析要有足够的分析频率来满足生产控制的要求。通过监测分析项目的开展，可以使污水处理厂质量受控、生产受控、工艺平稳运行。

9.2.5.2　操作管理

污水处理厂的每个单元工艺都要有具体的控制管理内容，操作者按其单元操作管理要求来完成操作任务，管理者则要对操作内容完成情况及时进行检查，保证各单元处于良好的运行状态。对于系统工艺要编制工艺规程，介绍主要工艺管理情况，供管理人员参与；对于单元工艺要编制岗位操作法，规定单元工艺的操作内容、操作方式、控制指标、安全注意事项、故障处理等，供操作者按操作法执行岗位操作。

操作管理中要尤其注意操作质量的检查管理和系统工艺的稳定平衡。如沉砂池的刮砂，上一班刮砂不彻底就可能为下一班操作增加负荷，从而损坏刮板，甚至损坏电机等。沉淀池的排泥要保证彻底，排泥和浓缩、脱水要及时，否则就会造成积泥或悬浮物截留效果下降等。

操作管理是一项系统工程，必须严格认真、不断积累经验，保证管理到位，才能保证污水处理厂的长期稳定运行。

9.2.5.3　设备管理

设备运行的好坏是污水处理厂运行稳定与否的关键因素之一。设备管理从设备选择时即已开始，设计时要首先开展设备调研，对所需设备的生产、应用情况进行较为全面的了解，多侧面评论和论证，使所选择设备满足污水处理生产的需用，能够保证长期稳定运行。要有足够的设备数量来满足工艺负荷变化的要求，还可避免浪费。一般除按正常满足工艺要求而设置设备数量外，风机、泵都要增设一至二台备用。而构筑物上的设备如刮泥机则不能备用，但工艺设计时要考虑单台设备检修时，进水经其他构筑物可以维持运行。在运行中，要保证设备完好，备机好用，泵、风机类单台设备出故障要保证在短时间内修复，尤其进、出口阀门要加强维护，保证严密，以便设备检修时能够保证与工艺管线顺利隔绝。操作者要定时进行巡检，对设备参数及运行状态进行记录，发现问题及时处理。同时，按设备的设计要求定期更换润滑油，使设备得到良好的维护，保证其长期稳定运行。

9.2.5.4 工艺技术管理

工艺技术管理是操作管理的指导管理，在污水处理厂运行中，专业技术人员要及时分析工艺运行情况，并指导工艺运行，对工艺操作的改变或改进提出指导意见，可以根据需要及时更换控制指标，分析运行中存在的问题，评价运行状态，及时提出处理意见和方法，使工艺运行始终处于稳定受控状态。如污水处理出水个别指标突然恶化，要全面分析恶化原因，从技术上找出问题所在点，研究恢复调整方案，尽快将工艺运行调整到正常水平。对于较长的工艺流程，要设置重点工序管理点，明确控制指标，每月进行一次数据统计与分析。同时，对每段工序进行分段调优，最后达到全流程优化运行。另外，要及时总结和分析装置运行的原料与动力消耗情况，使污水处理装置的运行在保证质量的前提下，尽可能降低消耗，降低运行成本，在经济合理的条件下，创造更多的环境效益。

9.2.5.5 安全生产管理

在污水处理厂的生产过程中，会产生一些不安全、不卫生的因素，如不及时采取防护措施，势必危害劳动者的安全和健康，产生工伤事故或职业病，妨碍生产的正常进行。如不注意安全用电就可能出现触电事故；硝化区的沼气属易燃易爆气体，如不采取防火防爆措施就可能引起爆炸；污水池、井内易产生和积累有毒的 H_2S 气体，如不采取特殊的措施，下池下井就可能中毒乃至死亡；污水中含有各种病菌和寄生虫卵，污水处理工接触污水后，如不注意卫生，就可能引起疾病和寄生虫病。因此，确保安全生产、改善劳动条件是污水处理厂正常运转的前提条件。

劳动保护的基本任务是要努力为劳动者创造一个舒适的条件和环境，使劳动者从繁重、单调、有害、肮脏和危险的劳动环境中解放出来。也就是要在发展生产的基础上实现变危险为安全、变笨重为轻便、变肮脏为清洁、变有害为无害，使劳动条件更加合乎安全、卫生要求，实现安全生产、文明生产。在污水处理厂，特别要注意变配电设备的操作条件，防 H_2S、HCN 等毒气中毒，硝化区的防爆防火条件，鼓风机房的防噪声措施，污水污泥池的防人落水、防高空坠落措施等。在污水处理厂的安全生产、劳动保护工作中，必须贯彻中国劳动保护工作的指导方针，牢固树立起"安全第一、预防为主"的思想，正确处理好"生产必须安全、安全促进生产"的辩证关系。要求把污水处理厂生产过程中的危险因素和职业危害消灭在萌芽之中，切实保障劳动者的安全和健康，确保污水处理厂的正常运转。

一个管理有方的污水处理厂，在安全生产方面应该建立一系列制度，这些制度主要有：安全生产责任制；安全生产教育制；安全生产检查制；伤亡事故报告处理制度；防火防爆制度；各工种安全操作规程；安全生产奖罚条例等。

"安全生产责任制"是根据"管生产必须管安全"的原则，以制度形式明确规定污水厂各级领导和各类人员在生产活动中应负的安全责任。它是污水处理厂岗位责任制的一个重要组成部分，是污水厂最基本的一项安全制度。它规定了污水厂各级领导人员、各职能科室、安全管理部门或人员及单位职工的安全职责范围，以便各负其责，做到计划、布置、检查、总结和评比工作的同时计划、布置、检查、总结和评比安全工作，从而保证在完成生产任务的同时，做到安全生产。

"安全生产检查制"规定职工上班前，对所操作的机器设备和工具必须进行检查；生产班组必须定期对所管机具和设备进行安全检查；厂部由领导组织定期进行检查，查出问题要逐步整改，在规定假日前，组织安全生产大检查。

"伤亡事故报告处理制"规定要认真贯彻执行国务院发布的《企业职工伤亡事故报告和处理规定》。凡发生人身伤亡事故和重大事故苗子，必须严格执行"三不放过原则"（事故原因分析不清不放过；事故责任者和群众没有受到教育不放过；防范措施不落实不放过）。重大人身伤亡事故发生后，要立即抢救，保护现场，按规定期限逐级报告，对事故责任者应根据责任轻重、损失大小、认识态度，提出处理意见。对重大事故或事故苗子要及时召开现场分析会，对因工负伤的职工和死者家属，要亲切关怀，做好善后处理工作。

"防火防爆制度"规定消防器材和设施的设置问题；油库、消化区池和沼气贮柜附近等处严禁火种带入；电气焊器材（如乙炔发生器）和电焊操作的防火问题；受压容器的防爆问题等。特别是消化区，要建立严格的防火防爆制度，并建立动火审批制度，避免引起火灾和爆炸。

污水处理厂的运行管理除了以上内容之外，还包括劳动管理和污水处理厂的绿化、卫生管理。污水处理厂的劳动管理包括管理机构的设置，劳动力的定编定员，工种的划分，各工种的技术等级标准，人员的培训，工资和奖金管理等。污水处理厂的绿化除了美观之外，还可以净化空气和降低噪声。

9.2.6 污水处理装置自动化控制技术

先进的污水处理工艺将大大改善污水处理质量；自动检测、自动控制水平的提高，在提高污水处理装置的稳定性和改善出水水质上将起到重要作用。自动检测水平不高，污水处理过程各环节的控制数据采集就不及时，工序调整不迅速，则出水水质波动较大在所难免；自动化控制水平不高，就不能实现连续可靠的工艺操作，因此，污水处理水平不会有较大的提高。可见，提高污水处理装置的自动化水平对改善出水水质起着重要作用。

先进的污水处理工艺将大大改善污水处理质量，提高自动检测、自动控制水平，在提高污水处理装置的稳定性和改善出水水质上将起到重要作用。

自动检测水平不高，污水处理过程各环节的控制数据采集就不及时，工序调整不迅速，则出水水质波动较大在所难免。自动化控制水平不高，就不能实现连续可靠的工艺操作，因此，污水处理水平不会有较大的提高。可见，提高污水处理装置的自动化水平对改善出水质量起重要作用。

自动控制技术在污水处理厂中应用具有如下特点。

（1）低温、低压、大流量测量自动控制 低温、低压、大流量测量是污水处理厂自动控制的特点之一。在污水处理过程中，由于工艺运行的要求，其测量与自动控制是在低温（常温）、低压力下进行，如污水的预处理和生化处理都是在常温下进行。压力测量主要是在配套装置上进行，如对鼓风机出口风压进行调节，控制生化池加入的空气量，一方面可有效地使生化池溶解氧保持在一定浓度范围内，另一方面通过压力控制可减少电能消耗。

（2）在线分析仪表的广泛使用 使用在线分析仪表进行COD、NH_3-N、pH值、DO、SS等污水指标的连续测量，为工艺生产控制提供重要数据，离开这些指标的监测，污水处理不可能进行，或者说是无目标进行。

（3）液位测量装置的广泛使用 在污水处理厂的各种池、井工艺装置上广泛使用，对液位进行有效控制是工艺过程所必需的，否则外溢、再次污染的危害就会发生。

（4）集散控制系统（DCS） 污水处理过程的测量与工艺自动化仪表以集散控制系统（DCS）为标志的20世纪90年代先进的自动化技术在污水处理工程上得到了应用，使污水处理的自动化水平发生了飞跃性的变化。

将现场测量分散的数据进行集中显示，使系统运行情况被生产控制人员所掌握，能够迅速快捷地进行必要的生产调整；同时，DCS自动完成分散控制，迅速调节操作信息和相关数据，为后续生产提供重要资料、操作信息和相关数据，使操作者和管理者对进入的污水总量能有一个综合的认识。各种测量数据中，其中最主要的数据为pH值、流量、COD、NH_3-N和要求监控的液位等。下面对流量和液位仪表进行论述。

① 流量测量　输送污水的方式有明渠和管道两种，并有两种相应的测量方法。

a. 明渠　明渠流量随水的深度变化而改变，即 $Q = f(H)$。

b. 封闭管道　液体在管道中流动并且充满管道，流量取决于流速，$Q = f(v)$。

污水进出污水处理厂时的流量测量采用巴氏计量槽较为理想，虽然电磁流量计精度较高，但由于污水中的油脂和其他绝缘物使其读数不准确，而巴氏计量槽可以满足一定的精度要求，不会形成沉积，因而对大流量污水测量非常适用。

超声波液位仪可以非常精确地测量液位，与巴氏计量槽构成流量测量装置，是一种免维修的流量测量设备。

巴氏计量槽在外形上有一段顺着排水方向的收缩，如图9-1所示。这种收缩能抬高水位，最窄处的水深是个临界值，如果下游水位低于临界值的话，水的上游液位与下游液位就无关了，在上游某一点通过超声波液位计测得水深的时候，流量可以用公式算出。根据实际情况，$H_上/H_下 < 0.7$，流量计算公式为：

$$Q = 0.372W(H_上/0.305)^{1.569W^{0.026}}$$

式中　W——喉宽，m；

$H_上$——上游段液位，m；

Q——流量，m^3/h。

② 液位测量　为保证污水处理系统安全稳定地运行，要求进行较多的液位测量。如池、井、槽等，使用较多的是静压测量和超声波测量。前者是接触测量，需要使用压缩空气，污水处理厂早期工艺使用较多。目前较多采用超声波来测量液位，超声波测量属于无接触测量。

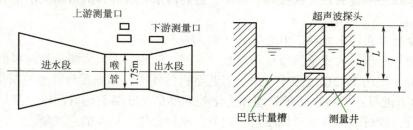

图9-1　巴氏计量槽示意

超声波测量是利用液位接收超声波来测量液位，这种测量方式的缺点是如果有泡沫覆盖在液体表面，信号就有可能被吸收，而没有能量被反射回来，造成测量误差，因此要求注意正确使用。

超声波液位计对明渠、各种池、井液位可进行精确测量，同时超声波系统也可以用于污水处理厂封闭的贮罐，适用于控制泵、格栅等。如果用于格栅，超声波传感器就置于格栅前后，通过两个传感器指示的液位差来启动清理装置。

③ 污水处理厂的自动控制　污水处理厂的自动控制不甚复杂，但在工艺过程中十分重要，主要包括以下控制过程。

a. 进水提升控制　污水进厂首先要进行液位提升，因为进水量时大时小，若要稳定进水池的液位，就要对提升泵实行逻辑控制。

b. 格栅控制　污水中的粗细固体必须除去，避免阻塞水泵和其他机器。通常格栅上的杂物会引起前后水位差，采用超声波液位计进行测量，当液位差超过控制点时，有DCS系统自动启动格栅去除杂物；可设定定时启动，即在一定时间间隔内DCS系统进行顺时控制格栅工作。

c. 污泥回流量控制　污泥回流量控制可以用电磁流量计测量回流污泥量，根据工艺要求有DCS完成参数整定、PID运算，以控制正向和反向流之间的流动和沉降的正确比例。

d. 生化反应池进氧量控制　对于好氧活性污泥处理装置来说，了解曝气池内污水中的溶解氧量也是非常重要的。配置连续测量装置对溶解氧进行最佳控制，对提高处理质量有很大作用，同时对控制管网空气压力、节省能源消耗也是一种有效的方法。

❓ 习题及思考题

1. 填空题

（1）构筑物布置应注意＿＿＿＿和＿＿＿＿。将排放异味、有害气体的构筑物布置在居住与办公场所的＿＿＿＿；为保证良好的自然通风条件，建筑物应布置在＿＿＿＿。

（2）处理厂高程布置的任务是确定各处理构筑物和泵房的＿＿＿＿和＿＿＿＿。

（3）高程计算时，常以受纳水体的最高水位或下游用水的水位要求作为起点，由＿＿＿＿倒推向＿＿＿＿计算，以使处理后的污水在洪水季节也能自流排出。

（4）污水管的衔接方法有＿＿＿＿、＿＿＿＿两种方法。

2. 简答题

（1）污水处理厂设计在选择厂址时，应遵循哪些原则？

（2）进行污水处理厂设计平面与高程设计时，应考虑哪些要求？

（3）选择污水处理工艺流程需考虑的因素都有哪些？

（4）已知某工厂最大班职工人数为1000人，其中热车间职工占25%，有70%职工使用淋浴；一般车间职工占75%，有10%使用淋浴。此工厂居住区人口4000人，平均污水量为80L/(人·d)，试计算此工厂所排出的生活污水总流量。

（5）污水处理厂的管道设计中，为什么要规定污水在管道里流动的最小设计流速、污水管的最小管径及污水管的安装最小坡度？

（6）说明污水处理厂的验收程序及内容。

（7）简述污水处理厂试运行的内容及意义。

（8）污水处理厂的运行管理包括哪些方面？简要说明它们的内容及作用。

（9）现阶段污水处理厂对自动控制技术的应用主要体现在哪些方面？试举例说明它们的特点。

附 录

附表1　第一类污染物最高允许排放浓度

序号	污染物	最高允许排放浓度/(mg/L)	序号	污染物	最高允许排放浓度/(mg/L)
1	总汞	0.05	8	总镍	1.0
2	烷基汞	不得检出	9	苯并[a]芘	0.00003
3	总镉	0.1	10	总铍	0.005
4	总铬	1.5	11	总银	0.5
5	六价铬	0.5	12	总α放射性	1Bq/L
6	总砷	0.5	13	总β放射性	10Bq/L
7	总铅	1.0			

附表2　第二类污染物最高允许排放浓度

序号	污染物	适用范围	一级标准		二级标准		三级标准	
			1997年12月31日之前	1998年1月1日之后	1997年12月31日之前	1998年1月1日之后	1997年12月31日之前	1998年1月1日之后
1	pH值	一切排污单位	6～9	6～9	6～9	6～9	6～9	6～9
2	色度	染料工业	50	50	180	80	—	—
		其他排污单位	50		80			
3	悬浮物（SS）/（mg/L）	采矿、选矿、选煤工业	100	70	300	300		
		脉金选矿	100	70	500	400		
		边远地区砂金选矿	100	70	800	800		
		城镇二级水处理厂	20	20	30	30		
		其他排污单位	70	70	200	150		
4	BOD_5/（mg/L）	甘蔗制糖、苎麻脱胶、湿法纤维板工业	30	20	100	60	600	600
		甜菜制糖、酒精、味精、皮革、化纤浆粕工业	30	20	150	100	600	600
		城镇二级污水处理厂	20	20	30	30	—	—
		其他排污单位	30	20	60	30	300	300
5	COD_{Cr}/（mg/L）	甜菜制糖、焦化、合成脂肪酸、湿法纤维板、染料、洗毛、有机磷、农药工业	100	100	200	200	1000	1000
		酒精、味精、医药原料药、生物制药、苎麻脱胶、皮革、化纤浆粕工业	100	100	300	300	1000	1000
		石油化工工业（包括石油炼制）	100	60	150	120	500	500
		城镇二级污水处理厂	60	60	120	120	—	—
		其他排污单位	100	100	150	150	500	500

续表

序号	污染物	适用范围	一级标准 1997年12月31日之前	一级标准 1998年1月1日之后	二级标准 1997年12月31日之前	二级标准 1998年1月1日之后	三级标准 1997年12月31日之前	三级标准 1998年1月1日之后
6	石油类/（mg/L）	一切排污单位	10	5	10	10	30	20
7	动植物油/（mg/L）	一切排污单位	20	10	20	15	100	100
8	挥发酚/（mg/L）	一切排污单位	0.5	0.5	0.5	0.5	2.0	2.0
9	总氰化物/（mg/L）	电影洗片（铁氰化合物）	0.5	0.5	0.5	0.5	5.0	1.0
9	总氰化物/（mg/L）	其他排污单位	0.5	0.5	0.5	0.5	1.0	1.0
10	硫化物/（mg/L）	一切排污单位	1.0	1.0	1.0	1.0	2.0	1.0
11	氨氮/（mg/L）	医药原料药、染料、石油化工工业	15	15	50	50	—	—
11	氨氮/（mg/L）	其他排污单位	15	15	25	25	—	—
12	氟化物/（mg/L）	黄磷工业	10	10	20	15	20	20
12	氟化物/（mg/L）	低氟地区（水体含氟量小于0.5mg/L）	10	10	20	20	30	30
12	氟化物/（mg/L）	其他排污单位	10	10	10	10	20	20
13	磷酸盐（以P计）/（mg/L）	一切排污单位	0.5	0.5	1.0	1.0	—	—
14	甲醛/（mg/L）	一切排污单位	1.0	1.0	2.0	2.0	5.0	5.0
15	苯胺类/（mg/L）	一切排污单位	1.0	1.0	2.0	2.0	5.0	5.0
16	硝基苯类/（mg/L）	一切排污单位	2.0	2.0	3.0	3.0	5.0	5.0
17	阴离子表面活性剂LAS/（mg/L）	合成洗涤剂工业	5.0	5.0	15	10	20	20
17	阴离子表面活性剂LAS/（mg/L）	其他排污单位	5.0	5.0	10	10	20	20
18	总铜/（mg/L）	一切排污单位	0.5	0.5	1.0	1.0	2.0	2.0
19	总锌/（mg/L）	一切排污单位	2.0	2.0	5.0	5.0	5.0	5.0
20	总锰/（mg/L）	合成脂肪酸工业	2.0	2.0	5.0	5.0	5.0	5.0
20	总锰/（mg/L）	其他排污单位	2.0	2.0	2.0	2.0	5.0	5.0

附表3　部分行业最高允许排水量

序号	行业类别		最高允许排水量或最低允许水循环利用率	
			1997年12月31日之前建设	1998年1月1日之后建设
1	有色金属系统选矿		水重复利用率75%	水重复利用率75%
1	其他矿山工业采矿、选矿、选煤等		水重复利用率90%（选煤）	水重复利用率90%（选煤）
1	脉金选矿	重选	16.0m³/t矿石	16.0m³/t矿石
1	脉金选矿	浮选	9.0m³/t矿石	9.0m³/t矿石
1	脉金选矿	氰化	8.0m³/t矿石	8.0m³/t矿石
1	脉金选矿	炭浆	8.0m³/t矿石	8.0m³/t矿石
2	焦化企业（煤气厂）		1.2m³/t矿石	1.2m³/t焦炭
3	有色金属冶炼及金属加工		水重复利用率80%	水重复利用率80%

参 考 文 献

[1] 北京水环境技术与设备研究中心等. 三废处理工程技术手册（废水卷）. 北京：化学工业出版社，2000.
[2] 唐受印，戴友芝等. 水处理工程师手册. 北京：化学工业出版社，2000.
[3] 祁鲁梁，李永存，李本高. 水处理工艺与运行管理实用手册. 北京：中国石化出版社，2002.
[4] 薛叙明. 环境工程技术. 北京：化学工业出版社，2002.
[5] 黄铭荣，胡纪萃. 水污染治理工程. 北京：高等教育出版社，1995.
[6] 唐受印，汪大翚等. 废水处理工程. 北京：化学工业出版社，1998.
[7] 高庭耀，顾国维. 水污染控制工程（下）. 第2版. 北京：高等教育出版社，1999.
[8] 王燕飞. 水污染控制技术. 北京：化学工业出版社，2001.
[9] 中国化工防治污染技术协会. 化工废水处理技术. 北京：化学工业出版社，2000.
[10] 佟玉衡. 实用废水处理技术. 北京：化学工业出版社，1998.
[11] 上海市环保局. 废水物化处理. 上海：同济大学出版社，1999.
[12] 蒋展鹏. 环境工程学. 北京：高等教育出版社，1992.
[13] 胡侃. 水污染控制. 武汉：武汉工业大学出版社，1998.
[14] 胡万里. 混凝·混凝剂·混凝设备. 北京：化学工业出版社，2001.
[15] 刘国信，刘录声. 膜法分离技术及其应用. 北京：中国环境科学出版社，1991.
[16] 许振良. 膜法水处理技术. 北京：化学工业出版社，2001.
[17] 黄汉平等. 物理化学实验. 北京：高等教育出版社，1995.
[18] 王凯军，贾立敏. 城市污水生物处理新技术开发与应用. 北京：化学工业出版社，2001.
[19] 孔繁翔，严大强，严国安. 环境生物学. 北京：高等教育出版社，2000.
[20] 伦世仪，陈坚，曲音波. 环境生物工程学. 北京：化学工业出版社，2002.
[21] 丁亚兰. 国内外废水处理工程设计实例. 北京：化学工业出版社，2000.
[22] 张统，侯瑞琴，王守中，王坤. 间歇式活性污泥法污水处理技术及工程实例. 北京：化学工业出版社，2002.
[23] 郑俊，吴浩汀，程寒飞. 曝气生物滤池污水处理新技术及工程实例. 北京：化学工业出版社，2002.
[24] 国家环境保护局. 生物接触氧化处理废水技术. 北京：中国环境科学出版社，1990.
[25] 姚重华. 废水处理单元过程. 北京：化学工业出版社，2001.
[26] 高廷耀，顾国维. 水污染控制工程. 北京：高等教育出版社，1999.
[27] 吴浩汀. 制革工业废水处理技术及工程实例. 北京：化学工业出版社，2002.
[28] 买文宁. 生物化工废水处理技术及工程实例. 北京：化学工业出版社，2002.
[29] 李海，孙瑞征，陈振选. 城市污水处理技术及工程实例. 北京：化学工业出版社，2002.
[30] 丁忠浩. 有机废水处理技术及应用. 北京：化学工业出版社，2002.
[31] 周群英，高廷耀. 环境工程微生物学. 北京：高等教育出版社，2000.
[32] 张自杰. 排水工程（下册）. 北京：中国建筑工业出版社，2000.
[33] 谢志强. 企业污染控制与绿色经营实务全书. 北京：中国环境科学出版社，2000.
[34] 贺延龄. 废水的厌氧生物处理. 北京：中国轻工业出版社，1998.
[35] 王宝贞. 水污染控制工程. 北京：高等教育出版社，1990.
[36] 王凯军，秦人伟. 发酵工业废水处理. 北京：化学工业出版社，2000.
[37] 王洪臣. 城市污水处理厂运行控制与维护管理. 北京：科学出版社，2002.
[38] 吕炳南，陈志强. 污水生物处理新技术. 哈尔滨：哈尔滨工业大学出版社，2005.
[39] 唐玉斌. 水污染控制工程. 哈尔滨：哈尔滨工业大学出版社，2006.
[40] 柏景方. 水污染控制工程. 哈尔滨：哈尔滨工业大学出版社，2006.
[41] 王郁. 水污染控制工程. 北京：化学工业出版社，2008.
[42] 张自杰. 排水工程（下册）. 第5版. 北京：中国建筑工业出版社，2015.
[43] [美] 美国水环境联合会. 城镇污水处理厂运行管理手册（原著第6版）. 陈秀荣，徐宏勇，衣春敏，等译. 北京：中国建筑工业出版社，2012.
[44] [美] 梅特卡夫和埃迪公司. 废水工程：处理及回用. 第4版. 秦裕珩译. 北京：化学工业出版社，2004.